国外油气勘探开发新进展丛书

GUOWAIYOUQIKANTANKAIFAXINJINZHANCONGSHU

PETROLEUM ROCK MECHANICS DRILLING OPERATIONS AND WELL DESIGN

SECOND EDITION

石油岩石力学——钻井作业与钻井设计

（第二版）

【挪】Bernt S. Aadnøy　【英】Reza Looyeh 著

朱云祖　易先忠　方代煊　何　莉 译

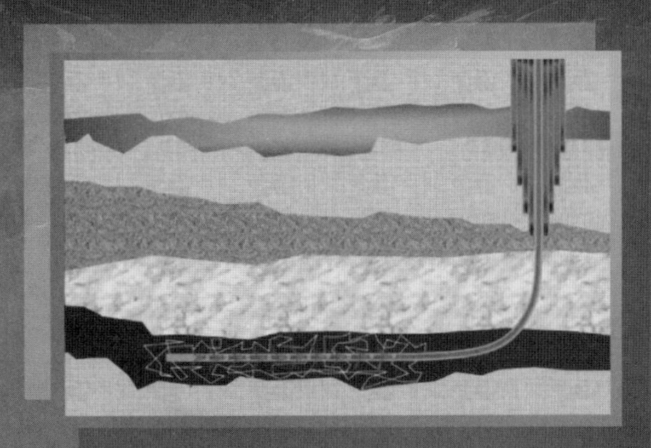

石油工業出版社

内 容 提 要

本书系统性阐述了固体力学的基本原理及其在钻井工程中的应用，详细介绍了近年来石油岩石力学领域的最新研究成果及其在钻井作业和钻井设计中的实践。内容主要分为两个部分：固体力学基础和石油岩石力学。第一部分(第1章至第5章)系统介绍了固体力学理论和基本原理，包括应力、主应力、偏应力及应变的基本定义、三维应力状态、应力应变的空间转换、本构关系和岩石破坏准则。第二部分(第6章至第16章)详细阐述了石油岩石力学理论及其应用，包括孔隙压力、原地应力等关键钻井参数的测量和估算方法，以及岩石强度的实验室试验方法；井壁稳定性分析技术及其在钻井液密度优选中的实际应用；远场应力和井筒周围应力的评估方法，以及钻井作业和完井过程中井壁的不同破坏模式和评估方法；井筒稳定性评估新技术；钻井液漏失和漏失试验评估方面的最新研究成果；页岩气、页岩油储层水力压裂技术和水平钻井技术。

本书适用于从事钻井设计和钻井工程技术人员阅读，对于高校石油工程专业教师和学生具有很好的参考作用。

图书在版编目(CIP)数据

石油岩石力学：第2版：钻井作业与钻井设计/(挪)伯恩特·S·阿德尼(Bernt S. Aadnøy)，(英)雷扎·鲁耶(Reza Looyeh)著；朱云祖等译. —北京：石油工业出版社，2023.10

ISBN 978-7-5183-5317-0

Ⅰ. ①石… Ⅱ. ①伯… ②雷… ③朱… Ⅲ. ①石油工程-岩石力学②钻井作业③钻井设计 Ⅳ. ①TE21②TD265.1③TE22

中国版本图书馆 CIP 数据核字(2022)第054737号

Petroleum Rock Mechanics：Drilling Operations and Well Design，Second Edition
Bernt S. Aadnøy，Reza Looyeh
ISBN：9780128159033

《石油岩石力学：第2版：钻井作业与钻井设计》(朱祖云等译)
ISBN：9787518353170

注意

本书涉及领域的知识和实践标准在不断变化。新的研究和经验拓展我们的理解，因此须对研究方法、专业实践或医疗方法作出调整。从业者和研究人员必须始终依靠自身经验和知识来评估和使用本书中提到的所有信息、方法、化合物或本书中描述的实验。在使用这些信息或方法时，他们应注意自身和他人的安全，包括注意他们负有专业责任的当事人的安全。在法律允许的最大范围内，爱思唯尔、译文的原文作者、原文编辑及原文内容提供者均不对因产品责任、疏忽或其他人身或财产伤害及/或损失承担责任，亦不对由于使用或操作文中提到的方法、产品、说明或思想而导致的人身或财产伤害及/或损失承担责任。

北京市版权局著作权合同登记号：01-2023-3523

出版发行：石油工业出版社
(北京安定门外安华里2区1号楼 100011)
网 址：www.petropub.com
编辑部：(010)64523687 图书营销中心：(010)64523633
经 销：全国新华书店
印 刷：北京晨旭印刷厂

2023年10月第1版 2023年10月第1次印刷
787×1092毫米 开本：1/16 印张：20
字数：500千字

定价：180.00元
(如出现印装质量问题，我社图书营销中心负责调换)

《国外油气勘探开发新进展丛书(二十五)》

编 委 会

序

“他山之石，可以攻玉”。学习和借鉴国外油气勘探开发新理论、新技术和新工艺，对于提高国内油气勘探开发水平、丰富科研管理人员知识储备、增强公司科技创新能力和整体实力、推动提升勘探开发力度的实践具有重要的现实意义。鉴于此，中国石油勘探与生产分公司和石油工业出版社组织多方力量，本着先进、实用、有效的原则，对国外著名出版社和知名学者最新出版的、代表行业先进理论和技术水平的著作进行引进并翻译出版，形成涵盖油气勘探、开发、工程技术等上游较全面和系统的系列丛书——《国外油气勘探开发新进展丛书》。

自 2001 年丛书第一辑正式出版后，在持续跟踪国外油气勘探、开发新理论新技术发展的基础上，从国内科研、生产需求出发，截至目前，优中选优，共计翻译出版了二十四辑 100 余种专著。这些译著发行后，受到了企业和科研院所广大科研人员和大学院校师生的欢迎，并在勘探开发实践中发挥了重要作用。达到了促进生产、更新知识、提高业务水平的目的。同时，集团公司也筛选了部分适合基层员工学习参考的图书，列入“千万图书下基层，百万员工品书香”书目，配发到中国石油所属的 4 万余个基层队站。该套系列丛书也获得了我国出版界的认可，先后七次获得了中国出版协会的“引进版科技类优秀图书奖”，形成了规模品牌，获得了很好的社会效益。

此次在前二十四辑出版的基础上，经过多次调研、筛选，又推选出了《非常规油气藏水力压裂:理论、操作与经济分析(第二版)》《地下流体动力学》《石油岩石力学——钻井作业与钻井设计(第二版)》《钻井工程复杂问题及处理方法》《压裂液化学与液体技术》《石油天然气生产与输送的腐蚀研究及技术进展》等 6 本专著翻译出版，以飨读者。

在本套丛书的引进、翻译和出版过程中，中国石油勘探与生产分公司和石油工业出版社在图书选择、工作组织、质量保障方面积极发挥作用，一批具有较高外语水平的知名专家、教授和有丰富实践经验的工程技术人员担任翻译和审校工作，使得该套丛书能以较高的质量正式出版，在此对他们的努力和付出表示衷心的感谢！希望该套丛书在相关企业、科研单位、院校的生产和科研中继续发挥应有的作用。

中国石油天然气股份有限公司副总裁　张道伟

第一版前言

本书将工程岩石力学的基本原理应用于油气工程学科，详细阐述固体力学的基本原理，系统地论述了固体力学在石油和天然气钻井作业和钻井设计中的应用。

编写本书的首要目标是本书能够既适用于没有经验的大学生，又适用于有经验的工程师。为了实现这一目标，本书按照从简到繁的逻辑顺序展开，介绍岩石力学的各种概念与基本理论，便于读者理解和掌握，并能应用这些概念解决复杂的石油岩石力学中的实际问题。

第二个主要目标是确保各个章节内容翔实，通俗易懂，读者不需要查阅其他资料就可以理解和掌握。为达到这一目标，本书每一章的内容都是在上一章介绍的知识的基础之上扩展开，使各章之间保持很好的连贯性。本书还提供了课后练习题和书中使用的术语综合词汇表。

本书系统地论述了地层特性、岩石材料强度和井筒力学在钻井作业和钻井设计中的作用、原地应力的实际变化及其对井筒和井壁行为的影响；系统地介绍了基本方程的使用方法，并与通用性破坏准则相结合，用于应力状态的预测、各种破坏模式的评估、井筒稳定性分析，以及用于确定单井和多分支井的井壁破裂和坍塌行为。本书还介绍了欠平衡钻井等各类钻井技术的评估方法，讨论了运用概率评估技术(井壁失稳量化风险评估技术)最大限度减少不确定性因素，提高钻井成功概率。

本书分为两个部分：固体力学基础和石油岩石力学。第一部分包括5章，主要介绍应力的基本定义、三维应力状态、本构关系和破坏准则。第二部分包括9章，第6章介绍岩石材料的基本定义，第7章介绍有效应力和原地应力，第8章和第9章详细介绍孔隙压力和原地应力等关键钻井参数的测量和估算技术以及岩石强度的实验室试验，这些都是本书的重要组成部分。第10章介绍远场应力状态和井筒周围应力状态的评估方法，第11章全面讨论了建井作业和完井过程中的不同破坏模式。第12章和第13章介绍井筒稳定性评估新技术，包括井壁失稳反演分析技术和井壁失稳量化风险评估技术，这两种技术都是利用逆向工程的概念，在钻井作业之前或钻井期间获得最佳设计指标。最后一章介绍钻井液漏失和漏失试验评估方面的最新研究成果。本书介绍了对断裂力学基本概念的应用，以及今后的研究方向。

本书是根据几十年的教学经验和研究成果编写的，可作为一门独立的课程，或作为钻井、石油工程，以及其他相关课程的一部分，面向理学学士和工学学士高年级学生，以及硕士生和博士生。每章结束后附有例题及其解题过程，以及与现场有关的实际性练习题，使学生和有经验的工程师能够检验他们的知识，并能用同样的方法解决现场工作中出现的问题。

我们希望，学生全面学习本书后，能良好地掌握和石油岩石力学有关的理论，能解决钻井作业和井筒技术中的实际问题，深刻认识到岩石力学在钻井作业、井身设计、完井、增产和油气生产中的重要性，以及在确保各种作业成功中所起到的影响作用。

使用本书没有任何先决条件，然而，对固体力学、流体力学，以及岩石材料性质等基础知识的熟悉，将有助于读者以更快的速度完成前几个章节的学习。

第二版前言

在过去几年，我们在教学课程中一直在使用本书的第一版。我们广泛地与本书的读者和使用者进行了沟通，并确定了本书第二版需要更详细修正的章节，以及可以增补到第二版中的一些较新的技术或最新发展。本书第二版增补了以下章节。

增加了第 8.8 节，介绍椭圆形井筒原地应力计算，包括井筒几何形状和应力方程的求解。

新增第 10 章“钻井设计和钻井液密度的优化”，介绍井筒稳定性分析技术在钻井液密度优选中的实例应用，提出用“中位线原则”计算钻井液密度。

增补第 12.15 节，介绍井壁失稳分析的简要指南。

新增第 16 章“页岩油、页岩气和水力压裂”，介绍非常规资源(如页岩气、页岩油)储层水力压裂技术和水平钻井技术，使本书更加密切贴近目前生产作业的需要。

我们出版第二版的目的是使本书内容更加翔实、完整，适用于常规和非常规油气的开采。

Bernt S. Aadnøy
Reza Looyeh
2019 年 4 月

作者简介

本书由 Bernt S. Aadnøy 和 Reza Looyeh 密切合作编著而成，是他们共同奉献给读者的作品。两位作者的简介如下。

(1) Bernt S. Aadnøy。

Bernt S. Aadnøy 是挪威斯塔万格大学(University of Stavanger)石油工程系的一名教授。在上大学之前，他做了 5 年的车间技工，开始积累早期工程经验。1978 年，他在得克萨斯州敖德萨市的菲利普斯石油公司(Phillips Petroleum)实习，开始了他的石油工业生涯，此后在挪威的菲利普斯埃科菲斯克(Phillips Ekofisk)油田工作。1980 年起，他就职于罗加兰研究所(Rogaland Research Institute)，主要负责一台用于科研的全尺寸海上钻机建造工作，这台名为 Ullrig 的钻机目前仍用于井筒技术和钻机自动化方面的研究。

随后，Aadnøy 教授担任挪威国家石油公司(Statoil)钻井工程师。后来，就职于萨迦石油公司(Saga Petroleum)直至 1994 年。这一年，他被聘任为斯塔万格大学终身教授。从 1994 年至今，他为多家石油公司做过咨询服务，自 2003 年起担任石油安全局顾问。

1998 年至 2003 年期间，他任职法罗群岛大学(University of the Faroe Islands)兼职教授，创立一个石油工程项目，旨在为即将到来的深水勘探活动服务。2009 年，任职卡尔加里大学客座教授，2012 年，担任里约热内卢联邦大学客座教授。

Aadnøy 教授拥有斯塔万格理工学院机械工程师学位、怀俄明大学(University of Wyoming)机械工程学士学位、得克萨斯大学(University of Texas)控制工程硕士学位以及挪威理工学院(Norwegian Institute of Technology)石油岩石力学博士学位。他撰写会议和期刊论文 250 余篇，主要涉及钻井技术、岩石力学、油藏工程和油气生产等领域。他编著或合作编著了《钻井力学》和《现代钻井设计》等 8 部书。他是石油工程师协会(SPE)《高级钻井和建井技术》一书的主编，为挪威石油公司编写了《通用油井设计手册》。他拥有各种技术专利 10 项。

Aadnøy 教授是挪威技术科学院的成员，多年来他获奖无数。1999 年获得 SPE 国际钻井工程奖，2015 年他被选为 SPE 和 AIME(美国石油和冶金工程师协会)荣誉成员，他还被评选为2018年挪威年度SPE专业人士。

(2) Reza Looyeh。

Reza Looyeh是一名注册特许工程师，英国机械工程师学会(IMechE)资深会员，美国机械工程师学会(ASME)会员。他拥有伊朗德黑兰大学(Tehran University)机械工程学士学位(1989年，荣誉学位)，英国纽卡斯尔大学(Newcastle University)海洋工程硕士学位(1994年)，以及英国杜伦大学(Durham University)机械和材料工程博士学位(1999年)。

2015年4月至今，Looyeh博士担任PT. 雪佛龙太平洋印度尼西亚公司(PT. Chevron Pacific Indonesia)工程和技术部门主管经理。2019年4月，他赴加利福尼亚州贝克斯菲尔市的雪佛龙北美勘探和生产公司(Chevron North America Exploration and Production)任职，负责两个大型油田的可靠性管理工作。他目前的职责是负责主题专家团队的管理，该团队由来自不同工程学科领域的专家组成，包括固定和旋转设备、仪表和控制、电力和电气系统、土木和结构工程、过程工程、材料和腐蚀，以及管道工程等方面的技术专家。2011年7月至2015年4月，他在安哥拉雪佛龙卡宾达海湾石油公司(Chevron Cabinda Gulf Oil Company)任职，担任项目经理，负责两条海底管道施工。2006年加入雪佛龙公司下游业务，担任工程负责人近5年，之后承担国际工作任务。在加入雪佛龙之前，他曾在劳埃德船级社欧洲、中东和非洲分部(Lloyd's Register EMEA)担任了4年半的项目经理和高级检查员，并在罗伯特戈登大学(Robert Gordon University)担任了2年半的机械和海洋工程讲师，为工程学士、理科学士和理学硕士学生讲授机械、石油和天然气各种专业课程，与工业、政府机构以及一些地方和国家大学合作，对聚合物复合材料在近海油气开发中的应用进行了广泛的研究。

Looyeh博士发表了不同专业领域的技术论文超过27篇，其中包括2005年、2010年发表的两篇关于高温增强聚合物复合材料在近海油气勘探开发中应用的论文。1999年到2006年，Looyeh博士就职于英国阿伯丁罗伯特戈登大学，为理学学士生和硕士生讲授本书的主要内容，作为钻井技术和近海工程钻井课程的一部分，他还为该大学开发了开放式远程教育的整套课程。

多年来，Looyeh博士荣获许多奖项。他最近获得的奖项是在2018年国际性专业级会议上获得的碳氢化合物储罐设计和维修创新最佳工程论文奖。Looyeh博士是工程设备和材料用户协会管道系统委员会及其材料技术委员会的成员，英国机械工程师学会(IMechE)石油和天然气领域的工业顾问。

致　谢

首先衷心感谢我们的同事和同学们。他们在钻井工程和石油岩石力学领域多年的教学和研究过程中，为我们的研究工作、文章发表和课程笔记作出了重大的贡献，为本书第一版和第二版的编写奠定了基础。

我们衷心感谢爱思唯尔公司的支持小组成员：Katie Hammon，John Leonard，Swapna Praveen 和 Bharatwaj Varatharajan。没有他们的努力和耐心，本书第二版可能无法付梓。

我们也感谢 Tamara Idland 和 Fiona Oijordsbakken Fredheim 参与本书的讨论，并允许我们在编写第 16 章“页岩油、页岩气和水力压裂”时使用他们的部分论文。

感谢并向那些我们可能遗漏或忘记致谢的朋友们表示歉意。

最后，衷心感谢我们的家人，感谢他们在本书第二版的编写过程中持续的耐心、爱心、支持和不断的鼓励。

目　录

第一部分　固体力学基础

第二部分　石油岩石力学

第一部分

固体力学基础

第 1 章　应力、应变的定义及其分量

1.1　一般概念

工程结构系统必须能够承受外界施加在其上的各种实际载荷和可能载荷。正像大堤的坝体，必须具有足够的强度能够承受水库的水压一样，它同时还必须能承受其他，例如偶发性地震的冲击、热胀冷缩等载荷的作用。网球拍的设计必须考虑承受快速飞行的网球施加的动态冲击载荷，还要能够承受突然撞击坚硬地面时的撞击载荷。石油钻探设备的设计必须能够钻穿不同类型的地下岩层，同时，要确保各种工作载荷不会破坏岩石的完整性，从而影响井壁的稳定性。

利用固体力学理论，可以分析并设计出具有足够强度、刚度、稳定性、完整性的固体工程系统，虽然它与连续介质力学理论和分析方法有所不同，但大部分是相同的。固体力学广泛应用于工程科学的所有分支，包括许多特殊应用场景，如石油天然气勘探、钻井、完井和生产作业。在固体力学理论中，受到各种力作用和约束的工程机械(图 1.1)，其行为可利用牛顿力学的基本定律(即力平衡方程)、材料的机械性能和固有属性来描述。

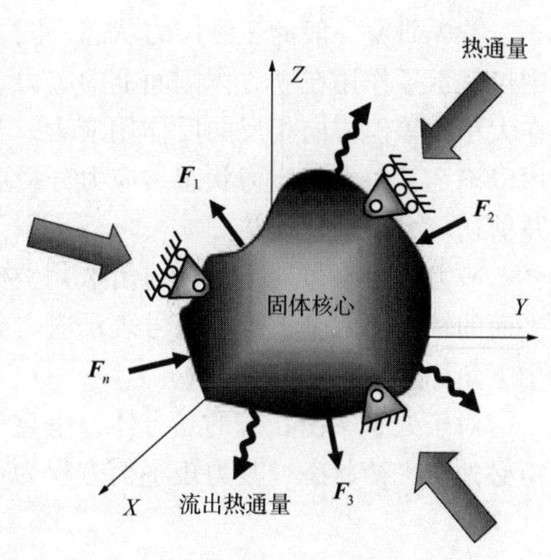

图 1.1　受各种力和约束作用的物体

应力和应变是固体力学的两个关键参数。应力是物体在平衡外部作用力的影响时，在内部产生的阻力；应变则是物体因外力作用而产生的形状变化和变形。本章将专门对这两个参数及其分量进行定义。

1.2　应力的定义

通常，应力被定义为作用在面积上的平均力。该面积可以是一个表面，也可以是材料内部的一个假想平面。应力是单位面积所受的力，它与物体的大小无关，可用式(1.1)表示：

$$\sigma=\frac{F}{A} \tag{1.1}$$

式中：σ 为应力，Pa 或 psi；F 为力，N 或 lbf；A 为表面积，m^2 或 in^2。

应力与物体形状无关，但在不同的方向，应力大小可能不同，稍后将根据力平衡定律

和牛顿第二定律加以说明。

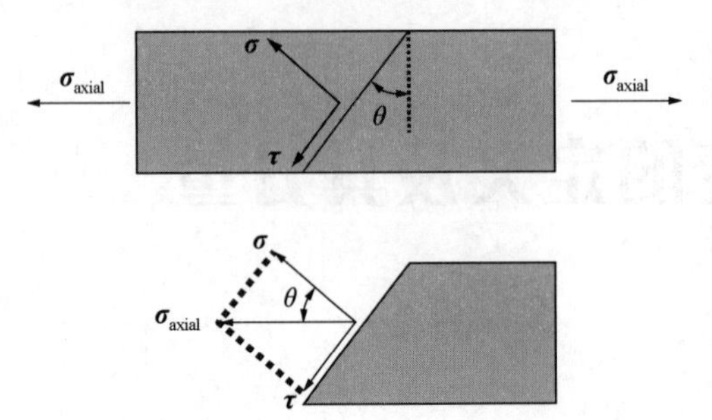

图 1.2　作用于假想平面的应力可分解为法向应力和剪切应力

图 1.2 所示为最简单的一维应力状态，它是一个受恒定轴向应力 σ_{axial} 作用的物体。由于物体处于平衡状态，作用于左侧的应力必须与右侧的反方向应力平衡。对于物体内部的任意假想平面，不管方向如何，作用于其上的力也必须处于平衡。该平面的应力有两种分量：垂直于该平面的法向应力 σ 和沿平面作用的剪切应力 τ。法向应力分量可能导致拉伸或压缩破坏；剪切应力分量可能导致材料沿某一平面发生剪切破坏或滑动。

注 1.1：通过定义物体内的任意平面，可将一个应力分量转换为其他应力分量，转换的基本规则是力的平衡。

1.3　应力分量

首先研究一般的三维应力状态。图 1.3 所示为三个侧面受相应应力作用的立方体，图中仅显示了作用在立方体侧面上的应力。根据力平衡定律，立方体的三个侧面上还分别存在大小相等但方向相反的反作用应力。从图 1.3 可以看出，应力有九个不同的应力分量，用以确定某一点的应力状态。应力分量可分为两类，即法向应力，表示为 σ_x、σ_y 和 σ_z 以及剪切应力，表示为 τ_{xy}、τ_{yx}、τ_{xz}、τ_{zx}、τ_{yz} 和 τ_{zy}。

应力分量符号的下角标与笛卡儿坐标系关联，第一个下角标符号表示垂直于应力作用平面的轴，第二个下角标符号表示应力分量的方向。两个相同下角标符号的法向应力用一个下角标表示，例如 $\sigma_{xx} \equiv \sigma_x$。

对于处于平衡状态的立方体，垂直于 z 轴方向的应力状态如图 1.4 所示，绕原点的力矩必处于平衡状态，其力矩平衡方程为：

$$\sum M_{\text{o}} = -(\sigma_x \mathrm{d}y)\frac{\mathrm{d}y}{2} + (\tau_{xy}\mathrm{d}y)\mathrm{d}x - (\tau_{yx}\mathrm{d}x)\mathrm{d}y + (\sigma_y \mathrm{d}x)\frac{\mathrm{d}x}{2} +$$

$$(\sigma_x \mathrm{d}y)\frac{\mathrm{d}y}{2} - (\sigma_y \mathrm{d}x)\frac{\mathrm{d}x}{2} = 0 \tag{1.2}$$

或

$$\sum M_{\text{o}} = (\tau_{xy}\mathrm{d}y)\mathrm{d}x - (\tau_{yx}\mathrm{d}x)\mathrm{d}y = 0$$

或

$$\tau_{xy} = \tau_{yx}$$

同样，可以得出垂直于 x 轴和 y 轴的力矩平衡方程，则应力状态可用三个法向应力和三个剪切应力来定义，即可用式(1.3)定义：

$$[\boldsymbol{\sigma}] = \begin{bmatrix} \sigma_x & \tau_{xy} & \tau_{xz} \\ \tau_{xy} & \sigma_y & \tau_{yz} \\ \tau_{xz} & \tau_{yz} & \sigma_z \end{bmatrix} \tag{1.3}$$

上述应力矩阵关于对角线对称。

注1.2：在固体岩石分析中，与其他工程材料分析的符号约定相反，通常将压应力定义为正，拉应力定义为负。

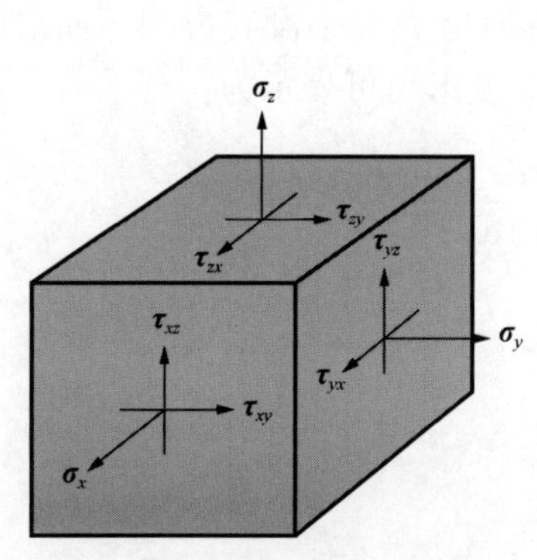

图1.3 立方体三维应力状态

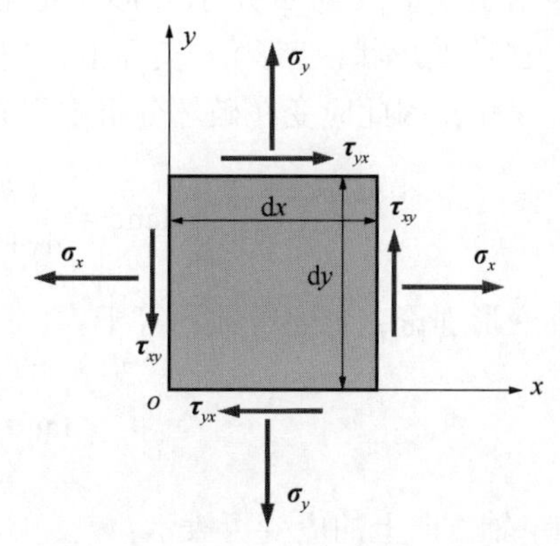

图1.4 作用在 x—y 平面上的应力

1.4 应变的定义

当物体受载荷作用时，会发生位移和变形，意味着物体内的任何一点都将移动到另一个位置。变形通常是相对于原始尺寸的变化量，用应变表示。应变是一个无量纲参数，定义为变形尺寸除以原始尺寸或未变形尺寸，可简单表示为：

$$\varepsilon=\frac{\Delta l}{l_{\mathrm{o}}} \tag{1.4}$$

式中：ε 为应变；Δl 为变形尺寸，m 或 in；l_{o} 为初始尺寸，m 或 in。

应变分为工程应变和科学应变。工程应变在整个分析过程中均采用初始(原始)尺寸，而科学应变使用的是随时间变化的实际尺寸。

式(1.4)是根据小变形理论推导得出的应变方程。如果采用大变形理论，则式(1.4)不再适用，需要重新定义。阿耳曼西(Almansi)和格林(Green)提出了两个主要的大变形应变方程，这两个方程分别如下。

阿耳曼西(Almansi)应变方程：

$$\varepsilon=\frac{l^2-l_{\mathrm{o}}^2}{2l^2} \tag{1.5}$$

格林(Green)应变方程：

$$\varepsilon=\frac{l^2-l_{\mathrm{o}}^2}{2l_{\mathrm{o}}^2} \tag{1.6}$$

可以看出，对于小变形，式(1.5)和式(1.6)可简化为式(1.4)。与其他假设相比，在许多情况下，使用式(1.4)的误差可以忽略不计。

1.5 应变分量

下面根据小变形理论研究正方形在荷载作用下的变形。图 1.5 中正方形产生了移动(平移)并已改变形状(变形)。实际上，空间平移对应力大小没有影响，而形状改变使得应变发生变化，因此应变在破坏分析中很有意义。变形角可表示为：

$$\tan\alpha=\frac{(\partial v/\partial x)/\mathrm{d}x}{\mathrm{d}x+(\partial u/\partial x)\mathrm{d}x}$$

根据小变形理论，上述等式约等于：

$$\tan\alpha=\frac{\partial v}{\partial x} \tag{1.7}$$

x 轴和 y 轴方向上的应变可表示：

$$\varepsilon_x=\frac{(\partial u/\partial x)\mathrm{d}x}{\mathrm{d}x}=\frac{\partial u}{\partial x};\qquad \varepsilon_y=\frac{(\partial v/\partial_y)\mathrm{d}y}{\mathrm{d}y}=\frac{\partial v}{\partial y}$$

$$\varepsilon_{xy}=\frac{(\partial v/\partial x)\mathrm{d}x}{\mathrm{d}x}=\frac{\partial v}{\partial x};\qquad \varepsilon_{yx}=\frac{(\partial u/\partial y)\mathrm{d}y}{\mathrm{d}y}=\frac{\partial u}{\partial y}$$

和

$$\varepsilon_{xy}+\varepsilon_{yx}=\frac{\partial v}{\partial x}+\frac{\partial u}{\partial y}=2\varepsilon_{xy}=\gamma_{xy} \tag{1.8}$$

式中：ε 为法向应变；γ 为剪切应变。

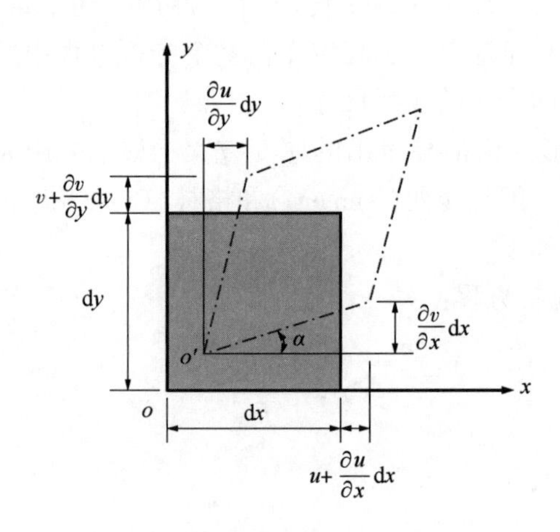

图 1.5 加载前后的正方体

三维应变状态方程可通过与三维应力状态方程相同的推导方式得出，用矩阵形式表示为：

$$[\boldsymbol{\varepsilon}]=\begin{bmatrix}\varepsilon_x & \frac{1}{2}\gamma_{xy} & \frac{1}{2}\gamma_{xz}\\ \frac{1}{2}\gamma_{xy} & \varepsilon_y & \frac{1}{2}\gamma_{yz}\\ \frac{1}{2}\gamma_{xz} & \frac{1}{2}\gamma_{yz} & \varepsilon_z\end{bmatrix}$$

$$=\begin{bmatrix}\frac{\partial u}{\partial x} & \frac{1}{2}\left(\frac{\partial u}{\partial y}+\frac{\partial v}{\partial x}\right) & \frac{1}{2}\left(\frac{\partial u}{\partial z}+\frac{\partial w}{\partial x}\right)\\ \frac{1}{2}\left(\frac{\partial u}{\partial y}+\frac{\partial v}{\partial x}\right) & \frac{\partial v}{\partial y} & \frac{1}{2}\left(\frac{\partial v}{\partial z}+\frac{\partial w}{\partial y}\right)\\ \frac{1}{2}\left(\frac{\partial u}{\partial z}+\frac{\partial w}{\partial x}\right) & \frac{1}{2}\left(\frac{\partial v}{\partial z}+\frac{\partial w}{\partial y}\right) & \frac{\partial w}{\partial z}\end{bmatrix} \tag{1.9}$$

可以看出，通过线性化处理，忽略了二阶项的影响，推导出适用于小变形的方程，可应用于大多数工程材料。如果材料表现出大变形，则二阶项变得重要，需要考虑二阶项。

例题1.1 在小型试验台架上对圆形岩石进行实验，观察其应力—应变行为。岩样直径为6in，长度为12in，加载单元在岩样顶部和底部均等施加10000lbf的恒定载荷。假设测得长度减少了0.02in，求岩石的压缩应力和应变。

解：根据式(1.1)的定义：$\sigma=F/A$，其中$F=10000\text{lbf}$，面积为：

$$A=\frac{\pi}{4}d^2=\frac{\pi}{4}\times6^2=28.27\ \text{in}^2$$

因此，岩石中的压缩应力为：

$$\sigma=\frac{F}{A}=\frac{10000}{28.27}=353.7\text{lbf/in}^2\ \text{或 psi}$$

根据式(1.4)，压缩应变计算如下：

$$\varepsilon=\frac{\Delta l}{l_o}=\frac{0.02}{12}=1.667\times10^{-3}\text{in/in}=1667\mu\text{in/in}$$

练习题

1.1 假设受拉金属杆的$l_o=200\text{mm}$，$l=220\text{mm}$，根据式(1.4)至式(1.6)定义的三种应变计算方法，分别计算应变并比较其结果。

1.2 在土壤试验装置中进行平面应变试验。试验前，以25mm×25mm的距离插入针，如图1.6所示。变形后，测得的距离为：$DF=48.2\text{mm}$，$AI=70\text{mm}$，$BH=49.1\text{mm}$，$GC=67.6\text{mm}$。

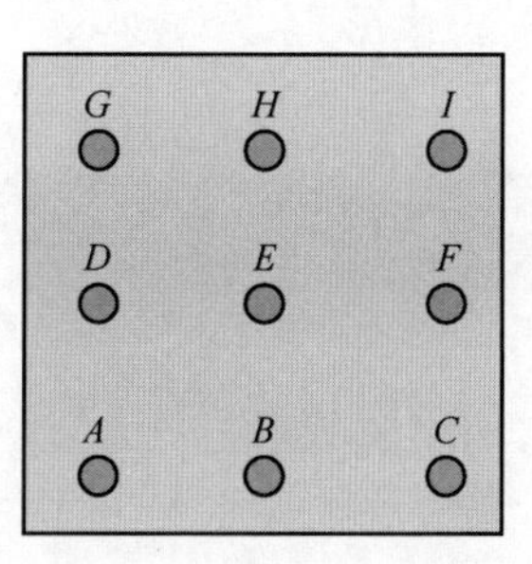

图1.6 平面应变试验

假设ABC连线在变形过程中保持不变，且其上的点的位置保持固定，请以毫米为单位，在纸上绘制测试结果图。最终形状为平行四边形，且 *GHI* 与 *ABC* 平行，请确定变形和应变。

1.3　如图 1.7 所示，由混凝土管制成的圆柱支撑 24.5tf 的压缩荷载。圆柱内径和外径分别为 91cm 和 127cm，长度 100cm，缩短量为 0.056cm。请确定混凝土圆柱的轴向压缩应力和应变。忽略混凝土圆柱重量的影响，且假设在荷载作用下不会发生弯曲变形。

1.4　用三根不同长度的钢丝悬挂三个不同的实心钢球，如图 1.8 所示。钢球直径不同，从顶部到底部分别为 0.12in、0.08in 和 0.05in，请计算：

a. 每根钢丝的应力，并比较结果；

b. 钢丝的总伸长量；

c. 每根钢丝的应变和总应变。

1.5　如图 1.9 所示，一根长 40m、直径 8mm 的圆形钢棒悬挂在矿井中，其下端固定一个重量为 1.5kN 的矿石桶。假设钢棒的重度为 77.0kN/m^3，请计算考虑钢棒重量的最大轴向应力。

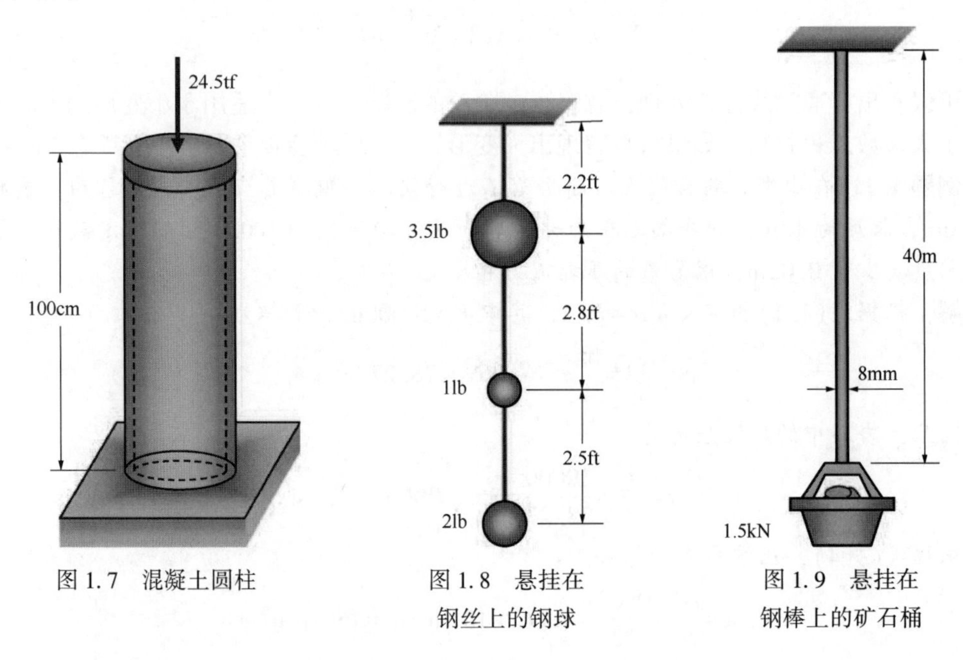

图 1.7　混凝土圆柱

图 1.8　悬挂在钢丝上的钢球

图 1.9　悬挂在钢棒上的矿石桶

第2章　应力和应变的转换

2.1　简介

在第1章“应力、应变的定义及其分量”中，将物体内任意点的应力和应变状态定义为具有6个不同分量，即相对于任意坐标系的3个法向分量和3个剪切分量。这6个应力分量或6个应变分量，将随着原始坐标系的旋转而变化。了解在两个坐标系之间进行应力或应变的转换，并能够确定在新坐标系中应力或应变分量的大小和方向非常重要。应力或应变转换的一个关键要素是，应变通常是在实验室中沿特定方向测定的，因此，在使用应力—应变关系公式计算在新坐标系中的相应应力之前，需要将应变转换到新坐标系中。本章将讨论应力—应变的转换原理及其在计算井筒内任意位置（无论是直井、水平井还是斜井）应力时的重要作用。

2.2　应力、应变转换原理

参见图2.1的立方体，以任意的方式将其切割，剩下的部分形成一个四面体。选择四面体进行分析的原因是，包围其内任意一点的平面数最少。图2.1显示了作用在四面体侧面和剖切面上的应力，作用在剖切面上的力用S表示，S可分解为沿相应坐标轴的3个分量。假设n为剖切面的法线方向。

假设剖切面为一个单位面积，即$A=1$，则四面体各侧面面积可表示为（图2.2）：

$$
\begin{aligned}
&A=1\\
&A_1=\cos(n,\ y)\\
&A_2=\cos(n,\ x)\\
&A_3=\cos(n,\ z)
\end{aligned}
\tag{2.1}
$$

由于四面体保持力平衡，因此根据力平衡的概念，可以确定作用在剖切平面上的应力的大小。x轴方向的力平衡可表示为：

$$\sum F_x=0$$

或

$$S_xA-\sigma_xA_2-\tau_{xy}A_1-\tau_{xz}A_3=0$$

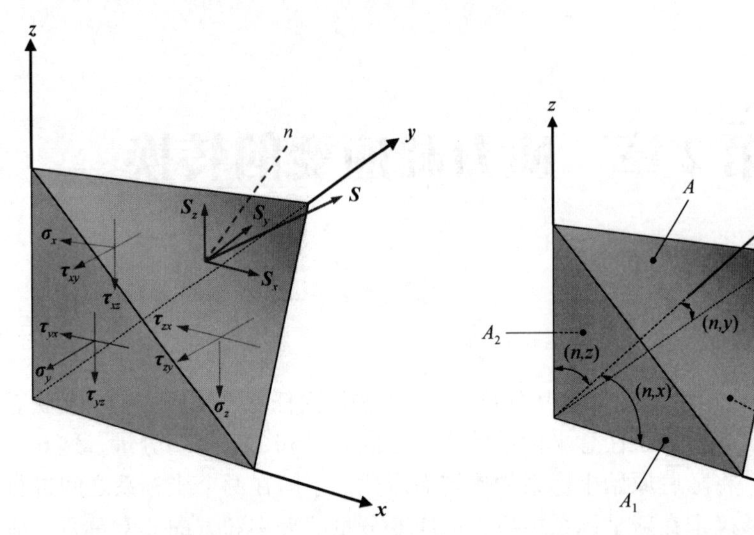

图 2.1　作用在四面体上的法向应力和剪切应力

图 2.2　侧面和剖切面的面积

同理，可以得出其他两个轴方向上的力平衡表达式，将面积表达式即式(2.1)代入，经一系列演算后，剖切面上的应力可通过以下方程得出：

$$\begin{bmatrix} S_x \\ S_y \\ S_z \end{bmatrix} = \begin{bmatrix} \sigma_x & \tau_{xy} & \tau_{xz} \\ \tau_{xy} & \sigma_y & \tau_{yz} \\ \tau_{xz} & \tau_{yz} & \sigma_z \end{bmatrix} \begin{bmatrix} \cos(n,\ x) \\ \cos(n,\ y) \\ \cos(n,\ z) \end{bmatrix} \tag{2.2}$$

式(2.2)称为柯西变换定律，可以简化为：

$$[\boldsymbol{S}] = [\boldsymbol{\sigma}][\boldsymbol{n}]$$

式中：$[\boldsymbol{S}]$表示假设初始坐标系保持不变时作用于剖切面 A 的作用力矢量；$[\boldsymbol{n}]$表示应力矢量的方向余弦。

通过旋转坐标系，所有应力分量都可能发生变化，以构成新的力平衡。为了简单起见，首先研究二维域中坐标系变换及其对应力分量的影响，然后再进行一般的三维分析。

2.3　二维应力转换

图 2.3 所示为在拉伸载荷 F 作用下的钢棒，可以简单地求出与载荷方向垂直的平面 pq 的应力。虽然这是一个一维加载问题，但应力状态是二维的，只是实际侧向载荷为零。为了说明坐标系变换的概念，取与载荷方向成任意角度的截面 mn 的应力进行分析。

平面 pq 的应力可表示为：

$$\sigma_{pq} = \frac{F}{A_{pq}}$$

平面 mn 处于力平衡状态，因此作用于平面 mn 的力可分解为法向力 F_N 和剪切力 F_S，分别为：

$$F_N = F\cos\theta$$

$$F_S = F\sin\theta$$

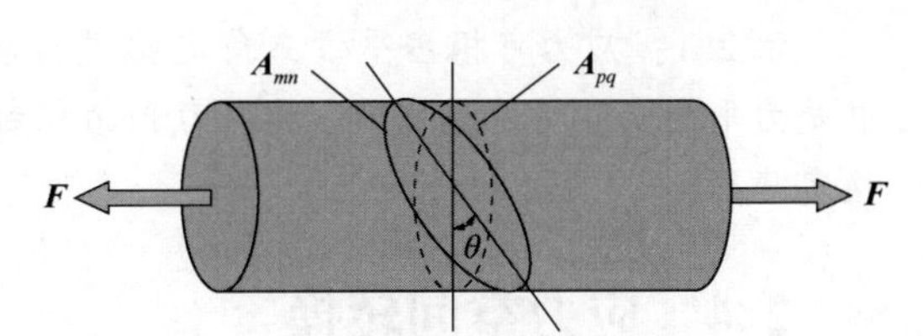

（A）施加在钢棒上的拉伸力

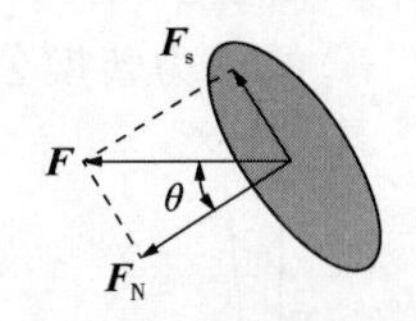

（B）平行和垂直于截面mn的投影力

图 2.3 在拉伸载荷 $\boldsymbol{F}$ 作用下的钢棒

因此，平面 mn 所受的法向应力和剪切应力分别为：

$$\sigma_{mn} = \frac{F_N}{A_{mn}} = \frac{F\cos\theta}{A_{pq}/\cos\theta} = \sigma_{pq}\cos^2\theta$$

$$\tau_{mn} = \frac{F_S}{A_{mn}} = \frac{F\sin\theta}{A_{pq}/\cos\theta} = \sigma_{pq}\sin\theta\cos\theta$$

引入下列恒等式：

$$2\sin\theta\cos\theta = \sin2\theta$$

$$\cos^2\theta = \frac{1}{2}(1+\cos2\theta)$$

$$\sin^2\theta = \frac{1}{2}(1-\cos2\theta)$$

上述方程可简化为(图 2.4)：

$$\begin{cases} \sigma_{mn} = \dfrac{1}{2}\sigma_{pq}(1+\cos2\theta) \\ \tau_{mn} = \dfrac{1}{2}\sigma_{pq}\sin2\theta \end{cases} \tag{2.3}$$

莫尔圆是说明法向应力和剪切应力之间的关系最简明的方法，其中，水平轴表示法向应力，垂直轴表示剪切应力，莫尔圆的直径即为平面 pq 所受的应力 σ_{pq}，如图 2.5 所示。通过旋转假想平面，可以得到剪切应力和法向应力的任意组合。莫尔圆用于确定主应力，并可结合莫尔—库仑破坏准则进行失效分析，这将在第 5 章“破坏准则”中详细介绍和讨论。

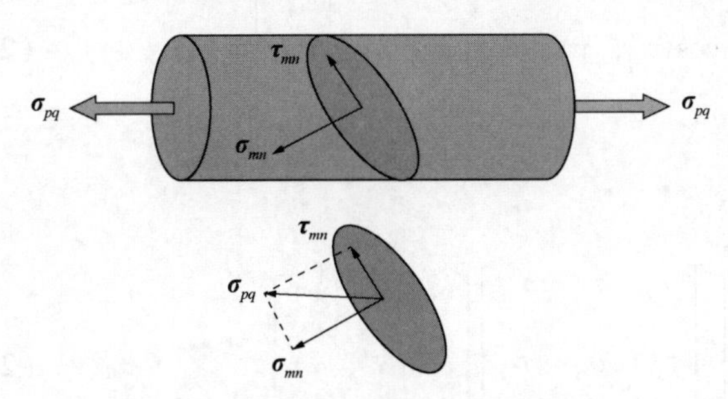

图 2.4 作用在钢棒上的法向应力和剪切应力

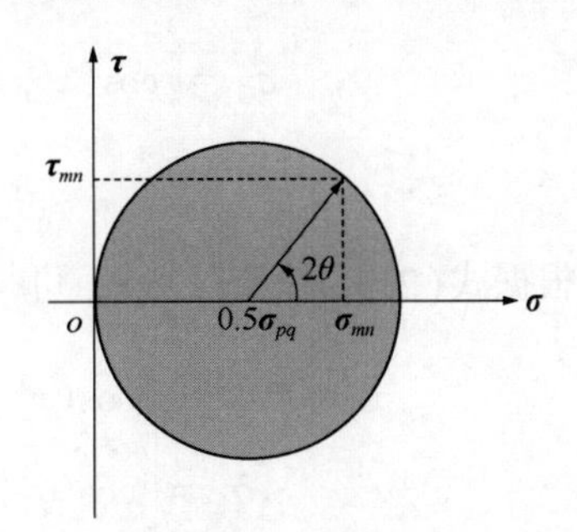

图 2.5 平面 pq 应力状态的莫尔圆

注 2.1：应力可根据平方三角定律进行转换，原因是(1)根据牛顿第二定律，转换标准是力平衡而不是应力平衡；(2)力和面积都必须在空间中进行变换，因此应采用平方变换定律。

2.4 应力空间转换

以上介绍了相同坐标系中应力的转换。下面介绍三维域中从坐标系(x，y，z)到新坐标系(x'，y'，z')的应力转换公式，如图 2.6 所示。

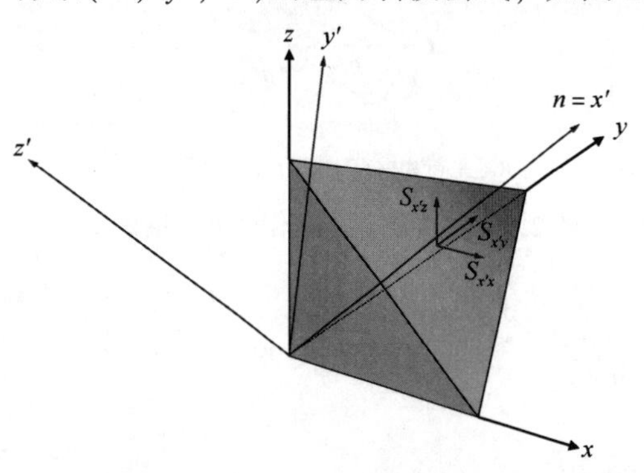

图 2.6 从一个坐标系到另一个坐标系的应力转换

转换分两步完成。首先，使旋转坐标系的 x'轴与剖切面法线 n 对齐，然后再计算应力分量(图 2.6)。

根据柯西变换定律，在旧坐标系的 x、y、z 轴上的作用力分量可写为：

$$\begin{bmatrix} S_{x'x} \\ S_{y'y} \\ S_{z'z} \end{bmatrix} = \begin{bmatrix} \sigma_x & \tau_{xy} & \tau_{xz} \\ \tau_{xy} & \sigma_y & \tau_{yz} \\ \tau_{xz} & \tau_{yz} & \sigma_z \end{bmatrix} \begin{bmatrix} \cos(x', x) \\ \cos(y', y) \\ \cos(z', z) \end{bmatrix} \tag{2.4}$$

然后，将作用力分量转换到新坐标系(x'，y'，z')中，表达为 $S_{x'y} \to S_{x'y'}$。

可以注意到，柯西变换定律类似于作用力分量的转换。剩下的是面积的转换，在完成面积转换的同时，可计算出新坐标系的各应力分量。

由于四面体处于平衡状态，利用牛顿第二定律，第一作用力分量可以表达为：

$$\sum F_{x'} = 0$$

或

$$S_{x'x'} = S_{x'x}\cos(x', x) + S_{x'y}\cos(x', y) + S_{x'z}\cos(x', z)$$

假设 $\sigma_{x'} \equiv S_{x'x'}$，上述方程可以认矩阵形式表示为：

$$\sigma_{x'} = \begin{bmatrix} \cos(x', x) & \cos(x', y) & \cos(x', z) \end{bmatrix} \begin{bmatrix} S_{x'x} \\ S_{x'y} \\ S_{x'z} \end{bmatrix} \tag{2.5}$$

根据式(2.4)和式(2.5)，可得出 $\sigma_{x'}$：

$$\sigma_{x'} = \begin{bmatrix} \cos(x', x) \\ \cos(y', y) \\ \cos(z', z) \end{bmatrix}^{\mathrm{T}} \begin{bmatrix} \sigma_x & \tau_{xy} & \tau_{xz} \\ \tau_{xy} & \sigma_y & \tau_{yz} \\ \tau_{xz} & \tau_{yz} & \sigma_z \end{bmatrix} \begin{bmatrix} \cos(x', x) \\ \cos(y', y) \\ \cos(z', z) \end{bmatrix} \tag{2.6}$$

式(2.6)给出了其中一个应力分量的一般应力转换关系。为了求得其他应力分量，将上述方法重复五次，最终的三维应力转换方程可写为：

$$[\boldsymbol{\sigma}]=[\boldsymbol{q}][\boldsymbol{\sigma}][\boldsymbol{q}]^{\mathrm{T}} \tag{2.7}$$

式中：

$$[\boldsymbol{\sigma}']=\begin{bmatrix}\sigma_{x'} & \tau_{x'y'} & \tau_{x'z'}\\ \tau_{x'y'} & \sigma_{y'} & \tau_{y'z'}\\ \tau_{x'z'} & \tau_{y'z'} & \sigma_{z'}\end{bmatrix}\text{和}[\boldsymbol{q}]=\begin{bmatrix}\cos(x',\ x) & \cos(x',\ y) & \cos(x',\ z)\\ \cos(y',\ x) & \cos(y',\ y) & \cos(y',\ z)\\ \cos(z',\ x) & \cos(z',\ y) & \cos(z',\ z)\end{bmatrix} \tag{2.8}$$

注2.2：常用应力转换方程推导过程十分复杂，可分为两个步骤完成：(1)求出新平面的作用力；(2)旋转坐标系。这相当于力平衡的情形，同时完成面积转换。

可以很容易地看出，方向余弦将满足式(2.9)：

$$\begin{cases}\cos^2(x',\ x)+\cos^2(x',\ y)+\cos^2(x',\ z)=1\\ \cos^2(y',\ x)+\cos^2(y',\ y)+\cos^2(y',\ z)=1\\ \cos^2(z',\ x)+\cos^2(z',\ y)+\cos^2(z',\ z)=1\end{cases} \tag{2.9}$$

例如，假设在坐标系$(x,\ y,\ z)$中应力已知，将该坐标系绕z轴旋转θ角得到第二个坐标系$(x',\ y',\ z')$，求在新坐标系中的应力。

这是一种二维情况，因为z轴保持不变，如图2.7所示。

根据式(2.8)和图2.7，可以得到：

$$\begin{array}{lll}(x',\ x)=\theta & (x',\ y)=90°-\theta & (x',\ z)=90°\\ (y',\ x)=90°+\theta & (y',\ y)=\theta & (y',\ z)=90°\\ (z',\ x)=90° & (z',\ y)=90° & (z',\ z)=0°\end{array}$$

假设$\cos(90°-\theta)=\sin\theta$、$\cos(90°+\theta)=-\sin\theta$，并将上述角度代入式(2.8)中，可得到以下变换矩阵：

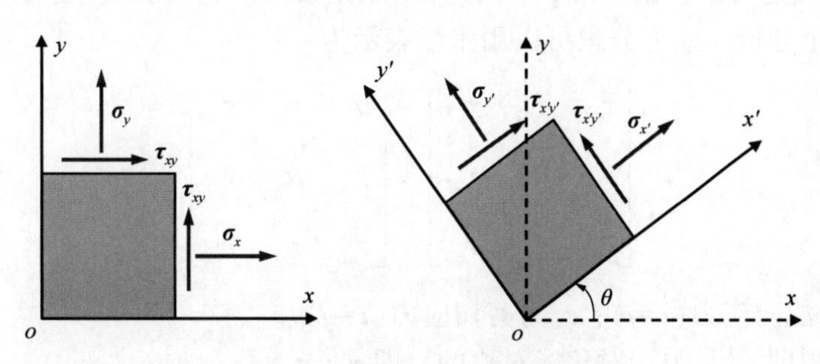

图2.7 变换前后的应力分量

$$[\boldsymbol{q}]=\begin{bmatrix}\cos\theta & \sin\theta & 0\\ -\sin\theta & \cos\theta & 0\\ 0 & 0 & 1\end{bmatrix} \tag{2.10}$$

根据式(2.7)，得出转换后的应力：

$$[\boldsymbol{\sigma}'] = \begin{bmatrix} \sigma_{x'} & \tau_{x'y'} & \tau_{x'z'} \\ \tau_{x'y'} & \sigma_{y'} & \tau_{y'z'} \\ \tau_{x'z'} & \tau_{y'z'} & \sigma_{z'} \end{bmatrix} = \begin{bmatrix} \cos\theta & \sin\theta & 0 \\ -\sin\theta & \cos\theta & 0 \\ 0 & 0 & 1 \end{bmatrix} \begin{bmatrix} \sigma_x & \tau_{xy} & \tau_{xz} \\ \tau_{xy} & \sigma_y & \tau_{yz} \\ \tau_{xz} & \tau_{yz} & \sigma_z \end{bmatrix} \begin{bmatrix} \cos\theta & \sin\theta & 0 \\ -\sin\theta & \cos\theta & 0 \\ 0 & 0 & 1 \end{bmatrix}^{\mathrm{T}} \tag{2.11}$$

转换后的应力分量为：

$$\begin{cases} \sigma_{x'} = \sigma_x \cos^2\theta + \tau_{xy}\sin 2\theta + \sigma_y \sin^2\theta \\ \sigma_{y'} = \sigma_x \sin^2\theta - \tau_{xy}\sin 2\theta + \sigma_y \cos^2\theta \\ \sigma_{z'} = \sigma_z \\ \tau_{x'y'} = -\dfrac{1}{2}\sigma_x \sin 2\theta + \tau_{xy}\cos 2\theta + \dfrac{1}{2}\sigma_y \sin 2\theta \\ \tau_{x'z'} = \tau_{xz}\cos\theta + \tau_{yz}\sin\theta \\ \tau_{y'z'} = -\tau_{xz}\sin\theta + \tau_{yz}\cos\theta \end{cases} \tag{2.12}$$

2.5 应力分量张量

张量是一种具有物理性质的算子，它满足一定的转换规律。空间中的张量有 3^n 个分量，其中 n 表示张量的阶。例如：(1)温度和质量是标量，表示为 $3^0=1$，有 1 个分量；(2)速度和力是矢量，表示为 $3^1=3$，有 3 个分量；(3)应力和应变是三维张量，表示为 $3^2=9$，有 9 个分量。应力分量可以用张量表示为：

$$\begin{bmatrix} \tau_{11} & \tau_{12} & \tau_{13} \\ \tau_{21} & \tau_{22} & \tau_{23} \\ \tau_{31} & \tau_{32} & \tau_{33} \end{bmatrix} \equiv \begin{bmatrix} \sigma_x & \tau_{xy} & \tau_{xz} \\ \tau_{yx} & \sigma_y & \tau_{yz} \\ \tau_{zx} & \tau_{zy} & \sigma_z \end{bmatrix} \tag{2.13}$$

式中：τ_{ij}为法向应力($i=j$)；τ_{ij}为剪切应力($i \neq j$)。

式(2.13)[1]中张量是关于对角线对称的，即 $\tau_{ij}=\tau_{ji}$。

式(2.11)定义了一般的三维应力变换，对于简单的计算来说似乎过于复杂。为了简便起见，根据式(2.7)，引入简化的张量表达式，如下：

[1] 原文为式(2.8)，原文有误——译者注。

$$\tau_{ij} = \sum_{k=1}^{3}\sum_{l=1}^{3}\tau_{kl}\,q_{ik}\,q_{lj} \tag{2.14}$$

例如，可用式(2.14)来表示$\sigma_x{}'$与未转换应力分量σ_x、σ_y、σ_z、τ_{xy}、τ_{xz}和τ_{yz}之间的关系，即用未转换应力分量σ_x、σ_y、σ_z、τ_{xy}、τ_{xz}和τ_{yz}表示$\sigma_x{}'$：

$$\sigma_{x'} = \tau_{1'1'} = \sum_{k=1}^{3}\sum_{l=1}^{3}\tau_{kl}\,q_{1k}\,q_{l1}$$

$$= \tau_{11}q_{11}^2 + \tau_{22}q_{21}^2 + \tau_{33}q_{31}^2 + 2\tau_{12}q_{11}q_{12} + 2\tau_{13}q_{11}q_{13} + 2\tau_{23}q_{21}q_{31}$$

或

$$\sigma_{x'} = \sigma_x\cos^2\theta + \sigma_y(-\sin\theta)^2 + \sigma_z\times 0^2 + 2\tau_{xy}\cos\theta\sin\theta +$$

$$2\tau_{xz}\cos\theta\times 0 + 2\tau_{yz}(-\sin\theta)\times 0$$

或

$$\sigma_{x'} = \sigma_x\cos^2\theta + \sigma_y\sin^2\theta + \tau_{xy}\sin 2\theta$$

上式与式(2.12)中给出的$\sigma_{x'}$的表达式相同。用同样的方法可得出转换后应力状态的其他应力分量。

2.6 应变空间转换

像应力一样，应变也可以进行空间转换。通过比较式(1.2)和式(1.6)可以看出，应力矩阵和应变矩阵具有相同的结构。这意味着，通过用ε替换σ，用$\gamma/2$替换τ，同样的变换方法可用于应变空间转换。因此，根据第2.3节和第2.4节中定义的应力变换方法，一般应变转换可表示为：

$$\varepsilon_{ij} = \sum_{k=1}^{3}\sum_{l=1}^{3}\varepsilon_{kl}\,q_{ik}\,q_{lj} \tag{2.15}$$

式中：方向余弦由式(2.7)给出。例如，可用式(2.15)来表示ε'_{xy}与未转换应变分量之间的关系，即：

$$\varepsilon'_{xy} = \frac{1}{2}\gamma'_{xy} = \varepsilon'_{12} = \sum_{k=1}^{3}\sum_{l=1}^{3}\varepsilon_{kl}\,q_{1k}\,q_{l2}$$

$$= \varepsilon_{11}q_{11}q_{12} + \varepsilon_{22}q_{12}q_{22} + \varepsilon_{33}q_{13}q_{33} +$$

$$\varepsilon_{12}(q_{11}q_{22} + q_{21}q_{12}) + \varepsilon_{13}(q_{11}q_{32} + q_{31}q_{12}) + \varepsilon_{23}(q_{21}q_{32} + q_{31}q_{23})$$

或

$$\varepsilon'_{xy} = \varepsilon_{11}\cos\theta\sin\theta + \varepsilon_{11}\sin\theta\cos\theta + \varepsilon_{11}\times 0\times 1 +$$

$$\varepsilon_{12}(\cos^2\theta - \sin^2\theta) + \varepsilon_{13}(\cos\theta\times 0 + 0\times\sin\theta) +$$

$$\varepsilon_{23}(-\sin\theta\times 0 + 0\times 0)$$

或

$$\varepsilon'_{xy}=\frac{1}{2}\gamma'_{xy}=\varepsilon_x\sin2\theta+\frac{1}{2}\gamma_{xy}\cos2\theta$$

例题 2.1 受力岩石表面的某点为平面应力状态，其中应力的大小和方向如下所示(本例中，负值表示拉伸力，正值表示压缩力)：

$$\sigma_x=-6600\text{psi}$$

$$\sigma_y=1700\text{psi}$$

$$\tau_{xy}=-2700\text{psi}$$

请确定作用在与原始单元成45°顺时针角的单元上的应力。

解：结合逆时针角度为正的规则，受力岩石单元的方向为顺时针 45°，即得到 $\theta=-45°$，如图 2.8 所示。

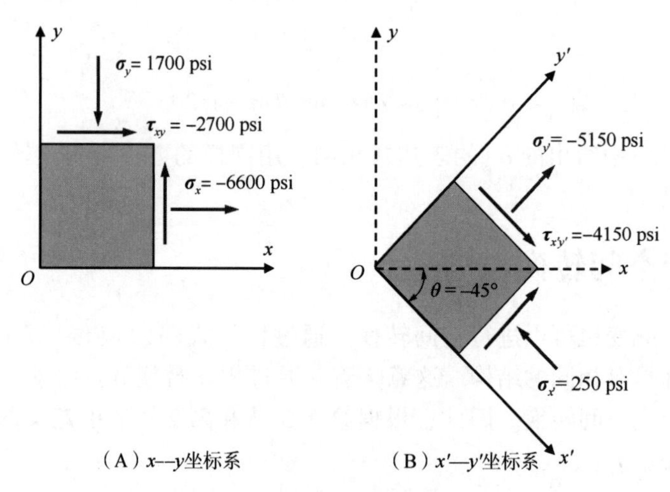

图 2.8 平面应力作用下的单元

根据式(2.12)，可以很容易地计算出新坐标系(x', y')中的应力，如下所示：

$$\sigma_x=-6600\times\cos^2-45°-2700\times\sin(2\times-45°)+1700\times\sin^2-45°$$

$$\sigma_{x'}=250\text{psi}$$

$$\sigma_{y'}=-6600\times\sin^2-45°+2700\times\sin(2\times-45°)+1700\ \cos^2-45°$$

$$\sigma_{y'}=-5150\text{psi}$$

$$\tau_{x'y'}=-\frac{1}{2}\times-6600\times\sin(2\times-45°)-2700\times\cos(2\times-45°)+$$

$$\frac{1}{2}\times1700\times\sin(2\times-45°)$$

$$\tau_{x'y'}=-4150\text{psi}$$

练习题

2.1 根据例题 2.1 中的平面应力状态，解释并说明如何验证新坐标系中应力结果的准确性？

2.2 根据式(2.14)，推导出$\sigma_{y'}$，$\sigma_{z'}$，$\tau_{x'y'}$，$\tau_{x'z'}$和$\tau_{y'z'}$的一般应力转换方程，并与式(2.12)进行比较。

2.3 根据式(2.15)，推导出$\varepsilon_{x'}$，$\varepsilon_{y'}$，$\varepsilon_{z'}$，$\varepsilon_{x'z'}$，和$\varepsilon_{y'z'}$一般应变转换方程。

2.4 平面应力单元承受的应力为$\sigma_x=52\text{MPa}$、$\sigma_y=31\text{MPa}$和$\tau_{xy}=21\text{MPa}$，如图2.9所示。请确定作用在与x轴成$\theta=30°$的单元上的应力。

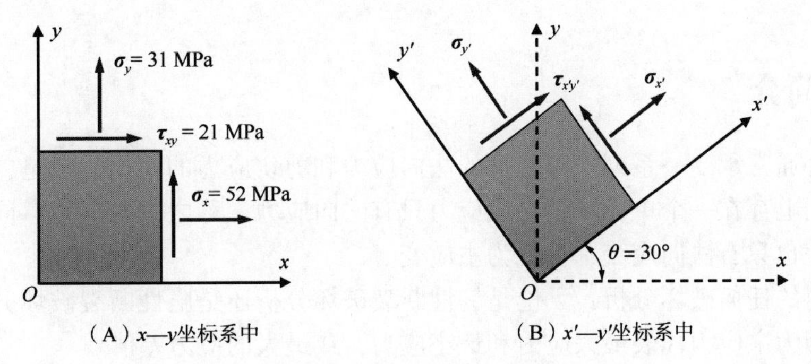

（A）x—y坐标系中　　（B）x′—y′坐标系中

图2.9 平面应力下的单元

2.5 根据式(2.8)中$[\boldsymbol{q}]$矩阵，求出其转换矩阵$[\boldsymbol{q}]^{\mathrm{T}}$，并推导出类似于式(2.9)的方向余弦方程。

第3章　主应力和偏应力及应变

3.1　简介

工程部件通常承受一系列外部施加的法向应力和剪切应力的作用，但是，在任何部件中的特定方向上存在一个单元，其合成应力只有法向应力，称之为主应力。同样，在某一特定的单元上也只有法向应变，称之为主应变。

对于材料的任何破坏分析，无论是韧性断裂破坏分析还是脆性断裂破坏分析，都要用到主应力，因为主应力代表最大应力和最小应力，或最大的应力差值。

大多数材料在承受静水力作用时很坚固，而在承受偏载荷时会发生破坏，因此，有必要将应力状态分为两类：平均静水应力状态和偏应力状态。偏应力等于总应力减去平均静水应力，平均静水应力代表一系列多孔材料(如岩石)的机械性能和应力性能，因此，偏应力状态是任何岩石材料破坏准则的重要参数。

本章将详细研究主应力、偏应力及其应变，旨在为第5章“破坏准则”中讨论破坏准则提供基础。

3.2　主应力

假设应力状态如式(1.3)所示的三维应力状态，当将应力在空间中转换到另一个方向时，应力分量将根据转换定律发生变化，应力矩阵也会有很大的差异。尽管它们描述的可能是相同的应力状态，致使应力的精确定义复杂化，使用主应力则可以避免这个问题。

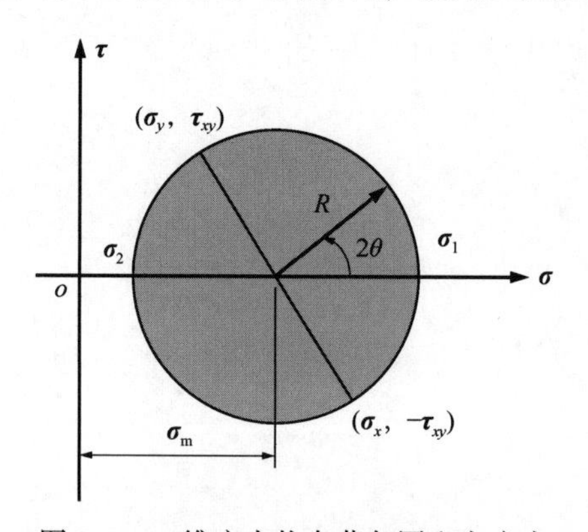

图3.1　二维应力状态莫尔圆和主应力

当坐标系旋转到一定方向时，所有剪切应力将变为零，将此时的法向应力定义为主应力。对于简单的二维应力状态，可以用图3.1所示的莫尔圆来说明。

注3.1：给定的二维应力状态莫尔圆的绘制：(1)沿法向应力轴标记σ_x和σ_y(将岩石材料的压缩应力视为正值)；(2)沿剪切应力轴标出对应于σ_y的τ_{xy}，对应于σ_x的$-\tau_{xy}$；(3)在两点之间画一条线，并以该斜线为直径画圆。

因此，主应力可定义为：

$$[\boldsymbol{\sigma}]=\begin{bmatrix}\sigma_x & \tau_{xy} & \tau_{xz}\\ \tau_{xy} & \sigma_y & \tau_{yz}\\ \tau_{xz} & \tau_{yz} & \sigma_z\end{bmatrix}=\begin{bmatrix}\sigma_1 & 0 & 0\\ 0 & \sigma_2 & 0\\ 0 & 0 & \sigma_3\end{bmatrix} \tag{3.1}$$

式(3.1)表示一组齐次线性方程组，将右侧矩阵移到左侧，并取行列式，可以得到主应力的求解行列式：

$$\begin{vmatrix}\sigma_x-\sigma & \tau_{xy} & \tau_{xz}\\ \tau_{xy} & \sigma_y-\sigma & \tau_{yz}\\ \tau_{xz} & \tau_{yz} & \sigma_z-\sigma\end{vmatrix}=0 \tag{3.2}$$

展开上述行列式，求解主应力，可得到一个三次方程，如下所示：

$$\sigma^3-I_1\sigma^2-I_2\sigma-I_3=0 \tag{3.3}$$

式中：

$$\begin{cases}I_1=\sigma_x+\sigma_y+\sigma_z\\ I_2=\tau_{xy}^2+\tau_{xz}^2+\tau_{yz}^2-\sigma_x\sigma_y-\sigma_x\sigma_z-\sigma_y\sigma_z\\ I_3=\sigma_x(\sigma_y\sigma_z-\tau_{yz}^2)-\tau_{xy}(\tau_{xy}\sigma_z-\tau_{xz}\tau_{yz})+\tau_{xz}(\tau_{xy}\tau_{yz}-\tau_{xz}\sigma_y)\end{cases} \tag{3.4}$$

I_1、I_2和I_3称为不变量。因为在给定的应力状态下，其值在不同方向的坐标系中保持不变。式(3.3)总是有三个实根，称为主应力，即σ_1、σ_2和σ_3($\sigma_1>\sigma_2>\sigma_3$)，也称为应力状态矩阵的特征值。

3.3 平均应力和偏应力

平均应力定义为：

$$\sigma_{\mathrm{m}}=\frac{1}{3}(\sigma_x+\sigma_y+\sigma_z) \tag{3.5}$$

可以将总应力定义为平均应力和偏应力之和，那么表示给定应力状态的式(1.3)可分解为：

$$\begin{bmatrix}\sigma_x & \tau_{xy} & \tau_{xz}\\ \tau_{xy} & \sigma_y & \tau_{yz}\\ \tau_{xz} & \tau_{yz} & \sigma_z\end{bmatrix}=\begin{bmatrix}\sigma_{\mathrm{m}} & 0 & 0\\ 0 & \sigma_{\mathrm{m}} & 0\\ 0 & 0 & \sigma_{\mathrm{m}}\end{bmatrix}+\begin{bmatrix}\sigma_x-\sigma_{\mathrm{m}} & \tau_{xy} & \tau_{xz}\\ \tau_{xy} & \sigma_y-\sigma_{\mathrm{m}} & \tau_{yz}\\ \tau_{xz} & \tau_{yz} & \sigma_z-\sigma_{\mathrm{m}}\end{bmatrix} \tag{3.6}$$

将应力分为两部分的原因是，许多破坏是由偏应力引起的。

很容易看出，偏应力实际上反映了剪切应力的大小。确定主偏应力也很重要，其求解方程与主应力求解式(3.2)相同，只要用 $\sigma_x-\sigma_m$ 代替 σ_x、$\sigma_y-\sigma_m$ 代替 σ_y、$\sigma_z-\sigma_m$ 代替 σ_z 即可，因此，偏差不变量可以通过替换主应力不变量式(3.4)中的法向应力分量来求得：

$$\begin{cases} J_1=0 \\ J_2=\dfrac{1}{6}\left[(\sigma_1-\sigma_2)^2+(\sigma_1-\sigma_3)^2+(\sigma_2-\sigma_3)^2\right] \\ J_3=I_3+\dfrac{1}{3}I_1I_2+\dfrac{2}{27}I_1^3 \end{cases} \tag{3.7}$$

注 3.2：上述不变量的物理解释是，任何应力状态均可分解为静水应力分量和偏应力分量。静水应力分量导致物体体积变化，但不会导致形状变化；偏应力分量则是引起物体形状变化和剪切应力增大的原因。

J_2 通常用于计算材料的剪切强度，称为冯·米塞斯破坏理论。这将在第 5 章“破坏准则”中讨论。

3.4 主应力的一般解释

以下将讨论主应力的三种几何描述。

如果三个主应力都相等，则不存在剪切应力，这意味着主应力存在于各个方向。如果在空间中绘制应力状态图，则显示为如图 3.2 所示的球体，称为静水应力状态。

当两个主应力相等但不等于第三个主应力时，情况会比较复杂一点，与第三个主应力分量正交的平面将具有对称性，该应力状态的几何描述如图 3.3 所示。

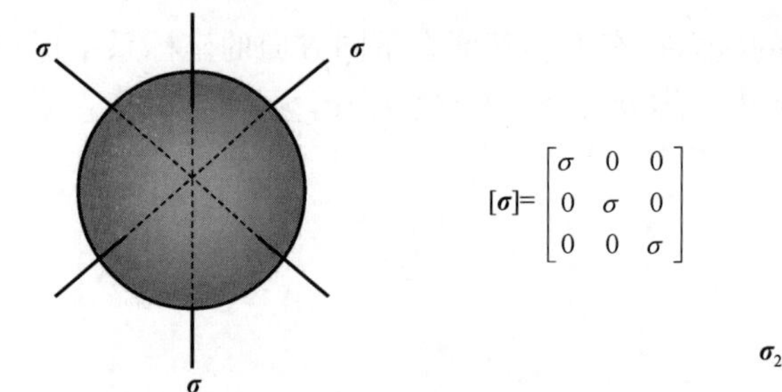

图 3.2　等主应力的静水应力状态

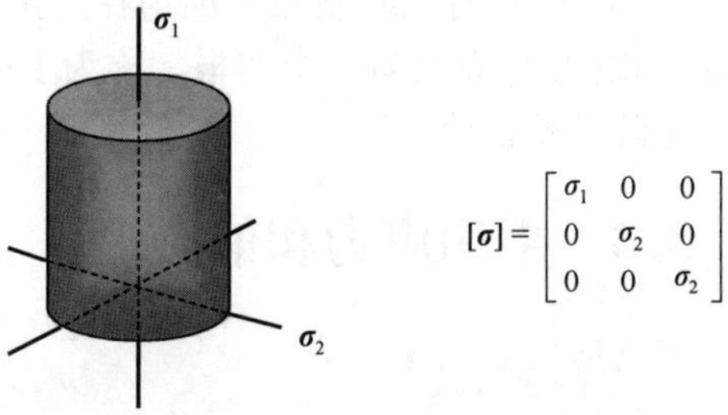

$$[\sigma]=\begin{bmatrix}\sigma_1 & 0 & 0\\ 0 & \sigma_2 & 0\\ 0 & 0 & \sigma_2\end{bmatrix}$$

图 3.3　两个主应力相等的几何描述

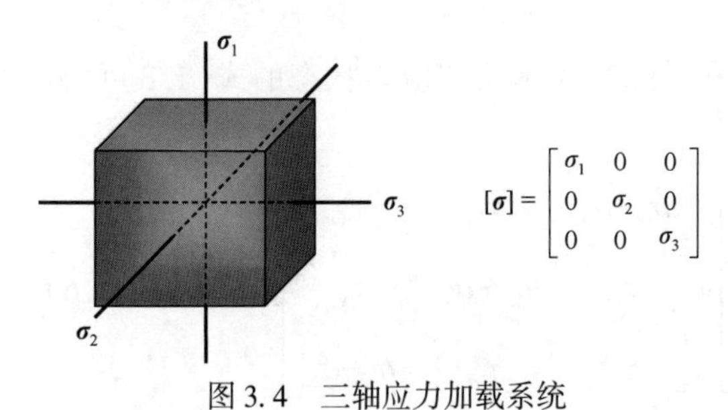

图 3.4　三轴应力加载系统

在实验室进行圆柱体岩心试验时，通常使用图 3.3 中的圆柱形应力状态。稍后，将说明这种应力状态也经常用于井筒不稳定性分析。

第三种应力状态是所谓的三轴应力状态，在这种情况下，所有主应力具有不同的大小，如图 3.4 所示。

注 3.3：可以观察到，在静水应力状态下没有剪切应力，剪切应力显示为法向应力轴上的一个点，因此可以得出结论：(1) 当主应力不相等时，会产生剪切应力；(2) 受压缩作用的流体处于静水平衡状态；(3) 静止的流体不能传递剪切应力。

3.5 二维应力分析

在二维加载荷情况下，沿 z 轴的应力为零，欲求主应力。在这种情况下，应力 $\sigma_z = \tau_{xz} = \tau_{yz} = 0$，式(1.3)可简化为：

$$[\boldsymbol{\sigma}] = \begin{bmatrix} \sigma_x & \tau_{xy} & 0 \\ \tau_{xy} & \sigma_y & 0 \\ 0 & 0 & 0 \end{bmatrix} = \begin{bmatrix} \sigma_x & \tau_{xy} \\ \tau_{xy} & \sigma_y \end{bmatrix} \tag{3.8}$$

式(3.4)也可以简化为：

$$\begin{cases} I_1 = \sigma_x + \sigma_y \\ I_2 = \tau_{xy}^2 - \sigma_x \sigma_y \\ I_3 = 0 \end{cases} \tag{3.9}$$

主应力方程变为：

$$\sigma(\sigma^2 - I_1\sigma - I_2) = 0$$

或

$$\sigma^2 - (\sigma_x + \sigma_y)\sigma - (\tau_{xy}^2 - \sigma_x\sigma_y) = 0$$

这是一个二次方程，其两个根为：

$$\sigma_{1,2} = \frac{1}{2}(\sigma_x + \sigma_y) \pm \sqrt{\frac{1}{4}(\sigma_x - \sigma_y)^2 + \tau_{xy}^2} \tag{3.10}$$

式中：σ_1 和 σ_2 分别为最大主应力和最小主应力。

式(3.10)实际上是莫尔圆方程，如图 3.5 所示。

根据第 2 章“应力和应变的转换”介绍的方法，可推导出二维加载情况下的应力变换方程。图 3.6A 所示为一个在两个方向受力的单位体积立方体，其内有一个任意的平面，与垂直方向成 θ 角，利用第 2.3 节介绍的方法可以求出作用在倾斜面上的法向应力和剪切应力。

如图 3.6B 所示，图中所有作用力必须处于平衡状态，因此可以写出垂直于该平面和平行于该平面的力平衡等式。

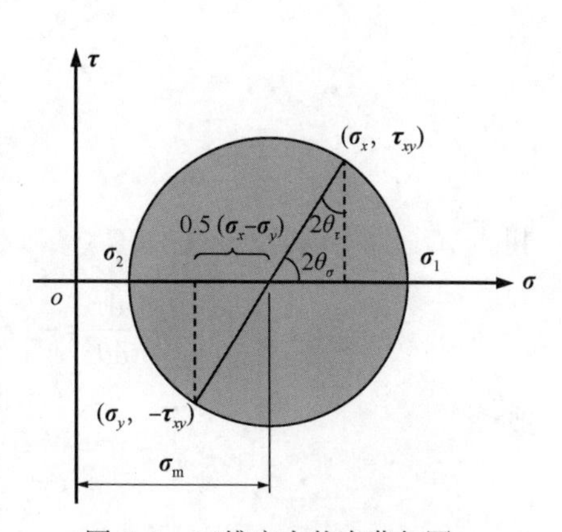

图 3.5 二维应力状态莫尔圆

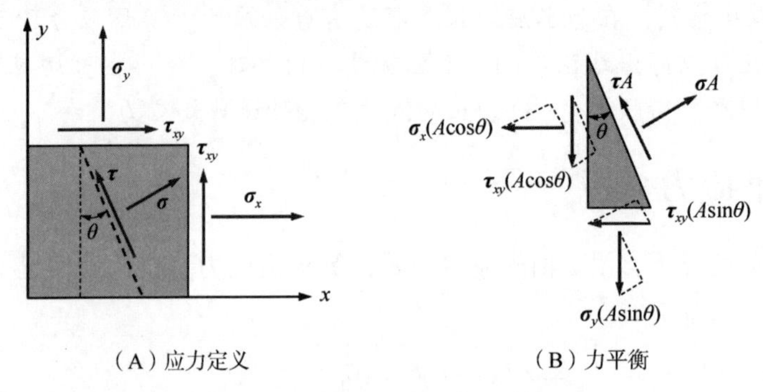

（A）应力定义　　（B）力平衡

图 3.6　作用在立方体上的二维应力

垂直于该平面的力平衡等式为：

$$\sigma A-\sigma_y(A\sin\theta)\sin\theta-\sigma_x(A\cos\theta)\cos\theta-\tau_{xy}(A\cos\theta)\sin\theta-\tau_{xy}(A\sin\theta)\cos\theta=0$$

由此可得出平面法向应力为：

$$\sigma=\frac{\sigma_x+\sigma_y}{2}+\frac{\sigma_x-\sigma_y}{2}\cos2\theta+\tau_{xy}\sin2\theta \tag{3.11}$$

平行于该平面的力平衡等式为：

$$\tau A-\tau_{xy}(A\cos\theta)\cos\theta+\sigma_x(A\cos\theta)\sin\theta+\tau_{xy}(A\sin\theta)\sin\theta-\sigma_y(A\sin\theta)\cos\theta=0$$

由此可推导出平面剪切应力为：

$$\tau=\tau_{xy}\cos2\theta-\frac{\sigma_x-\sigma_y}{2}\sin2\theta \tag{3.12}$$

式(3.11)和式(3.12)描述平面上的应力状态。现在，分别研究其解的极值特性。

假定角度 θ_p 为最大法向应力的角度或主平面方向，θ_s 为最大正、负剪切应力的角度或方向，对式(3.11)和式(3.12)微分，可得出：

$$\frac{d\sigma}{d\theta_p}=-(\sigma_x-\sigma_y)\sin2\theta_p+2\tau_{xy}\cos2\theta_p=0$$

或

$$\tan2\theta_p=\frac{2\tau_{xy}}{\sigma_x-\sigma_y} \tag{3.13}$$

和

$$\frac{d\tau}{d\theta_s}=-2\tau_{xy}\sin2\theta_s-(\sigma_x-\sigma_y)\cos2\theta_s=0$$

或

$$\tan2\theta_s=\frac{\sigma_x-\sigma_y}{2\tau_{xy}} \tag{3.14}$$

显然，$\tan 2\theta_p$ 与 $\tan 2\theta_s$ 互为倒数，因此，两者之间存在如下关系：

$$\theta_p = 45° \pm \theta_s \tag{3.15}$$

这是一个非常重要的结论，式(3.15)表明：最大剪切应力平面与主平面成45°，这可以在图3.7所示的韧性和脆性钢筋拉伸试验中观察到，由此产生的破坏通常为约45°的锥形。

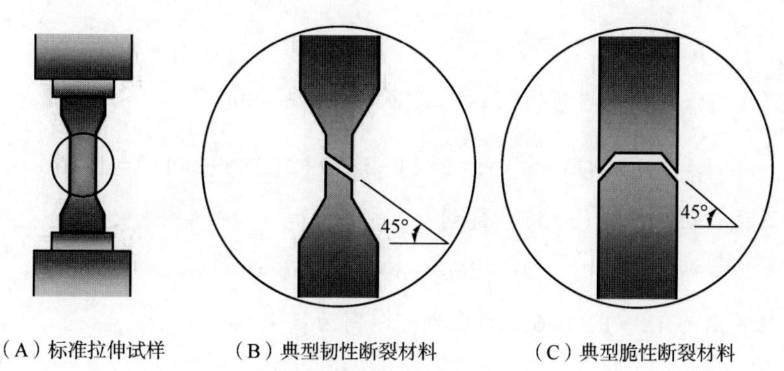

图3.7 韧性和脆性材料拉伸试验

利用式(3.15)，可以推导出最大剪切应力表达式如下：

$$\tau_{max} = \sqrt{\left(\frac{\sigma_x - \sigma_y}{2}\right)^2 + \tau_{xy}^2} \tag{3.16}$$

此外，也可利用主应力计算最大剪切应力，其表达式为：

$$\tau_{max} = \frac{\sigma_1 - \sigma_2}{2} \tag{3.17}$$

注3.4：最大剪切应力等于主应力差的$\frac{1}{2}$。

由第5章“破坏准则”知道，一般来说，岩石都具有剪切强度，表现为内摩擦力，这在莫尔—库仑剪切强度准则中也需考虑，在这种情况下，破坏角度将是不同的。

3.6 应变特性

在第2章“应力和应变的转换”中介绍，通过用 ε 替换 σ，用 $\gamma/2$ 替换 τ，可以采用与应力转换相同的方法来转换应变。同样的方法，可用于转换主应变、静水力应变和偏应变以及应变不变量。

图3.8所示的应变莫尔圆与图3.1所示的应力莫尔圆类似，最重要的区别是，在图3.8中，纵坐标为总剪切应变的$\frac{1}{2}$。

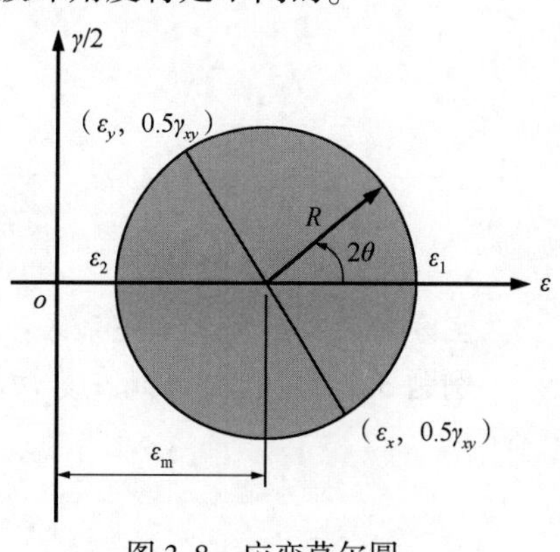

图3.8 应变莫尔圆

例题 3.1 给定的应力状态矩阵如下，请确定主应力。

$$[\boldsymbol{\sigma}]=\begin{bmatrix}14 & 2 & 2\\ 2 & 11 & 5\\ 2 & 5 & 11\end{bmatrix}$$

解：3 个不变量为：

$$l_1=14+11+11=36$$

$$l_2=2^2+2^2+5^2-14\times11-14\times11-11\times11=-396$$

$$l_3=14(11\times11-5^2)-2(2\times11-2\times5)+2(2\times5-2\times11)=1296$$

将 3 个不变量值代入式(3.3)，得到：

$$\sigma^3-36\sigma^2+396\sigma-1296=0$$

上述方程的根为 18、12 和 6，主应力可以写为：

$$[\boldsymbol{\sigma}]=\begin{bmatrix}18 & 0 & 0\\ 0 & 12 & 0\\ 0 & 0 & 6\end{bmatrix}$$

将主应力值代入下列方程，可得到相应主应力的方向。方向是矩阵的特征向量，对应于上面给出的特征值。

$$\begin{bmatrix}(\sigma_x-\sigma_i) & \tau_{xy} & \tau_{xz}\\ \tau_{xy} & (\sigma_y-\sigma_i) & \tau_{yz}\\ \tau_{xz} & \tau_{yz} & (\sigma_z-\sigma_i)\end{bmatrix}\begin{bmatrix}n_{i1}\\ n_{i2}\\ n_{i3}\end{bmatrix}=[\mathbf{0}]$$

代入上述三个主应力值，得到主(应力)方向余弦：

$$n_{11}=n_{12}=n_{13}=\frac{1}{\sqrt{3}}\quad n_{31}=0$$

$$n_{21}=\frac{2}{\sqrt{6}}\qquad n_{32}=-\frac{1}{\sqrt{2}}$$

$$n_{22}=n_{23}=-\frac{1}{\sqrt{6}}\qquad n_{33}=\frac{1}{\sqrt{2}}$$

主方向余弦满足三角关系式：$n_{i1}{}^2+n_{i2}{}^2+n_{i3}{}^2=1$

例题 3.2 黏土样品正在剪切箱中进行试验，测量值如下：

$$\varepsilon_x=0$$

$$\varepsilon_y=0.8\%$$

$$\gamma_{xy}=0.6\%$$

请确定主应变及其方向。

解：结果如图 3.9 所示。

从图 3.9 可以看出，测量值与主应变之间的二倍角为 37°[1]，这意味着主应变从垂直方向倾斜 18.5°，如图 3.10 所示。

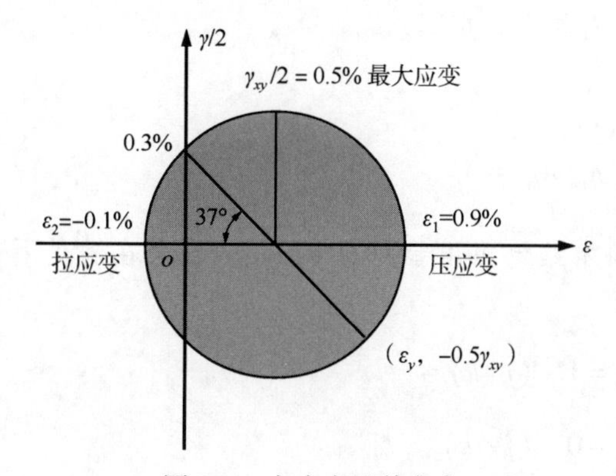

图 3.9 主应变及其方向

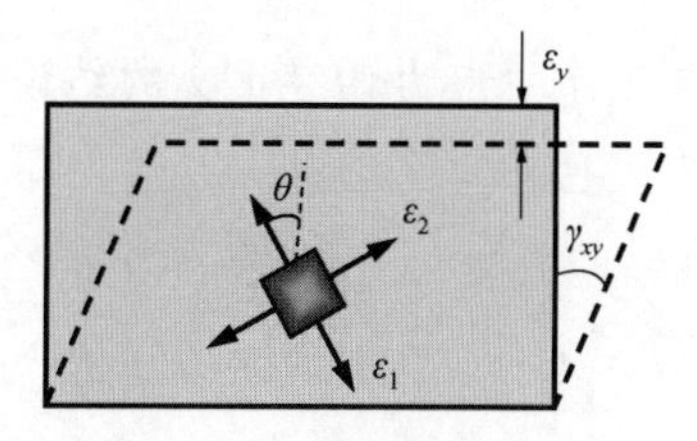

图 3.10 主应变及其方向

练习题

3.1 请说明以下问题：下述两个应力矩阵实际上表示相同的应力状态，其差异是由于坐标系方向不同造成的。

$$[\boldsymbol{\sigma}]=\begin{bmatrix}14 & 2 & 2\\ 2 & 11 & 5\\ 2 & 5 & 11\end{bmatrix}\quad [\boldsymbol{\sigma}]=\begin{bmatrix}15 & -\sqrt{3} & \sqrt{6}\\ -\sqrt{3} & 9 & -3\sqrt{2}\\ \sqrt{6} & -3\sqrt{2} & 12\end{bmatrix}$$

3.2 下述为脆性砂岩压缩试验的数据矩阵：

$$[\boldsymbol{\sigma}]=\begin{bmatrix}100 & 20\\ 20 & 30\end{bmatrix}$$

a. 样品断裂面与轴成 45°，其物理意义是什么？

b. 绘制数据的莫尔圆，确定主应力和最大剪切应力。

3.3 下述为岩土工程试验结果的应力状态矩阵，单位为 kN/m^2(kPa)，坐标系为(x, y, z)。

$$[\boldsymbol{\sigma}]=\begin{bmatrix}90 & -30 & 0\\ -30 & 120 & -30\\ 0 & -30 & 90\end{bmatrix}$$

[1] 原书图 3.9 中的 30°应改为 37°，本书已改——译者注。

a. 请确定主应力。

b. 请确定平均应力和第二偏差不变量。

c. 请将应力矩阵分解为静水力应力分量和偏应力分量。

d. 确定最大剪切应力及其大致方向。

e. 如果坐标系绕 z 轴旋转 45°，请给出其应力矩阵。

3.4 计算方向余弦的标量积

$$\sum_{m=1}^{3} n_{jm} n_{km} = \delta_{jk}$$

推导三个主应力始终正交的结论。将本结论应用于练习题 3.3，证明在满足下述条件下主应力方向是正交的：

$$\begin{cases} \delta_{jk}=1 & (j=k) \\ \delta_{jk}=0 & (j\neq k) \end{cases}$$

3.5 在(x, y)坐标系中二维应力状态如下：

$$\sigma_x=2500, \quad \sigma_y=5200, \quad \tau_x=3700$$

假设所有应力以 psi 为单位，张力为正。

a. 求主应力的大小和方向，并用莫尔圆说明。

b. 求最大剪切应力的大小和方向，并在问题 a 得出的莫尔圆中表示出来。

3.6 下述为一个三维应力状态，应力单位为 MN/m^2(MPa)，假设压缩为正。

$$\sigma_{xx}=20.69, \quad \sigma_{yy}=13.79, \quad \tau_{xy}=0$$

$$\sigma_{zz}=27.59, \quad \tau_{zx}=0, \quad \tau_{yz}=17.24$$

a. 求主应力的大小和方向，并将结果绘制在莫尔圆中。

b. 请确定在三维坐标系(x', y', z')中(绕旧坐标系的 z 轴逆时针旋转 x 轴和 y 轴 30°)的应力状态，并绘制出旧坐标系和新坐标系。

第 4 章　弹性力学理论

4.1　简介

许多工程部件在使用过程中会受到各种载荷的作用，例如，飞机机翼要承受升力和阻力的作用，地层岩石承受孔隙压力、原地应力和钻头施加的力的作用。在这种情况下，必须知道工程部件材料的基本属性，防止因产生过大的变形而导致破坏。这一基本属性是通过应力—应变关系来表述。

线性弹性力学，是弹性理论的一个重要分支。它是一门研究作用力(应力)和在力作用下产生的变形(应变)之间线性关系的科学，适用于大多数完全弹性或部分弹性的物体，在机械加工部件、工程结构的设计，以及遭受人类活动干扰的自然系统的完整性分析中起着重要作用。

本章将讨论线性弹性力学基本原理和相关的应力—应变方程，为第 5 章“破坏准则”提供基础。

4.2　材料的机械性能

应变的大小取决于施加的荷载或应力的大小。在固体力学中，应力是关键参数，但应力不能直接测量，通常只能现场或实验室测得应变(变形)后，经过换算得到应力值。

许多材料受很小的拉伸力或压缩力的作用时，其应力和应变呈比例方式变化，是一种简单的线性关系，如图 4.1“弹性变形”所示。

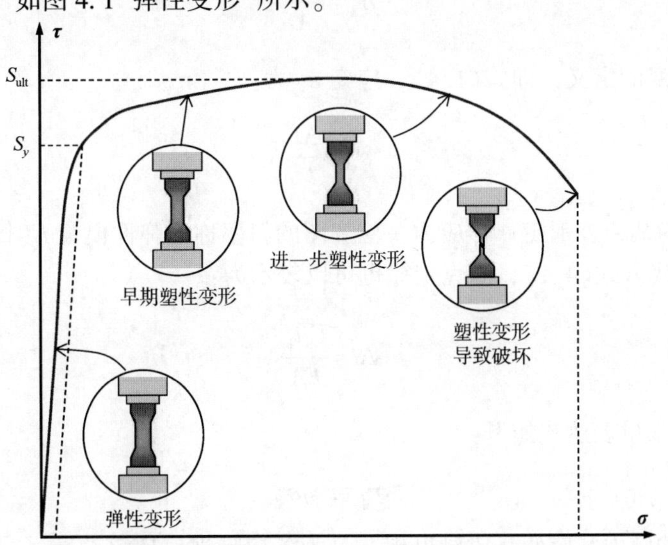

图 4.1　材料从加载开始到断裂的典型应力—应变关系曲线(Callister，2000)

但应力—应变(作用力—变形)关系并不总是简单的线性关系，不同性质的材料、不同的几何结构，应力—应变关系各不相同。应力—应变关系，也称为本构关系，通常是通过经验建立的。

图 4.2A 所示为受拉力作用的金属杆，初始长度为 l_o，施加轴向载荷后，拉伸长度 $\Delta l=l-l_o$。可以看出，杆在轴向上拉长，由于体积基本保持不变，中间部分会变细。

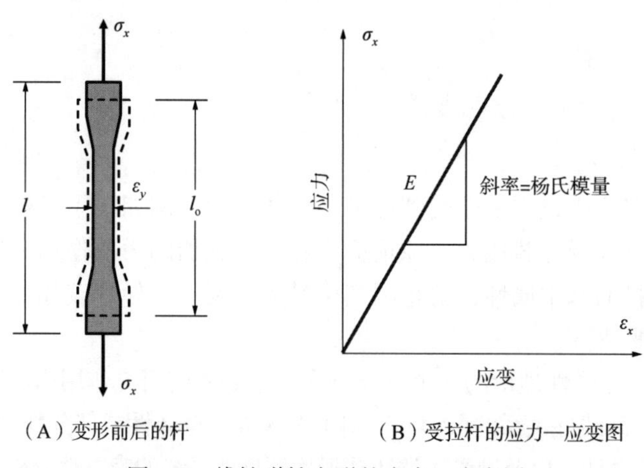

（A）变形前后的杆　　（B）受拉杆的应力—应变图

图 4.2　线性弹性变形的应力—应变图

4.3　胡克定律

由图 4.2B 知，应力和应变之间存在线性关系，可用下式表示：

$$\sigma_x = E\varepsilon_x \tag{4.1}$$

式中：

$$\sigma_x = \frac{F_x}{A}$$

根据工程应变的定义，即式(1.4)，应变 ε_x 为：

$$\varepsilon_x = \frac{\Delta l}{l_o}$$

式(4.1)称为胡克变形定律，应力—应变图的斜率称为弹性模量 E(杨氏模量)。

将 σ_x 和 ε_x 代入式(4.1)，胡克定律也可以表示为：

$$\Delta l = \frac{F_x l_o}{EA} \tag{4.2}$$

胡克定律的张量表达式如下：

$$\sigma_{ij} = L_{ijkl}\varepsilon_{kl} \tag{4.3}$$

式(4.3)中的应力和应变是成对出现并且为各向异性。应该注意，最简单的性能用上述公式时也可能出现复杂及难于求解的情况。

横向应变 ε_y 与轴向应变 ε_x 之比定义为泊松比，表示为：

$$\nu = -\frac{\varepsilon_y}{\varepsilon_x} \tag{4.4}$$

4.4 剪切胡克定律

材料的剪切性能可通过剪切试验或扭转试验等方法进行评估。与常规拉伸试验(图4.1)绘制材料的应力—应变曲线图一样，可以绘制出剪切应力—剪切应变曲线图，即所谓的剪切应力—剪切应变关系。

根据应力—应变曲线，可以确定诸如弹性模量、屈服强度和极限强度等机械性能参数。材料的剪切机械性能也可根据剪切应力—剪切应变图进行估算，它通常约为同类拉伸机械性能参数值大小的一半。

与拉伸试验得出的应力—应变曲线图一样，许多材料的剪切应力—剪切应变曲线图的初始部分也是一条直线，表现为线性弹性性能。剪切应力和剪切应变成正比，可以用类似于式(4.1)的形式表示：

$$\tau = G\gamma \tag{4.5}$$

式中：τ 为剪切应力；G 为剪切模量或刚度模量；γ 为剪切应变。

式(4.5)就是一维剪切胡克定律。

4.5 结构分析

结构可分为两大类：(1)静定结构；(2)超静定结构。静定结构的特点是，只需用自由体图和平衡方程就能确定其反作用力和内力。超静定结构则更为复杂，其反作用力和内力的估算，仅用平衡方程无法解决，还必须利用与结构变形/位移相关的方程。

超静定结构必须满足下述方程，并且必须同时求解。

平衡方程：该方程源于自由体图，表示作用力、反作用力和内力之间的关系。

相容方程：该方程表示尺寸变化必须与边界条件相容。

本构关系(应力—应变方程)：表示作用力(应力)和变形/位移(应变)之间的关系。如前所述，根据材料属性的不同，本构关系有多种形式。

4.6 非弹性力学理论

参考弹性体的定义，即弹性体内任意点的应变与应力呈线性关系，并且完全由应力决定。而非弹性体的简明定义是：应力—应变关系是非线性的，因为材料的性能可能会受其他一些因素的影响。

非弹性力学理论非常复杂，在很大程度上取决于材料的性能。然而，由于很多材料以屈服强度点为界分为两个截然不同的区域，即弹性区域和非弹性区域，因此可以通过连续介质函数来简化非弹性力学理论，建立覆盖弹性和非弹性区域的应力—应变近似关系式。

根据该模型，应力—应变关系近似为两条直线，一条直线的斜率为 E，即胡克定律式(4.1)定义的斜率，另一条直线的斜率为 αE，其表达式如下：

$$\sigma_x=(1-\alpha)S_y+\alpha E\,\varepsilon_x \tag{4.6}$$

式中：S_y 为屈服强度；E 为弹性模量；α 为应变硬化系数。

线性化弹性和非弹性关系具有许多优点，特别是它给出了明确的数学公式，可应用于大多数场合。但在某些特定情况下，需要使用成分更为复杂的材料时，则其应力—应变关系在很大程度上取决于材料的变形。

4.7 岩石本构关系

第 4.2 节介绍了金属材料常见的线性应力—应变模型。然而，应注意的是，在大载荷下，金属材料可能在破坏前屈服。对于某些应用场合，需要更精确的应力—应变关系表达式，因此，第 4.6 节介绍了金属材料非弹性变形的简化线性应力—应变模型。

岩石的性能类似于脆性金属材料，也就是说，它们在小荷载下呈弹性，但在大荷载下呈非线性或塑性。弹性和非弹性组合模型可应用于岩石等许多材料，且具有合理的精度。然而，对于某些岩石材料，可能需要使用更精确的模型。图 4.3 所示为不同本构关系示意图，可以用来描述许多材料的应力—应变关系，其中图 4.3C 最适用于岩石。

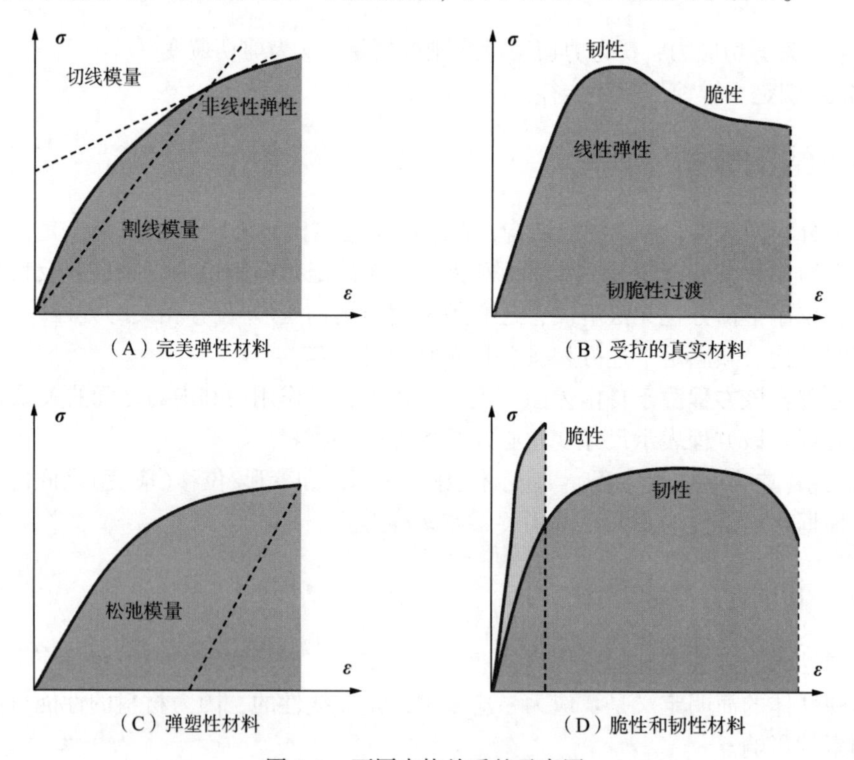

（A）完美弹性材料　（B）受拉的真实材料

（C）弹塑性材料　（D）脆性和韧性材料

图 4.3　不同本构关系的示意图

真实岩石具有各向异性的特性，通常表现为非线性弹性，即随时间变化的蠕变和弹塑性变形。然而，一般不知道真实岩石的所有参数，在建模时，通常假设岩石是线弹性、各向同性和均质的。如果全部考虑真实的岩石特性，数学公式就会变得十分复杂，另外，岩石性能也与实验室测量和后续分析的准确性有关。

注 4.1：如果在岩石的力学分析中使用简化的线弹性关系，则在利用力学分析得到的应力数据进行破坏(断裂)分析时，也应使用线弹性关系，以保证分析模型的一致性。

如果采用线弹性模型，那么在三维应力状态下，其 x 轴方向的本构关系可由式(4.7)给出：

$$\varepsilon_x=\frac{1}{E}\sigma_x-\frac{\nu}{E}\sigma_y-\frac{\nu}{E}\sigma_z \tag{4.7}$$

式中：x 轴方向上的应变 ε_x 由三个正交方向的应力(法向应力)引起。同理可以给出 y 轴和 z 轴方向的应变和剪切应变的类似表达式。因此，本构关系可以用法向应变和法向应力两个矩阵表示：

$$\begin{bmatrix}\varepsilon_x\\ \varepsilon_y\\ \varepsilon_z\end{bmatrix}=\frac{1}{E}\begin{bmatrix}1 & -\nu & -\nu\\ -\nu & 1 & -\nu\\ -\nu & -\nu & 1\end{bmatrix}\begin{bmatrix}\sigma_x\\ \sigma_y\\ \sigma_z\end{bmatrix}$$

或

$$[\boldsymbol{\varepsilon}]=\frac{1}{E}[\boldsymbol{K}][\boldsymbol{\sigma}] \tag{4.8}$$

使用相同的方法，剪切胡克定律即方程(4.4)可以扩展应用于三维应力状态，即：

$$\begin{bmatrix}\gamma_{xy}\\ \gamma_{yz}\\ \gamma_{xz}\end{bmatrix}=\frac{1}{G}\begin{bmatrix}\tau_{xy}\\ \tau_{yz}\\ \tau_{xz}\end{bmatrix} \tag{4.9}$$

其中剪切模量 G 与弹性模量 E 有关，其关系式为：

$$G=\frac{E}{2(1+\nu)} \tag{4.10}$$

式(4.8)的两边乘以$[\boldsymbol{K}]$的逆矩阵，本构关系可表示为：

$$[\boldsymbol{\sigma}]=E[\boldsymbol{K}]^{-1}[\boldsymbol{\varepsilon}]$$

求出$[\boldsymbol{K}]$的逆矩阵，则应力可以用式(4.11)计算：

$$\begin{bmatrix}\sigma_x\\ \sigma_y\\ \sigma_z\end{bmatrix}=\frac{E}{(1+\nu)(1-2\nu)}\begin{bmatrix}1-\nu & \nu & \nu\\ \nu & 1-\nu & \nu\\ \nu & \nu & 1-\nu\end{bmatrix}\begin{bmatrix}\varepsilon_x\\ \varepsilon_y\\ \varepsilon_z\end{bmatrix} \tag{4.11}$$

注 4.2：三维本构关系适用于从应力松弛状态开始或从初始应力状态开始加载的任何

结构。岩石力学大多应用于从初始应力状态变化而来的应力状态。

例题 4.1 给直径为 0.4in 的圆柱形岩石施加轴向压缩应力，如果变形完全在弹性区域内，请确定其直径变化为 10^{-4}in 时所需的载荷大小。假设岩石弹性模量为 $E=9\times10^6$psi，泊松比 $\nu=0.25$。

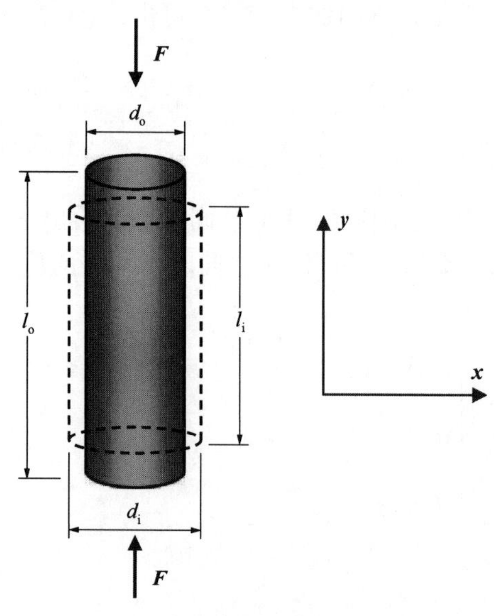

图 4.4 轴向压缩力作用下固体岩石的线性变形

解：图 4.4 所示为圆柱形岩石在两个方向上的变形，也就是说，沿 y 轴方向缩短，沿 x 轴方向扩大（直径增加 10^{-4}in），即：

$$\varepsilon_x=\frac{\Delta d}{d}=\frac{d_i-d_o}{d_o}=\frac{10^{-4}\text{in}}{0.4\text{in}}=2.5\times10^{-4}\frac{\text{in}}{\text{in}}=250\frac{\mu\text{in}}{\text{in}}$$

根据式（4.3），计算沿 y 轴方向的应变：

$$\varepsilon_y=-\frac{\varepsilon_x}{\nu}=-\frac{2.5\times10^{-4}}{0.25}=-10^{-3}\frac{\text{in}}{\text{in}}=-1000\frac{\mu\text{in}}{\text{in}}$$

说明圆柱形岩石的轴向压缩比侧向膨胀大 4 倍。

根据胡克定律，即式（4.1），计算施加的应力：

$$\sigma_y=E\varepsilon_y=(9\times10^6\text{psi})\times\left(-0.001\frac{\text{in}}{\text{in}}\right)$$
$$=-9000\text{psi}=-9\text{ksi}$$

式中：$1\text{ksi}=10^3\text{psi}$。

最后，所施加的载荷可用 $F=\sigma_y A_o$ 求得，其中，实心圆柱形岩石截面积 A_o 为：

$$A_o=\frac{\pi d_o^2}{4}=\frac{\pi\times0.4^2\text{in}^2}{4}=0.126\text{in}^2$$

因此，求得压缩载荷为：

$$F=\sigma_y A_o=9000\text{psi}\times0.126\text{in}^2=9000\frac{\text{lbf}}{\text{in}^2}\times0.126\text{in}^2=1130.98\text{lbf}\approx1131\text{lbf}$$

练习题

4.1 垂直混凝土管柱受到轴向力 $F=1.2$kN 的压缩作用，混凝土管柱长度 $L=1.0$m、外径 $d_{out}=15$cm、内径 $d_{in}=10$cm，如图 4.5 所示。假设混凝土弹性模量 $E=25$GPa，泊松比 $v=0.18$，请确定：

a. 混凝土管柱长度缩短值；

b. 侧向应变 ε_y；

c. 外径和内径变化 Δd_{out} 和 Δd_{in}；

d. 壁厚变化 Δt；

e. 混凝土管柱体积变化百分比$(\Delta V/V)\times 100$。

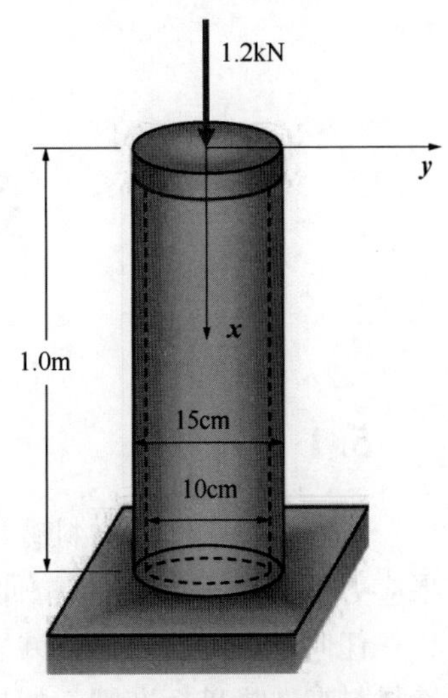

图 4.5 轴向压缩下的混凝土管

4.2 根据第 1.4 节[❶]中定义的科学应变和工程应变的概念，科学应变和工程应变存在以下关系：

$$\varepsilon_{\mathrm{i}}=\frac{\varepsilon}{1+\varepsilon}$$

假设 E 为常数，对各应力进行类似分析，表明：

$$\sigma_{\mathrm{i}}=\sigma\frac{l_{\mathrm{i}}}{l_{\mathrm{o}}}=\sigma\frac{1}{1+\varepsilon}$$

最后，给定钢筋的伸长率为：

$$\Delta l=\frac{Fl}{EA}=\frac{Fl_{\mathrm{i}}}{EA_{\mathrm{i}}}$$

假设 $E=70\text{MPa}$，$l_{\mathrm{o}}=50\text{mm}$，$d=10\text{mm}$，试验数据见表 4.1。请分别计算科学应变和工程应变，并绘制相应的应力图。

表 4.1 作用力—长度试验数据

作用力(kN)	0	11	13	18
长度(mm)	50.0	50.1	50.2	50.3

4.3 实验室试验得出岩样的应力—应变关系如图 4.6 所示，目的是用弹性和非弹性模型简化这种非线性关系，并能最佳拟合材料性能。在实验室试验期间，估得弹性模量和屈服应变分别为 75GPa 和 0.25%，测得的破坏点的材料应变为 2.7%，请确定：

a. 屈服强度和应变硬化系数；

b. 建立该岩样的线弹性和非弹性方程，按比例绘制线性模型图，并讨论结果的准确性。

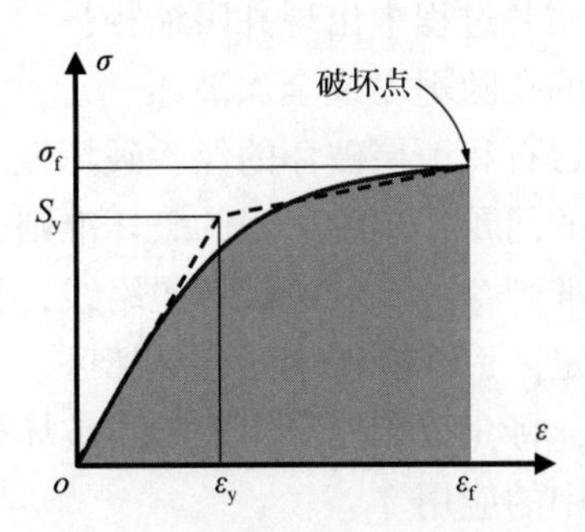

图 4.6 实验室试验得出的岩样应力—应变关系

❶ 原文为第 3.3 节，有误——编辑注。

第 5 章　破坏准则

5.1　简介

在固体力学中，材料破坏分析通常是比较内应力和材料强度量值的大小来判定的。如果应力不超过相关强度(拉伸、压缩或剪切)，则认为材料保持完整。

任何类型的材料都有许多不同的破坏准则。通常根据所分析的材料是塑性材料或是脆性材料来选择破坏准则。如果是塑性材料，则将应力与屈服强度进行比较，因为永久变形会导致破坏。如果是脆性材料且没有屈服点，则与材料的极限强度进行比较。尽管上述原则几乎适用于所有材料，但也存在例外情况。

本章将介绍适用于岩石力学分析的主要破坏准则。

5.2　岩石材料的破坏准则

为了剖析破坏现象，必须采用具体且相容的破坏准则。有些材料如砂，易在剪切力作用下破坏；但其他一些材料，如黏土，则可能由于塑性变形而破坏。导致井壁和近井壁失稳并引起岩层破坏的机制很多，其中一些机制概括如下：

(1) 拉伸破坏导致地层破裂；

(2) 无明显塑性变形的剪切破坏；

(3) 塑性变形导致井眼坍塌；

(4) 侵蚀或内聚破坏；

(5) 蠕变破坏，可能导致钻井过程中出现井眼缩径；

(6) 生产过程中可能发生的孔隙坍塌或全面破坏。

已经研究出了许多种预测岩石和地层破坏的经验破坏准则，必须对它们的物理意义加以准确的理解，以便针对特定的问题，选用适当的破坏准则，解决钻井和井筒施工中出现的各种问题。通常，根据破坏准则，可以创建破坏包络线，且尽可能地对包络线进行线性化处理，以区分稳定区和不稳定区，或者安全区和破坏区。

在第 5.3 节至第 5.7 节中，将介绍 5 种常用于岩石破坏分析的主要破坏准则，特别是这些准则在石油和天然气钻井中的应用。

5.3　冯 · 米塞斯破坏准则

该破坏准则由冯 · 米塞斯(Von Mises)(1913)提出，得到了广泛的应用，是工程材料最可靠的破坏准则之一。冯 · 米塞斯破坏准则基于第二偏差不变量和有效平均应力，假设在三轴试验条件下，$\sigma_1>\sigma_2=\sigma_3$，式(3.7)中定义的第二偏差不变量可简化为：

$$\sqrt{J_2}=\frac{1}{\sqrt{3}}(\sigma_1-\sigma_3) \tag{5.1}$$

在相同的假设下，根据式(3.5)，有效平均应力可用式(5.2)表示：

$$\sigma_m-P_o=\frac{1}{3}(\sigma_1+2\sigma_3)-P_o \tag{5.2}$$

式中：P_o 为地层孔隙压力。有效平均应力定义为平均应力减去孔隙压力，这将在第7章“石油岩石力学导论”中详细讨论。三轴试验将在第9章“岩石强度和岩石破坏”中详细讨论。

在冯·米塞斯剪切破坏准则中，对应于不同的轴向荷载 σ_1 和围压 σ_3，可以得到 σ_m-P_o，从而绘制破坏曲线图，如图5.1所示。破坏曲线图分为两个区域，曲线下方为安全稳定区，曲线上方为不稳定破坏区。

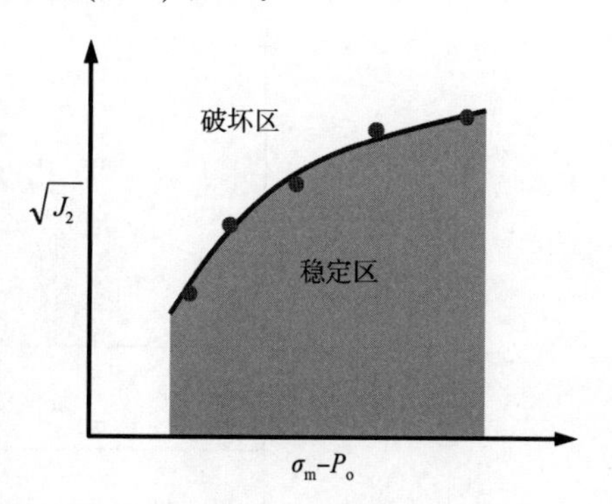

图5.1 根据三轴试验数据创建的冯·米塞斯破坏模型

5.4 莫尔—库仑破坏准则

莫尔—库仑(Mohr-Coulomb)破坏准则将剪切应力与接触力、摩擦力以及岩石颗粒之间的物理键联系起来(Jaeger and Cook, 1979)，该近似表达式如下：

$$\tau=\tau_o+\sigma\tan\phi \tag{5.3}$$

式中：τ 为剪切应力；τ_o 为内聚强度；ϕ 为内摩擦角；σ 为作用在颗粒上的有效法向应力。

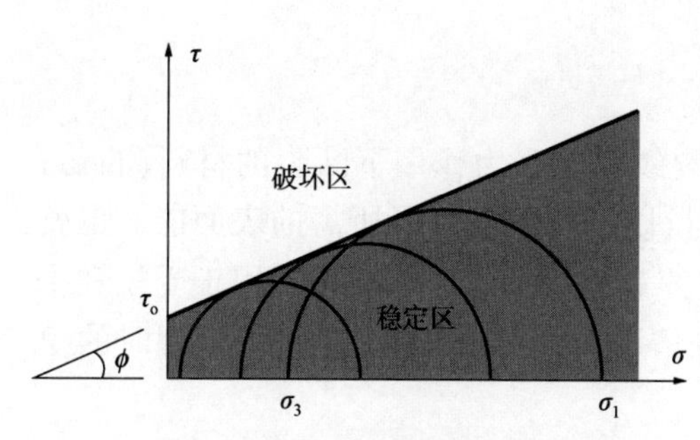

图5.2 根据三轴试验数据创建的莫尔—库仑破坏模型

在岩石力学中，内聚强度是指在不施加法向应力的情况下岩石的剪切强度。在钻井中，内摩擦角等于导致其上部地层沿该表面发生滑动时的地层倾角。内聚强度和内摩擦角需通过实验确定。莫尔—库仑破坏准是基于剪切破坏提出的，只能用于该准则适用的情况，如果将其应用于解释其他破坏机制，常常会出现偏差。莫尔—库仑破坏准则的破坏包络线由几个莫尔圆确定(图5.2)，每个莫尔圆代表一个三轴试验，试样在破坏开始时受到的侧向约束力为 $\sigma_2=\sigma_3$，轴向应力为 σ_1(图5.3)。莫尔圆的包络线是该破坏准则的基础。

在实际的岩石破坏分析时，找出特定破坏点应力状态的表达式有很大用处。假设图5.3中的应力表示有效应力，则破坏点的应力状态(σ, τ)可表示为：

$$\begin{cases}\tau=\dfrac{1}{2}(\sigma_1-\sigma_3)\cos\phi \\ \sigma=\dfrac{1}{2}(\sigma_1+\sigma_3)-\dfrac{1}{2}(\sigma_1-\sigma_3)\sin\phi\end{cases}\tag{5.4}$$

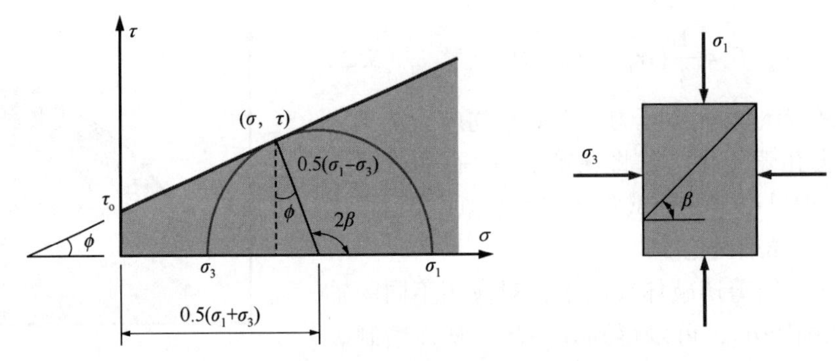

图 5.3　三轴试验破坏应力和莫尔—库仑模型

将式(5.4)代入式(5.3)，得出的公式可用来确定岩石破坏时的应力状态。尽管剪切强度需要通过实验测定，但上述模型在物理学意义上几乎没有争议，而且通常会建立经验模型来拟合实验数据。

岩石试样的破裂角 β 和由莫尔—库仑模型获得的内摩擦角 ϕ 相互关联，可用以下关系式表示：

$$\beta=45°+\frac{\phi}{2}\tag{5.5}$$

注 5.1：在岩石力学中，内聚强度是指在未施加法向应力时岩石的剪切强度。在钻井中，内摩擦角等于一个地层的倾斜角，该倾斜角足以导致其上部相同材料的地层沿该表面滑动。

5.5　格里菲斯破坏准则

格里菲斯(Griffith)破坏准则适用于因存在微裂纹而在张力作用下断裂的材料(Jaeger and Cook，1979)。裂纹延展时必须释放足够的能量以维持裂纹延展所需的表面能，也就是应变能释放量必须不小于所需的表面能增量。该准则适用于受拉和受压情况下的平面应力和平面应变情况。式(5.6)适用于裂缝起裂时的拉伸破坏：

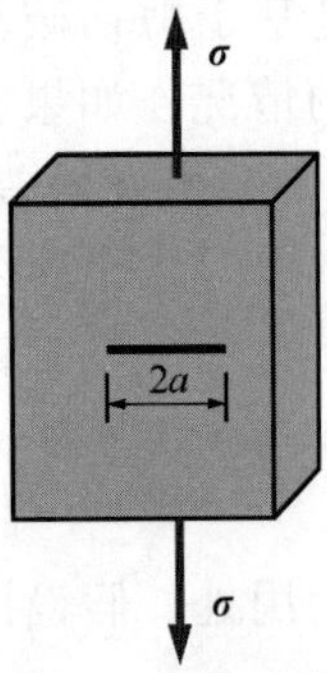

$$\sigma_t=\sqrt{\frac{keE}{a}}\tag{5.6}$$

式中：σ_t为破坏时施加在试样上的单轴拉应力；k 为随试验条件而变化的参数[平面应力时，$k=2/\pi$；平面应变时，$k=2(1-\nu^2)/\pi$]；e 为单位裂纹表面能；E 为杨氏模量；a 为初始裂纹长度的一半；ν 为泊松比(图 5.4)。

图 5.4　格里菲斯破坏准则的试样

根据该准则，可推导出的单轴拉应力和三轴压缩应力之间的关系式如下：

$$(\sigma_1-\sigma_3)^2=-8\sigma_t(\sigma_1+\sigma_3) \tag{5.7}$$

5.6 霍克—布朗破坏准则

霍克—布朗(Hoek-Brown)破坏准则由 Hoek 和 Brown(1980)提出，是一种经验性破坏准则，多应用于天然裂缝性储层，如图 5.5 所示。该标准基于三轴试验数据，其表达式为：

$$\sigma_1=\sigma_3+\sqrt{I_f\sigma_c\sigma_3+I_i\sigma_c^2} \tag{5.8}$$

式中：I_f 为摩擦指数；σ_c 为裂纹应力参数；I_i 为完整性指数，摩擦指数和完整性指数都与材料性能有关(I_f、I_i 和 σ_c 由实验室测得)。

这一准则适用于脆性破坏，但不适用于韧性破坏，因此，多用于预测天然裂缝地层的破坏。

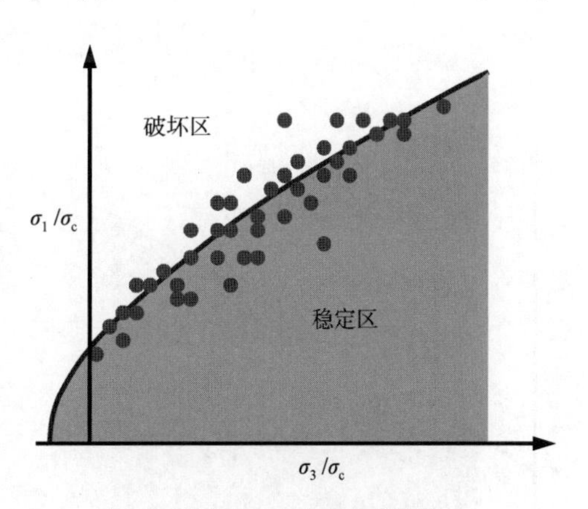

图 5.5　使用三轴试验数据的霍克—布朗经验破坏模型

5.7 德鲁克—普拉格破坏准则

德鲁克—普拉格(Drucker-Prager)破坏准则是冯·米塞斯破坏准则的扩展版本。它假设岩石破坏时，八面体的临界剪切应力满足下述等式(Drucker and Prager，1952)：

$$\alpha I_1+\sqrt{J_2}-\beta=0 \tag{5.9}$$

在线性条件下，材料参数 α 和 β 与内摩擦角 ϕ 和内聚力(内聚强度)τ_o 有关，利用破坏条件下第二偏差不变量 $\sqrt{J_2}$ 与第一不变量 I_1 关系图可对岩层破坏问题进行评估。该标准适用于高应力水平的情况。

5.8 莫吉—库仑破坏准则

AlAjmi 和 Zimmerman(2006)在对各种岩石破坏模型进行广泛研究后，首先引入莫吉—库仑(Mogi—Coulomb)破坏准则。他们根据多种类型岩石的破坏数据测试了不同的模型。根据具体的破坏数据，Al Ajmi 和 Zimmerman 发现德鲁克—普拉格破坏准则高估了岩石强度，而莫尔—库仑破坏准则低估了岩石强度，他们认为中间主应力确实会影响破坏，并表明莫吉—库仑破坏准则最符合岩石破坏的实际情况。

莫吉—库仑破坏准则的表达式与莫尔—库仑破坏准则表达式类似，如下：

$$\tau_{oct}=k+m\sigma_{oct} \tag{5.10}$$

式中：τ_{oct} 和 σ_{oct} 分别为八面体剪切应力和法向应力。定义如下：

$$\begin{cases} \tau_{oct}=\frac{1}{3}\sqrt{(\sigma_1-\sigma_2)^2+(\sigma_1-\sigma_3)^2+(\sigma_2-\sigma_3)^2}=\sqrt{\frac{2}{3}J_2} \\ \sigma_{oct}=\frac{1}{3}(\sigma_1+\sigma_2+\sigma_3) \end{cases} \tag{5.11}$$

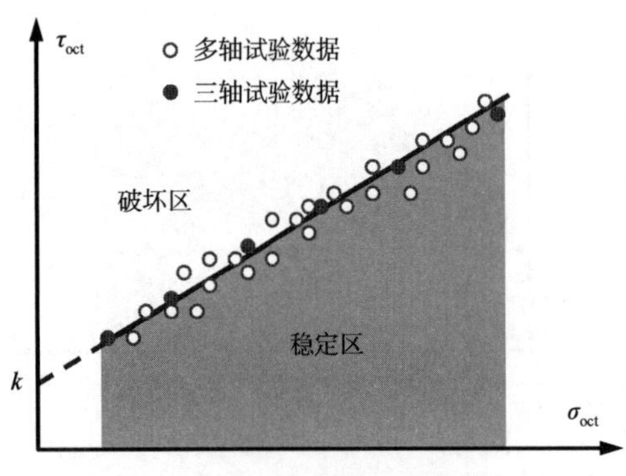

图 5.6 与三轴和多轴试验数据高度拟合的莫吉—库仑破坏准则

k 和 m 是岩石材料的常数，绘制 τ_{oct} 和 σ_{oct} 的关系图得出破坏包络线，包络线与 τ_{oct} 轴的截距和斜率即为常数 k 和 m。

图 5.6 所示为莫吉—库仑破坏准则图，与三轴和多轴试验数据高度拟合。

图 5.6 表明，对于三轴应力状态，当 $\sigma_1=\sigma_2$ 或 $\sigma_2=\sigma_3$ 时，莫吉—库仑破坏准则可简化为莫尔—库仑破坏准则，因此，莫吉—库仑破坏准则可以看作是对莫尔—库仑准则的扩展并应用于多轴应力状态，即 $\sigma_1 \neq \sigma_2 \neq \sigma_3$。

Al-Ajmi 和 Zimmerman（2006）在其广泛工作的基础上得出结论，莫吉—库仑破坏准则是目前硬质沉积岩地层最准确的破坏模型。

注 5.2：用于石油岩石力学分析的最常见破坏准则是冯·米塞斯破坏准则、莫尔—库仑破坏准则和最新的莫吉—库仑破坏准则。前两者将在第 9 章“岩石强度和岩石破坏”进行更详细讨论，并给出实例。

例题 5.1 表 5.1 中给出的数据是从波斯湾地区海床以下 500ft 深的石灰岩地层中获取的岩样三轴试验结果。假设孔隙压力为 0.7ksi，根据冯·米塞斯破坏准则，利用表 5.1 中的数据，绘制第二偏差不变量与平均有效应力的关系图。

表 5.1 波斯湾石灰岩岩样三轴试验结果

试验序号	最小压应力 σ_3(ksi)	最大压应力 σ_1(ksi)
1	0	10.0
2	0.6	11.5
3	1.0	13.5
4	2.0	15.5

表 5.2 第二偏差不变量和平均有效应力

试验序号	偏差不变量 $\sqrt{J_2}$(ksi)	有效平均应力 σ_m-P_o(ksi)
1	5.8	2.6
2	6.3	3.5
3	7.2	4.5
4	7.8	5.8

解：将表 5.1 中的 σ_1 和 σ_3 数据代入式(5.1)和式(5.2)，计算出第二偏差不变量和平均有效应力，结果见表 5.2，然后绘制在图 5.7 中。

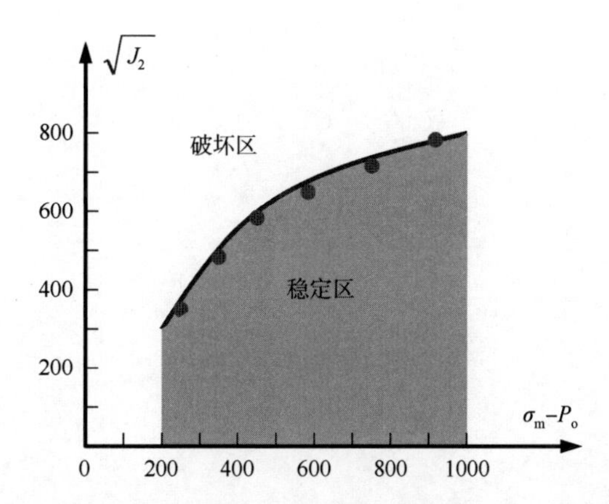

图 5.7 基于波斯湾地区石灰岩岩样三轴试验数据的冯·米塞斯破坏模型

练习题

5.1 假设孔隙压力为0，根据表5.1中给出的数据绘制第二偏差不变量与平均有效应力关系图。将结果与示例5.1的结果进行比较，并讨论孔隙压力的变化是否会使安全区变小或变大？为什么？

5.2 根据表5.1中给出的数据：

a. 在(σ, τ)平面上绘制莫尔—库仑破坏模型，并识别稳定区和破坏区。

b. 估算内聚强度τ_o和内摩擦角ϕ的大小。

c. 将结果与练习5.1的结果进行比较，并进行讨论。

5.3 说出用于岩石力学分析的五种破坏模型的名称，指出两种使用最为广泛的破坏准则，并详细说明原因。

5.4 根据式(5.10)和式(5.11)，假设$\sigma_2=\sigma_3$，请说明为什么莫吉—库仑破坏准则可简化为莫尔—库仑准则，可用式(5.3)和式(5.4)表示。

5.5 表5.3中列出的数据是从深度为14700ft的直井中钻取的Berea砂岩岩心的三轴强度测量值。

a. 根据数据绘制莫尔—库仑破坏模型图并推导出莫尔—库仑破坏方程。

b. 根据数据绘制冯·米塞斯破坏模型图。

表5.3 Berea砂岩岩心围压和轴向载荷测量数据

数据序号	围压σ_3(psi)	破坏时轴向载荷σ_1(psi)
1	7350	31933
2	6350	29756
3	4350	23898
4	2350	18963
5	350	8700
6	0	4538

第二部分

石油岩石力学

第6章　石油岩石力学导论

6.1　简介

岩石力学是地质力学的一个分支。它利用连续介质力学、固体力学和地质学的原理，定量研究由于人为因素造成原始环境条件的改变，而引发的岩石的响应。工程岩石力学与地质岩石力学有区别。地质岩石力学研究褶皱、断层、裂缝和其他地质作用自然引起的干扰；而工程岩石力学研究岩石对工程、人为干扰的响应。

工程岩石力学是一门交叉学科，需要将物理、数学和地质科学与土木、石油和采矿工程相结合，工程岩石力学始于20世纪50年代初，并在20世纪60年代成为一门独立学科(图6.1至图6.3)。

（A）美国亚利桑那州岩石山

（B）英国东苏塞克斯州岩石悬崖

图6.1　岩石一

（A）伊朗西南部扎格罗斯山脉阿斯马里石灰岩

（B）伊朗西部1.3亿年历史、长14km的阿利萨德水洞

图6.2　岩石二

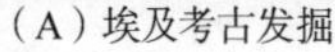

（A）埃及考古发掘

（B）日本地质断层

图 6.3　岩石三

目前，岩石力学的理论预测结果和经验结果之间的相关性很有限，因此，最有效的方法是利用实验室实验和现场测量中获得的数据与固体力学的基本概念结合，来定量研究岩石在各种扰动下的行为。由于岩石特性具有地域特异性，现场测量越来越受到重视；也就是说，即使地质环境相似，一个地区的某一类型的岩石的性能也可能与另一个地区的相同类型岩石的性能，存在显著的不同。

本章将简要论述岩石力学在工程，特别是在石油和天然气行业中的重要作用。

6.2　岩石的定义和分类

岩石是一种自然形成的固体，它构成了地球的外固体层。岩石主要有三种类型：火成岩、沉积岩和变质岩。岩石也可按矿物和化学成分、组成颗粒的结构和形成过程进行分类。一种类型岩石向另一种类型岩石的转变，可用地质模型来描述。

当熔融岩浆在地壳内缓慢冷却结晶时(如花岗岩)，或当岩浆以熔岩或碎片喷出物的形式到达地表时(如玄武岩)，形成火成岩(图 6.4A)(Blatt and Tracy，1996)。火成岩分为两类：(1)深成岩或侵入岩；(2)火山岩或喷出岩。

沉积岩由碎屑沉积物或化学沉淀物沉积、颗粒物压实和胶结而形成。由于沉积岩形成于地表或地表附近，因此被认为是工程岩石力学研究中的重要岩石类型，沉积岩中泥岩(泥岩、页岩和粉砂岩)占 65%，砂岩占 20%~25%，碳酸盐岩(石灰岩和白云岩)占 10%~15%(图 6.4B)(Blatt and Tracy，1996)。

（A）火成辉长岩

（B）沉积砂岩

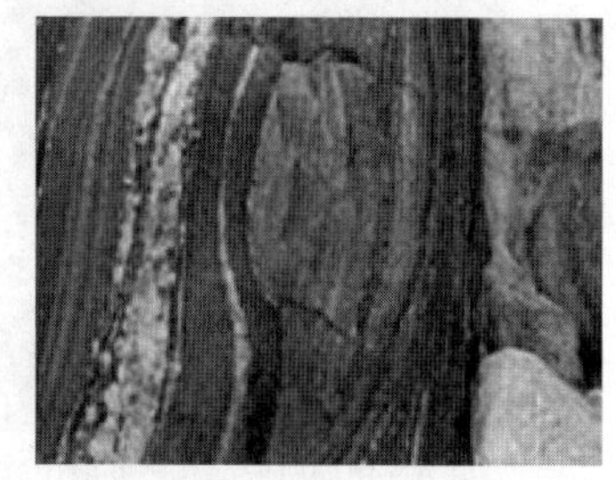

（C）变质带状片麻岩

图 6.4　三类岩石的样品(Blatt and Tracy，1996)

变质岩是由各种类型的岩石受到与原始岩石形成时不同的温度和压力条件的影响，而重新形成的。这些环境条件(温度、压力)必须高于地球表面的条件，并足以使岩石通过重新结晶(图6.4C)等方式，将原始岩石改变为新岩石(Blatt and Tracy，1996)。变质岩分为两类：(1)无明显分层的非固结岩；(2)叶理岩。叶理岩是重新结晶过程中沿某一轴向缩短形成的层状或带状着色岩。

6.3　石油岩石力学

石油岩石力学是一门研究和预测石油天然气储层岩层因钻井和开采，而引起的变形、压实、破裂、坍塌和断裂等行为的专业性学科。尽管石油和天然气勘探已经进行了一个多世纪，但石油岩石力学的成形却较晚，始于工业化石油生产的初期阶段，是一门相对较新的工程学科(图6.5和图6.6)。

(A)海上钻井平台

(B)内陆石油生产

图6.5　石油钻井现场

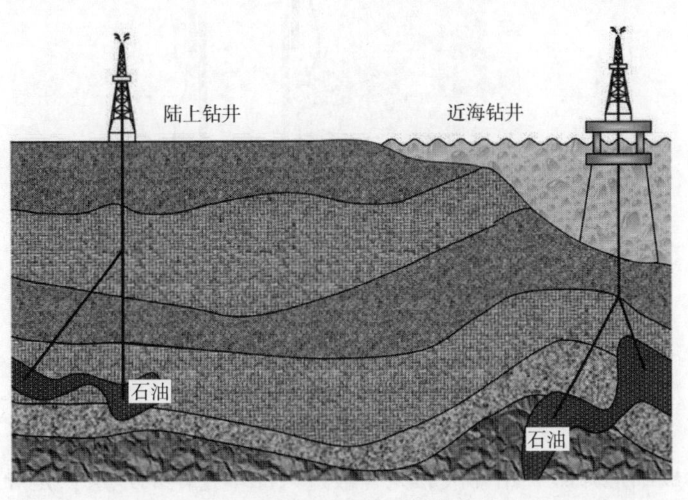

图6.6　陆上和海上石油和天然气钻井和生产

随着石油开采向陆上更深地层和近海海床深层的发展，以及斜井的应用，以及油藏压力和温度越来越高，正确预测井壁的稳定性越来越至关重要。即使成功且安全地完成了钻井作业，在油井整个寿命期内以及生产过程中，也需要考虑诸如储层、地层和覆盖层变形、断裂、坍塌、断层滑动、地面或海床沉降等挑战。利用现场测量和校准的数据正确描述和模拟这些现象是石油岩石力学的主要研究领域。

工程岩石力学有许多教科书和技术论文，如 Atkinson(1987)、Bourgoyne 等(1991)，Hudson 和 Harrison(1997)、Marsden(1999)、Fjaer 等(2008)编写的教科书和论文，但几乎没有文献涵盖石油岩石力学的详细概念，特别是在安全可靠的钻井作业和油井设计方面。例如 Rabia(1985)、Aadnoy(1996，1997)、Economides 等(1998)和 Fjaer 等(2008)，他们在整本书中只花了一小段研究岩石破裂力学以及如何分析钻井、施工和作业条件下的井筒稳定性问题。

在油井钻井作业过程中，工程师需要掌握岩石破碎的基本机理和岩石力学的概念。岩石力学是牛顿力学在地下岩石研究中的应用，专门研究岩石如何响应因开挖、应力变化、流体流动、温度变化、侵蚀和其他现象带来的扰动和变化。图 6.7 所示为某油田有多个不同深度地层的典型套管固井油井，图 6.8 所示为伊朗西南部扎格罗斯山区的真实地层情况。

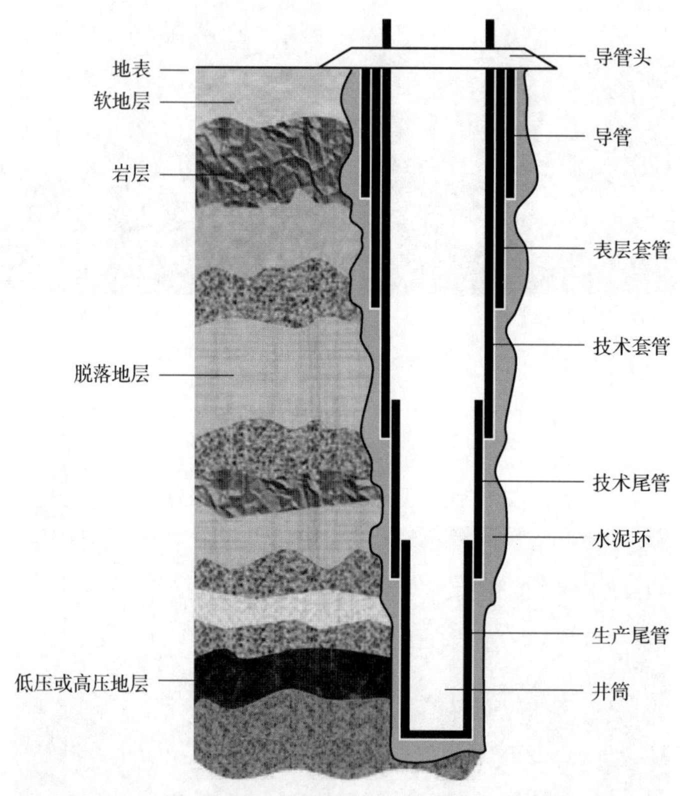

图 6.7　多个地层的典型套管固井油井(Rigtrain，2001，有修订)

钻井作业形成圆形井眼、钻井液和完井液进入原本稳定的地层，是导致井壁失稳、套管挤毁和裸眼破坏等一系列现象的原因。如图 6.9 所示，井筒可能出现弯曲、偏斜，导致应力集中，范围可延伸至几个井眼直径的距离。这种与远场应力不同的应力集中可能超过地层强度，从而导致井筒破坏。井筒本身会造成地层强度下降，地层岩石的物理和机械性能不同，地层强度下降的幅度也不同，并产生塑性和与时间相关的破坏。完井液会干扰孔隙压力，降低地层强度，其严重程度及随之发生的井筒破坏与地层岩石的应力大小和物

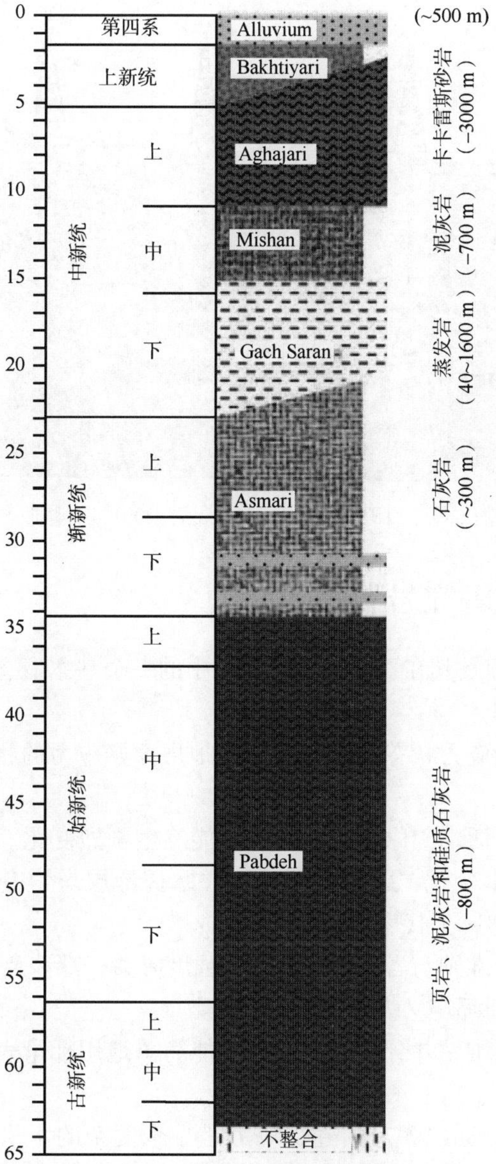

图 6.8 伊朗西南部札格罗斯山前盆地新生代地层(Sorkhabi, 2008)

理(力学)性质有关。

第二部分介绍石油岩石力学基本知识，特别是近井带岩石力学。虽然解释和描述极其简略，但应该有助于读者对石油岩石力学概念性的理解和专业性知识的导入。

注 6.1：综上所述，石油岩石力学有助于：(1)降低钻井成本和缩短钻井持续时间；(2)提高钻井作业的安全性和可靠性，降低勘探风险；(3)通过天然裂缝开采、预测产砂量、改进压裂设计、减少套管剪切破坏和(或)挤毁、降低沉降或高压实风险，提高储层动态性能；(4)钻井作业前预测井壁失稳，减少或消除卡钻、地层坍塌、井漏、侧钻、扩眼、地层破裂等；(5)为欠平衡钻井或其他新技术是否可行提供决策依据。

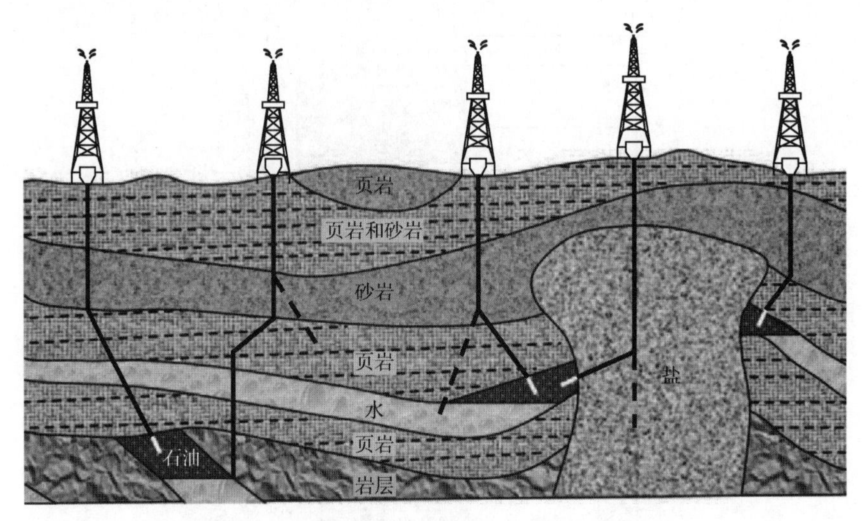

图 6.9　油田中的斜井(Rigtrain，2001，有修改)

6.4　为什么要研究岩石中的应力

应力是岩石力学原理及其在石油工程的应用中的一个基本概念，工程师必须了解岩石应力的以下四个基本特征。

(1)地层中存在原始应力状态(原地应力)。地层原始应力的状态是进行工程分析和设计的基本要素之一。

(2)由于钻井等工程活动，原始应力状态可能发生剧烈变化。由于先前存在应力的岩石被钻穿，承载条件发生变化，因此必须了解并掌握地层应力变化的信息。还应注意的是，所有无支撑开挖面实际上代表主应力面。

(3)大多数工程分析准则与岩石的变形量或强度有关，都涉及应力数据的处理和分析。例如，几乎所有破坏准则都定义为特定应力的函数。

(4)在进行实际的三维钻井分析时，应力不能简单地用标量表示，必须用二阶张量来定义。

引用 Hudson 和 Harrison(1997)所述，应力是一个复杂的术语，主要有以下 6 个主要原因：

(1) 应力有 9 个分量，其中 6 个是独立分量。

(2) 应力值具有点的特性。

(3) 应力值取决于一组参考轴(坐标系)的方向。

(4) 9 个应力分量中，在某特定方向有 6 个分量可能为零。

(5) 应力有三个主应力。

(6) 对应力需要进行简化。一般来说，两个或更多应力张量不能用各自的主应力求平均值。

因此，必须清楚地掌握应力的基本概念，才能更好地理解应力。图 6.10 所示为连续介质力学中用于材料及其适用性分析的 4 个步骤。

在石油岩石力学中，可以使用相同的概念来分析由于原始应力状态发生变化而引发的岩石力学行为。

工程师或科学家对岩石的各种性能越熟悉，就越能熟练地、有信心地根据通用准则做出合理的工程分析。要考虑的关键因素是岩石的性质和特性、岩石的结构—性质关系、应力—应变关系、周围环境的相互作用，以及影响岩石的各种因素或它们的力学行为的变化。工程分析通常分为两个阶段：(1)当储层中的岩石完好无损时；(2)当发生扰动、开挖、加压、排水和枯竭时岩石力学行为的变化。为了能够使工程分析顺利进行，需要考虑岩石或储层的许多因素，包括但不限于储层压力和温度、地层围压、近储层流体和孔隙度、地层各向异性和不均匀性、渗透率、压实度等。

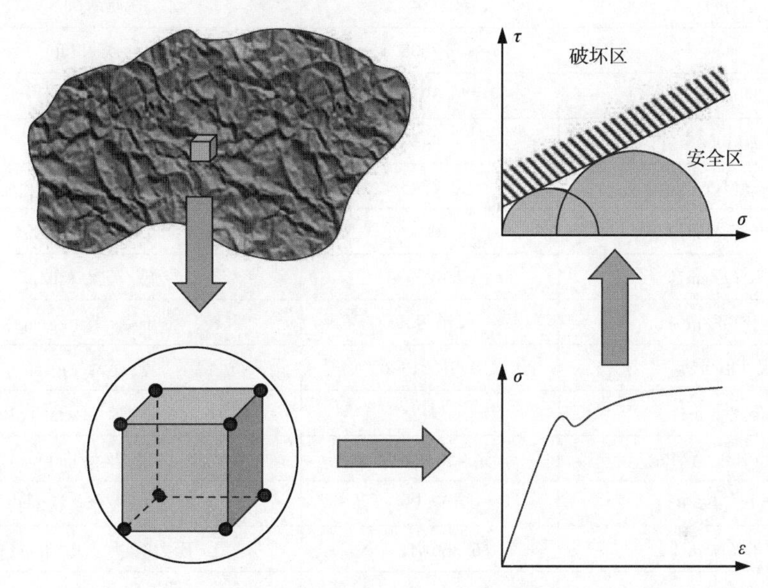

图 6.10 用于岩石力学中的连续介质力学分析方法示意图

6.5 计量单位

目前，固体力学教科书广泛使用公制(SI)计量单位。本书的第一部分中也采用公制计量单位。然而，石油和天然气行业仍使用英制计量单位，因此，在本书的第二部分主要使用英制单位，便于在接下来的章节中的例题和练习题中使用实际数据。在适当的情况下，本书也有一些公制单位的例题和练习题，以鼓励读者使用这两种计量单位体系，练习这两种计量单位系统之间的换算。表 6.1 所示为一些主要单位换算系数，将表 6.1 中左边给出的单位数值，乘以中间列中的数字，获得右边单位的数值。

岩石力学处理的是压力/应力梯度，而不是压力/应力，压力/应力梯度习惯上用 s. g. [例如温度为 60°F(15.6℃)时水的单位重量]这一术语来表示，易于与钻井、施工、操作和完井期间内的钻井液 s. g. 进行直接比较。压力和压力梯度之间的关系由式(6.1)定义：

$$P = 0.022pd \tag{6.1}$$

式中：P 为压力，psi；p 为压力梯度，s. g.；d 为岩层最深点到地面的垂直深度，ft。

式(6.1)也可以用公制单位制表示：

$$P=0.098pd \tag{6.2}$$

式中：P 为压力，bar；p 为压力梯度，s. g；d 为岩层最深点到地面的垂直深度，m。

表 6.1 计量单位换算表

原单位	乘以	所需单位
英尺(ft)	0.3048	米(m)
英寸(in)	2.54	厘米(cm)
米(m)	3.2808	英尺(ft)
厘米(cm)	0.3937	英寸(in)
磅力(lbf)	4.4482	牛顿(N)
牛顿(N)	0.2248	磅力(lbf)
克/厘米^3(g/cm^3)	1000	千克/米^3(kg/m^3)
克/厘米^3(g/cm^3)	62.427974	磅/英尺^3(lb/ft^3)
磅/英寸^3(lb/in^3)	27679.9	千克/米^3(kg/m^3)
磅/英尺^3(lb/ft^3)	0.01601846	克/厘米^3(g/cm^3)
磅力/英寸^2(psi)	6894.8	牛顿/米^2(N/m^2)(Pa)
牛顿/米^2(N/m^2)(Pa)	1.4504×10^{-4}	磅力/英寸^2(psi)
磅力/英尺^3(lbf/ft^3)	157.09	牛顿/米^3(N/m^3)
牛顿/米^3(N/m^3)	6.366×10^{-3}	磅力/英尺^3(lbf/ft^3)(pcf)
达西(D)	10^{-12}	米^2(m^2)
达西(D)	10^{-6}	微米^2(μm^2)

注：1N/m^2=1Pa，1kN/m^2=1kPa，1MN/m^2=1MPa，1bar=14.504psi=100kPa=0.9867atm。

例题 6.1 岩样的相对密度为 2.38，请计算以 kN/m^3 和 lbf/ft^3 为单位的岩石重度。

解： 相对密度是岩石密度与水密度之比或岩石重度与水重度之比，在相同温度下体积相同，因此：

$$\gamma=\frac{\rho_R}{\rho_w}=\frac{\rho_R g}{\rho_w g}=\frac{\gamma_R}{\gamma_w}=2.38$$

式中：γ 为重度；γ_R 和 γ_w 分别为岩石和水的重度。由于水的重度 $\gamma_w=1000\text{kgf/m}^3$，或

$$\gamma_w=1000\ \frac{\text{kgf}}{\text{m}^3}\times9.806\ \frac{\text{m}}{\text{s}^2}=9806\ \frac{\text{N}}{\text{m}^3}$$

因此，岩石的重度为：

$$\gamma_R = 2.38 \times \gamma_w = 2.38 \times 9806 \frac{N}{m^3} = 23338.3 \frac{N}{m^3} = 23.3 \frac{kN}{m^3}$$

根据表 6.1 中给出的从 N/m^3 换算到 lbf/ft^3 的换算系数，以 lbf/ft^3 为单位的岩石重度为：

$$\gamma_R = 23338.3 \frac{N}{m^3} \times 6.366 \times 10^{-3} = 148.6 \frac{lbf}{ft^3}$$

练习题

6.1 原地应力的定义是什么？说明原地应力在岩石材料破坏分析中的重要性。

6.2 假设给定岩层的压力系数为 3.3，计算 3000ft 深处的地层压力，单位为 kPa。

第7章　多孔岩石和有效应力

7.1　简介

岩石通常由小颗粒物质组成，它们彼此接触并黏合在一起。岩石由不同大小、形状和方向的颗粒构成，其内部矿物成分也是不同的，既不是均质的，也不是各向同性的。固体颗粒和胶结材料仅是岩石结构的一部分。颗粒之间的空隙使岩石成为多孔介质，胶结的程度和类型以及颗粒的形状和联结情况，对岩石材料的强度有很大影响。孔隙空间中可能存在油、水等液体，以及气体等密度较低的流体。气体倾向于向上运移，而液体向下运移，通常会使油气留在岩石圈闭内。

本章介绍多孔岩石和有效应力的概念，同时还讨论岩石的各向异性。

7.2　各向异性和非均质性

宏观上讲，材料的力学性能通常可分为4种类型(图7.1)：(1)均质和各向同性；(2)均质和各向异性；(3)非均质和各向同性；(4)非均质和各向异性。

均质物体是指在整个物体的性能完全相同，与物体内的位置无关，岩石自然是非均质的。

非均质性(异质性)通常与材料的大小有关。例如，如果一块几英寸长的岩石，颗粒长约为0.5ft，且由不同的矿物组成，则认为岩石是非均质的。然而，如果对较大体积同一岩石(例如数百英尺)进行分析，发现整个岩石中存在几乎相同的现象，则可将其视为均质岩石。

各向同性是指在材料内任何一点在任何方向上具有相同的性能。如果材料的性能随方向而发生变化，则材料是各向异性的，岩石自然是各向异性的。

岩石具有多种性能如强度、变形性和原地应力等，如果从不同的方向施加载荷，岩石可能会呈现不同的力学性能。后面会介绍岩石的原地应力性质也可能是各向异性的。

大多数常用工程材料是均质和各向同性材料(图7.1A)。然而，如上所述，岩石通常被认为是均质和各向异性的。大多数力学性能与岩石颗粒的方向有关，岩石的各向异性特性，增加了钻井工程分析预测的难度。

在应用岩石力学中，通常假设岩石的性能是各向同性的，将杨氏模量E和泊松比ν等材料性能视为标量，在所有方向上都相等。然而，应注意的是，真实岩石通常具有各向异性性能，在不同的方向有不同的性能，因此，在进行任何简化之前，预判岩石性能的各向异性的程度非常重要。

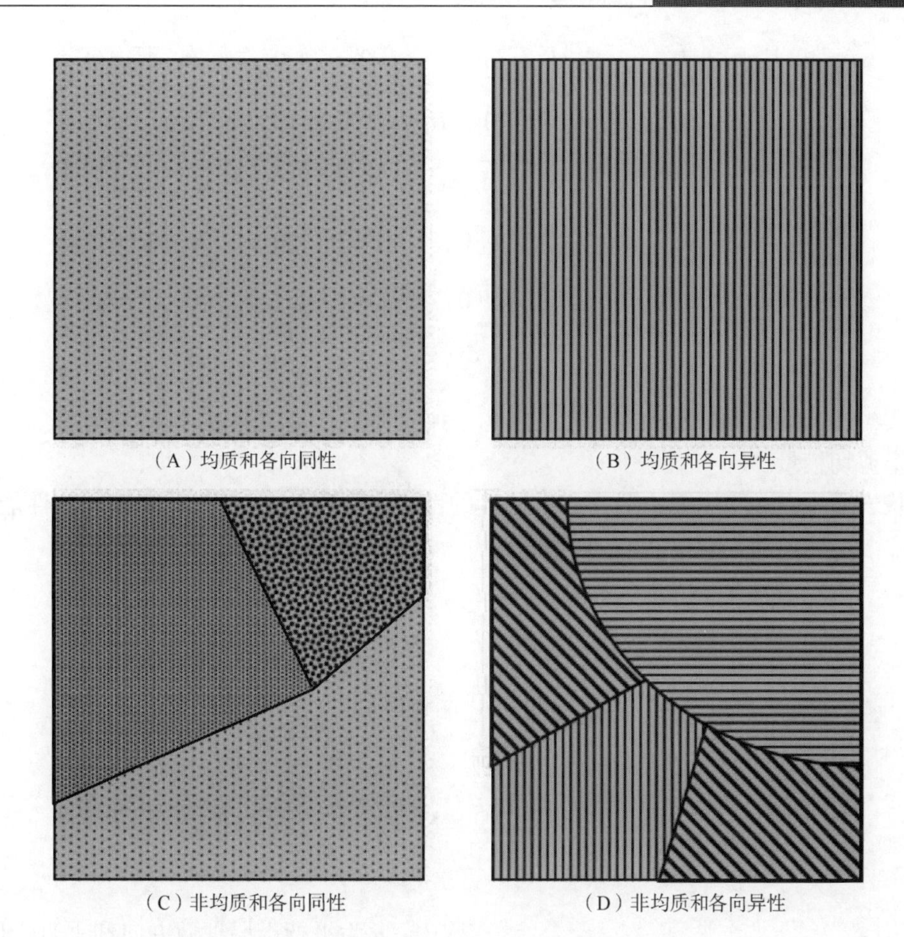

图 7.1 根据均质性和各向同性对材料进行宏观分类

注 7.1：应用岩石力学假设岩石是各向同性的和均质的。同时，认为在某一极小体积内，岩石局部性能变化不大。

7.3 各向异性岩石，横向各向同性

本节将讨论各向异性的一般问题，各向异性有几种类型，例如：

(1) 弹性岩石性能各向异性；

(2) 岩石抗拉强度各向异性；

(3) 岩石剪切强度各向异性；

(4) 原地应力各向异性；

(5) 原地应力、井筒和岩石层理面之间任意方向的各向异性。

首先介绍上述各种类型的各向异性及其意义，然后用实例说明它们的应用。

7.3.1 各向异性岩石的性能

根据式(4.8)和式(4.9)，正交各向异性材料的本构关系可以表示为：

$$\begin{bmatrix}\varepsilon_x\\ \varepsilon_y\\ \varepsilon_z\\ \gamma_{yz}\\ \gamma_{xz}\\ \gamma_{xy}\end{bmatrix}=\begin{bmatrix}1/E_x & -\nu_{yx}/E_y & -\nu_{zx}/E_z & 0 & 0 & 0\\ -\nu_{xy}/E_x & 1/E_y & -\nu_{zy}/E_z & 0 & 0 & 0\\ -\nu_{xz}/E_x & -\nu_{yz}/E_y & 1/E_z & 0 & 0 & 0\\ 0 & 0 & 0 & 1/G_{yz} & 0 & 0\\ 0 & 0 & 0 & 0 & 1/G_{xz} & 0\\ 0 & 0 & 0 & 0 & 0 & 1/G_{xy}\end{bmatrix}\begin{bmatrix}\sigma_x\\ \sigma_y\\ \sigma_z\\ \tau_{yz}\\ \tau_{xz}\\ \tau_{xy}\end{bmatrix} \tag{7.1}$$

如式(7.1)所示，正交各向异性包括 9 个独立参数，其中有 3 个弹性模量、3 个泊松比和 3 个剪切模量。

层状岩通常在一个平面内具有各向同性的性能，假设 x—y 平面具有相同的性能(例如 $E_x=E_y$)，式(7.1)将简化为：

$$\begin{bmatrix}\varepsilon_x\\ \varepsilon_y\\ \varepsilon_z\\ \gamma_{yz}\\ \gamma_{xz}\\ \gamma_{xy}\end{bmatrix}=\begin{bmatrix}n/E & -n\nu/E & -\mu/E & 0 & 0 & 0\\ -n\nu/E & n/E & -\mu/E & 0 & 0 & 0\\ -\mu/E & -\mu/E & 1/E & 0 & 0 & 0\\ 0 & 0 & 0 & 1/G_{yz} & 0 & 0\\ 0 & 0 & 0 & 0 & 1/G_{xz} & 0\\ 0 & 0 & 0 & 0 & 0 & \dfrac{2n(1+\nu)}{E}\end{bmatrix}\begin{bmatrix}\sigma_x\\ \sigma_y\\ \sigma_z\\ \tau_{yz}\\ \tau_{xz}\\ \tau_{xy}\end{bmatrix} \tag{7.2}$$

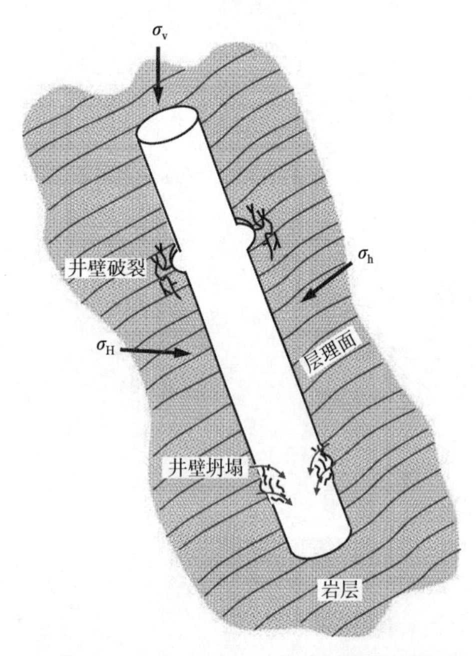

图 7.2 一般问题，斜井井眼方向不同于主地应力和各向异性岩石的层理面的方向

式中：n 为平行于层理面方向和垂直于层理面方向的弹性模量之比。层理面是分隔岩层中单个地层或岩层的平面(图 7.2)。

观察式(7.2)，由于 x—y 平面为横向各向同性，独立参数数量从 9 个减少到 5 个。

VanCauwelaert(1977)从不变量的角度讨论了变形系数，得出的结论是：两个泊松比(平行于层理面方向和垂直于层理面方向的泊松比)可以用式(7.3)定义，且具有合理的准确性：

$$\mu=n\nu \tag{7.3a}$$

因此：

$$\frac{1}{G_{yz}}=\frac{1}{G_{xz}}=\frac{1+n+2n\nu}{E} \tag{7.3b}$$

将式(7.3a)和式(7.3b)代入式(7.2)，横向各向同性岩石的本构关系由式(7.4)给出：

$$\begin{bmatrix}\varepsilon_x\\\varepsilon_y\\\varepsilon_z\\\gamma_{yz}\\\gamma_{xz}\\\gamma_{xy}\end{bmatrix}=\frac{n}{E}\begin{bmatrix}1 & -\nu & -\nu & 0 & 0 & 0\\-\nu & 1 & -\nu & 0 & 0 & 0\\-\nu & -\nu & 1/n & 0 & 0 & 0\\0 & 0 & 0 & 1/n+1+2\nu & 0 & 0\\0 & 0 & 0 & 0 & 1/n+1+2\nu & 0\\0 & 0 & 0 & 0 & 0 & 2(1+\nu)\end{bmatrix}\begin{bmatrix}\sigma_x\\\sigma_y\\\sigma_z\\\tau_{yz}\\\tau_{xz}\\\tau_{xy}\end{bmatrix}\tag{7.4}$$

式(7.4)很重要，层状岩石(如页岩)只需用3个参数来描述，即弹性模量 E、泊松比 ν 和弹性模量比 n。

最后，当 $n=1$ 时，完全各向同性的材料的本构关系如下，这一方程与式(4.8)和式(4.9)相同：

$$\begin{bmatrix}\varepsilon_x\\\varepsilon_y\\\varepsilon_z\\\gamma_{yz}\\\gamma_{xz}\\\gamma_{xy}\end{bmatrix}=\frac{1}{E}\begin{bmatrix}1 & -\nu & -\nu & 0 & 0 & 0\\-\nu & 1 & -\nu & 0 & 0 & 0\\-\nu & -\nu & 1 & 0 & 0 & 0\\0 & 0 & 0 & 2(1+\nu) & 0 & 0\\0 & 0 & 0 & 0 & 2(1+\nu) & 0\\0 & 0 & 0 & 0 & 0 & 2(1+\nu)\end{bmatrix}\begin{bmatrix}\sigma_x\\\sigma_y\\\sigma_z\\\tau_{yz}\\\tau_{xz}\\\tau_{xy}\end{bmatrix}\tag{7.5}$$

本书中各向异性岩石的分析将使用横向各向同性公式[式(7.4)]。有关各向异性岩石的更多详细内容，请参见 Aadnoy(1987a)、Aadnoy(1988)和 Aadnoy(1989)。

7.3.2 沉积岩的性能

表7.1所示为各向异性沉积岩典型的弹性性能参数，引用自 Aadnoy(1988)。

表7.1 沉积岩的弹性性能参数(Aadnoy，1988)

岩石类型	弹性模量 E(10^{-6}psi)❶	泊松比 ν	弹性模量比 n
卢德斯石灰岩	3.5	0.22	0.97
阿肯色砂岩	2.8	0.20	0.61
绿河页岩	4.3	0.20	0.84
二叠系页岩	3.5	0.24	0.73

可以看出，其泊松比类似于各向同性岩石，在不同方向上基本相同，而弹性模量则是强各向异性，其原因将在本节后面讨论。

❶ 弹性模量单位有误，应为 10^6psi——编辑注。

众所周知，沉积岩的抗拉强度与方向有关，页岩可以用如螺丝刀等工具沿层理面破碎，但在垂直于层理面方向上抗拉强度则大得多。表7.2所列为通过测量获得的典型沉积岩横向(垂直于层理面)和纵向(平行于层理面)抗拉强度数据，说明了平行于层理面方向和垂直于层理面方向抗拉强度的差别。

表7.2 典型沉积岩的抗拉强度(Aadnoy，1988)

岩石类型	横向抗拉强度 S(psi)	纵向抗拉强度 S(psi)
阿肯色砂岩	1698	1387
绿河页岩	3136	1973
二叠系页岩	2500	1661

表7.3所示为根据第5.4节介绍的莫尔—库仑破坏准则，通过实验测定的岩心抗剪强度数据。可以看出，沉积岩的抗剪强度和破坏面也受层理面方向的影响。Jaeger和Cook(1979)引入了薄弱面概念，即如果岩心沿层理面破坏，强度将降低。

表7.3 实验测定的沉积岩抗剪强度数据(Aadnoy，1988)

岩石类型	内聚强度 τ_0(psi)	内摩擦角 ϕ(°)	裂缝角 β(°)
卢德斯石灰岩	2500	35.0	所有 β
阿肯色砂岩	5000	57.5	0~15
	5000	57.5	35~90
	4200	50.0	15~35
绿河页岩	7250	41.0	0
	6000	32.0	15
	8250	30.0	30
	7500	33.4	45
	7500	35.0	60
	7800	36.5	75
	7250	43.0	90

图7.3是根据表7.3中的数据绘制，所试验的岩心具有不同方向的层理面。可以看出，不同方向层理面的岩心，其抗剪切强度有很大的差别，当岩心垂直于层理面破坏时，抗剪切强度最大；反之，当岩心平行于层理面破坏时，抗剪切强度最低；这说明了Jaeger和Cook的薄弱面理论的正确性。

7.3.3 各向异性岩石性能的影响

Aadnoy(1988)详细研究了岩石的各向异性对井壁稳定性的影响。以下是Aadnoy研究成果的简要结论。

(1) 岩石弹性性能的各向异性，如杨氏模量和泊松比，对井壁破裂和坍塌具有二阶效应。本构关系实际上耦合了应力和应变的影响，岩石的弹性性能对未来测量井眼变形有重

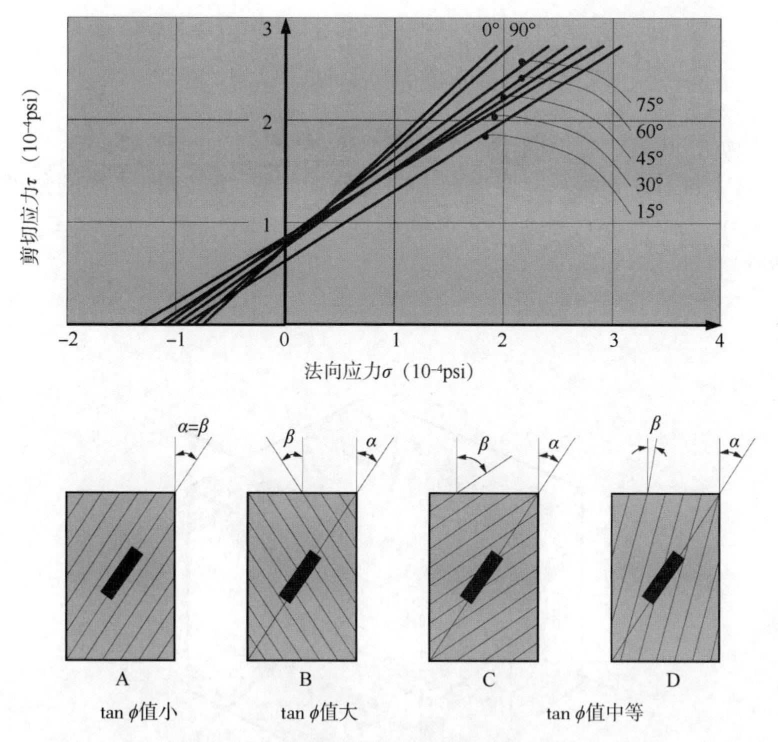

图 7.3　绿河页岩莫尔包络线和破坏面与层理面的关系

要作用，各向异性弹性岩石的变形与各向同性的岩石有很大不同。

（2）目前，在大多数井壁稳定性分析中，通常假设岩石中存在裂缝或裂纹，岩石抗拉强度被忽略不计。最近，Aadnoy 等(2009)通过地层漏失试验验证了实际抗拉强度起作用。岩石拉伸强度只有在岩石破裂后，再次破裂时才能忽略不计，相信这一观点将在未来的井筒稳定性模型中会得到应用。因此，测量或估计各种类型岩性的抗拉强度是很有必要的。

（3）表 7.3 中的岩石抗剪强度数据清楚地呈现了各向异性。根据表 7.3 中数据可以看出岩石存在薄弱面，即当层理面与岩心塞成 10°至约 40°时，岩石会变弱，明确了最易发生井壁坍塌的井筒方向。下面将作详细介绍。

7.3.4　层状沉积岩层的水平井

本节将根据 Aadnoy(1989)提出的一个详细的实际问题展开。图 7.4 所示为沉积岩水平井筒，倾斜的薄弱面指向井筒轨迹方向，且其中一个原地应力与井筒轴线方向一致。

Aadnoy(1989)就上述问题给出了在复杂空间中的分析解决方案。本节简要回顾该解决方案及其对井筒临界破裂和坍塌压力的影响。垂直于层理面与平行于层理面的杨氏模量之比表示为 k，k 为表 7.1 中 n 的倒数，系数 m 定义为 $m^2=2+2k$。

当 $\varphi=\theta=0°$时，可得出总切向应力(图 7.4)为：

$$\sigma_\theta=P_w\frac{1-m}{k}-\frac{1}{k}\sigma_x+\left(1+\frac{m}{k}\right)\sigma_y+\tau_{xy}\frac{E_\theta}{2E_x}(1+k+m)(1+k) \tag{7.6}$$

式中：

$$\frac{E_x}{E_\theta}=\sin^4\theta+2\sin^2\theta\cos^2\theta+k^2\cos^4\theta$$

式(7.6)是 φ 和 θ 为任意值时的一个特解。

假设 $\varphi=30°$(如图 7.4 所示，层理面方向与施加的应力的方向之间的角度)，$k=2$($k=1$ 表示各向同性)，$m=2.45$($m=2$ 表示各向同性)，$\nu=0.2$，$\sigma_x=2$，$\sigma_y=3$，$P_w=1$，那么井筒周围弹性模量的变化如图 7.5 所示。

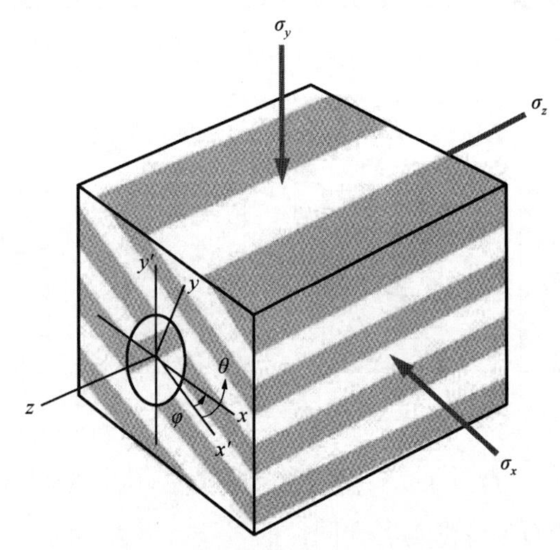

图 7.4 沉积岩水平井筒的几何形状
约束条件：井眼轴线必须与层理面延伸
方向一致，也必须和其中一个主应力方向一致

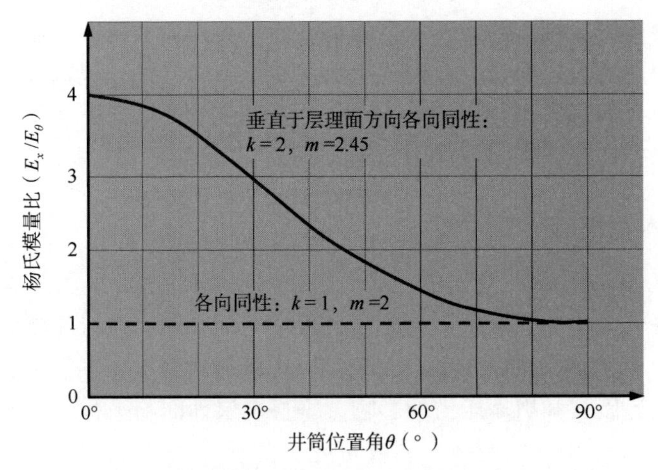

图 7.5 $k=2$ 和 $m=2.45$ 时井筒周围弹性模量的变化

图 7.6 对各向异性材料与各向同性材料的切向应力进行了比较，可以看到，两者的应力分布有所不同，除了应力大小之外，最大值和最小值的位置也不同。不过，尚需利用破裂压力方程式，验证岩石各向异性对破裂压力的影响。

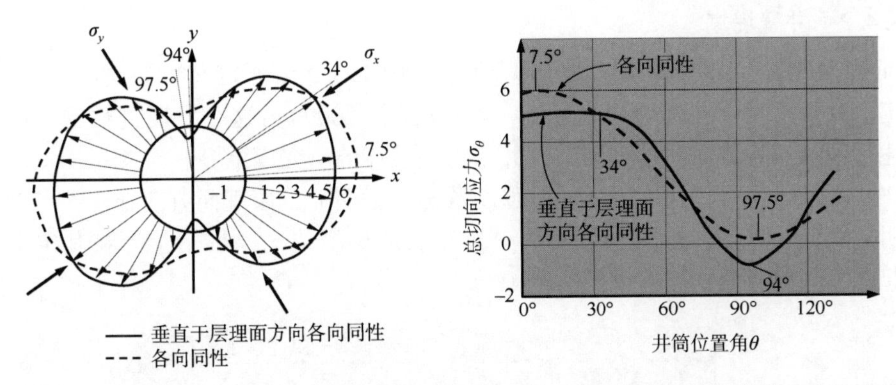

图 7.6 各向异性($k=2$, $m=2.45$)和各向同性($k=1$, $m=2$)岩石材料的切向应力的比较

7.3.4.1 井壁破裂

Aadnoy 将图 7.4 所示的各向异性模型应用于水力压裂，当层理面处于水平时(即当 $\varphi=0°$时)，起裂压力方程式如下：

$$P_{\mathrm{uf}}=\frac{1}{m-k}[(1+m)\sigma_x-k\sigma_y-P_{\mathrm{o}}] \tag{7.7}$$

假设 $\sigma_x=\sigma_y=1$(即无量纲法向应力)，$P_{\mathrm{o}}=0.4$(即无量纲孔隙压力)，根据表 7.1 给出的弹性模量比，计算沉积岩的无量纲破裂压力，结果见表 7.4。

表 7.4 各向异性参数

岩石类型	弹性模量比 n	弹性模量比倒数 k	系数 m	破裂压力 P_{wf}
卢德斯石灰岩	0.97	1.03	2.01	1.51
阿肯色砂岩	0.61	1.64	2.30	1.76
绿河页岩	0.84	1.19	2.09	1.56
二叠系页岩	0.73	1.37	2.18	1.62
各向同性岩石	1.00	1.00	2.00	1.50

将表 7.4 中的计算结果绘制成破裂压力与弹性模量比的关系图，如图 7.7 所示。可以看出，岩石的各向异性确实影响了岩石的破裂压力。各向异性最大的岩石是阿肯色砂岩，弹性模量比为 0.61 或弹性模量比的倒数为 1.64，其破裂压力比各向同性岩石高 11%，原因是各向异性材料的应力分布不同于各向同性的材料。还可以看到，各向异性的影响取决于原地应力、井筒方向和层理面方向之间的相对方位角。

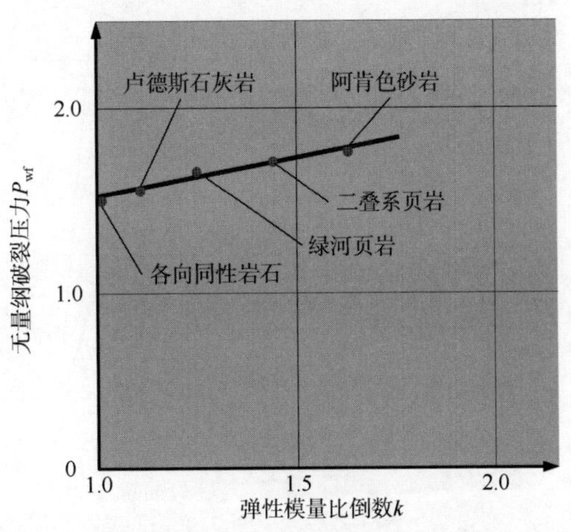

图 7.7 预测破裂压力是各向异性弹性性能的函数

7.3.4.2 井壁坍塌

Aadnoy(1987a，1988)发现，由于薄弱面(如第7.3.2节所定义)的存在，当井筒倾角达到一定值时更易发生井壁坍塌。最近，Aadnoy等(2009)对这一发现进行了更深入的研究，下述是他对层状各向异性岩层斜井井壁坍塌破坏的研究成果。

图7.8所示为阿肯色州砂岩的屈服强度数据。很明显，层理面方向在15°~30°时，屈服强度明显降低，这是许多(但不是所有)沉积岩的典型情况，Aadnoy等将其定义为由薄弱面引起屈服强度降低的层理面倾角范围。

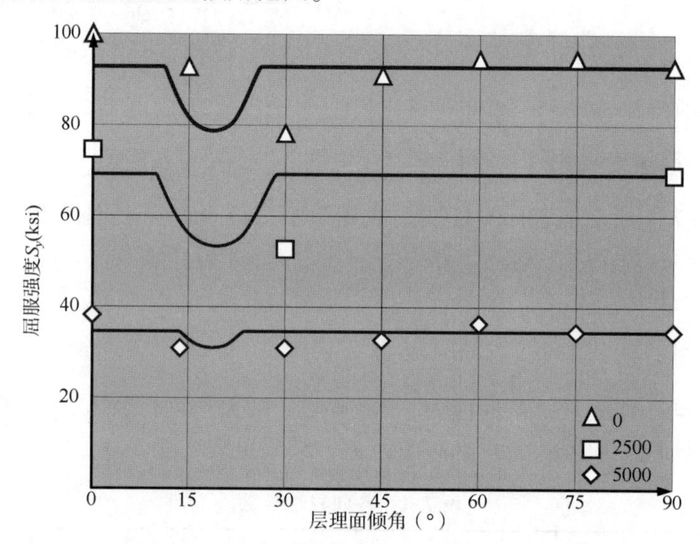

图7.8　阿肯色州砂岩岩心的屈服强度与地层倾斜度的关系

图7.9所示井筒有两个破坏位置，在井筒底部位置，试验岩心有充分的强度。如果井筒在侧面发生破坏，则是薄弱面引起的。事实上，井筒倾角与水平层状岩石的层理面方向一致时，破坏位置由以下因素决定：(1)井眼方向与原地应力方向的关系；(2)原地应力的大小；(3)井壁破坏位置与层理面方向的关系。

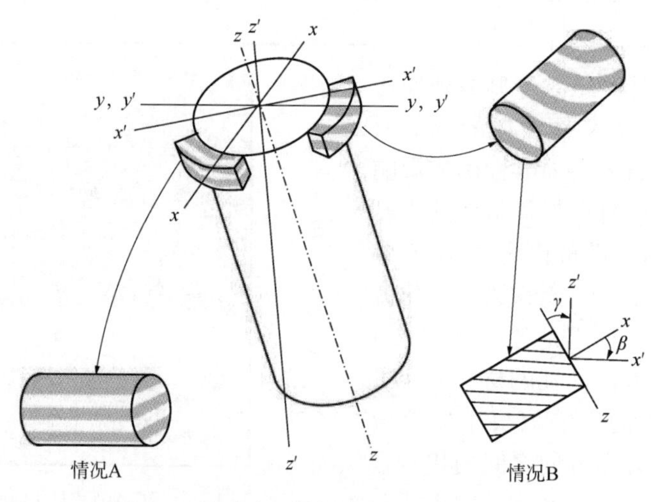

图7.9　试验岩心层理面与井筒位置的关系

情况A：在θ=0°时发生破坏；情况B：在θ=90°时发生破坏

应力状态不仅会导致井壁坍塌，而且也与坍塌破坏发生的位置有关。图7.9中的情况A和情况B的井壁坍塌情况如下：

（1）如果$\sigma_x<\sigma_y$，则在位置A发生井壁破坏；

（2）如果$\sigma_y<\sigma_x$，则在位置B发生井壁破坏。

对于情况A，薄弱面没有暴露，井眼稳定。对于情况B，在井筒方向与层理面方向成一定的倾斜角度时，薄弱面暴露，导致井壁失稳。Aadnoy等(2009)通过将应力转换方程代入上述第二个条件来界定井壁失稳的条件，其结果是：

$$\sigma_{\rm H}(\sin^2\phi-\cos^2\phi\cos^2\gamma)+\sigma_{\rm h}(\cos^2\phi-\sin^2\phi\cos^2\gamma)<\sigma_{\rm v}\sin^2\gamma \tag{7.8}$$

上述井壁失稳条件仅适用于形成薄弱面倾角范围内。表7.5所示为本研究所采用的应力数据。

表7.5 典型的原地应力数据

应力状态	正断层	走滑断层	逆断层
$\sigma_{\rm v}$，$\sigma_{\rm H}$，$\sigma_{\rm h}$	1，0.8，0.8	0.8，1，0.8	0.8，1，1
	1，0.9，0.9	0.9，1，0.8	0.8，1，0.9

将表7.5[❶]的第一项数据代入式(7.8)，得出以下公式：

$$\sigma_{\rm h}(1-\cos^2\gamma)<\sigma_{\rm v}\sin^2\gamma \tag{7.9}$$

这种应力状态(表7.5第一项)具有相等的水平应力，因此，薄弱面内的所有倾角都会使抗坍塌能力下降，如图7.10所示。

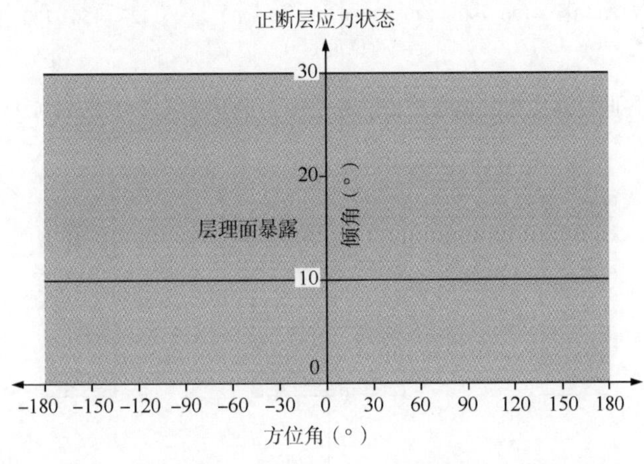

图7.10 表7.5中应力状态为1、0.8、0.8时，层理面破坏的倾角和方位角的组合

对于各向异性的应力状态，倾角范围会更小。图7.11至图7.13所示为一些例子。在这些例子中，方位角的范围限制大约在90°之内，井眼轨迹最好避开薄弱面倾角范围，以避免出现薄弱面破坏现象。

❶ 原文误写成表7.1——译者注。

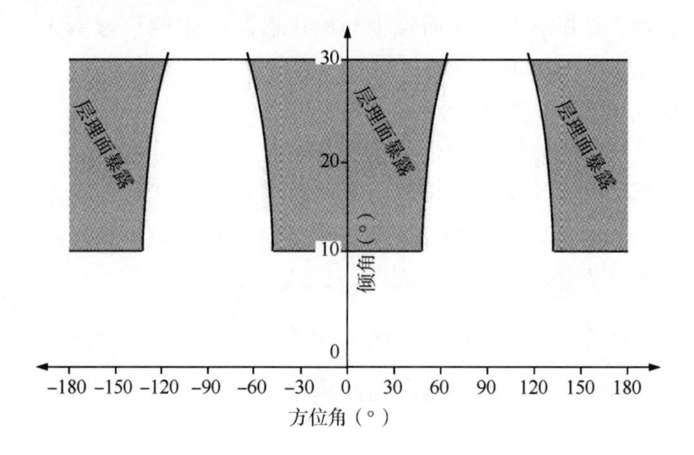

图 7.11　各向异性应力下的薄弱面暴露范围，正断层应力状态(1、0.9、0.8)

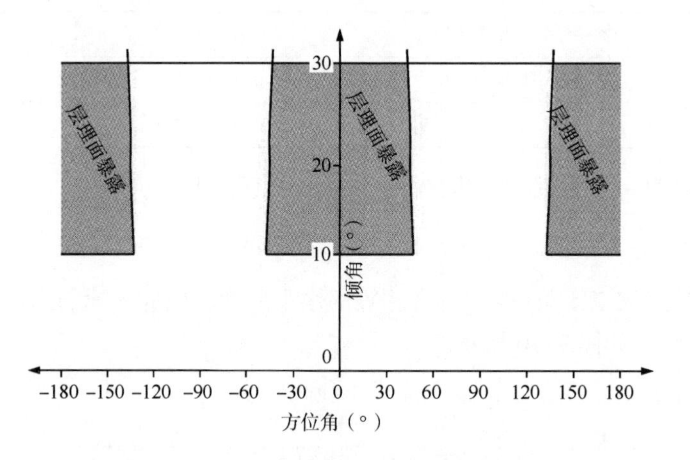

图 7.12　各向异性应力下的薄弱面暴露范围，走滑断层应力状态(0.9、1、0.8)

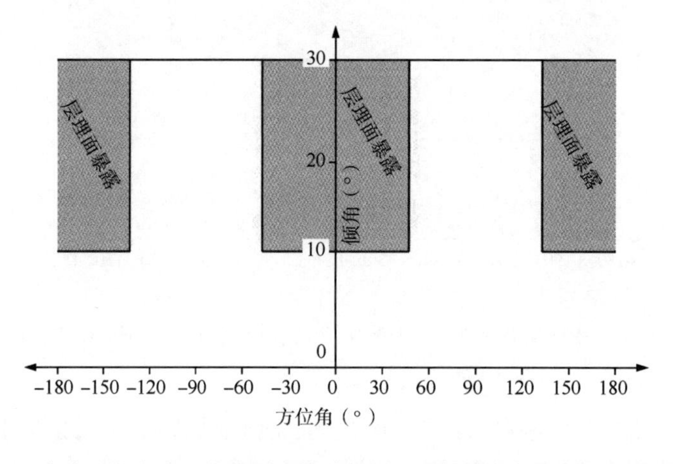

图 7.13　各向异性应力下的薄弱面暴露范围，逆断层应力状态(0.8、1、0.9)

Aadnoy 等(2009)对位于不列颠哥伦比亚省山麓的某油田进行了详细研究。该油田是一个褶皱构造，层理面与水平面的倾角为 53°。该油田曾钻过一口马蹄形井，由于储层上方存在淤泥和页岩层，力学稳定性差。在该井段钻井过程中，长期存在井壁失稳现象，遇到了许多井下复杂问题，造成大规模的钻井事故。

假设为走滑断层应力状态，根据马蹄形井的数据，绘制了类似于图 7. 10 至图 7. 13 的层理面破坏图，如图 7. 14 所示，其中还显示井径测井信息。很明显，该井的井筒方向位于不可接受的区域内，因此，建议下一口井的井眼轨迹应处在可接受(白色)区域内。

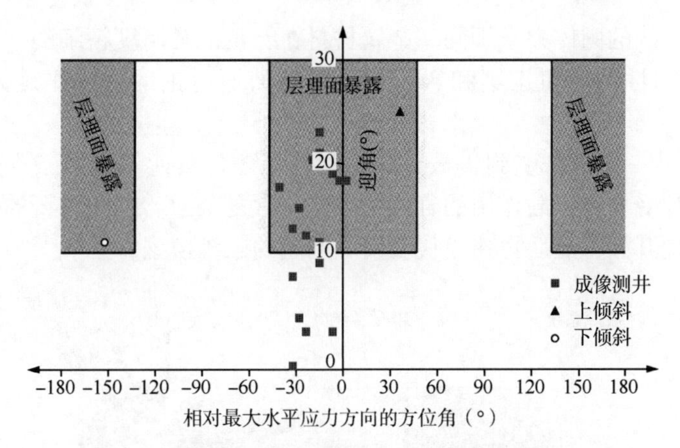

图 7. 14 马蹄形井的薄弱面图，走滑断层应力状态

图中还显示井径测井数据，显示存在扩径的情况

此外，还对“马蹄形”井眼的井段临界坍塌压力进行了分析，结果如图 7. 15 所示。如果井眼轨迹方向必须暴露在薄弱面，就必须使用较高的钻井液密度。第一象限和第三象限缺乏对称性是由于层理面倾角较大(53°)造成的。

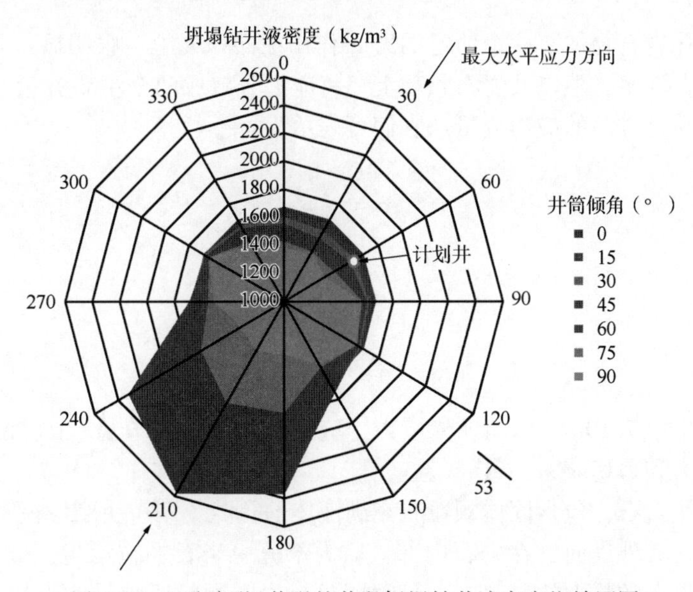

图 7. 15 “马蹄形”井眼的井段坍塌钻井液密度蜘蛛网图

第 7. 3 节中，介绍了与井壁稳定性和失稳分析有关的岩石各向异性的许多知识。研究表明，地层弹性性能对井壁稳定性的影响在大多数情况下是二阶的，而薄弱面、应力状

态(井筒方向)对井壁稳定性的综合影响则可能是一阶的。

随着石油岩石力学的进一步发展，将必须应用各向异性参数，以便更加精确地预测裂缝迹线和井筒变形。

7.4 多孔岩石

岩石力学与传统的固体力学不同。金属材料在宏观上是高度精细的，也就是说，它们是同质的和各向同性的；而土壤和岩石，正如前面所讨论的，往往是异质的和各向异性的。

图 7.16 所示为一个外部受到机械、动力和热等多种负荷作用的三维多孔岩石。用固体力学来研究这种受多种负载作用的岩石物体是非常复杂的。因此岩石的建模通常从简化的一维或二维模型开始，然后再建立代表实际问题的三维模型。

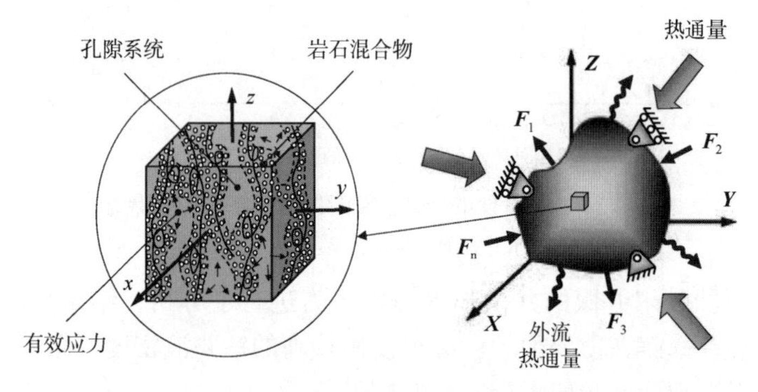

图 7.16 受各种载荷作用的多孔岩石几何形状

考虑一个多孔岩石物体，一个给定的力 F 作用在面积 A 上。很明显，载荷产生的应力必将平均地作用在许多孔隙以及岩石颗粒上。将应力分解成两个主要分量，即沿平面法线的应力分量和沿平面方向的应力分量。它们可表示为：

$$\sigma = \frac{F_{\mathrm{N}}}{A} \tag{7.10a}$$

和

$$\tau = \frac{F_{\mathrm{S}}}{A} \tag{7.10b}$$

式(7.10a)和式(7.10b)与第 1 章“应力、应变的定义及其分量”中讨论的经典固体力学产生的法向应力和剪切应力一致。

现在考虑一块岩石，包含固体颗粒和充满液体的孔隙，用一块刚性板密封，如图 7.17 所示。应力作用在其外表面，在岩石内部，应力部分由岩石颗粒承担，部分由流体承担，忽略作用在每个岩石颗粒上的局部应力。很明显，岩石颗粒所承受的平均应力(称为有效应力)小于作用在平面上的实际应力(称为上覆应力)，两者之差就是孔隙压力。详细讨论这些应力十分重要，因为，任何破坏准则都是根据岩石颗粒所承受的应力，而不是实际应力建立的。

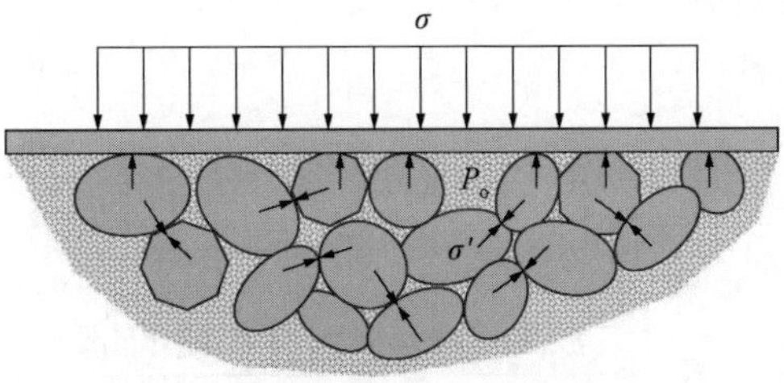

图 7.17　用刚性板密封的多孔岩石

7.5　地层孔隙压力

地层孔隙压力定义为地层流体对岩石孔隙壁施加的压力。正如前面所讨论的，孔隙压力承受部分上覆地层应力，上覆应力的另一部分则由岩石颗粒承担(Rabia，1985)。

通常，地层孔隙压力可根据孔隙压力梯度的大小分为两类。

(1) 正常地层孔隙压力(水压)。指地层孔隙压力等于地层水的静水柱压力，正常孔隙压力梯度通常在 0.465psi/ft 左右。

(2) 异常地层孔隙压力(地压)。异常孔隙压力地层的边界通常没有渗透性，阻止流体直接流向相邻地层，被困在地层中，承受了大部分上覆地层应力。异常地层孔隙压力梯度通常在 0.8~1psi/ft 之间。

地层孔隙压力可在钻井前通过地球物理方法预测，也可在钻井时用测井方法预测。

7.6　有效应力

井筒或井筒附近任何一点的有效应力一般用三个主应力分量来描述：沿井筒半径方向的径向应力分量、围绕井筒圆周作用的环向应力(切向应力)和平行于井眼轴向的轴向应力。此外，还有一个剪切应力分量。

岩石是多孔介质，由岩石基质和流体组成，如图 7.17和图 7.18 所示。如图 7.17 所示，上覆应力表示由外部载荷引起的总应力，由孔隙压力和部分岩石基质承受(图 7.18)。因此，总应力等于孔隙压力加上有效应力，可用如下经验公式表示：

$$\sigma = \sigma' + P_o$$

由于岩石力学主要研究岩石基质的破坏，因此，岩石破坏分析采用有效应力来评价。有效应力可用式(7.11)计算：

$$\sigma' = \sigma - P_o \quad (7.11)$$

由于静止的流体不能传递剪切应力，有效应力对法向应力有效。因此，剪切应力保持不变(Terzaghi，1943)。

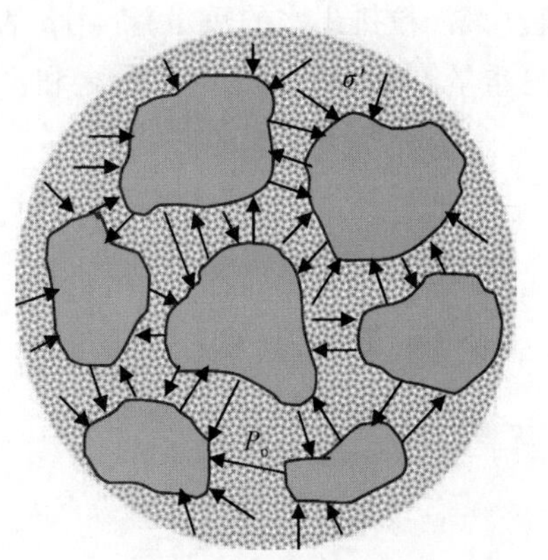

图 7.18　多孔岩石中的局部应力和孔隙压力

有效应力的一个更普遍的表达式，包括一个与孔隙压力有关的比例系数(称为 Biot 常数)，表示为：

$$\sigma' = \sigma - \beta P_o \tag{7.12a}$$

式中：

$$\beta = 1 - \frac{E}{E_i}\,\frac{1-2\nu_i}{1-2\nu} = 1 - \frac{\text{多孔物质的量}}{\text{孔间物质的量}} \tag{7.12b}$$

式中：E 为弹性模量；ν 为泊松比；下角标 i 表示孔隙间材料；其余项为岩石基体性能。对于岩石来说，Biot 常数值为 0.8~1.0。

图 7.19 所示为有效应力的一个例子。一个装满沙子并被水浸透的水桶，作用在桶底的总力是沙子和水的重量之和。但真正有意义的是，求出作用在桶底附近的沙粒之间的应力。

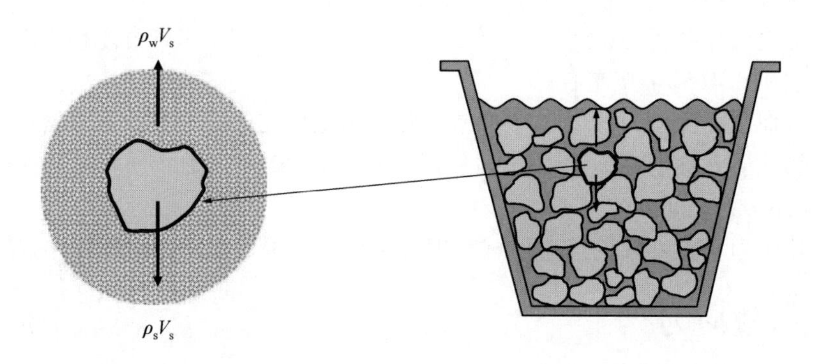

图 7.19　装满沙子的桶(每个沙粒作用力包括向上的浮力和向下的重力)

由于沙粒被淹没在水中，根据阿基米德定律，每颗沙粒重量比它在空气中的重量要轻(减沙粒排出水的重量)。用 ρ_s 表示沙子的密度，用 ρ_w 表示水的密度，用 ϕ 表示孔隙度，总重量等于沙子和水的重量之和，可以表示为：

$$\begin{aligned} m_s + m_w &= \rho_s V_s + \rho_w V_w \\ &= \rho_s V(1-\phi) + \rho_w V\phi \\ &= [\rho_s + (\rho_w - \rho_s)\phi] V \end{aligned} \tag{7.13}$$

式中：

$$V = V_w + V_s$$

$$\phi = \frac{V_w}{V}$$

$$1-\phi = \frac{V_s}{V}$$

参照图 7.18，沙粒的净重等于沙粒空气重量减去浮力，为：

$$\begin{aligned}\rho_s V_s - \rho_w V_s &= (\rho_s - \rho_w) V_s \\ &= (\rho_s - \rho_w)(1-\phi) V \\ &= [\rho_s + (\rho_w - \rho_s)\phi - \rho_w] V\end{aligned} \tag{7.14}$$

沙粒和水混合物的平均密度为：

$$\begin{aligned}\rho_{ave} &= \frac{m_s + m_w}{V} \\ &= \rho_s + (\rho_w - \rho_s)\phi\end{aligned} \tag{7.15}$$

桶中沙的净重变为：

$$\rho_s V_s - \rho_w V_s = (\rho_{ave} - \rho_w) V \tag{7.16}$$

式(7.16)说明，有效沙子重量等于总重量减去水的重量。或者说，有效应力等于总应力减去孔隙压力，见式(7.11)。

注 7.2：岩石属于多孔介质，其破坏评估采用有效法向应力。井筒附近任何一点的有效应力，由三个主应力决定，即径向应力、环向应力和轴向应力。

7.7 地层孔隙度和渗透率

第 7.4 节介绍了地层或储层岩石是天然多孔物体。多孔岩石具有一定的孔隙空间，用孔隙度表示。正如第 7.6 节所定义的，孔隙度是占据孔隙空间的流体体积与岩石总体积的比率，也就是整个岩石体积中被孔隙占据的部分(图 7.20)。

图 7.21 所示为典型岩石地层在不同深度的孔隙度。附录 A 表 A.3 中给出了一些典型岩石的孔隙度值。

碳氢化合物首先在岩层的孔隙空间中聚集，随着上覆地层的压实和胶结，而形成油气储层。为了存储碳氢化合物，形成油气藏储层的岩层是可渗透的。即一个合适的储层应该是多孔的，可渗透的，并含有足够的碳氢化合物，使其在经济上可以开采。

岩层或储层中的孔隙度有多种估计和确定方法。Monicard(1980)介绍了 5 种方法并对，它们的优点和局限性进行了讨论。这些 5 种方法分别是：(1)液体的总和，精确度为 ±0.5%；(2)波义耳—马里奥特定律(Marriote-Boyle law)；(3)测量地层孔隙中的空气；(4)再饱和(测量填充孔隙的液体重量)；(5)实验室颗粒密度测试。

渗透性是指流体在压力作用下通过材料内连通的孔隙空间的能力(图 7.22)。图 7.23 所示为一些典型地层岩石渗透率随地层深度的变化情况。渗透率在很大程度上取决于孔隙度、孔隙大小和分布、孔隙形状和孔隙排列，不同的岩石的渗透率差别可以达到几个数量级。表 A.3 中给出了一些典型的岩石渗透率值。

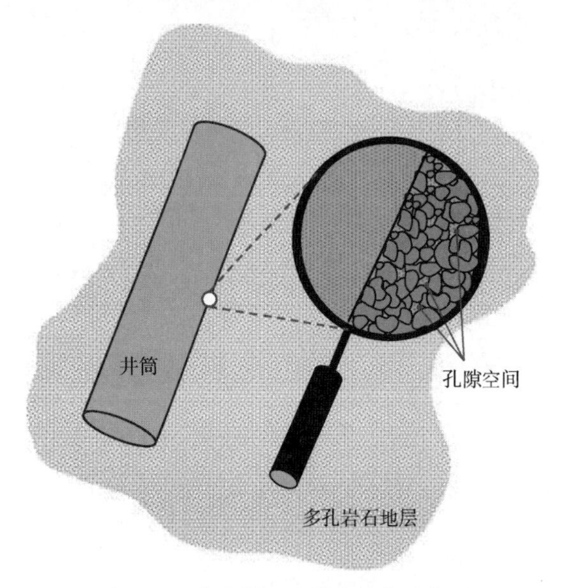

图 7.20　井眼附近岩层孔隙度示意图

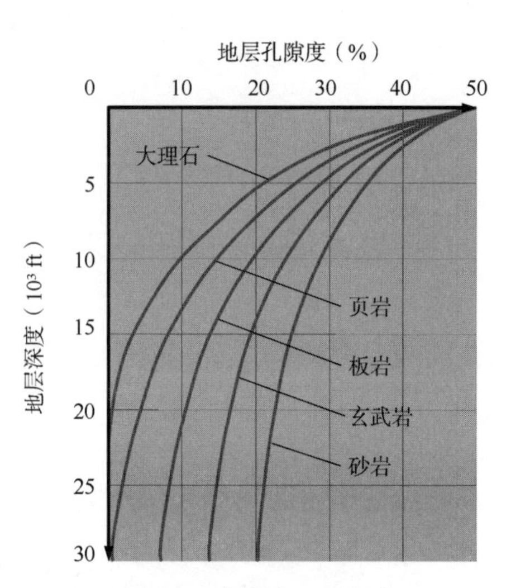

图 7.21　典型岩石材料的孔隙度随地层深度的变化

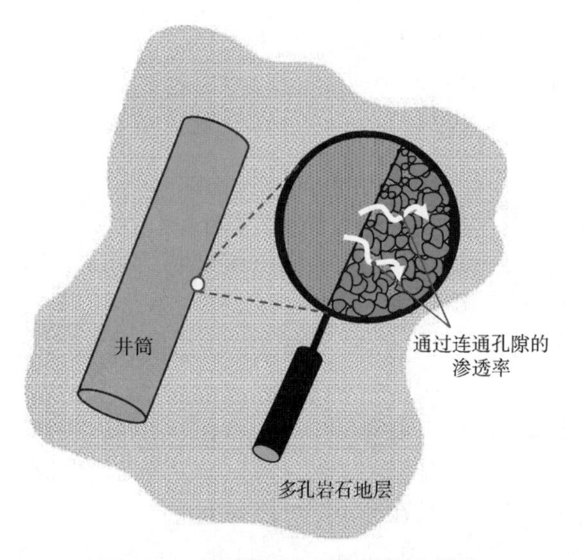

图 7.22　井眼附近岩层渗透性示意图

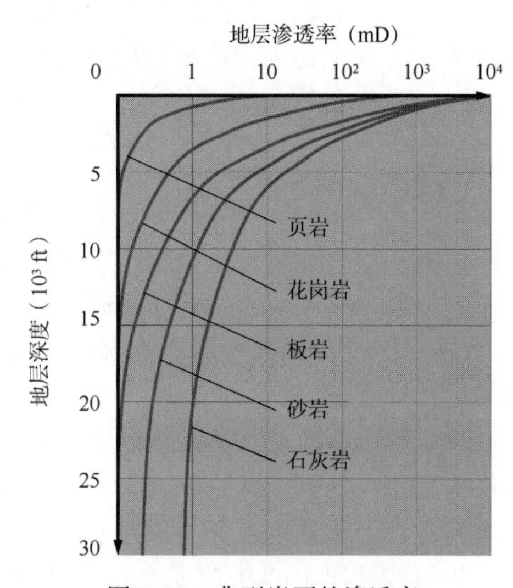

图 7.23　典型岩石的渗透率随地层深度的变化

渗透性符合达西定律。达西定律指出，渗透性等于流体流经单位面积渗透性材料的速率。换句话说，渗透率可用流体流过多孔介质的瞬时流速、流体的黏度和一定距离内的压降之间的比例来表示，用一维方程表示如下：

$$\kappa = -\mu \frac{\dot{u}}{\nabla P} \tag{7.17}$$

式中：κ 为渗透率，μm^2(D)；μ 为流体动态黏度，Pa · s；$\dot{u}$ 为 x 方向的流体速度，

m/s；∇P 为 x 方向的压降(梯度)，N/m^3。

注 7.3：渗透率随着孔隙度、地层颗粒粒度的增加而增加，随着地层压实度和胶结度的增加而降低。

例题 7.1 假设一块不透水、孔隙度为 0 的石英砂岩块放置在一个水平面上，石英砂岩块的密度为 $2.67g/cm^3$。试求 10m 高的纯石英块底部的总法向应力和有效应力是多少？

解：法向应力等于密度×重力加速度×高，即：

$$\sigma_n = \rho gh = 2.67 \times 10^3 (kg/m^3) \times 9.81 (m/s^2) \times 10 (m)$$

$$\sigma_n = 261927 (N/m^2) = 261.9 (kPa)$$

由于孔隙率为零，孔隙压力也为零，因此有效法向应力为：

$$\sigma_n' = \sigma_n - P_o = 261.9 - 0 = 261.9 (kPa)$$

练习题

7.1 参照例题 7.1，现在假设一块干燥的石英砂岩块放置在一个水平面上，其密度相同，但孔隙度为 20%。这块 10m 高的石英砂岩底部的总法向应力是多少？

7.2 同样参考例题 7.1，假设一块水饱和石英砂岩块放在一个水平面上，其密度相同，但孔隙度为 20%。

a. 请计算 10m 高的砂岩块底部的总法。应力是多少？

b. 请说明水饱和度会如何影响总应力和有效应力？

7.3 假设正常孔隙压力梯度为 0.465psi/ft，请确定 5000ft 深处的地层孔隙压力。

7.4 使用练习题 7.2 的数据，如果孔隙压力为 $40kN/m^2$，请写出有效应力矩阵。

7.5 在 2000m 深的页岩储层中，圈闭内的碳氢化合物以 0.01m/s 的速度从压力为 6000psi 的高流体浓度位置流向 100m 外压力为 5500psi 的低压位置。假设碳氢化合物的动态黏度为 $1.2 \times 10^{-7} Pa \cdot s$，请确定页岩的渗透率，单位为 D。

第8章　原地应力

8.1　简介

原地应力数据在油气井设计、施工、作业和生产的各个阶段发挥着至关重要的作用，如钻井、完井、增产作业、采油和废水回注。岩层原地应力大小及机械性能参数，直接影响到对建井和采油作业评估分析的结果。因此，在进行岩石应力分析和破坏评估之前，需要对原地应力有充分的认识。本章将讨论原地应力状态、原地应力的确定，以及原地应力的期望值。确定原地应力的主要原因如下。

（1）掌握地层结构和异常点位置的基本情况，例如，地下水流等。

（2）获取关于地层应力状态的基本数据。

（3）获取基本主应力的方向和大小。

（4）确定可能影响钻井和生产过程的应力效应。

（5）确定地层岩石可能破裂的方向。

（6）确定井筒不稳定性分析的主要边界条件。

尽管原地应力非常重要，但数据的获取并未受到重视，有时几乎不进行收集，造成原地应力数据严重缺乏，只能通过估测或使用与应力相关的间接信息来测算(Avasthi et al.，2000)。本章将介绍获得原地应力信息的现有技术方法，如裸眼测井、地层孔隙压力预测、漏失试验(LOT)或压力完整性试验(PIT)、小型压裂试验、钻井数据和井径测井等。

8.2　定义

在地表以下的任何一点，岩石都受到各种应力的作用，在深层地层中应力可能非常高，取决于应力来源的方向和强度。在任何人工活动(如钻井)之前，地层状态未受干扰，通常会受到压缩应力的作用，称为远场应力状态或原地应力状态。

通常情况下，地层内任何一点都存在三个相互垂直的应力，如图8.1A所示。垂直应力 σ_v 主要由上覆地层及其所含流体的重量引起，称为上覆地层应力。垂直应力的其他来源，包括地质条件造成的应力，如岩浆或盐丘侵入周围岩层。由于泊松比效应，上覆地层应力通常倾向于在水平方向向四周作用。然而，由于相邻地层的存在，上覆地层应力在水平方向的作用受到限制，因此，形成最大水平应力 σ_H 和最小水平应力 σ_h。所有应力都会受到温度升降的影响，而地震等其他自然效应只会导致水平应力的变化。

8.3　原地主应力

岩层中某一点的应力状态一般用主应力来表示。主应力有一定的方向和大小，直接影响岩层中岩石的破裂。在垂直钻井的特殊情况下，最大主应力是垂直的，等于上覆地层应力，中间主应力和最小主应力等于水平应力，如图 8.1B 所示。

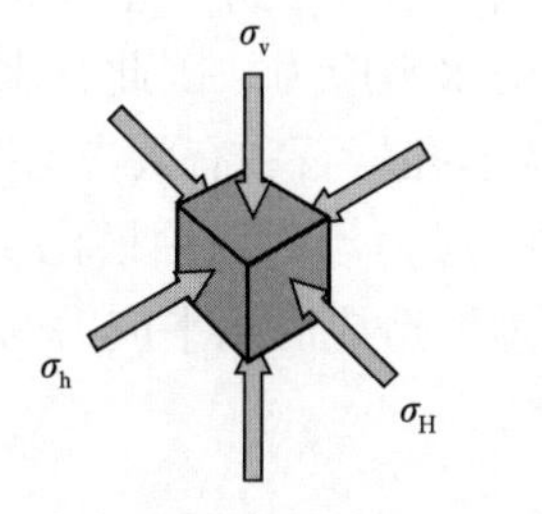

（A）岩层原地应力（σ_v，σ_H，σ_h）

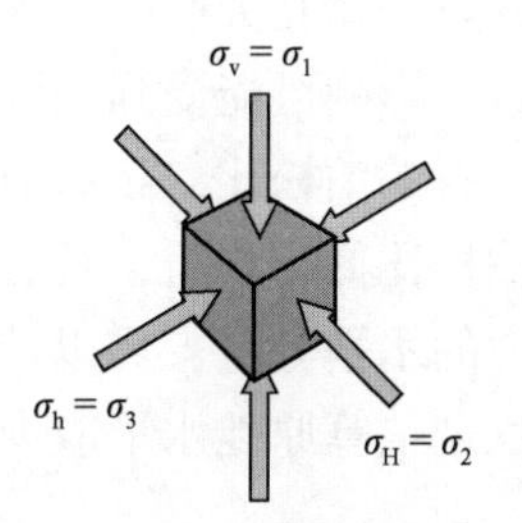

（B）直井岩层原地主应力

图 8.1 原地应力示意图

岩土工程的经验表明，原地应力场通常是非静水压力学，换句话说，所有三个主应力的大小都不同。这一假设，与石油岩石力学非常符合。

8.4 原地应力的测量和估算

在任何与石油岩石力学有关的工作中，地应力状态的知识都至关重要。石油天然气行业已认识到了地应力的关键作用，正越来越多地运用诸如小型压裂试验和岩心应变恢复等新技术，来测量和估计原地应力状态。

根据第 8.2 节给出的定义，上覆地层应力可通过式(8.1)计算：

$$\sigma_v = \int_0^d \rho_b(h) g \mathrm{d}h \tag{8.1}$$

式中：ρ_b为地层体积密度，lb/ft^3；g 为重力加速度(32.175ft/s^2)；h 为岩层的垂直厚度，ft；d 为岩层深度，ft。

在任何给定的深度，地层体积密度与岩石颗粒密度ρ_R、孔隙流体密度ρ_F和岩层孔隙度ϕ有关，即：

$$\rho_b = \rho_R(1-\phi) + \rho_F \phi \tag{8.2}$$

地层体积密度随地层深度的变化而变化，基本上与地层孔隙度随压实度的变化有关。

已知平均地层体积密度和孔隙压力梯度的情况下，任何给定深度地层的上覆地层应力的计算[式(8.1)]可以简化为：

$$\sigma_v = \rho_b g d = \gamma_b d \tag{8.3}$$

式中：γ_b 为岩层重度，lbf/ft^3。

根据关系式 $\gamma_b = \gamma\gamma_w$ 和表 6.1 中的单位换算系数，其中 γ_w 是水的重度(lbf/ft^3)，γ 是地层相对密度(s.g.)。上覆岩层应力(psi)可用式(8.4)表示：

$$\sigma_v = 0.434\gamma d \tag{8.4}$$

上覆地层应力很容易通过密度测井获得，而水平应力只能通过同时求解破裂压力方程和应力转换方程获得。于缺乏数据，传统上假设两个水平地应力相等。

原地应力的分量是相互关联的。这意味着，当上覆地层应力垂直挤压岩石时，会在水平方向上推挤岩石，影响可能受到周围岩石制约的水平应力。因此，水平应力的大小在很大程度上取决于岩石的泊松比。正如前面第7章“多孔岩石和有效应力”中所讨论的，泊松比高的岩石将比泊松比低的岩石，具有更大的水平应力。利用泊松比、Biot常数、上覆地层应力和孔隙压力的水平分量，可以计算出上覆地层造成的水平应力的大小。Avasthi等提出了以下经验方程来估算原地水平应力：

$$\sigma_h = \frac{\nu}{1-\nu}(\sigma_v - \beta P_o) + \beta P_o \tag{8.5}$$

式中：ν是泊松比；β是Biot常数

当水平应力仅由上覆地层应力引起时，水平应力的大小将是相等的（即$\sigma_H = \sigma_h$）。然而，由于断层或山脉的活动，或其他地质异常活动，可能引起其他水平应力，造成不相等的水平应力和其他应力分量。由于其他水平应力分量的大小不容易量化，因此不得不进行假设，除非某些地区必须考虑其他水平应力项，否则仅考虑上覆地层引起的应力，水平应力通常采用式(8.5)计算。

目前有多种技术可用来测量原地应力的大小和方向，测量时必须至少测定六个独立应力分量，以便确定应力状态张量。测量时必须进行比较和识别，以便获得合理的测量结果。

一般来说，原地应力测量方法可分为直接测量法和间接测量法。

根据Hudson和Harrison(1997)的建议，直接测量法主要有：

(1) 水力压裂试验；

(2) 狭缝试验，又称压力枕试验；

(3) 美国矿务局推出的套芯量规试验；

(4) 英联邦科学和工业研究组织推出的套芯量规试验。

许多国家和国际机构采用了许多间接测量方法，其中一些主要间接测量技术如下：

(1) 声波发射；

(2) 井壁坍塌分析；

(3) 断层面分析；

(4) 微分应变分析；

(5) 非弹性应变松弛分析；

(6) 岩心分析；

(7) 不连续状态观察。

水力压裂试验是获得井筒最小水平原地应力大小的最有效的方法。然而，水力压裂试验并不是常规性的，即使进行试验，获得的数据也非常有限。因此，在大多数低强度岩石中，常用的测量方法是使用式(8.5)来描述每个岩层的相对水平应力大小，并根据现有的漏失试验压力或小型压裂试验数据，对最小水平应力的大小进行校准。对基于测井数据的应力剖面进行线性化转换，并保留不同地层之间的应力差异(Avasthi et al.，2000)。

表 8.1 所示为测量和(或)估算原地应力的方向和大小的常用方法，包括上覆地层应力和水平应力测量技术，以及地层孔隙压力测量技术。地层孔隙压力是确定有效应力的一个重要参数。

下面将详细介绍几种主要的应力测量和估算技术。

表 8.1 测量和(或)估算原地应力的方法

测量要素	应力类型	测量技术	估算技术
应力大小	σ_v	密度测井	
	σ_H		井壁剥落
			钻井液密度
			观察井筒事故
	σ_h	水力压裂	漏失试验
			地层完整性试验
			井漏
			钻井引起的裂缝
应力方向	σ_H 或 σ_h	交叉偶极子	断层方向
		小型压裂	天然压裂方向
		水力压裂试验	
		钻井引起的裂缝	
		井壁剥落	
地层孔隙压力	P_o	钻杆测试	密度测井
		重复地层测试	声波测井
		模块式动态地层测试	地震波速
		随钻测井	
		直接参数测试	

(1) 正交偶极。

这是一种用于估算水平地应力方向的技术。它是一组偶极接收器(一对相反且相等的电荷)记录的波形或日志，接收器与偶极发射器垂直布置(偏离直线 90°)。在声波测井中，正交偶极弯曲模式与直列弯曲模式一起用于确定各向异性剪切应力。

(2) 漏失试验(LOT)。

漏失试验也被称为压力完整性试验(PIT)，用于估算最小原地水平应力的大小和井筒的破裂压力。漏失试验时，关闭油井，钻井液被泵入井眼，逐渐增加压力，当达到一定压力时，钻井液通过岩石中的渗透路径或岩石被压裂而形成空间进入地层，或称漏失。漏失试验的结果决定了钻井作业的最大井底压力或钻井液密度(钻井液相对密度)。行业惯例还会采用较小的安全系数，确保油井安全作业，因此，最大井底压力通常略低于漏失压力。

(3) 小型压裂试验。

小规模的压裂试验用于估计原地水平应力的方向和大小以及井筒的破裂压力。小型压裂试验在主水力压裂处理之前进行，以获得关键的压裂设计参数，并对预计的地层响应进行确认。小型水力压裂试验注入的钻井液参数和随后的压力下降数据是钻井设计的重要参数，小型压裂试验结果可用来完善最终的钻井程序和钻井参数。

(4) 钻杆测试(DST)。

钻杆测试主要用于评估地层孔隙压力，但也可用来确定压力和渗透率，或确定地层的层序，估计油气藏的生产能力。钻杆测试技术用封隔器隔离要测量的油层，通过钻杆对该油层求产一段时间，根据不同的要求，可能需要一小时到几天或几周的时间。

Rabia(1985)、Economides 等(1998)以及 Hudson 和 Harrison(1997)提供了关于表 8.1 中所列技术及其应用的更多信息。

8.5 应力数据的概率分析

为了提高测量的准确性和精确度，常利用概率论方法对测得的应力数据进行分析和处理，估算出测得的应力数据的平均偏差和标准偏差并用于进一步分析。在采用应力张量时，必须测量和处理 6 个独立应力分量。应该指出的是，用特定区域获得的应力数据计算应力大小和方向的平均值是不正确的，正确的方法是在一个共同参考系下测量所有应力分量，计算其平均值，最后计算出主应力。概率论方法将在第 13 章“井壁失稳反演分析技术”中详细说明。

注 8.1：地层内任何一点的应力状态可用 3 个原地主应力表示，即上覆地层应力、最小水平应力和最大水平应力。它们通常是非静水压力，具有不同的大小。上覆地层应力可通过密度测井得到，而水平应力通常通过求解破裂压力和应力转换方程得到。

8.6 原地应力估算的边界条件

井眼稳定性或失稳分析的输入数据主要包括：密度测井和钻井数据等各种方式预测的地层孔隙压力，测井或钻屑分析得出的上覆地层应力，套管鞋处漏失试验数据以及根据井径测井分析井壁剥落的数据。根据这些数据可估算出原地应力的大小和方向，将其作为井筒稳定性建模的输入参量。很明显，输入数据来自许多不同的来源，其一致性不强。

在井筒稳定性模拟过程中，经常出现不切实际的结果。例如，有时会观察到临界坍塌压力超过压裂压力，或者根据破裂压力曲线推算另一个深度的破裂压力时，其结果超出了可接受的范围。很明显，上述情况都是错误的，但往往被忽略，可以肯定这是由于原地应力状态评估不当，造成某些输入数据不一致或错误引起的。下文在定义原地应力的边界条件时，使它们被限制在物理上允许的范围内。

利用这些边界条件分析水平原地应力，一般都可以得到切合实际的破裂压力和坍塌压力预测值。由于许多模型还可估算最小容许各向异性应力状态，当缺少现场数据时，也可以将其用作默认参数。

8.6.1 问题提出

图 8.2 展示了本节需要讨论的问题。可以看到，在大井眼倾角时，坍塌压力曲线有时会超过破裂压力曲线。在过去的几十年，已经钻了许多水平井证明上述稳定性曲线出现交叉(坍塌压力曲线和破裂压力曲线出现交叉)在物理学意义上是不正确的。图 8.2A 所示为井筒稳定性图，图中显示在倾角大约为 60°时，临界坍塌压力曲线和破裂压力曲线出现交叉，得出该井不能以更高的倾角钻进的结论显然是错误的。因为同一口井不可能在同一井下压力下同时发生井壁破裂和坍塌。破裂是在高井筒压力下的拉伸破坏，而坍塌是在低井筒压力下的压缩破坏(在第 11 章“井筒周围的应力”中将详细讨论)，问题出在所选择的原地应力的相对大小。图 8.2B 所示为正确的井筒稳定性图，其中临界破裂压力和坍塌压力曲线之间的最小距离被定义为 δ。

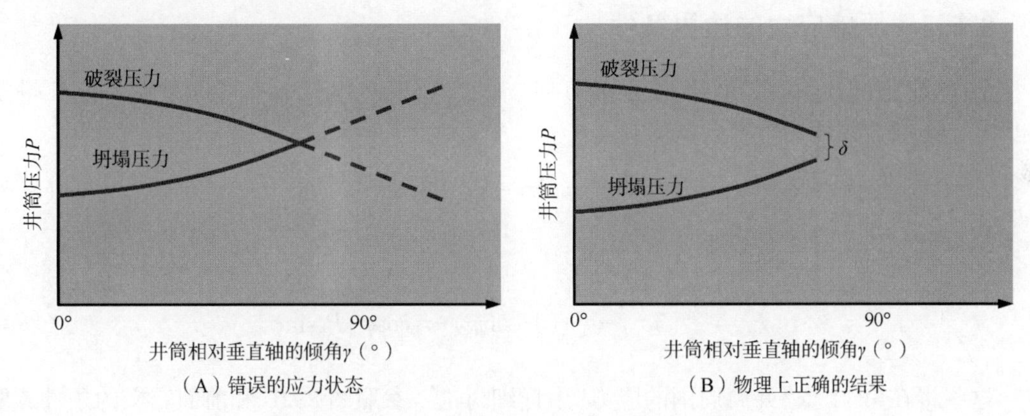

图 8.2 破裂压力和塌陷压力与井筒倾角的关系

原地应力分析的边界条件如下：

(1) 地层孔隙压力不能大于破裂压力或水平应力，但可以大于临界坍塌压力；

(2)井壁临界坍塌压力不能大于临界破裂压力。

8.6.2 原地应力

原地应力状态通常是假定一个垂直向上，2 个沿水平方向，与右手坐标系一致。于是，可假设原地主应力张量，由一个垂直主应力(等于上覆地层应力)和两个不相等的水平主应力组成。在拉张型沉积地质结构中，水平应力通常低于上覆地层应力；然而，在强构造应力状态下，水平应力可能超过垂直应力。根据三个原地主应力的相对大小，应力状态可分为正断层应力状态、逆断层应力状态或横冲断层应力状态。

可用许多间接估算方法得到原地应力状态的大小，但只有水力压裂法可以直接测量原地应力的值。关于水力压裂法的压力值，有多种不同的解释。

除了表 8.1 中所述的方法外，表 8.2 总结了用于评估原地应力状态的常用方法。可以看出，可同时估算最大和最小水平应力大小以及方向的唯一方法是 Aadnoy(1990a)引入的漏失试验反演技术。在挪威近海 Snorre 油田的实际应用表明，该技术有非常好的效果(Aadnoy et al.，1994)。另外，Djurhuus 和 Aadnoy(2003)进一步发展了反演技术，包括根据成像测井分析井壁破裂压力。

表 8.2 估算主要地应力的常用方法

估算技术	σ_v	σ_H	σ_h
单一漏失试验	√		
经验性漏失试验	√		
延长漏失试验	√		
漏失试验反演	√	√	√
井壁剥落分析			√
成像测井			√

8.6.3 原地应力的边界条件

对于垂直井筒，井筒方向与主应力方向一致。Aadnoy 和 Hansen(2005)提出了正断层应力状态下的破裂压力计算公式为：

$$P_{wf}=3\sigma_h-\sigma_H-P_o \tag{8.6}$$

临界坍塌压力计算公式为：

$$P_{wc}=\frac{1}{2}(3\sigma_H-\sigma_h)(1-\sin\varphi)-\tau_o\cos\varphi+P_o\sin\varphi \tag{8.7}$$

这些将在第 11 章“井筒周围的应力”中详细讨论。参照图 8.2B 和前面定义的条件，要求临界破裂压力总是大于临界坍塌压力(大于 δ)，δ 称为稳定裕度(钻井液密度窗口)，可以表达为：

$$P_{wf}-P_{wc}\geqslant\delta \tag{8.8}$$

将式(8.6)和式(8.7)代入式(8.8)中，可以得到原地应力的边界条件为：

$$\sigma_h(7-\sin\varphi)\geqslant\sigma_H(5-3\sin\varphi)+2P_o(1+\sin\varphi)-2\tau_o\cos\varphi+2\delta \tag{8.9}$$

如果满足这一条件，可获得切合实际的井筒稳定性评价结果。

到目前为止，只研究了一种应力状态的原地应力边界条件，即井筒方向与垂直主应力轴方向一致的应力状态(直井)。还必须研究在正断层应力状态下，井筒方向沿两个水平主应力轴方向的水平井的原地应力边界条件。分析方法与上述类似，唯一的区别是法向应力和破坏位置发生变化。可以看出，等式(8.9)可用通用方程表达为：

$$\sigma_{min}(7-\sin\varphi)\geqslant\sigma_{max}(5-3\sin\varphi)+2P_o(1+\sin\varphi)-2\tau_o\cos\varphi+2\delta \tag{8.10}$$

式中：σ_{min}为井眼最小法向应力；σ_{max}为井眼最大法向应力。假设井眼沿一个主应力方向。

图 8.3 显示了第 7 章“多孔岩石和有效应力”第 7.3.4 节中描述的井眼的三种可能的主应力方向。Aadnoy 和 Hansen(2005)对下述应力状态和所有主应力方向进行了分析。

正断层应力状态：$\sigma_v > \sigma_H > \sigma_h$。

横冲断层应力状态：$\sigma_H > \sigma_v > \sigma_h$。

逆断层应力状态：$\sigma_H > \sigma_h > \sigma_v$。

表 8.3 和图 8.4 对原地应力边界条件进行了总结。

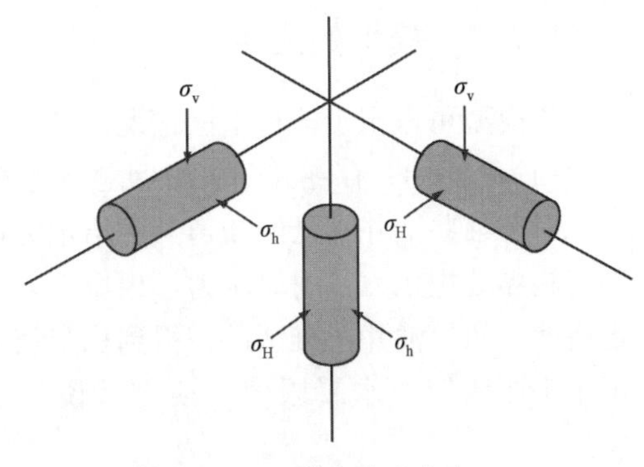

图 8.3 三种主应力方向

表 8.3 中：

$$A = 7 - \sin\varphi$$

$$B = 5 - 3\sin\varphi$$

$$C = \frac{2P_o(1+\sin\varphi) + 2(\delta - \tau_o \cos\varphi)}{\sigma_v}$$

表 8.3 各种应力状态下的原地应力的一般边界条件($\sigma_H > \sigma_h$)

应力状态	上边界条件	下边界条件
正断层应力状态	σ_h/σ_v，$(\sigma_H/\sigma_v) \leqslant 1$	σ_h/σ_v，$\sigma_H/\sigma_v \geqslant [(B+C)/A]$
走滑断层应力状态	$\sigma_H/\sigma_v \leqslant [(A-C)/B]$ $(\sigma_h/\sigma_v) \leqslant 1$	$(\sigma_H/\sigma_v) \geqslant 1$ $(\sigma_h/\sigma_v) \geqslant [(B+C)/A]$
逆断层应力状态	σ_H/σ_v，$\sigma_h/\sigma_v \leqslant [(A-C)/B]$	σ_H/σ_v，$(\sigma_h/\sigma_v) \geqslant 1$

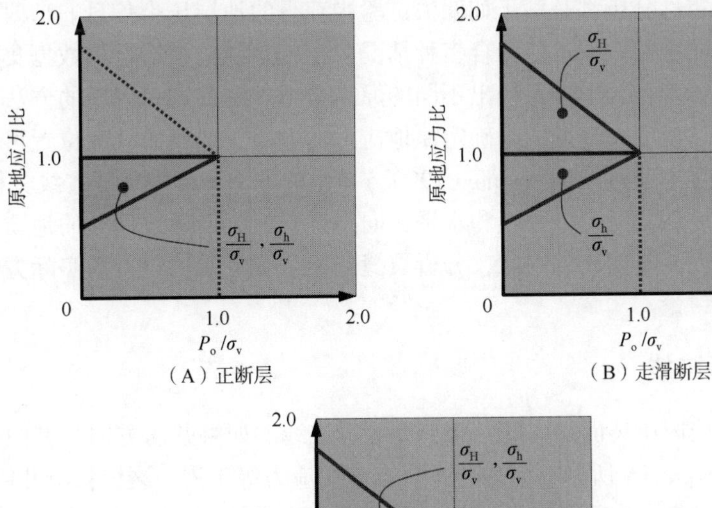

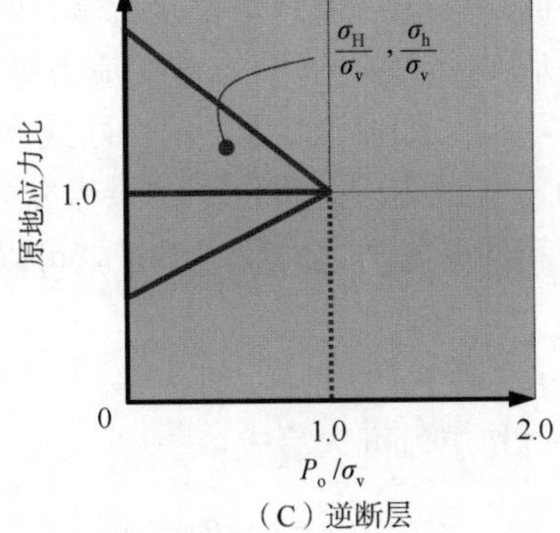

图 8.4 原地应力的边界条件(假设：$\varphi = 30°$，$\delta = 0.866\tau_o$)

8.6.4 模型的应用

该模型可以用于多种不同情况，结果都是切实可行的。下面将介绍两个具体的应用。

(1)已知油井存在井壁失稳问题或井壁稳定的情况。

对于某些油井，已经知道其在给定方向上存在井壁稳定性问题。在这种情况下，必须确定临界破裂压力和坍塌压力。根据已知数据，首先可以确定沿一个原地主应力方向的稳定裕度，如果油井很难钻进，得到稳定裕度 δ 可能会非常小。此外，没有复杂问题的井段可用于评估应力水平限值。换句话说，已知的稳定或不稳定井段可用来标定原地应力模型。

(2)事先不知道井壁稳定性问题的情况。

随着现代钻井技术的发展，人们发现，只要有好的设计、好的规划和操作上的跟进，大多数井都可以在任何方向上钻进。但钻井成功和失败在毫厘之间，这种情况相当普遍，此时建议采用默认模型。让稳定裕度等于内聚强度，即常数 C 的最后一项参数为 0，变成了 $C=2P_o(1+\sin\varphi)/\sigma_v$，参见表 8.3。默认模型的另一个优点是可以创建随深度变化的连续应力曲线，而目前的做法是在每个套管鞋处获得离散的应力状态(漏失试验)。这将在例题 8.2 和例题 8.3 中的两个现场案例中得到证明。

8.7 从裂缝迹线确定应力方向

大多数井眼稳定性分析都是基于如漏失试验中获得的地层压裂信息。这时，就出现一个独特的问题，即同样的数据可能符合多种情况，也就是说一个给定的数据集，井壁上可能有多个位置的裂缝都符合模型，得出不同的原地应力。解决这一问题的方法是利用实际检测得到的井壁上形成的裂缝迹线来确定原地应力的方向，裂缝的精确位置可以精确地确定原地应力的方向。本节将根据 Aadnoy(1990b)提出的方法，创建裂缝迹线分析模型。

通常假设三个原地主应力沿垂直和水平方向布置，但由于地层深处的地质作用，如褶皱和断层，实际可能并非如此。因此，分析裂缝迹线是确定原地应力场实际方向的唯一已知方法，将在本节讨论。

8.7.1 裂缝迹线

图 8.5 所示井筒因压裂而产生的两条典型裂缝迹线。如果井筒方向与其中一个原地主应力方向一致，如图 8.5A 所示，此时，大多数剪切应力等于零，裂缝将沿井筒轴线延伸。如果主应力方向与井筒方向不同，如图 8.5B 所示，导致产生剪切应力，裂缝被限制在井眼轴线的一定位置(方位角)，并试图向外延伸，结果形成锯齿形裂缝迹线。如果根据锯齿形裂缝迹线找到主应力方向和井筒方向之间的关系，就可以用它来约束原地应力方向。这将在下文进一步讨论。

Aadnoy(1990b)首先通过求解主应力，然后确定每个主应力的方向，解决了这个问题。对于正断层应力状态，井壁剪切应力可以写成：

$$\tau_{\theta z}=2(-\tau_{xz}\sin\theta+\tau_{yz}\cos\theta) \tag{8.11a}$$

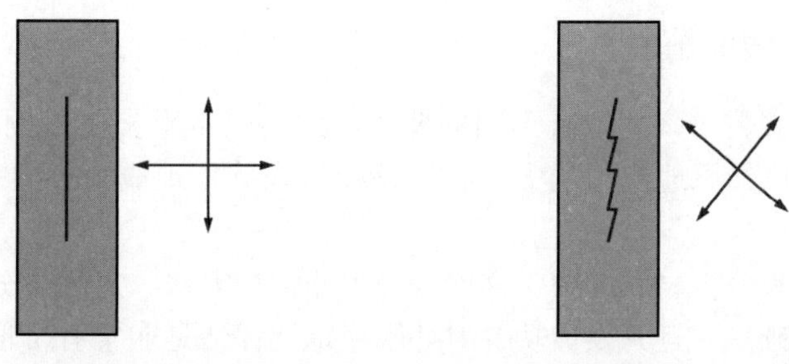

（A）垂直于和沿井筒轴线的原地应力　　（B）不垂直于井筒轴线和非轴线方向原地应力

图 8.5　裂缝模式与原地主应力的关系

式中：

$$\begin{cases}\tau_{xz}=\dfrac{1}{2}\{\sigma_H\cos^2\varphi+\sigma_h\sin^2\varphi-\sigma_v\}\sin2\gamma\\ \tau_{yz}=\dfrac{1}{2}(\sigma_h-\sigma_H)\sin2\varphi\sin\gamma\end{cases}\tag{8.11b}$$

此处，井筒方位角 φ 和倾角 γ 指的是井筒方向和原地应力方向之间的夹角。只有在原地应力为水平或垂直的情况下，方位角 φ 和倾角 γ 与井筒地理方位角和倾角相同。图 8.6A 所示为主应力方向与井眼方向一致的情况。图 8.6B 所示为主应力方向与井眼方向不一致[1]的情况，裂缝将试图沿与井筒轴线成一个 β 角度方向延展，角度 β 称为偏离角。

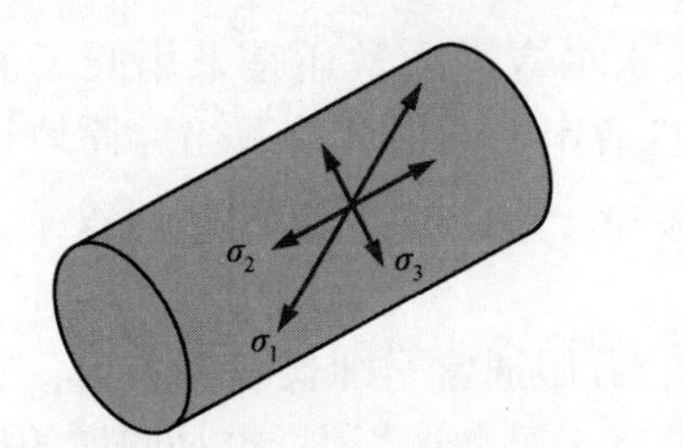

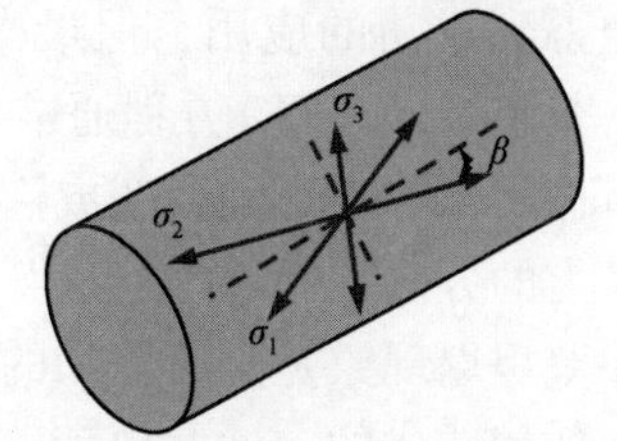

（A）垂直和平行于井眼轴线的主应力　（B）垂直但不平行于井眼轴线的主应力

图 8.6　井壁主应力(Aadnoy，1990b)

偏离角 β 由以下表达式给出(Aadnoy，1990b)：

$$\beta=\arccos\left[\frac{\tau_{\theta z}}{\sqrt{(\sigma'_\theta-\sigma'_3)^2+\tau_{\theta z}^2}}\right]\tag{8.12}$$

为了求解等式(8.12)，必须利用方程(8.11a)和方程(8.11b)，并且需要利用切向应力和最小主应力的相关表达式，这将在第 12 章“井壁失稳分析”中介绍。但在井眼方向和主地应力坐标系一致的情况下，切向应力等于最小主应力，剪切应力等于零，角度 β 也等于 0°。

[1] 原文为：两个坐标系不再是一致的——译者注。

8.7.2 裂缝迹线的解释

根据不同的已知参数，该模型有不同的使用方式。在本章末尾的例题8.4、例题8.5和例题8.6中，假设已知原地应力的大小，用该模型来确定地应力方向是否偏离水平(垂直)方向。

用成像测井数据来分析岩石的力学性能是一种非常规方法，过程十分复杂，但可以为开发解释工具提供基础。一旦开发成功，对井眼稳定性评估是非常有价值的。本节前面讨论的唯一性问题(同一组数据得出不同的原地应力状态问题)将彻底解决，从而可确定原地应力方向。

在进行分析之前，需要正确评估裂缝迹线。次生裂缝通常出现在井壁周围小范围内，并且总是沿轴向生长。锯齿形裂缝则表明地应力方向与井筒方向不一致。横穿井眼的裂缝不是次生裂缝，而是钻井前存在的天然裂缝。

目前研究的方向是将成像测井数据与本书第13章“井壁失稳反演分析技术”中介绍的反演技术相结合，这一方法被认为是正确评估地应力张量的最佳方法。

注8.2：为了确定裂缝迹线，必须对井筒进行压裂，在普通钻井作业期间，井筒压力可能不足以形成裂缝。如果有任何产生裂缝的迹象，很可能是由于其他原因造成的，如钻柱滑动导致井壁表面划伤。

8.8 椭圆形井筒的水平应力

有多种方法可以用来估算最小水平应力 σ_h，但要确定最大水平应力 σ_H 则困难得多。虽然反演技术已经得到成功的应用，但最大水平应力通常还是采用假定值，而不是测量值。如本书所述，基尔希(Kirsck)方程通常只适用于圆形井筒。当井筒坍塌时，由于受各向异性的外部载荷作用，井眼通常会变成椭圆形，通过利用这种几何效应，可推导出一种反算这两个水平应力的方法。

钻井过程中井壁坍塌现象是众所周知的，井眼通常呈细长或椭圆形，主要是由于井筒受各向异性的应力作用造成的。油井出砂(实际上是井壁坍塌)也是同样的机理。

Zoback等(1985)将经典的力学方程与莫尔—库仑破坏模型相结合，提出了一种根据井壁坍塌数据计算最小水平应力和最大水平应力的方法。但这种方法存在的问题是，基尔希切向应力方程只适用于圆形井筒，将其推广应用到椭圆形井筒，可能不会得到正确的结果。Zoback和Wiprut(2000)的一篇论文介绍了这种方法的应用，并对其进行了扩展。关于原地应力评估的出版物有很多，Walters和Wang(2012)、Li和Purdy(2010)对基于圆形基尔希方程的解进行了综合研究。

基尔希方程适用于圆形井筒，也适用于圆形井筒压裂和坍塌刚刚开始时，一旦井筒的几何形状变成卵形或椭圆形，基尔希方程就不再适用，应使用椭圆模型。本节将介绍一种椭圆模型及其应用。

8.8.1 受压椭圆形井眼

在固体力学中，双轴载荷(包括内部压力)对圆孔和椭圆孔应力集中的影响已进行了多年的深入研究。现在飞机机舱窗口的最佳形状，就是采用椭圆形结构。同样，研究井筒周围的应力集中对确定最佳井眼形状至关重要。

在现实中，刚完钻的井眼都是圆形的。井筒周围的应力状态受到原地应力、孔隙压力和孔壁不规则的影响。当井壁周围的应力集中达到一定程度时，井眼会出现变形或发生井壁坍塌，改变其几何形状。降低应力集中，当应力集中度达到最小时，井壁再次稳定。

在油井整个生命周期中，由于地层逐渐枯竭，孔隙压力和原地水平应力可能会发生变化，井筒的最佳形状也可能会随之发生变化。

下文将分析井筒变形的机理。井壁应力方程的推导可以从已建立的受拉孔理论开始，如图 8.7 所示。

圆孔是椭圆孔的一个特例，可以引入椭圆坐标来计算受拉孔周围的应力分布(Inglis, 1913)。已建立的方程和在钻井上的应用之间的本质区别是，井筒处于压缩状态而不是拉伸状态。因此，与受拉孔相比，井眼的剪切应力分量的最大值将移动 90°。根据 Pilkey(1997)的研究结果，椭圆孔在双轴压缩作用下，短轴和长轴的切向应力分别为：

$$\sigma_A=(1+2c)\sigma_H-\sigma_h=K_A\sigma_h \tag{8.13a}$$

$$\sigma_B=\left(1+\frac{2}{c}\right)\sigma_h-\sigma_H=K_B\sigma_h \tag{8.13b}$$

式中：c 为椭圆短轴长度和长轴长度之比，$c=b/a$；K_A 和 K_B 分别为 A 点和 B 点的应力集中系数；σ_H 和 σ_h 分别为直井的水平原地应力。对于斜井，两个坐标轴的应力分量换用为 σ_x 和 σ_y 表示。

如图 8.8 所示，当 A 点和 B 点的应力平衡时，椭圆是稳定的，并且没有首选的坍塌方向。对于井筒而言，只有当内聚强度(τ_0)和内摩擦角(ϕ)均等于 0 时，这才是正确的。由于实际井筒通常具有一定的抗坍塌能力，当最大应力(σ_A)与破坏标准平衡时，井筒椭圆形状将不再发生变化。此时，$\sigma_A=\sigma_B$，表示在给定的恒定地应力和井下压力条件下，井筒达到抗坍塌的极限。

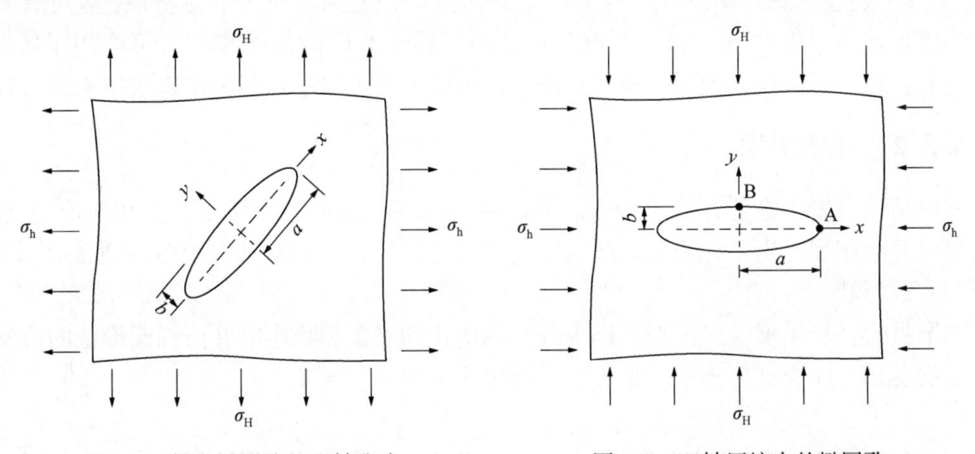

图 8.7 斜向椭圆孔的双轴张力

图 8.8 双轴压缩中的椭圆孔

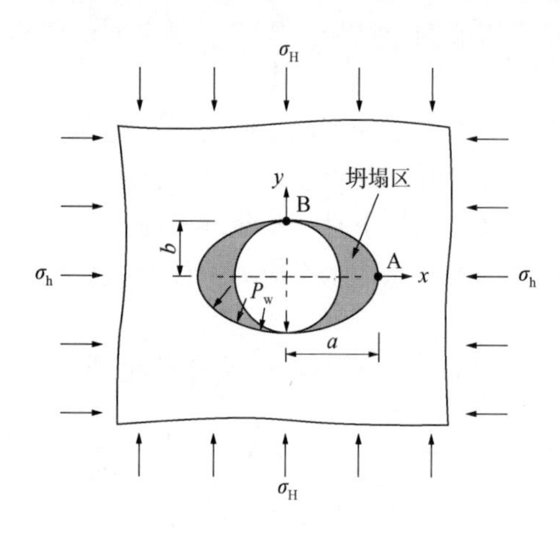

图 8.9　初始圆孔和最终椭圆孔

在正断层应力状态下，$\sigma_H=\sigma_h$，圆形井筒($c=1$)达到平衡。由于井壁曲率一致，因此，应力集中系数 $K_A=K_B=2$。

在各向异性原地应力场或斜井的情况下，垂直于井筒轴线的主应力通常不相等，井筒只有在椭圆形状时才是稳定的，如图 8.9 所示。

钢板上的孔与井筒的另一个主要区别是，地层是一种多孔介质，始终充满了流体，当井筒中的流体压力等于孔隙压力时，地层受到的外部载荷等于零。因此，井筒流体对地层施加的外部载荷，等于井筒压力和孔隙压力之差。根据 Lekhnitskii(1968)的研究，受压状态的椭圆形井筒的切向应力为：

$$\sigma_A=(1+2c)\sigma_H-\sigma_h-\left(\frac{2}{c}-1\right)P_w \tag{8.14a}$$

$$\sigma_B=\left(1+\frac{2}{c}\right)\sigma_h-\sigma_H-(2c-1)P_w \tag{8.14b}$$

当椭圆圆周的切向应力均匀时，认为井筒是稳定的，因此，A 点和 B 点的切向应力相等。令式(8.14a)等于式(8.14b)，得到：

$$c=\frac{b}{a}=\frac{\sigma_h+P_w}{\sigma_H+P_w} \tag{8.15}$$

式(8.15)中的 c 值定义了当内聚强度(τ_0)和内摩擦角(ϕ)均等于 0 时获得的井筒椭圆形状。式(8.15)表明，井筒的椭圆形状也与井筒压力有关，而不仅仅取决于远场应力(σ_H，σ_h)。还应注意，式(8.15)仅适用于井筒抗拉强度为零时。下面将根据莫尔—库仑破坏模型创建内聚强度(τ_0)和内摩擦角(ϕ)均不等于 0 时的椭圆模型，可应用于实际井筒。注意：也可以应用其他岩石破坏标准，但可能需要大量的数值模拟来求解未知参数。

8.8.2　井壁坍塌

井壁坍塌是发生在低井筒压力下的井筒剪切破坏。在低井筒压力下，切向应力变大，最终导致井壁破裂。由于井筒壁面的应力集中效应，岩石碎片从井壁脱落，通常会形成椭圆形的井眼形状。

本节将进一步拓展上述模型，用于预测井壁达到平衡和稳定时井筒椭圆形状的模型。

根据莫尔—库仑破坏模型，临界井壁坍塌压力为：

$$\frac{1}{2}(\sigma_1'-\sigma_3')\cos\phi=\tau_0+\left[\frac{1}{2}(\sigma_1'+\sigma_3')-\frac{1}{2}(\sigma_1'-\sigma_3')\sin\phi\right]\tan\phi \tag{8.16}$$

式中：σ'为有效应力，$\sigma'=\sigma-P_0$。在地层液流入井筒的情况下，井壁的孔隙压力等于井筒压力：

$$\sigma_3' = P_w - P_0 = 0 \tag{8.17}$$

在满足式(8.17)的条件下，式(8.16)可简化为：

$$\sigma_1' = 2\tau_0 \frac{\cos\phi}{1-\sin\phi} \tag{8.18}$$

在剪切应力为0的条件下，如 $\sigma_H = \sigma_h$，$\phi = 0°$，或 $\gamma = 0°$，则最大主应力变为：

$$\sigma_1 = \sigma_\theta = \sigma_A \tag{8.19}$$

当初始条件为圆形井筒时，A 处将发生坍塌。因此，将式(8.14a)和式(8.18)代入式(8.19)，并求解 c 值：

$$c^* = \frac{-Y+\sqrt{Y^2-4XZ}}{2X} \tag{8.20}$$

式中：

$$X = 2\sigma_H$$

$$Y = \sigma_H - \sigma_h + P_w - P_0 - 2\tau_0 \frac{\cos\phi}{1-\sin\phi}$$

$$Z = -2P_w$$

式(8.20)定义了当内聚强度(τ_0)和摩擦角(ϕ)都不等于0时，井眼的椭圆形状。由式(8.20)[1]定义的椭圆度要比由式(8.15)定义的椭圆度小。只有当井筒压力约等于孔隙压力时，例如在渗透性地层欠平衡钻井时，式(8.20)才有效。

一般情况下，$P_w \neq P_0$，根据式(8.16)可以求解出有效主水平应力 σ_1'：

$$\sigma_1' = 2\tau_0 \frac{\cos\varphi}{1-\sin\varphi} + (P_w - P_0)\frac{1+\sin\varphi}{1-\sin\varphi} \tag{8.21}$$

将式(8.14a)和式(8.21)与式(8.19)联立并求解 σ_H，可得到：

$$\sigma_H = \frac{1}{1+2c}\left[\sigma_h + 2\tau_0 \frac{\cos\varphi}{1-\sin\varphi} + (P_w - P_0)\frac{2\sin\varphi}{1-\sin\varphi} + \frac{2}{c}P_w\right] \tag{8.22}$$

式(8.22)适用于受两个法向水平应力作用的椭圆形直井，也适用于井壁孔隙压力与井筒压力不同的所有情况。具体来说，式(8.22)适用于以下情况。

(1)适用于所有非渗透性地层，如页岩。过平衡、平衡和欠平衡钻井都可以应用。该公式也可用于其他致密岩石，如未压裂的白垩岩或碳酸盐岩地层。

(2)仅适用于渗透性地层的过平衡钻井。当井筒压力等于孔隙压力时，可以使用下面介绍的简化方程。对于欠平衡钻井，地层液体将进入井筒。

求解式(8.22)，可以得到井筒塌陷压力为：

---

[1] 原文误写为式(8.2)——译者注。

$$P_{wc}=\frac{c}{1-(1-c)\sin\varphi}\left\{\frac{1}{2}[(1+2c)\sigma_H-\sigma_h](1-\sin\varphi)-\tau_0\cos\varphi+P_0\sin\varphi\right\} \tag{8.23}$$

对于任意倾角的井筒，水平应力不再是造成井眼变成椭圆形状的直接原因，而是由特定井筒方向的法向应力引起。此时，法向应力的通解为：

$$\sigma_x=\frac{1}{1+2c}\left[\sigma_y+2\tau_0\frac{\cos\varphi}{1-\sin\varphi}+(P_w-P_0)\frac{2\sin\varphi}{1-\sin\varphi}+\frac{2}{c}P_w\right] \tag{8.24}$$

计算结果必须满足 $\sigma_x>\sigma_y$，应力计算完成后必须进行核查。如果不满足这个条件，应该改变下角标并重新计算。

使用下述转换方程可以将井筒法向应力转化为水平原地应力。

$$\begin{cases}\sigma_x=(\sigma_H\cos^2\phi+\sigma_h\sin^2\phi)\cos^2\gamma+\sigma_v\sin^2\gamma\\ \sigma_y=\sigma_H\sin^2\phi+\sigma_h\cos^2\phi\end{cases} \tag{8.25}$$

求解转化方程，可求得 σ_H 的表达式：

$$\sigma_H=\frac{1}{1-\tan^2\phi}(\sigma_x-\sigma_y\tan^2\phi-\sigma_v\tan^2\gamma) \tag{8.26}$$

式(8.24)、式(8.26)的通解即为最大水平原地应力。当井筒压力等于井壁的孔隙压力时，例如在平衡或欠平衡钻井时以及在渗透性油层的生产期间，式(8.24)可简化为：

$$\sigma_x=\frac{1}{1+2c}\left(\sigma_y+2\tau_0\frac{\cos\varphi}{1-\sin\varphi}+\frac{2}{c}P_w\right) \tag{8.27}$$

式中有三个未知参数，即两个法向应力和井筒压力。可以观察到，井筒压力等于实际临界坍塌压力，井筒压力越高，最大法向应力越大。因此，需要确定其中两个参数，即最小法向应力 σ_y 可通过漏失试验确定；井筒压力可根据油井最小井筒压力确定。例如，起下钻期间的最小钻井液密度或最小抽汲压力。因此，对于直井，式(8.27)变为：

$$\sigma_H=\frac{1}{1+2c}\left(\sigma_h+2\tau_0\frac{\cos\varphi}{1-\sin\varphi}+\frac{2}{c}P_w\right) \tag{8.28}$$

对于方位角为0°的水平井(指向 σ_H 方向的井)：

$$\sigma_v=\frac{1}{1+2c}\left(\sigma_h+2\tau_0\frac{\cos\varphi}{1-\sin\varphi}+\frac{2}{c}P_w\right) \tag{8.29}$$

对于方位角为90°的水平井(指向 σ_h 方向的井)：

$$\sigma_v=\frac{1}{1+2c}\left(\sigma_H+2\tau_0\frac{\cos\varphi}{1-\sin\varphi}+\frac{2}{c}P_w\right) \tag{8.30}$$

由于油井指向 σ_H 方向，用式(8.29)只能确定 σ_h，无法确定 σ_H。式(8.30)适用于井眼方向指向 σ_h 方向的水平井，因此井筒法向应力为 σ_v 和 σ_H。

8.8.3 原地应力的边界条件

验证所求得的应力是否符合实际，是否符合物理学原理很重要。Aadnoy 和 Hansen(2005)建立了主原地应力的大小边界条件。

在大井筒倾角时，坍塌压力曲线有时会超过破裂压力曲线，这显然是错误的。因为临界破裂压力一定并且始终大于临界坍塌压力。

图 8.10A 是井筒稳定性曲线图。该图所示，临界坍塌压力和破裂压力曲线在井筒倾角大约 60°处发生交叉，这一结果显然是错误的。图 8.10B 所示为正确的井筒稳定性曲线图。该图所示，临界破裂压力与坍塌压力曲线之间存在最小差值，用 δ 表示。

Aadnoy 和 Hansen(2005)研究分析了三维空间的不同的应力状态，表 8.4 和图 8.11[1] 所示为其研究成果。

表 8.4 各种应力状态下的原地应力的一般边界条件

应力状态	上边界条件	下边界条件
正断层应力状态	σ_h/σ_v，$(\sigma_H/\sigma_v)\leqslant 1$	σ_h/σ_v，$(\sigma_H/\sigma_v)\geqslant[(B+C)/A]$
走滑断层应力状态	$\sigma_H/\sigma_v\leqslant[(A-C)/B]$ $(\sigma_h/\sigma_v)\leqslant 1$	$(\sigma_H/\sigma_v)\geqslant 1$ $(\sigma_h/\sigma_v)\geqslant[(B+C)/A]$
逆断层应力状态	σ_H/σ_v，$(\sigma_h/\sigma_v)\leqslant[(A-C)/B]$	σ_h/σ_v，$(\sigma_H/\sigma_v)\geqslant 1$

注：所有应力状态下 $\sigma_H>\sigma_h$。

表 8.4 中：

$$A=7-\sin\phi,\ B=5-3\sin\phi,\ C=\frac{2P_0(1+\sin\phi)+2(\delta-\tau_o\cos\phi)}{\sigma_v}$$

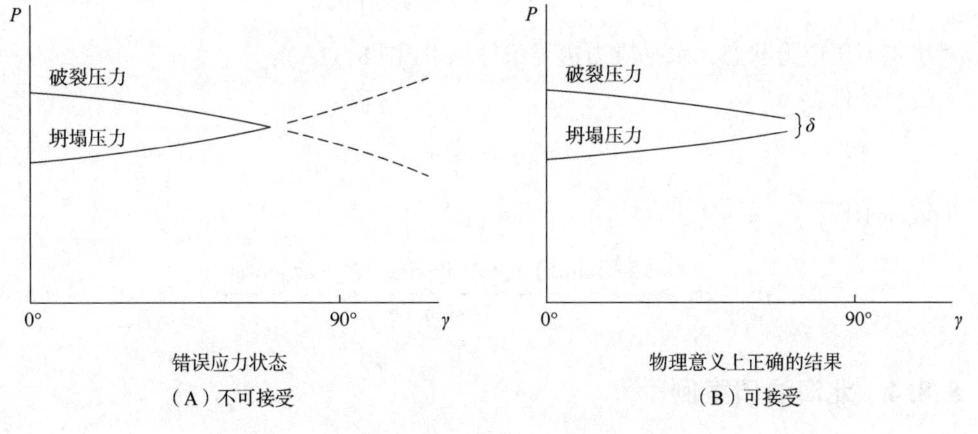

错误应力状态

(A) 不可接受

物理意义上正确的结果

(B) 可接受

图 8.10 破裂压力和坍塌压力与井筒倾角的关系

[1] 原文误为图 8.8——译者注。

图 8. 11 用图示的方式说明表 8. 4 的研究结果，两个水平原地应力必须落在图 8. 11 中的三角形内。如果落在三角形外，就会出现图 8. 10A 中所示的情况，即坍塌压力将超过破裂压力，这在物理学上是错误的。

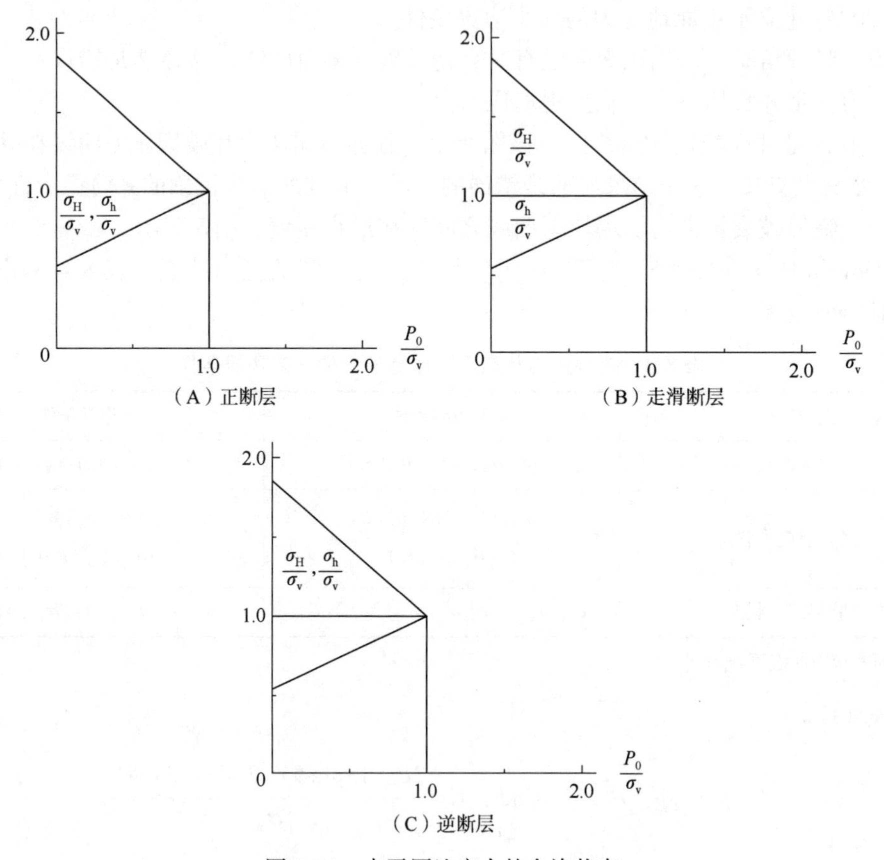

图 8. 11　水平原地应力的允许状态

对于正断层应力状态，水平应力边界条件如下(图 8. 11A)：

上边界条件：

$$\sigma_H,\ \sigma_h \leqslant \sigma_0 \tag{8.31a}$$

下边界条件：

$$\sigma_H,\ \sigma_h \geqslant \frac{(5-3\sin\varphi)\sigma_v+2(1+\sin\varphi)P_0-2\tau_0\cos\varphi}{(7-\sin\varphi)\sigma_v}\sigma_v \tag{8.31b}$$

8. 8. 4　北海油田案例

图 8. 12 所示为北海油田井径测井图。储油层为侏罗纪砂岩，有多个页岩隔层。钻取的岩心表明，砂岩和页岩具有不同的性质，特别是内聚强度。有些岩心取出后就成碎块，因为取心作业是在超压工艺下施工。北海油田侏罗纪砂岩与大多数常规砂岩一样，颗粒与颗粒的相互接触形成自锁；页岩的性能会随时间而出现劣化。井筒最终的形状，即平衡形

状，将反映井筒周围的应力状态变化。下文将剖析该状态的应力。

图 8. 12 井径测井曲线图显示了油井井径的差异。根据井径数据可计算出井筒椭圆率 c，通过岩心和井径测井曲线，可得出整个井段岩石的内聚强度。

观察发现内聚强度与井筒坍塌量之间存在相关性。在内聚强度为零的区域，通常会出现大规模井壁坍塌；相反，内聚强度高，例如胶结度高，则井筒稳定性好，坍塌量少。

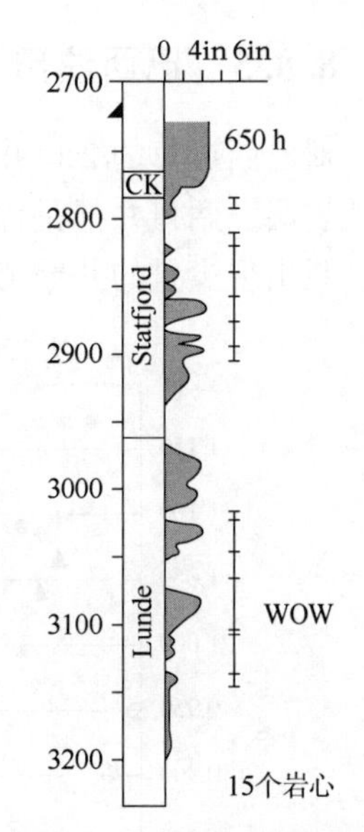

图 8. 12 北海井径测井图

利用井眼椭圆率和岩石内聚强度曲线，可以计算出最大法向应力 σ_x 和上覆地层应力之间的比率，如图 8. 13 所示，纯页岩层段具有较低的内聚强度和内摩擦角。随着含砂量的增加，内聚强度和内摩擦角增大，特别是砂岩层，内摩擦角显著增大。因此，可以看到，在砂岩层段，预测的最大水平应力更大。这一结果并不是指实际 σ_H，而是表明造成砂岩层井段井壁坍塌所需的 σ_H 更大。由于实际 σ_H 低于所需的坍塌应力，井筒形状仍符合圆的标准，即 $c=1$。但是，如果井压降低到一定程度，砂岩井段也可能发生坍塌。

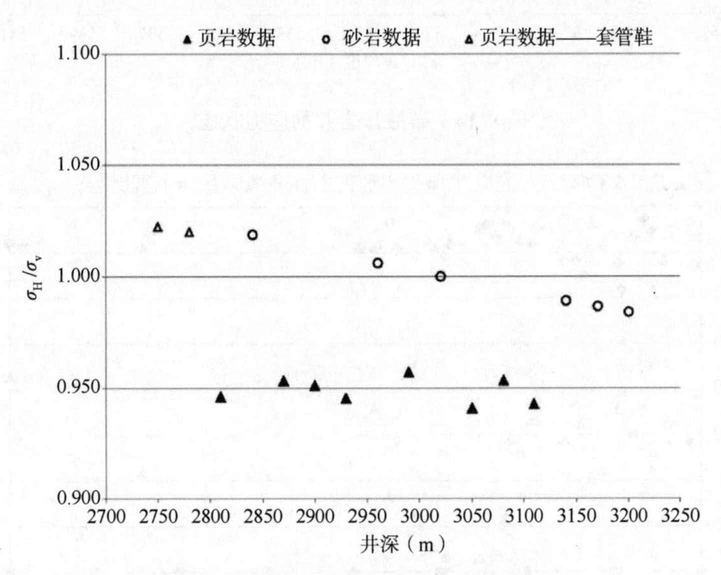

图 8. 13 根据井壁坍塌预测的原地应力

还可以看到，该井段顶部页岩层引起井壁坍塌所需的最大水平应力 σ_H 的预测值，比其他页岩层要大很多。没有理由支持页岩层的实际最大水平应力 σ_H 会有如此高，而且该井段顶部是紧靠套管鞋下方，实际受到的冲刷和坍塌更加严重。真实可能的应该是该井段钻井时的井下压力较低，引起井壁坍塌所需的最大水平应力 σ_H 的预测值也较小才正确，因此，在根据井壁坍塌量计算最大水平应力时，找到一个正确的井下压力值是非常重要的。

8.8.5 巴西油田案例

对巴西近海的2口井进行了分析，其中一口井的储层为砂岩层，另一口井的储层为碳酸盐岩层。两口井都是深直井，都有井径测井和测井获得的岩石强度数据。岩石比较坚硬，只出现少量的井壁坍塌，分析结果如图8.14和图8.15所示。

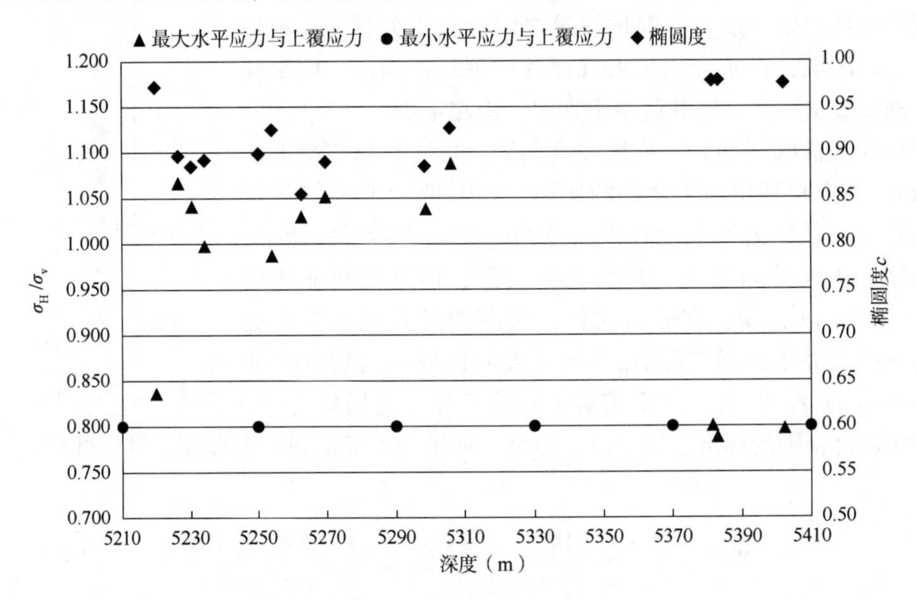

图8.14 碳酸盐岩井的应力状态

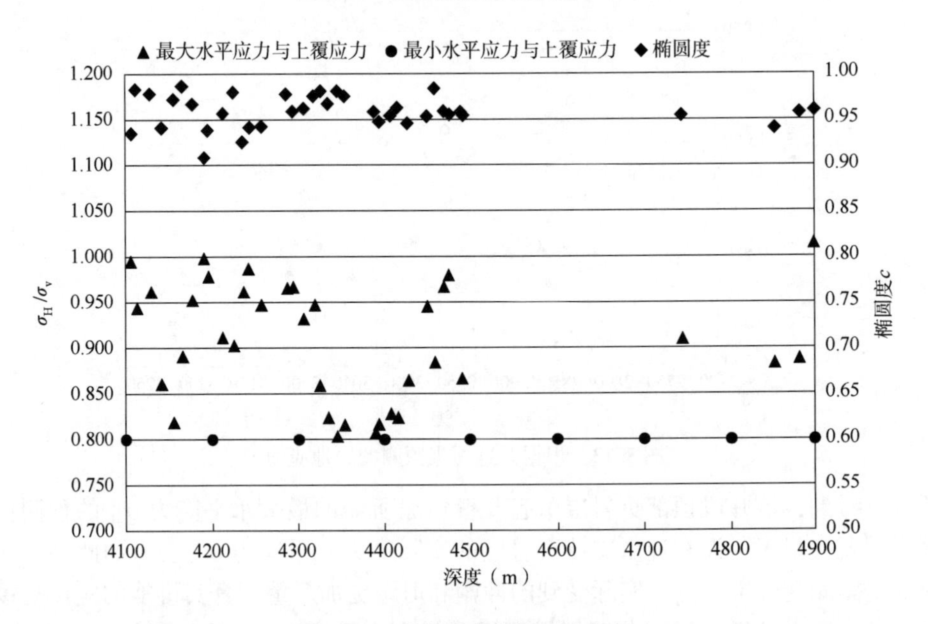

图8.15 砂岩层油井的原地应力

根据其他相关资料，假设最小水平应力为上覆岩层应力的0.8倍。使用式(8.28)计算最大水平应力，碳酸盐岩层的最大水平应力约为上覆地层应力的1.1倍，如图8.14所示。

而砂岩层的最大应力约为上覆岩层应力的1.15倍，如图8.15所示。可见，最大水平应力大于上覆地层应力，而最小水平应力低于上覆地层应力，属于滑动应力状态，如图8.11B所示。

8.8.6 输入数据的质量

对椭圆井筒模型的检验表明，椭圆度、岩石内聚强度、摩擦角以及孔隙压力和井筒压力都具有一阶效应，其中任何一个数据错误都将对结果产生直接影响。

众所周知，页岩等低渗透地层很难精确预测孔隙压力，而渗透性地层的孔隙压力可以用工具测量。如果用声波测井等测井技术测量岩石内聚强度，最好的方案是在进行声波测井的同时进行井径测井。在同一深度采集井径和测井数据非常重要，如果数据是从两次单独的测井中收集的，必须对井深进行调整，使数据一致。

总的来说，上述评估方法基于井壁应力的椭圆模型，与圆形的基尔希模型相比，椭圆形的几何形状更能代表坍塌后的井筒形状。在本节(即第8.8节)中，利用椭圆模型与莫尔—库仑(Mohr-Coulomb)破坏模型，得出了井筒临界坍塌压力方程。该方程包括岩石破坏性能、应力和椭圆度比率。同时，对该方程进行了进一步拓展，提出了原地应力的边界条件，将其控制在临界破裂应力和坍塌压力之间的物理允许范围内，为研究井壁塌陷问题提供了新的见解，即：

(1) 圆形基尔希方程低估了最大水平原地应力；

(2) 坍塌量在很大程度上取决于岩石内聚强度；

(3) 椭圆模型解是三维的，不同方向的数据都可用于确定主应力状态。

例题8.1 美国得克萨斯州南部油田，某直井的最大井深为10000ft，平均钻井液相对密度和孔隙压力梯度分别为2.3s.g.和0.38psi/ft。假设Biot常数和泊松比分别为1和0.28，请根据式(8.4)和式(8.5)计算该井井底围岩的上覆应力和原地水平应力。

解：根据式(8.4)，计算上覆地层应力为：

$$\sigma_v = 0.434\gamma d = 0.434\times 2.3\times 10000$$

$$\sigma_v = 9982\text{psi}$$

根据式(8.5)，计算原地水平应力为：

$$\sigma_h = \frac{v}{1-v}(\sigma_v - \beta P_o) + \beta P_o$$

式中：孔隙压力等于孔隙压力梯度乘以总深度，即：

$$\sigma_h = \frac{0.28}{1-0.28}[9982 - 1\times(0.38\times 10000)] + 1\times(0.38\times 10000)$$

$$\sigma_h = 6019.2\text{psi}$$

根据推导式(8.4)时的主要假设条件，最大水平应力为：

$$\sigma_H = \sigma_h = 6019.2\text{ksi}$$

例题 8.2 原地应力的边界条件——油田案例 A：以下数据来自北海某油田。

井深	1700m
上覆地层应力系数	1.8
孔隙压力系数	1.03
地层内聚强度系数	0.2
地层摩擦角	30°

通过评估油井数据，破裂压力和坍塌压力之间的最小差值估计为 $\delta=0.173\text{s.g}$。假设为正断层应力状态，将上述数据代入表 8.3 中正断层应力状态边界条件公式，原地应力的边界条件如下：

$$1\geqslant\frac{\sigma_h}{\sigma_v}\geqslant0.8,\quad 1\geqslant\frac{\sigma_H}{\sigma_v}\geqslant0.8,\quad \frac{\sigma_H}{\sigma_v}\geqslant\frac{\sigma_h}{\sigma_v}$$

上述边界条件保证了临界破裂压力和临界坍塌压力之间的最小差值绝不会超过 δ。两个原地水平应力的大小必须使用其他方法来确定。在本例中，使用反演技术（Aadnoy，1990a）对若干组漏失试验（LOT）数据进行分析，确定了原地水平应力。反演技术将在第 13 章“井壁失稳反演分析技术”中介绍。

水平应力计算结果为：

$$\frac{\sigma_H}{\sigma_v}=0.88,\quad \frac{\sigma_h}{\sigma_v}=0.83$$

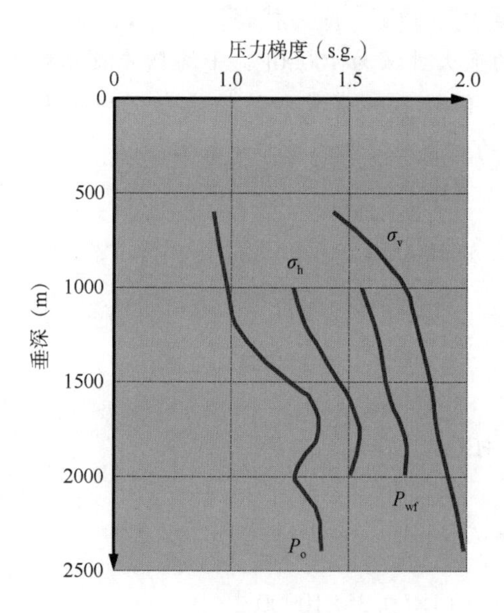

图 8.16 油田案例 B 的压力梯度

例题 8.3 原地应力的边界条件——油田案例 B：图 8.16 所示为北海某油田的上覆应力梯度和孔隙压力梯度。技术套管封隔 1100～1900m 井段，该层段的孔隙压力梯度从顶部 1.03s.g. 增加到接近底部的 1.4s.g.，大部分为新沉积黏土。油田大多数井的井斜都很小，缺少创建通用模型的数据量。

根据井筒应力大小可以真实预测整个层段的破裂压力，但应力大小的求解十分困难。面临的问题有两个：一是逐步增大井筒倾角至 90°（水平方向），结果出现前面讲到的破裂压力曲线和坍塌压力曲线出现交叉的情况，说明原先使用的原地应力数据存在质量问题；二是只有 1200m 和 1800～1900m 深处（18.625in 和 13.375in 套管串下深）的漏失试验数据。油井优化研究建议，将套管下深改为在这两个深度之间的某个地方，但没有数据。

该层段顶部和底部的应力状态不同，使用其中任何一处的应力状态都会在一处产生良好的效果，但在另一处的效果则不佳。因此，应用第 8.6.3 节中介绍的方法，求解整个层段的应力状态，表 8.5 给出了原地应力的边界条件。

表 8.5 油田案例 B 的原地应力边界条件和破裂压力预测值
（参数：δ=0.1s.g.，φ=35°，τ_o=0.5s.g）

深度(m)	P_o(s.g.)	σ_v(s.g.)	σ_h/σ_v，σ_H/σ_v	σ(s.g.)	P_{wf}
1000	0.97	1.73	>0.73	1.26	1.55
1200	1.02	1.78	>0.74	1.31	1.60
1400	1.15	1.82	>0.77	1.40	1.64
1600	1.33	1.85	>0.81	1.50	1.67
1800	1.36	1.87	>0.81	1.54	1.73
2000	1.26	1.91	>0.78	1.50	1.73

图 8.16 所示为解得的该井 1000~2000m 层段内的最小水平应力和预测破裂压力曲线。可以看到，曲线在整个层段内是连续的，不再需要在两个套管下深点之间进行推算。还可以看到，预测破裂压力随着井深的增加而持续增加。图 8.16 的结果显著改进了整个油田的应力分析。

例题 8.4 假设井筒倾角 $\gamma=20°$，方位角 $\varphi=30°$，主应力梯度大小分别为 1.0s.g.、0.9s.g. 和 0.8s.g.。请确定原地应力的方向。

解： 根据裂缝测井，井筒与井筒顶部(与 x 轴)成 $\theta=55°$ 时，裂缝角 $\beta=13.6°$，图 8.17 所示为本案例典型裂缝角曲线图。

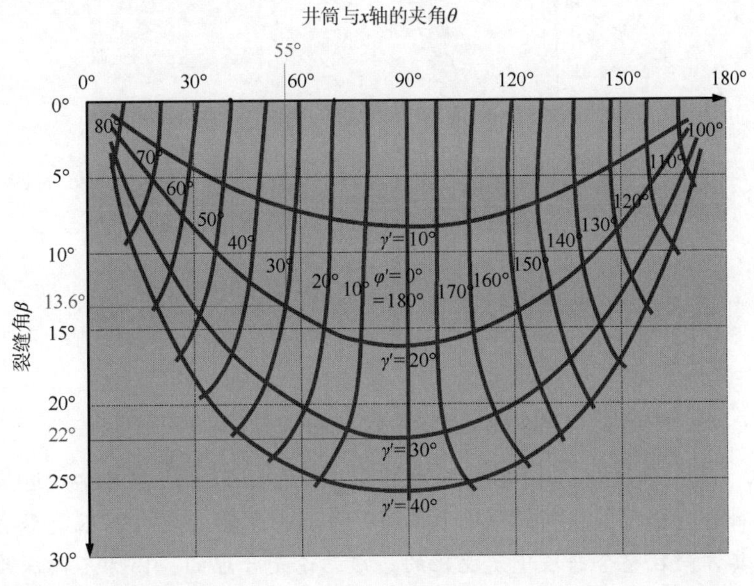

图 8.17 裂缝角图[$\sigma_{l1}=1$，$\sigma_{l2}=0.9$，$\sigma_{l3}=0.8$，$P_o=0.5$(Aadnoy，1990b)]

根据裂缝数据，对照图 8.17，可以发现原地应力的方向为 $\gamma'=20°$，$\varphi'=30°$。在本例中，原地主应力场的方向与井眼参考系的方向相吻合(两者的倾角和方位角相同)，因此，原地应力场为：

$$\sigma_v=\sigma_{l1}=1.0$$

$$\sigma_H = \sigma_{l2} = 0.9$$

$$\sigma_h = \sigma_{l3} = 0.8$$

例题 8.5 井筒方位指向正北(沿参考系的 x 轴)，即其方位角 $\varphi=0°$，井筒倾角 $\gamma=20°$。根据裂缝测井，在 $\theta=90°$ 时，裂缝与井筒轴线的夹角 $\beta=22°$，原地应力大小与例题 8.4 中相同。请确定原地应力的方向。

解：对照图 8.17[1]，可以确定原地应力场的方向为：$\gamma'=30°$，$\varphi'=0°$，这意味着原地应力场不是水平或垂直的。具体地说，最小原地应力梯度为 0.8s.g.，方向为水平东西向，最大原地应力梯度为 1.0s.g.，方向偏离垂直方向 10°，中间原地应力梯度为 0.9s.g.，方向偏离水平方向 10°，如图 8.18 所示。

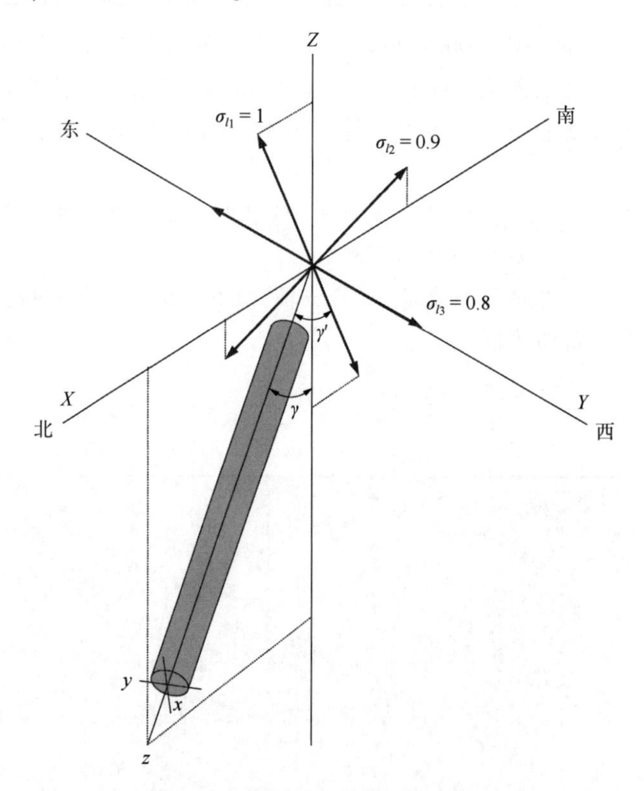

图 8.18 例题 8.5 的原地应力方向

例题 8.6 Lehne 和 Aadnoy(1992)利用第 8.7 节介绍的方法，对挪威近海白垩纪油田的成像测井资料进行分析，分析结果如图 8.19 所示。原地主应力既不是垂直的，也不是水平的，而且其方向在整个井段中是变化的。该结论是合理的，因为不同深度的地层存在断层，褶皱和其他地质机制等不同的地质作用。

例题 8.7 根据以下数据计算直井的最大水平应力，并比较椭圆模型解和圆形基尔希解。

[1] 原文误为图 8.8——译者注。

a. $\sigma_h = 380\text{bar}$
b. $\sigma_v = 420\text{bar}$
c. $P_o = 330\text{bar}$
d. $P_w = 360\text{bar}$
e. $\tau_o = 0$
f. $\varphi = 30°$
g. $c = 0.98$

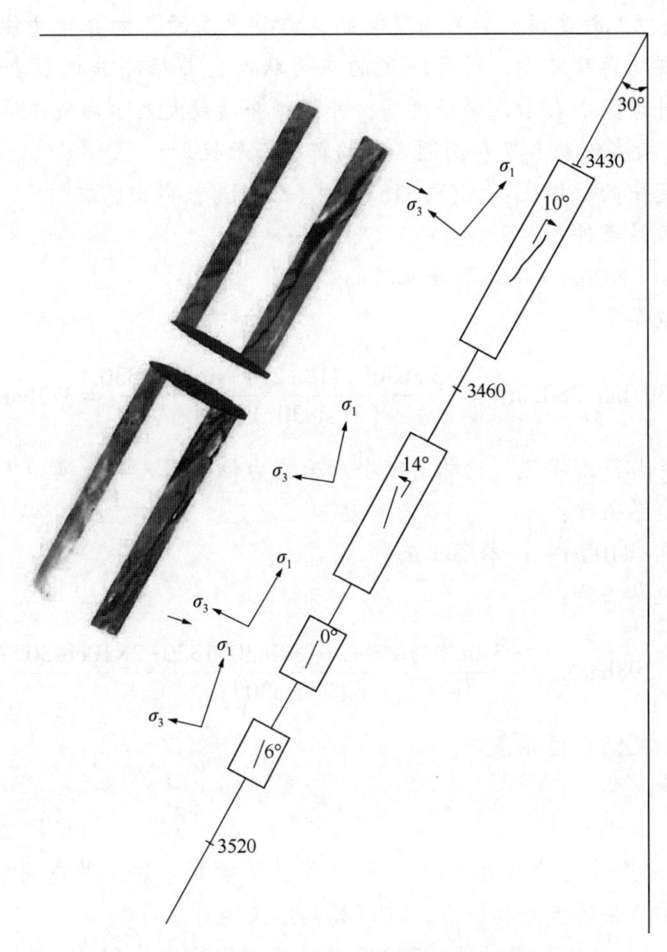

图 8.19 霍德地层 A-6H 井的成像测井和裂缝投影图
以及相应的原地应力方向(Lehne and Aadnoy，1992)

解：将上述数据代入式(8.22)，得出最大水平应力：$\sigma_H = 397\text{bar}$。令椭圆度等于 1，可以得到圆形基尔希方程的解，最大水平应力变为 $\sigma_H = 387\text{bar}$。注意到，由于内摩擦角的原因，还会存在一定程度的各向异性。重置内摩擦角，结果很明显，水平应力是各向同性的，因为相等的水平应力形成圆柱形井筒形状。对于给定的井径测井数据，如果使用基尔希方程，则水平原地应力会有 10bar 的误差。

例题 8.8 假设数据与例 8.7 相同，但在本例中岩石的内聚强度为 10bar。请计算直井的最大水平应力，并比较椭圆模型解与圆形基尔希解。

解：正如可以预期的那样，硬黏土的最大水平应力：

$$\sigma_H=\frac{1}{1+2\times 0.98}\left[380+2\times 10\times\frac{\cos 30°}{1-\sin 30°}+(380-330)\times\frac{2\sin 30°}{1-\sin 30°}+\frac{2}{0.98}\times 380\right]$$

$$=409\text{bar}$$

圆形井筒的基尔希方程的解为398bar。值得注意的是，对于相同的井径测井数据，坚硬岩石的σ_H更高，也就是说，岩石强度越高，需要更高的各向异性才能造成相同的坍塌量。或者说，从现场角度来看，对于给定的应力状态，井径测井读数表示岩石的内聚强度，即：井径测井读数小表示内聚强度高，井径测井读数大表示内聚强度低。

例题 8.9　检查例题 8.7 和例题 8.8 的解的正确性。

解：将两例题中的数据代入式(8.31a)和式(8.31b)，得出：

例题 8.7 上边界条件：

397bar/380bar<410bar——本解是正确的。

例题 8.7 下边界条件：

$$397\text{bar}/380\text{bar}>\frac{(5-3\sin 30°)410+2(1+\sin 30°)330}{(7-\sin 30°)420}=373\text{bar}$$

两个边界条件都得到满足，意味着两个原地应力位于图 8.11A 所示三角形的范围内。

例题 8.8 上边界条件：

409bar/380bar<410bar——本解正确。

例题 8.8 下边界条件：

$$409\text{bar},\ 398\text{bar}\geqslant\frac{(5-3\sin 30°)410+2(1+\sin 30°)330-2\times 10\cos 30°}{(7-\sin 30°)}=370\text{bar}$$

本例也同时满足两个边界条件。

练习题

8.1　写出确定原地应力大小和方向的两种主要估算方法，并说明它们的计算过程，同时，指出这两种方法的优点和缺点，并解释其结果的可靠性。

8.2　墨西哥湾某油田，经估算，5000ft 深处的水平应力为 3ksi，岩石密度从地表附近的 65lb/ft^3 线性变化到 5000ft 深处的 135lb/ft^3。假设 Biot 常数为 0.98，泊松比为 0.25，请计算该油田的上覆应力和孔隙压力梯度。

8.3　图 8.20 所示为位于科威特和沙特阿拉伯之间的中立隔离区(NPZ)某油田的一口斜井，总测量井深为 6250ft，其中垂直井段深为 2000ft，斜井段的倾角(偏离垂直线)为 45°，长度为 4250ft(图 8.20)。假设 Biot 常数为 1，泊松比为 0.28，孔隙压力为 3ksi，岩层的平均密度为 148lb/in^3，请计算：

a. 井的总垂深(TVD)；

b. 平均孔隙压力梯度；

c. 井底上覆地层应力和水平应力。

8.4 请计算墨西哥湾 11500ft 深处地层的原地应力，地层岩石颗粒密度为 2600kg/m^3，地层孔隙流体密度为 1100kg/m^3，地层孔隙度为 5%。假设 Biot 常数为 0.90，泊松比为 0.25。

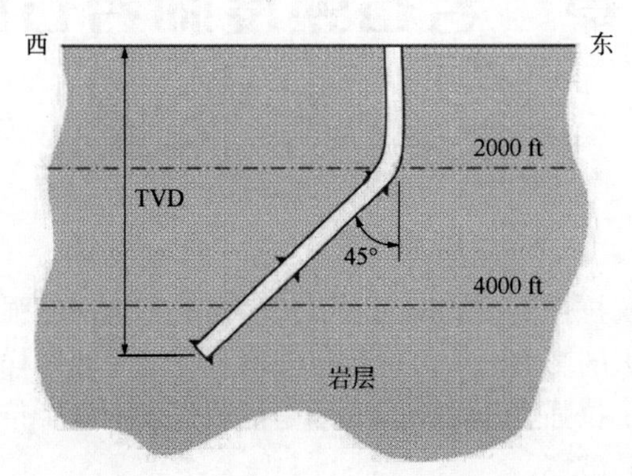

图 8.20 科威特和沙特阿拉伯之间中立隔离区某油田的斜井

第9章 岩石强度和岩石破坏

9.1 简介

岩石强度可细分为抗拉强度、抗压强度、抗剪强度和抗冲击强度，只有抗拉强度对岩石的破裂压力梯度有重大的影响。岩石的抗拉强度被定义为使岩样破裂所需的拉力除以岩样的横截面积。岩石的抗拉强度非常小，大约是抗压强度的0.1倍，因此，岩石材料在受拉伸时比受压缩时更容易破坏。

第5章“破坏准则”中介绍了岩石力学中6种主要破坏准则，这些准则都有其局限性，只能适用于特定的场合。本章只采用其中两种在石油天然气工业中被广泛应用的破坏准则，即冯·米塞斯和莫尔—库仑破坏准则。

9.2 岩石材料的强度

前面解释过，当材料中的应力超过材料强度时就会破坏。均质材料，如金属材料，有明确的强度性能。由于岩石结构的复杂性，其强度不容易确定。然而，应该注意的是，即使一种材料是均质的，其强度数据也不可能完全准确，这是应用安全系数的一个原因。应用安全系数的另一个原因是载荷不能精准确定。

岩石具有非均质性，由于地质作用，岩石在地层的某些方向上通常会出现微裂纹或裂缝。因此，与金属材料不同，岩石(如具有不同层理的页岩和黏土岩)在不同方向具有不同的性能，即具有各向异性的特性。通常情况下，岩石沿层状结构方向很脆弱，垂直于层状结构方向，则具有较大的强度。

第5章“破坏准则”中，概述了岩石在钻井作业过程中的主要破坏模式，图9.1对岩石的破坏模式作了总结，以供参考。

9.3 经验公式

石油工业中一直使用经验计算公式，以便于将分析从一口井推广到另一口井。其中，有些经验公式很简单，另外一些经验公式则是基于模型或物理原理提出的，相对比较复杂。尽管目前有许多经验公式仍然在用，但一些经验公式已被近年来发展起来的更重要的工程方法所取代。应该指出的是，地质学在许多方面仍有待研究和探索。下面将简要讨论一些仍然在使用的经典的经验公式。

为了预测破裂压力和孔隙压力，多年来已经推导出多种经验公式，其中部分公式只对它们得出的地区(如墨西哥湾)有效，但一些基于各种物理假设的经验公式具有更普遍的适用性。了解几十年来关于井壁破裂问题研究的演变过程很有意思。

Hubbert 和 Willis(1957)创建了一个关于拉张型盆地的经验公式，假设拉张型盆地的水平应力为上覆应力的1/3~1/2。虽然这个值太低，但该经验公式仍然很实用。Matthew 和 Kelly(1967)引入基岩应力系数对该模型进行修正，应力比不再是一个常数，而是随井深而变化。Pennebaker(1968)将上覆压力梯度与地质年龄联系起来，建立了有效应力比的关系式。Pennebaker 还发现，破裂压力梯度与上覆应力梯度有关。Eaton(1969)引入了泊松效应，用上覆岩层应力确定水平应力，关联系数实际上就是泊松比。最后，Christman(1973)将这项工作推广到近海。

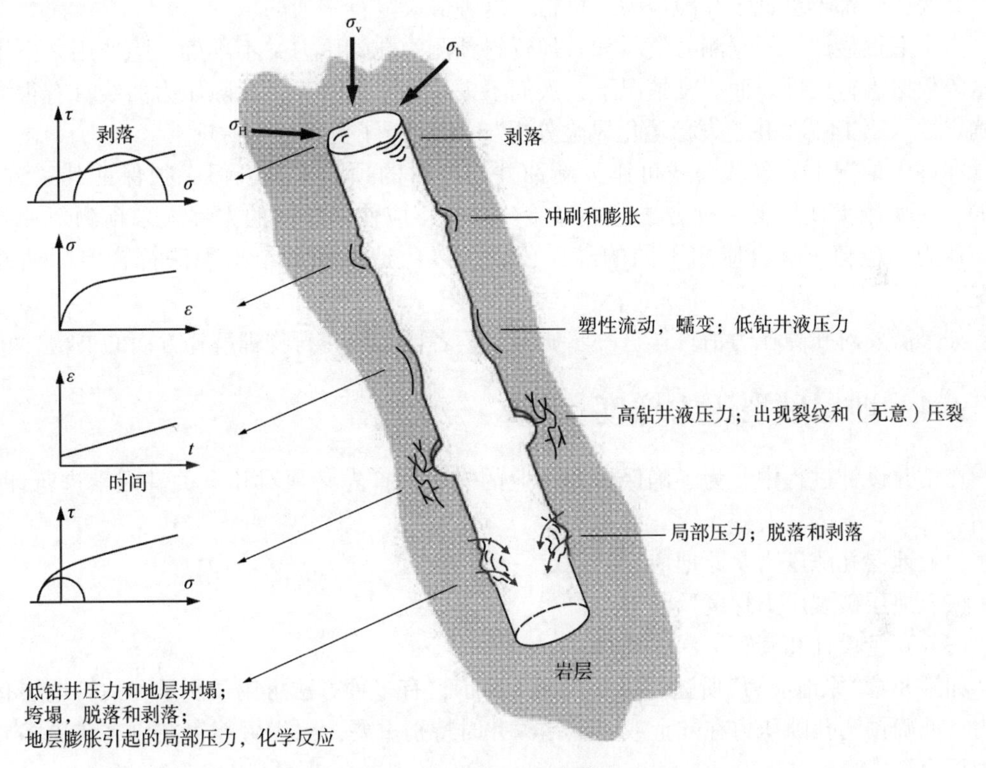

图9.1 钻井过程中可能出现的井壁失稳问题(改编自 Economides, M. J., Watters, L. T., Dunn-Norman S., 1998,《石油井建设》, John Wiley)

上述这些经验公式称为间接法，将在第9.4.2节中详细讨论。

上面讲到的5种经验公式看起来似乎各不相同，但 Pilkington(1978)对这些方法进行了比较，发现它们非常相似。通过引入相同的相关系数，上述5个模型可通过式(9.1)定义：

$$P_{wf}=K(\sigma_v-P_d)+P_o \tag{9.1}$$

Pilkington 还利用油田实际数据进行验证，结果表明：上述方程给出的结果与5个模型的结果基本相同。这些模型大多是在得克萨斯—路易斯安那州地区开发的，它们仍然可在那里应用。然而，在20世纪80年代初，随着井筒倾斜度增加，经验公式不再适用，因此，引入了连续介质力学。连续介质力学不仅可以处理不同倾角的油井，而且推广应用到各种应力状态。目前，任何拉张型或挤压型构造环境都可以通过使用经典力学理论来处理。

孔隙压力是石油生产中的一个关键参数，对建井和井筒稳定性有重大影响。通常情况下，岩石中有70%是页岩或黏土。如前所述，这些岩石通常是非渗透性的，因此不可能直接测量孔隙压力。在储油层中，才使用压力测量。

通常根据孔隙压力曲线来选择钻井液密度和下套管深度，而且把根据不同来源资料推断出的孔隙压力曲线看作绝对正确的。众所周知，在致密页岩中进行欠平衡钻井不会导致井涌，因此，如果能够保证假设没有渗透性的薄层，那么钻井时无论采用多大密度的钻井液，井底压力都不会低于孔隙压力。可惜，这种假设是行不通的。

事实上很显然，根据测井资料和其他资料预测的孔隙压力并不准确，除非用井下压力测量等数据进行校准。而通常情况下，人们不去校正它，因为，孔隙压力曲线具有很大的不确定性。第14章“井壁失稳量化风险分析”对此进行了更详细的讨论。

在许多情况下，经验公式可作为新油井钻井时的预测工具，但必须保证其一致性。例如，在使用上述任何一种方法建立经验公式时，应使用相同的方程式来预测新油井的孔隙压力。应慎重混合应用不同的经验公式，以免造成预测结果无法符合实际油井的情况。

如果需要对孔隙压力估算作进一步研究，读者可参考岩石物理解释方面的书籍。

9.4 地层破裂压力梯度

在钻井设计过程中，为了确保钻井作业的安全，首先必须对几个关键因素进行评估，包括：

（1）地层孔隙压力及原地应力的确定；

（2）地层破裂压力梯度及其确定；

（3）套管设计和套管下深的选择。

如第8章“原地应力”所述，以及表8.1所示，有多种方法可用于测量和估算地层孔隙压力。准确预测孔隙压力在陆上或海上钻深井时特别重要，因为可能存在更高或更多异常孔隙压力。

准确预测地层破裂压力梯度与预测地层孔隙压力同样重要，因地层破裂压力梯度为套管设计及钻井作业期间的临界井筒压力提供依据。

地层破裂压力为在给定深度下诱发岩层破裂所需的压力。图9.2显示了当地层压力超过给定深度处的破裂压力时，导致岩层中形成裂缝。

为了避免井筒破裂，发生井漏，通常需要确定地层破裂压力与井深之间的关系。

确定地层破裂压力梯度有两种方法，即直接法和间接法（Rabia，1985；MacPherson and Berry，1972）。直接法采用实验方法确定岩石破裂所需的压力，然后再确定裂缝延展所需的压力。间接法基于分析模型，通过应力分析计算破裂压力梯度。

9.4.1 直接法

破裂压力梯度直接测量法是利用钻井液对油井进行加压，直到岩层发生破裂，记录破

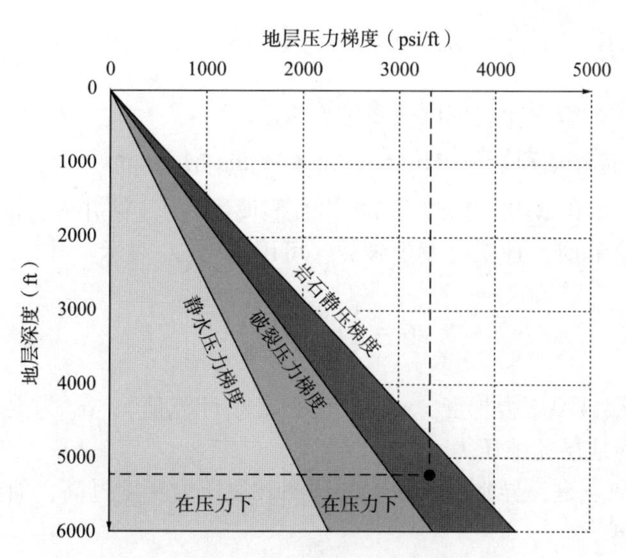

图 9.2　地层压力梯度与地层深度关系曲线
（显示地层压力超过破裂压力并导致地层破裂的特定点）

裂时的钻井液压力，称为漏失压力，然后与井眼内钻井液的静水压力相加，确定使岩层破裂所需的总压力，称为地层破裂压力(图 9.3)。在确定储层处理参数之前，先确定地层破坏压力，水力压裂作业时其压力大于地层破坏压力，而基质增产处理的井下压力小于地层破坏压力。

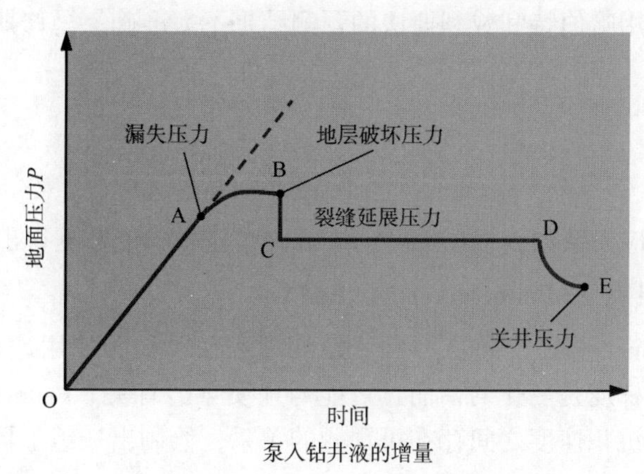

图 9.3　直接法确定漏失压力和地层破裂压力(Rabia，1985)

在图 9.2 中，静水压力是给定垂深(TVD)时的正常预测压力，或者是从海平面到给定深度的淡水柱在单位面积上施加的力。垂深为从油井最终深度到地面的垂直深度。岩石静压力是上覆地层或上覆岩石重量对岩层的累积压力。

在图 9.3 中，延展压力或裂缝延展压力(FPP)是岩层裂缝在高压作用下继续延展的最大压力。关井压力(SIP)是油井关闭时施加在井筒顶部的压力，等于地层压力和外部施加的压力之和。关井压力为 0，表明所有裸露地层都被井内的静水压力有效地平衡，油井被压稳，可以安全打开油井。

9.4.2 间接法

使用应力分析预测破裂压力梯度有多种方法。

9.4.2.1 哈伯特和威利斯法(Hubbert and Willis Method)

该方法由 Hubbert 和 Willis(1957 年)提出。假设当井下(钻井液)压力超过最小有效应力和地层孔隙压力之和时，地层会发生破裂，可用式(9.2)表示：

$$G_f=\frac{1}{3}\left(\frac{\sigma_\nu}{d}+2\frac{P_o}{d}\right) \tag{9.2}$$

式中：G_f 为地层破裂压力梯度，psi/ft(代表最小计算值)；σ_v 为上覆应力，psi；d 为地层深度，ft；P_o 为地层孔隙压力，psi。

该方法的主要缺点是，异常高压地层的预测破裂压力梯度过高，而异常低压层的预测破裂压力梯度又过低。

本方法中，地层破裂压力梯度的最大值可按式(9.3)计算：

$$G_f=\frac{1}{2}\left(\frac{\sigma_\nu}{d}+2\frac{P_o}{d}\right) \tag{9.3}$$

9.4.2.2 马修斯和凯利法(Matthews and Kelly Method)

这种方法由 Matthews 和 Kelly(1967)提出，适用于北海北部地区和墨西哥湾的软岩地层，在其他地区，使用哈伯特和威利斯法的预测结果不太准确。马修斯和凯利法用公式表示如下：

$$G_f=f_e\left(\frac{\sigma_v}{d}-\frac{P_o}{d}\right)+\frac{P_o}{d} \tag{9.4}$$

式中：f_e 为有效应力系数，根据邻井的实际破裂压力梯度数据得出。

9.4.2.3 潘尼贝克法(Pennebaker Method)

潘尼贝克法(Pennebaker，1968)与马修斯和凯利法类似，使用地震数据。Pennebaker 指出，上覆岩层压力梯度是变化的，而且可能与地质年龄有关。Pennebaker 通过假设沉积岩的体积密度和地层沉积速度之间存在可预测的关系，绘制出一组上覆岩层压力梯度与地层深度的关系曲线。

潘尼贝克法由式(9.5)表示：

$$G_f=f_P\left(\frac{\sigma_\nu}{d}-\frac{P_o}{d}\right)+\frac{P_o}{d} \tag{9.5}$$

式中：f_P是应力比系数，是泊松比和永久变形的函数，需根据所在地区的裂缝延展压力(FPP)进行经验估算。

9.4.2.4 伊顿法(Eaton Method)

这种方法基本上是 Hubbert 和 Wills(1957)的修正版。它假定上覆岩层压力和泊松比 ν

都是变化的(Eaton，1969)。尽管实验室测试的大多数岩石的泊松比为0.25～0.30，但在地层条件下，泊松比可能在0.25～0.5之间。伊顿法在石油和天然气工业中得到广泛使用，用公式表示如下：

$$G_f=\left(\frac{\nu}{1-\nu}\right)\left(\frac{\sigma_\nu}{d}-\frac{P_o}{d}\right)+\frac{P_o}{d} \tag{9.6}$$

9.4.2.5 克里斯曼法(Christman Method)

作为伊顿法的一种改进，克里斯曼法用于预测海上油田的破裂压力梯度，其中深度 d 为水深和地层深度之和(Christman，1973)。由于水的密度低于岩石密度，因此在相同的给定深度时，海上油井的 G_f 低于陆上油井。此方法由式(9.7)表示：

$$G_f=f_r\left(\frac{\sigma_\nu}{d}-\frac{P_o}{d}\right)+\frac{P_o}{d} \tag{9.7}$$

式中：f_r 为应力比系数，必须使用破裂压力梯度数据进行计算。

Goldsmith 和 Willson (1968)、Fertl (1977)、Oton (1980)、Ikoku (1984) 和 Ajienka 等(1988)也提出其他一些经验公式，这里不作讨论。有兴趣进一步学习这些经验公式的读者可参看书后参考文献。

注9.1：间接分析方法用于计算地层破裂压力梯度，这些方法考虑了地层孔隙压力和上覆地层应力梯度，如图9.4所示。伊顿法考虑了泊松比随深度的变化，因此伊顿法是确定地层破裂压力梯度的最准确的间接方法。

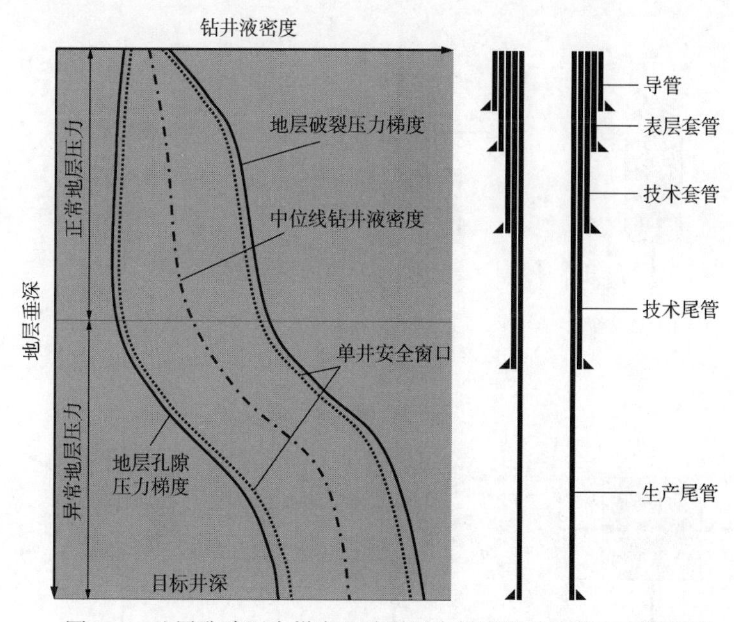

图9.4 地层孔隙压力梯度和破裂压力梯度以及地层和套管深度

9.5 完整岩石的实验室测试

进行岩石(断裂)力学研究，需要解决两类关键的属性参数：弹性性能和材料强度。如前所述，岩层是由完整岩石和胶结物组成的复合材料，复合岩层在荷载作用下的变形主要取决于完整岩石的弹性模量和强度，以及胶结物的刚度和强度，这些机械性能主要通过实验室测试确定。

岩石的强度性能可能会受到加载速度、温度、时间、围压、试验装置和许多其他因素的影响，但这些因素几乎不会对岩石的弹性性能产生干扰，因此，必须对实验室测试进行标准化，以获得岩石的各种强度性能参数。

美国试验与材料学会(ASTM)和国际岩石力学学会(ISRM)已经公布了进行各种实验室试验标准，ISRM 还公布了现场试验和原地应力测量标准。现场试验标准比实验室试验得出的岩石机械性能更具有意义，并可对不同类型岩石的机械性能进行比较校正。

第 1 章至第 4 章讨论了固体力学的基本原理，以下将介绍完整岩样的试验方法。岩样试验是进行岩石(破裂)分析之前，获得岩石力学性能的重要手段。其原因有两个：一是可以直接使用试验结果和固体力学概念来确定岩石性能；二是用于实验室试验的岩样不受人类活动的影响或改变，例如用金刚石钻头在深层地层钻取的岩样。

岩石的物理性能可用多种实验室试验方法测定，但可用于测定岩石强度的试验方法并不多。岩石强度可作为岩石的破坏准则，以确定钻前、钻井作业期间和钻后岩石(地层)抗破裂能力和抗坍塌能力。图 9.5 所示为常用的岩石抗拉、抗压和抗剪切强度的实验室试验方法。

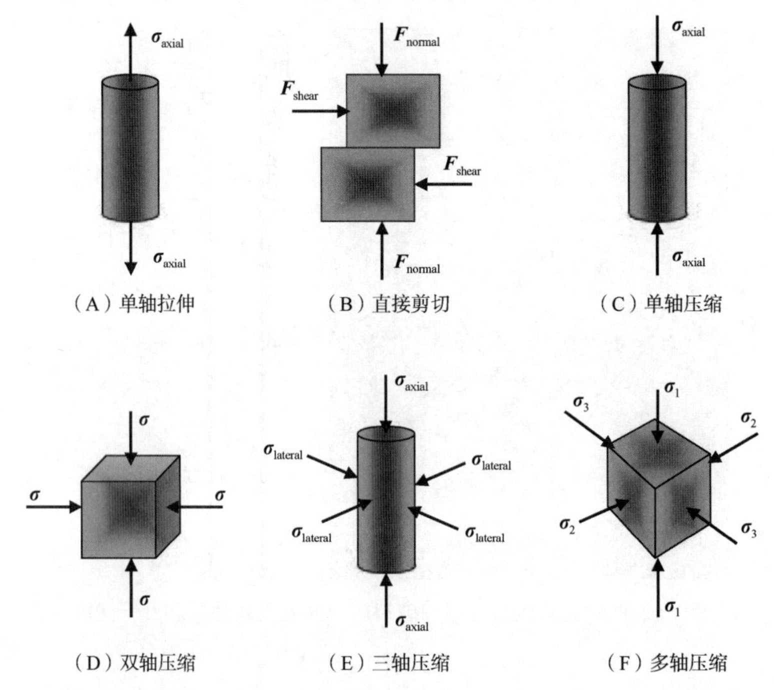

图 9.5 岩石强度实验室试验的加载方式示意图(Hudson，J. A.，Harrison，J. P.，1997，有改动)

图 9.5A 所示为单轴抗拉试验，通常不用于岩石。其原因有：一是很难做到；二是岩石通常不会在单轴拉力作用下破坏。通常使用的是巴西(Brazilian)间接法。这种方法将在第 9.5节中详细解释。

单轴压缩试验(又称无围压抗压试验)是岩石载荷试验的主要方法之一，用于确定无围压抗压强度(UCS)、S_{UC}。试验依照 ASTM D 5102-09 标准进行。自然支撑洞穴内壁表面通常没有法向力或剪切力，因此，洞穴内壁的主应力之一为 0，其应力状态的特征是没有侧向约束压力，其莫尔圆通过法向应力—剪切应力关系图的原点。因此，无论开挖深度如何，自然支撑洞穴内壁的最小(主)应力通常为 0，而最大压缩力则受制于无围压抗拉强度(UCS)。

如 Pariseau(2006)所述，无围压抗压试样通常以破裂的形式破坏，其破坏形式为轴向劈裂、剥落、单一剪切断裂或多重断裂。

抗剪切强度是岩石的重要特性之一，直接受上覆压力或垂直压力(应力)的影响，上覆压力越大，抗剪强度越大。尽管许多剪切强度试验是在现场进行的，但直接剪切试验是采用成熟的完整岩石剪切强度的实验室测量方法，通常按照 ASTM D5607 标准进行。

在大多数现场条件下，如井筒周围任何地层的任何一点，应力场是三维的或多轴的，因此任何单轴试验方法都无法准确评估岩石复杂的力学性能。但对于 3 个主应力中的一个等于 0 的例外情况，即当岩石在平面应力作用下发生变形和破坏时，例如不受任何载荷作用的井壁岩层表面，都是承受现场双轴载荷。此时，平行于井壁地层表面的两个应力分量既可以都是压缩应力，也可以都是拉伸应力，或者是两者的组合。在这种情况下，双轴或三轴试验方法(图 9.5D 和 E)是最合适的试验方法。当需要对岩层进行实验室试验时，宜考虑具有 3 个不同主应力的应力状态，需要采用多轴试验方法(图 9.5F)。在试验台架上进行多轴抗压试验很复杂，因此，双轴和三轴抗压试验是整个行业广泛使用的方法。第 9.6 节将详细解释三轴压缩试验。

9.6 岩石抗拉强度

钻井过程中，抗拉强度可以用来确认地层是否在井筒压力的作用下破裂。正如本章前面所讨论的，岩石的抗拉强度与混凝土类似。如果岩石结构包含垂直于拉伸荷载的裂缝，其有效抗拉强度可能接近于 0。由于岩石通常含有多方向的裂缝，因此假设岩石抗拉强度等于 0 是合理的。

岩石的抗拉强度难以直接测量，最直接的办法是将岩石加工成圆形杆状并施加拉伸载荷。由于抗拉强度小，微小的错位可能会造成岩石抗拉试验失败。拉伸试验主要用于金属，很少应用于岩石。岩石抗拉试验最常用的方法是一种间接法，即巴西(Brazilian)抗拉强度试验，如图 9.6 和图 9.7 所示。试验时岩石被加工成圆形杆状，从侧面施加压力，当岩样在两块夹板之间加载时，变为椭圆形，内部产生拉应力，分裂成两块或更多的碎片而破坏。加压载荷定为 F(N)、岩石直径为 D(m)、试样长度为 L(m)，抗拉强度可表示为：

$$S_T = \frac{2F}{\pi DL} \tag{9.8}$$

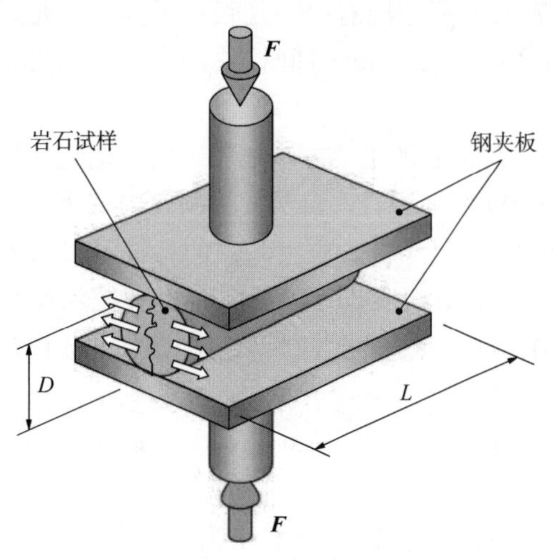

图 9.6　岩石巴西抗拉强度试验示意图

图 9.7　巴西抗拉强度试验台架

9.7　岩石抗剪强度

9.7.1　三轴试验法

抗剪切强度，也被称为抗压强度，通常用来研究由高压缩载荷引起的剪切破坏。受静液压力作用的材料(即 $\sigma_x=\sigma_y=\sigma_z$)不会发生剪切破坏，但可能会造成软岩如白垩岩，发生空隙性坍塌。通常认为剪切强度不像拉伸强度那样重要，因为岩石具有较高的剪切强度，很少在压缩条件下破坏。然而，在偏差应力条件下(即 $\sigma_x \neq \sigma_y \neq \sigma_z$)，则可能出现较大的剪切应力，岩石也会因剪切作用而破坏。

钻井作业过程中发生的井壁坍塌事实上就是剪切破坏。分析岩石坍塌破坏所需的抗剪强度数据通常通过三轴(剪切)压缩试验获得，将钻取的岩样切割成立方体形状，放入不透水护套中，安装到三轴试验台架上，如图 9.8 和图 9.9 所示，施加预定的围压(σ_3)，并给岩样施加轴向载荷(σ_1)，直至岩样破坏。岩样破坏荷载大小取决于围压，围压越小，破坏荷载越小。图 9.10 所示为在不同围压下岩样的破坏模式，在低围压下，岩石将沿剪切面破坏，但仅部分碎裂；提高围压，将导致明显的剪切破坏；进一步提高围压，岩样将发生变形，并沿多个平面破坏。从这三种不同的破坏模式可以很容易地发现岩样从脆性到韧性的转变。这也就是说，如果荷载条件改变，岩石的性能可能是完全不同的。

三轴载荷试验分为多种方式，岩样固结排水和固结不排水三轴载荷试验依照 ASTM D4767 标准进行，岩样不固结不排水三轴载荷试验依照 ASTM D2850 标准进行。岩样排水是指岩样暴露在大气中，孔隙压力表压为零；相反，岩样不排水是指在岩样内部施加并保持非零且恒定孔隙压力。无论使用何种试验方式，有效主应力(即 σ_1'和 σ_3')都可用于破坏分析。

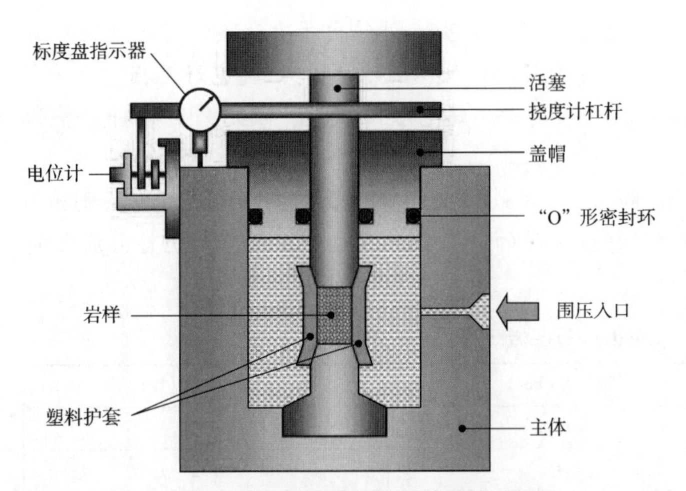

图 9.8 岩石抗剪强度三轴压缩试验示意图

图 9.9 三轴试验布局

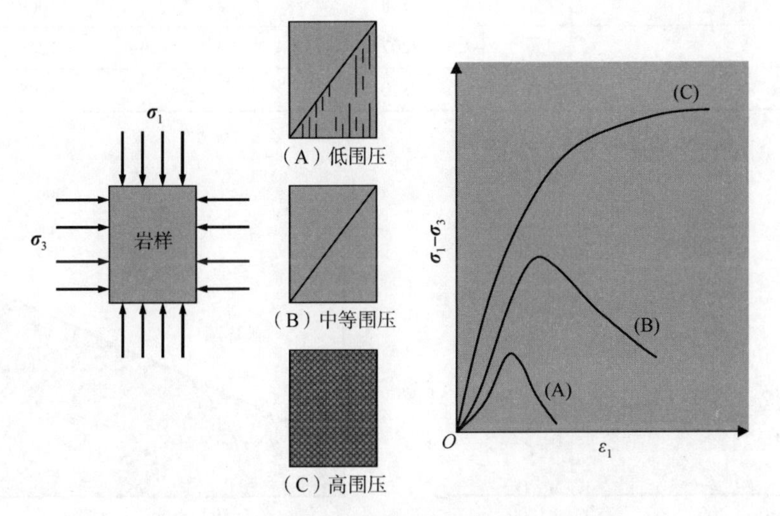

图 9.10 不同围压下岩样的脆韧性转变($P=\sigma_3$)

应注意的是，施加的轴向应力过大可能产生剪切破坏，也可能由于围压降低或轴向应力、围压载荷相互作用产生剪切破坏，使得莫尔圆部分接触破坏包络线或落在破坏包络线之上。

尽管岩石试验时必须考虑许多细节，但三轴试验的关键参数是最大压应力 σ_1、最小压应力 σ_3 或围压 $P(P=\sigma_3)$，以及岩样的孔隙压力 P_o。

9.7.2 破坏准则

在第 5 章"破坏准则"中，介绍了用于岩石破坏分析的几种主要破坏准则，特别是它们在石油工程中的应用，其中应用最为广泛的是冯 · 米塞斯破坏准则和莫尔—库仑破坏准则。因此，以两个岩石破坏准则的应用例题结束本章。

例题 9.1 表 9.1 所示为 Lueders 石灰岩样本的三轴试验得出的数据，请根据冯 · 米塞斯破坏准则，确定岩石保持完整的载荷范围。

解：将表9.1中的σ_1和σ_3代入式(5.1)和式(5.2)，计算出每次试验的有效平均应力和第二不变量，并绘制出岩样破坏曲线，在带阴影区域(图9.11)，岩样完好无损。

例题9.2 根据表9.1中的实验室数据和莫尔—库仑破坏模型，确定岩石材料完整的区域。

解：根据表9.1中的数据，将σ_1和σ_3作为最大主应力和最小主应力，可以绘制出6个莫尔圆，莫尔圆形成的包络线即为岩样破坏时的应力状态，是破坏载荷和完整荷载之间分界线，如图9.12所示。

表9.1 Lueders石灰岩三轴试验结果

试验序号	围压σ_3(bar)	屈服强度σ_1(bar)
1	0	690
2	41	792
3	69	938
4	138	1069
5	207	1248
6	310	1448

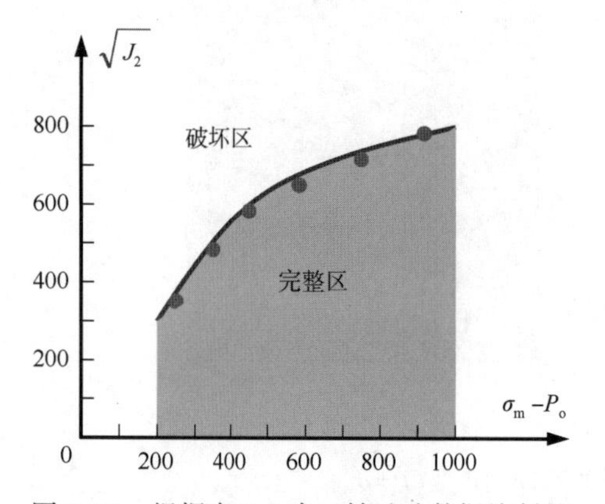

图9.11 根据表9.1中三轴试验数据绘制的冯·米塞斯破坏准则模型

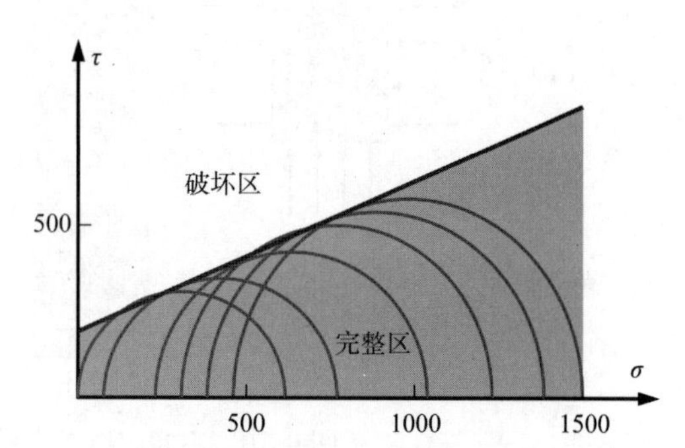

图9.12 根据表9.1三轴测试数据绘制的莫尔—库仑破坏准则模型

练习题

9.1 请说出岩石抗破裂(拉伸)和抗坍塌(剪切)强度的两种常规试验方法的名称，并简要说明其原理。

9.2 假设5000ft深度的地层压力为2400lb/in^2，上覆应力梯度为1lb/ft，用哈伯特和威利斯法估算5000ft深处的地层破裂压力梯度。

9.3 表9.2为得克萨斯州贝雷亚(Berea)砂岩层岩样的屈服强度数据，岩样钻取深度为4480m，请根据数据绘制冯·米塞斯破坏曲线。

9.4 根据表9.2中的数据完成如下内容：

表 9.2 贝雷亚砂岩三轴试验结果

试验序号	围压 σ_3(bar)	屈服强度 σ_1(bar)
1	507	2616
2	438	2052
3	300	1648
4	162	1308
5	24	600
6	0	313

a. 根据数据绘制莫尔圆；

b. 沿所有圆圈顶部绘制一条岩样破坏曲线；

c. 评估模型的质量，如果不符合要求，绘制两条破坏曲线；

d. 创建破坏模型方程，确定内聚强度和内摩擦角。

9.5 根据练习 9.2 中给出的数据，假定地层泊松比为 0.25，用伊顿法估算 5000ft 深处的地层破裂压力梯度，并与哈伯特和威利斯法的结果进行比较。

第 10 章　钻井设计和钻井液密度的优化

10.1　简介

本章将从岩石力学的角度讨论井下复杂问题，如井壁破裂、井壁坍塌、井漏、压差卡钻等，阐明当将钻井液维持接近于原地应力水平时，可以消除或减少井下事故，并由此得出中位线原则钻井液设计方法，用现场案例说明，采用这种方法可以防范井下问题的出现。井下复杂问题的产生将会造成油层伤害、油藏堵塞等严重后果。

首先讨论井下复杂问题的工程背景和岩石力学模型，然后阐述中位线钻井液设计原则，最后，用挪威近海油田 6 口生产井的现场案例，说明中位线原则设计方法在减少井下事故中的应用。

10.2　井下复杂问题

10.2.1　钻井液密度低还是高

图 10.1 是本章讨论的基础。传统上，采用低密度钻井液方案的主要原因，一是预估的孔隙压力较低，二是认为低密度钻井液可提高机械钻速。高密度钻井液设计常用于复杂井和大斜度井钻井，但应用范围较小，其原因是担心发生井漏和压差卡钻。

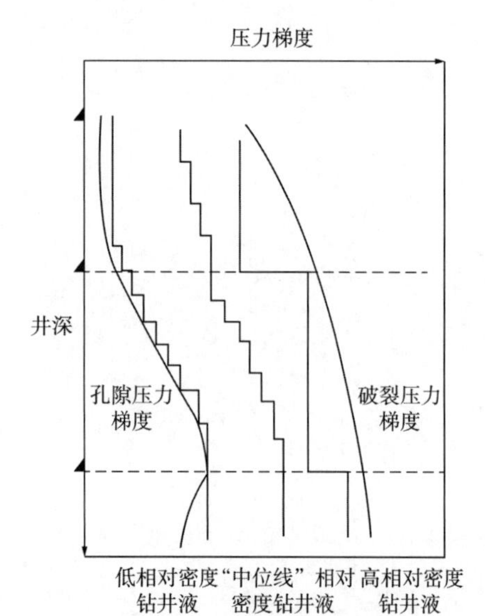

图 10.1　典型钻井液密度

从井眼稳定角度来看，低密度钻井液和高密度钻井液都不是最佳选择。本文中低密度钻井液指的是钻井液密度接近地层孔隙压力梯度，高密度钻井液指的是钻井液密度接近地层破裂压力梯度。其实，图 10.1 中位于中位线的钻井液密度更有价值，可以用来优化许多钻井工艺参数。

10.2.2　防止井下复杂的关键因素

影响钻井作业成功与否的因素很多。由于钻井作业的主要任务是钻透地层并隔离地层，任何技术故障都可能阻止钻井进程，从而导致额外的支出。海上钻井作业的成本由钻机费率决定，因此，钻井作业的成功在很大程度上取决于避免因井下事故而造成的停工。

Bradley 等(1990)从更加广泛的视角研究了井下事故的产生，认为正确应用人为因素可避免出现卡钻，除了具备良好的工程实践经验，不合规的操作可以消除潜在井下事故的出现以及严重后果的产生。笔者列出了可能未涉及的所有井下复杂方面的技术问题。钻井液密度的选择十分关键，但还需要考虑其他相关因素，如钻井设计。一个好的钻井设计，可以确保钻井作业顺利成功。Sheppard 等(1987)讨论的井眼轨迹设计中的扭矩和摩阻问题；Hemkins 等(1987)讨论的卡钻经验评估、适当的井眼清洁和扩孔作业。本书没有对所有的要素进行详细讨论，但应注意的是，任何一个要素都不能取代良好的总体钻井设计。

建立了上述概念，将进入钻井液密度优选这一主要议题。

10.2.3 更高的钻井液密度会有什么影响

钻井液密度是钻井作业中的一个关键因素，几乎可以决定钻井的成功或失败。钻井液密度过低可能会导致井壁坍塌和沉砂事故，而钻井液密度过高则可能会导致井漏或卡钻事故。表 10.1 列出了高密度钻井液对井下复杂问题的影响。可以看出，高密度钻井液可以减少前 6 种井下复杂事故，但又有可能会引起后 5 种井下复杂问题。

下面将针对表 10.1 展开讨论。

表 10.1 高密度钻井液的影响

井下复杂类型	优点	有争议	缺点
减少井壁坍塌	√		
减少沉砂	√	√	
减少压力波动	√		
减少冲蚀	√	√	
减少缩径	√	√	
减少黏土膨胀	√	√	
增加压差卡钻		√	√
增加井漏			√
降低机械钻速		√	√
增加钻井液成本			√
孔隙压力预测精度差		√	√

10.2.3.1 井壁坍塌

众所周知，当钻井液密度过低时，由于井壁周围的环向应力非常高，往往会引起岩石破坏(Aadnoy and Chenevert，1987)，导致井壁坍塌事故。井壁坍塌最重要的补救措施是提高钻井液密度。

10.2.3.2 沉砂

沉砂是油井清洁问题。岩屑或坍塌碎片可能聚积在井筒底部，导致诸如套管无法下到井底等问题。沉砂通常与钻井液排量和携砂能力有关，也与钻井液的组分有着密切的关系。

因此，增加的钻井液密度可以降低井筒坍塌的可能性，从而降低沉砂的可能性。

10.2.3.3 压力波动

如果钻井液密度保持恒定不变，井筒压力也将更加稳定。由于井下压力变化可能导致井筒破坏(疲劳破坏效应)，因此最好选择密度较大的钻井液并尽量保持钻井液密度恒定。此外，等效循环密度、激动压力和抽汲压力也应保持在规定范围内。

10.2.3.4 冲蚀

井壁冲蚀的理论是，钻头喷嘴的水力喷射作用侵蚀井壁，通常认为会造成井筒相当严重的扩径。

可以注意到，在几千米深的井下，水力冲蚀很难对固结岩石造成破坏。有时实际情况是由于钻井液密度过低，导致井壁破裂，水力喷射作用只是冲蚀已经破碎的碎片。因此，冲蚀通常被视为井壁坍塌。现场案例表明，在排量相同的情况下，通过稍稍增加钻井液密度，就可得到符合标准的井筒。

10.2.3.5 缩径

高密度钻井液可以平衡岩石应力，使井筒更符合规范。然而，井筒仍有可能在钻成后的某天就因地层膨胀而造成缩径，需要进行通井或倒划眼作业。因此，发生这种缩径时，建议提高钻井液密度而不是降低钻井液密度。井下钻具组合周围的沉砂、狗腿也可能导致井筒缩径。

如本章后面所述，可通过提高钻井液密度来减少或消除井筒缩径，但是，仍要进行适当的通井或倒划眼作业。

10.2.3.6 黏土膨胀

Clark 等(1976)、O′Brien 和 Chenevert(1973)、Simpson 等(1989)以及 Steiger(1982)发展了钻井液化学理论，Santaralli 和 Carminati(1995)对钻井液化学发展进行了详尽的评述。钻井液化学的一个关键问题是抑制活性黏土，因为它们通常会导致井下复杂问题，如坍塌。另一方面，现场经验表明，在某些井中，即使钻井液化学抑制性低，提高钻井液密度也可在短时间内保持裸露井筒的井壁稳定。因此，提高钻井液密度可以减少黏土膨胀事故。但应注意的是，有些井的扩径似乎与井筒压力并无关系。

10.2.3.7 压差卡钻

钻井液密度的增加将导致更大的过平衡压力，井下钻具更容易发生压差卡钻。从这个角度来看，高密度钻井液是有害的。然而，目前越来越清楚地显示，压差卡钻往往是其他原因造成，井壁坍塌物和沉砂在井下钻具周围的堆积和井眼缩径也可能造成卡钻事故。如果存在间隔性的页岩和砂岩层，页岩层往往会发生坍塌，造成砂岩层井壁与井下钻具直接接触。

如图 10.2A 所示，该井段的页岩层发生坍塌，但砂岩夹层段的井径合乎规范，这种情况下，由于砂岩暴露，极易造成压差卡钻。图 10.2B 所示为同一井段，由于页岩和砂岩层段的井径都符合标准，因此，在页岩层段井下钻具和井壁也会接触，从而降低砂岩层中发生压差卡钻事故的可能性。

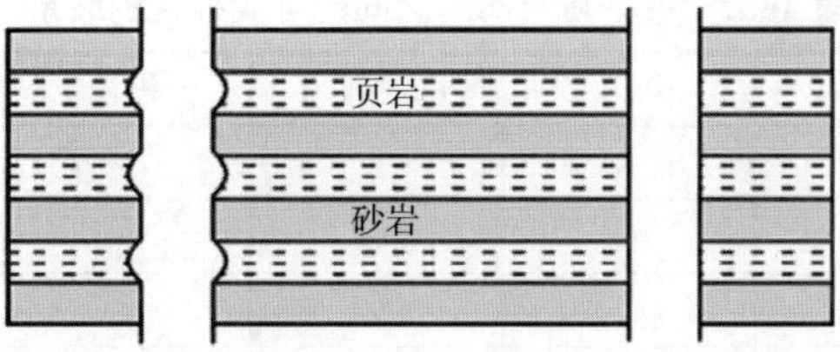

（A）页岩层坍塌　　（B）井径符合标准

图 10.2　间隔性的页岩和砂岩地层的部分坍塌

从防止井壁坍塌角度来说，应优先选用高密度钻井液。但另一方面，高密度钻井液通常会增加发生压差卡钻的可能性，这里存在潜在的冲突，但可以通过将钻井液密度保持在压差卡钻临界密度以下来解决。

10.2.3.8　井漏

有时会钻遇薄弱层或断裂带，导致钻井液流失。通常，钻井液密度必须保持在这些地层的临界漏失压力以下。此外，如 Santarelli 和 Dardeau(1992)所述，裂缝型地层可能会限制钻井液密度。

10.2.3.9　钻井速度降低

通常认为过平衡钻井将导致钻井速度降低。然而，钻井速度主要是一种地层特征，过平衡对机械钻速的影响并不大，应根据处理井下事故的成本来衡量钻井速度的降低。

10.2.3.10　钻井液成本

高密度钻井液通常比较昂贵，但如果能减少钻井事故，这种额外成本通常可以忽略不计。

10.2.3.11　孔隙压力预测

在钻井过程中，地质学家使用各种准则预测孔隙压力。一个值得关注的因素是记录多余的气体(记录钻井液中的伴生气)，有助于量化预测特定深度地层的孔隙压力。高钻井液密度可能会抑制地层气进入井筒，因此，初探井钻井最好不用高密度钻井液，但生产钻井时，这一要求往往被放宽。

注 10.1：关于钻井液密度的总结：从防止多种井下复杂问题出现的角度来看，相对较高的钻井液密度是可以接受的，也是可取的。但是，应特别注意引发的缺点：

(1) 井漏；

(2) 压差卡钻；

(3) 探井中的气体；

(4) 天然裂缝地层。

此外，钻井液化学也不容忽视，在上述讨论中，假设是应用抑制性钻井液体系。

表 10.2 总结了各种井下复杂问题之间可能存在的联系，可以看出，钻井液密度是井下复杂问题的共同原因。

表 10.2　井下复杂问题之间的可能存在的联系

井下复杂问题	坍塌	沉砂	冲刷	缩径	压差卡钻	井漏
坍塌	√					
沉砂	√	√	√			
冲刷	√		√			
缩径	√	√		√		
压差卡钻	√	√		√	√	
井漏						√

从上述讨论中可以明显看出，采用较高密度的钻井液是比较有利的。然而，仍然有一个很宽的钻井液窗口，图 10.3 显示了可选用钻井液密度范围。在许多油井中，可选用钻井液密度范围可能非常宽，因此有必要进一步限定许用密度范围。这将在第 10.3 节至第 10.7 节中介绍。

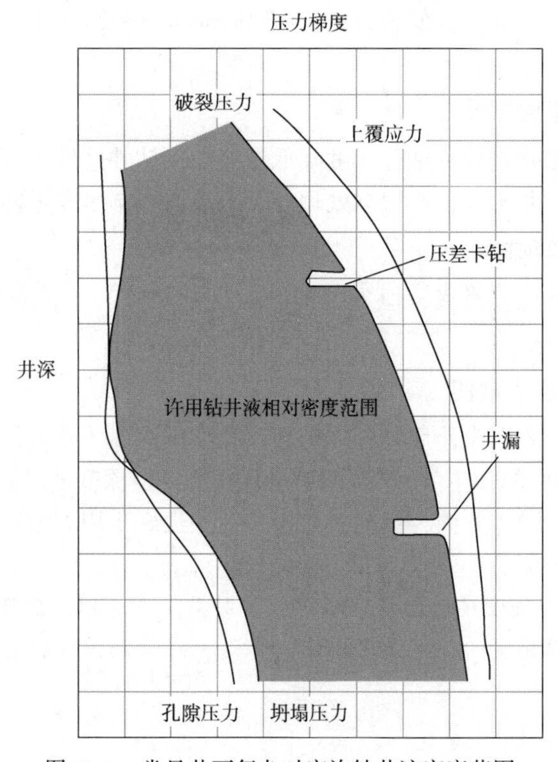

图 10.3　常见井下复杂时容许钻井液密度范围

10.3　钻井液性能

为了减少井壁失稳问题，钻井液应具备以下性能：

(1) 化学抑制作用；

(2) 渗透地层区低滤液流失；

(3) 非渗透地层形成的滤饼。

下面介绍钻井液另一个非常重要的性能。

经验表明，新鲜配制的钻井液与使用过的钻井液相比，更容易加剧裂缝的产生和钻井液的漏失。根据经验，在进行漏失试验时，使用过的钻井液比新钻井液的漏失压力更高，其原因是旧钻井液中含有较高的钻屑含量。因此，常采用的设计准则是逐渐增加钻井液密度，以确保钻井液中有较高的钻屑含量。在钻新井段时，通常开始时采用较低的钻井液密度，钻至上一个套管鞋以下约100m后，逐渐提高钻井液密度，这样可以避免潜在的井漏问题。在下一节中，将介绍上述观察结果的实际应用。

10.4 裸眼井壁应力

10.4.1 井壁稳定性

基尔希方程通常用于计算井眼周围的应力，应力的大小反应了作用在井壁上的负荷大小，而岩石强度表明了岩石承受这一负荷的能力。关于这个问题已经发表了许多论文，McLean 和 Addis(1990)、Aadnoy 和 Chenevert(1987)对此进行了全面的论述。

众所周知，井壁失稳可分为两大类。

(1) 高井筒压力下的井壁破裂。这实际上是一种拉伸破坏，其后果是使钻井液丧失循环的条件，钻井作业可能会被迫停止，直到重新建立起循环。

(2) 低井筒压力下的井壁坍塌。这是由井筒周围的环向应力超过岩石强度引起的剪切破坏。井壁坍塌现象多种多样，有时是由于岩石屈服而导致缩径，有时则会发生更严重的破坏，引起井壁坍塌，从而导致井眼清洁问题。

图 10.4 所示为不同钻井液密度下的井壁应力。图 10.4A 所示为井壁上三个主应力，作用在井壁上的径向应力实际上是钻井液施加的压力；轴向应力等于直井的上覆应力；沿井筒圆周方向的切向应力，也称为环向应力，在很大程度上取决于井筒压力。这三个应力可以简单地表示为：

$$\begin{cases} \text{径向应力：} & \sigma_r = P_w \\ \text{切向应力：} & \sigma_\theta = 2\sigma_a - P_w \\ \text{垂直应力：} & \sigma_z = \text{常数} \end{cases} \tag{10.1}$$

式中：σ_r为径向应力，psi；P_w 为井筒压力，psi；σ_θ为切向(环向)应力，psi；σ_a为平均水平应力，psi；σ_z 为垂直(上覆)应力，psi。

图 10.4B 有助于理解在井筒压力作用下井壁的破坏机制。图中三个应力分量是井筒压力的函数，其中垂直应力或上覆压力不受钻井液密度的影响，保持不变，径向应力等于井筒压力，其斜率为1，切向应力随着井筒压力的增加而减小。

在低井筒压力下，切向应力很高。由于径向应力和切向应力之间有很大的差异，因此会产生相当大的剪切应力，正是这种剪切应力最终导致井眼坍塌。另一方面，在高井筒压力下，切向应力变为拉伸应力。由于岩石的抗拉强度很小，井壁会发生破裂，通常会造成轴向破裂。图 10.4B 所示为这两种破坏模式的示意图。井壁破坏还有更复杂的破坏模式(Maury，1993)，这里暂不探讨。

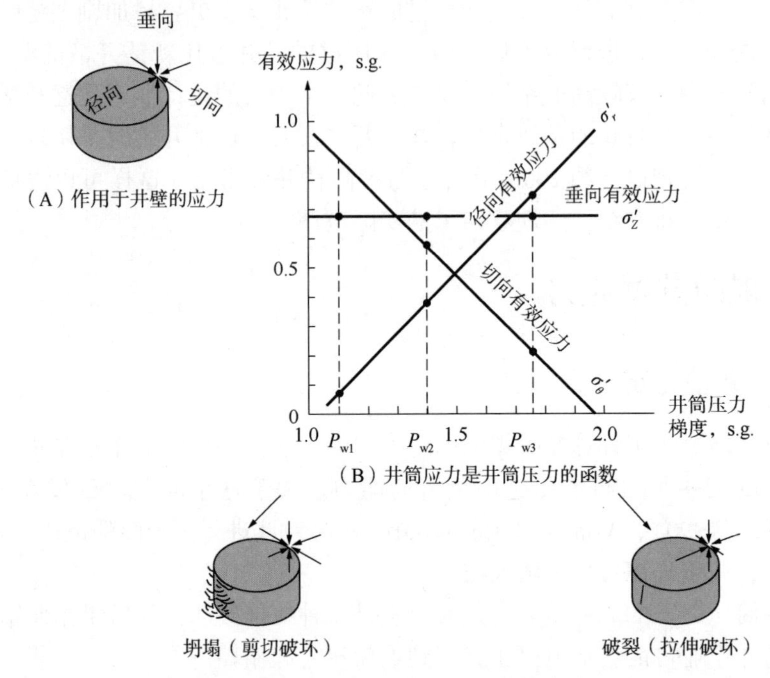

图 10.4　不同钻井液密度下的井筒应力

从上面的讨论中，可以观察到，过低和过高的井筒压力都会造成高应力条件，最终导致井壁破坏。根据图 10.4B❶，还可以发现：在某一点上，径向应力等于切向应力，钻井液密度等于原地应力，因此不会出现异常应力。这将在下一节中进一步讨论。

10.4.2　原地应力状态

假设一个拉张型沉积盆地，处于静液应力状态。也就是说，直井周围的水平应力在所有方向上相等，漏失压力和孔隙压力不等于 0。当有效环向应力等于 0 时，或 $\sigma_\theta - P_o = 0$ 时，井筒压力达到了破裂压力，可得出下式(Aadnoy and Chenevert，1987)：

$$\sigma_a = \frac{1}{2}(P_{wf} + P_o) \tag{10.2}$$

即平均水平应力等于破裂压力和孔隙压力的平均值。对于构造应力(非静液水平应力)的情况，则复杂一些(本章末尾将简单介绍一个例子)，但式(10.2)仍适用。因为破裂压力梯度隐含地考虑了实际应力状态和井筒倾角，例如斜井的设计破裂压力梯度可根据井筒倾角加以校正(Aadnoy and Larsen，1989)。

式(10.2)可以用来解释刚刚讨论过的几种井眼复杂问题。首先讨论式(10.2)的含义，若假设式(10.2)的各项参数是已知的，下面来分析：当实际钻井液密度等于、低于或高于式(10.2)的原地应力时，分别会发生什么样的情况？图 10.5 说明了不同的钻井液密度时

❶　原文中误为图 2.4B，第 2 章没有该图——译者注。

井筒的压力状态。

图 10.5A 所用钻井液的密度等于(平均)水平应力，紧邻井壁的岩层没有受到钻孔的干扰，孔径保持不变，井筒保持完好，是理想的钻井液密度。

图 10.5B 所用钻井液的密度低于(平均)水平应力，井壁附近的岩层应力将局部改变，因此产生一个环向应力，导致井眼缩径。这种情况可能会导致井壁坍塌或缩径。

图 10.5C 所用钻井液的密度高于(平均)水平应力，井筒压力将试图扩大井径，如果钻井液密度过高，最终将导致地层破裂。

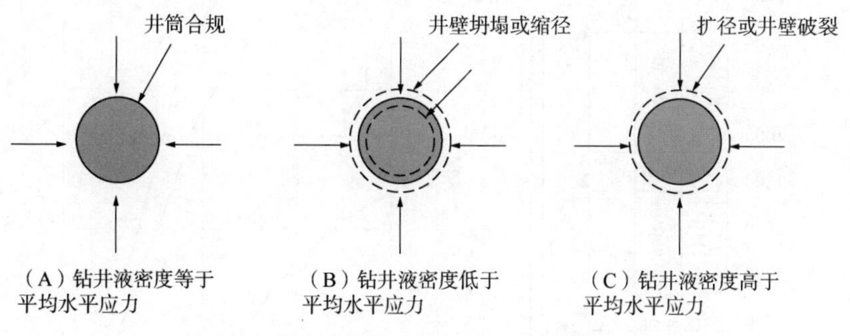

图 10.5 不同井筒压力对井壁的影响

上述讨论说明，钻井液密度与井壁应力之间的关系可以用来描述常见的井下裸眼问题，这可以定义为中位线原则，即钻井液密度等于破裂压力梯度和孔隙压力梯度的$\frac{1}{2}$，可用式(10.2)表示。

注 10.2：井下压力等于破裂压力和孔隙压力的平均值时，此时，井筒压力等于理想条件下的原地应力。当维持钻井液压力接近这一水平时，对井壁的干扰最小。

下面两节中将介绍钻井液密度设计的中位线原则，利用中位线原则评估和确定钻井作业的最佳钻井液密度。

10.5 中位线原则

图 10.6 所示为钻井压力梯度。利用该图对中位线原则作一般的说明，然后在第 10.6 节中，利用该曲线图对钻井复杂问题开展讨论。可以看出，图 10.6 中有 5 条压力梯度曲线，中位线根据式(10.2)绘制。

井筒各层套管下深的选择是基于：

(1) 破裂压力梯度和孔隙压力梯度预测值；

(2) 井涌情况；

(3) 封隔可能的漏失层；

(4) 尽量减少井壁失稳问题；

(5) 下套管作业的考虑。

下面将介绍每个井段钻井液密度选择。有关地质特性细节，可以参考 Dahl 和 Solli(1992)。

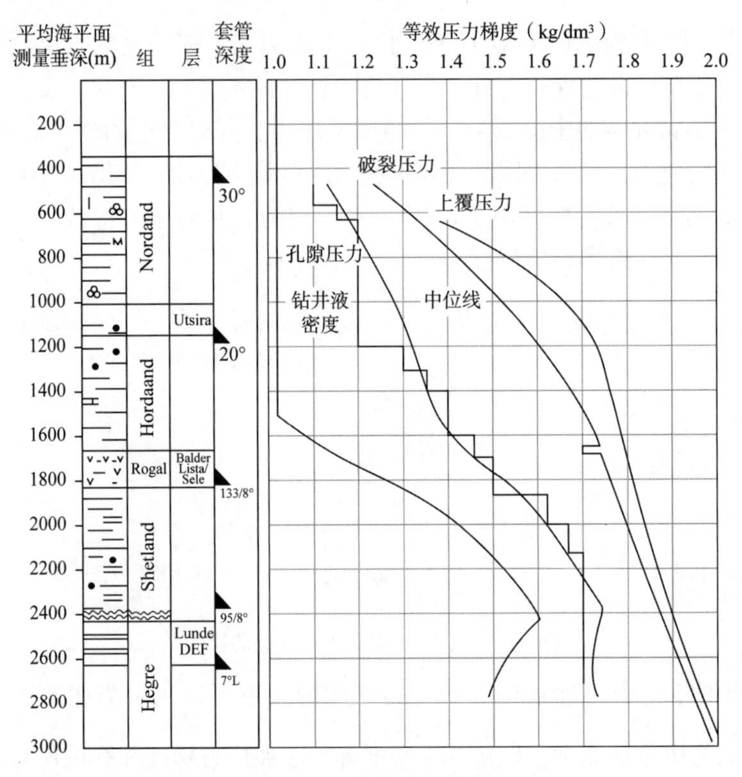

图 10.6　井筒压力梯度

（1）26in/24in 井段。

30in 导管下深约为 100m。由于 30in 导管以下的地层的破裂压力梯度较低，因此 26in/24in 井段采用低于中位线的钻井液密度。

（2）16in 井段。

18.625in 套管以下井段开钻时，采用低于中位线的钻井液密度，如图 10.6 所示，主要有两个原因：

①该井段开钻时，不提高钻井液密度，以尽量减少套管鞋下方地层破裂风险；

② 在漏失试验期间，最好用低密度钻井液，漏失压力曲线图的压力范围更大，有利于解释。

钻至 18.625in 套管鞋以下大约 100m 后，逐渐增加钻井液密度，超过中位线，剩余井段保持钻井液密度在中位线以上，主要原因是尽量减少缩径事故。

（3）12.25in 井段。

13.375in 套管以下井段钻井过程中，有 6 口井发生井漏。目前的措施如图 10.6 所示，最初采用低于中位线的钻井液密度；在钻进 100m 后，试图保持钻井液密度在中位线以上，但在该井段底部，钻井液密度降到了中位线以下，如图 10.6 所示。原因如下：

①尽量减少井漏的风险；

②最大限度地减少压差卡钻的风险。

（4）8.50in 井段。

图 10.6 的最后井段是储油层，采用的钻井液密度最大，并且在整个井段保持不变。在储油层使用低于中位线的钻井液密度，导致井漏和压差卡钻。

注 10.3：在裸眼井段，为避免井眼缩径，应提高钻井液密度，而不是降低钻井液密度。此外，为了方便钻井液工程师，选择以 0.05g/cm^3 幅度提高钻井液密度。

10.6 中位线原则的应用

以上运用岩石力学知识，讨论和分析了常见的井下问题，得出了钻井液密度设计的中位线原则。中位线原则表明，应将钻井液密度保持在接近于井筒周边岩层的原地应力水平，可最大程度地减小钻井作业对井壁的干扰，尽量减少井下事故。

某油田 6 口井中的最后 3 口井钻井过程中采用中位线原则设计钻井液密度，现场研究表明，显著减少了缩径事故。

根据以上讨论，中位线原则钻井液密度设计方法总结如下。

（1）建立孔隙压力梯度曲线和破裂压力梯度曲线，破裂压力梯度曲线应根据井筒倾角和构造应力等已知影响因素进行校正。

（2）在孔隙压力和破裂压力梯度曲线之间绘制中位线。

（3）设计钻井液密度梯度，在上一层套管鞋下方地层，钻井液密度要小于中位线密度。

（4）如果已知，宜标出易发生井漏、压差卡钻的层段及其可接受的钻井液密度限值。

（5）同时考虑上述第(3)条和第(4)条，围绕中位线设计一个阶梯式的钻井液密度计划表。

（6）避免随着深度的增加而降低钻井液密度，如果中位线发生反转，保持钻井液密度不变。

10.7 构造应力

本节是为那些希望更加深入地学习岩石力学的读者而准备的。

本章介绍了钻井液密度设计的中位线原则，它基于井筒压力(钻井液压力梯度)等于地层平均水平应力的假设，在大多数情况下，这种方法可以设计出合理的钻井液密度。但是，在各向异性应力状态时，需要对中位线原则进行修改。读者可能已注意到第 11 章至第 13 章介绍的确定各向异性应力的方法。对于各向异性应力状态，如果两个水平应力 σ_H 和 σ_h 的大小不同，破裂压力可以表示为(Bradley，1979；Aadnoy and Chenevert，1987)：

$$p_{wf}=3\sigma_h-\sigma_H-P_o \tag{10.3}$$

举例来说明不同应力状态的影响。

第一种情况：假设水平应力相等，最佳钻井液密度可由式(10.2)确定，即：

$$\sigma_a=0.5(P_{wf}+P_o)$$

第二种情况：假设各向异性水平应力状态，例如，$\sigma_h=0.8\sigma_H$，根据式(10.3)可求解出最小水平应力(最佳钻井液密度)，如下所示：

$$\sigma_{h}=0.571(P_{wf}+P_{o})$$

假设除水平应力外，所有其他因素均相同，上述两种情况的对比说明，各向异性应力状态的理想钻井液密度要更大一些，破裂压力和最小水平应力之间的差值则小于第一种情况。

注 10.4：对于各向异性或不相等的水平原地应力，钻井液密度实际上应高于水平应力相等的情况。然而，上面的例子也表明，各向异性应力更容易引发井漏。一般来说，高的原地应力各向异性，通常会导致较小的钻井液密度窗口。

案例

已钻的 6 口井中，前 3 口井采用高密度钻井液，参见图 10.1 中的高钻井液密度梯度曲线。后 3 口井，按照中位线原则进行钻井液密度设计和钻探。下面以每组井中的 1 口井为例，针对最后 3 个井段的井下复杂问题展开讨论。

10.1　现场案例——3 号井(高钻井液密度曲线)。在 16in 井段，最初钻井液密度为 1.2 s. g.，然后在大约 1300m 处提高到 1.45 s. g.。钻井过程中没有观察到缩径，但在井深大约 1500m 处，通井显示超载 50t。在钻进到该井段的最后深度后，通井至 1400m 深时显示超载 30t。在测井后的最后一次通井时，出现严重的缩径问题，不得不进行扩眼，随后钻井液密度提高到 1.51s. g.，除了底部 100m 以外，没有发生缩径问题。由于缩径问题，套管下深比原计划套管鞋深度浅 79m。

可以确定，更加平缓地提高钻井液密度，会逐步向外挤压井壁，减轻井眼缩径现象。事实上，4~6 号井采用了该策略，将在下面的现场案例中讨论。

10.2　现场案例——6 号井(中位线原则)：该井的压力梯度如图 10.6 所示，是 6 口井中的最后一口井。因此，许多参数都得到了优化，比如钻井液成分、化学性能、操作实践和许多其他因素。根据以往经验，还优化了钻井液密度。

图 10.6 所示为 6 号井的压力梯度。在该井即将完钻时，改变了套管程序，取消了 7in 尾管，改为 9.625in 套管下到井底。此外，取心作业也被取消。

16in 井段采用逐步提高钻井液密度的策略，钻井、下套管钻完井均未报告任何井下事故，而 3 号井采用比较稳定的高密度钻井液，出现井眼缩径事故。

在 12.25in 井段，仅报告轻微缩径，扩眼后，稍稍提高钻井液密度，解决了缩径问题。12.25in 井段的绝大部分钻井液密度保持在中位线以下，未报告任何井漏事件。3 号井的缩径情况比 6 号井报告的情况严重得多，因此 3 号井不得不改变套管下深，而在 6 号井未发生类似情况。

在储层井段，钻井液密度也保持在中位线以下，没有报告严重缩径，但发现多次压差卡钻的迹象，表明钻井液密度可能偏高。但应注意的是，由于隔水导管(水深约 300m)的静水柱压力使钻井液密度窗口(地层孔隙压力梯度和破裂压力梯度之差)变小，极大地限制了进一步减低钻井液密度的可能性。

10.3　现场案例——总体评估：在这 6 口生产井的钻井过程中，钻井液密度设计有所不同，最后 3 口井的钻井作业采用中位线原则设计钻井液密度。图 10.7 所示为 6 口井中每口井的扩眼作业用时，前3口井裸眼井段花费了大量的时间进行扩眼，而后3口井扩眼作业量则很少，而且扩眼作业明显逐步减少，尤其是最后1口井(6号井)只有少量扩眼作业，大家认为是钻井液密度设计起了很大的作用。所需扩眼作业量也被视为井筒总体状况的衡量标准。

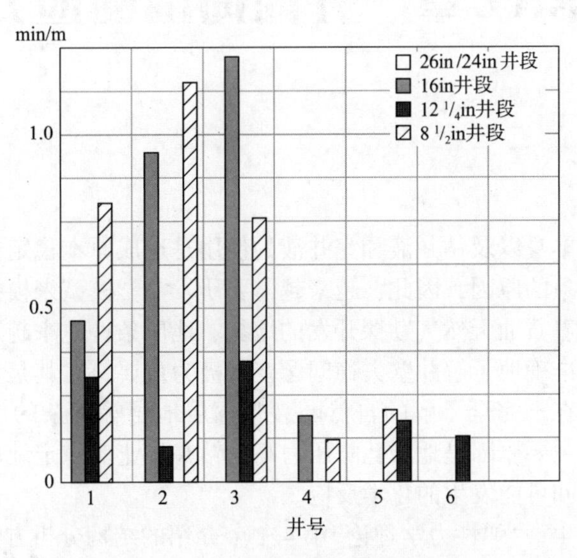

图 10.7 每口井的具体扩眼时间

第11章　井筒周围的应力

11.1　简介

人们认为，井筒本身以及钻井液和完井液的使用是造成原本稳定的地层中出现井壁失稳和坍塌等一系列现象的原因，因此，越来越需要研发数学模型来模拟钻井和生产过程中产生的物理现象。随着石油天然气勘探开发的地貌、地质条件越来越恶劣，如深海和高温高压油藏，更好和更准确地了解井壁失稳问题变得极为重要，尤其是大斜度井或水平井钻井、欠平衡钻井以及在不完全了解的自然断裂带深层地层等复杂的地质条件下的钻井作业。造成井壁失稳的主要原因是地层孔隙压力高，钻井作业对稳定地层的干扰，以及储层与钻井液和完井液之间可能发生的化学反应。

本章旨在利用第4章“弹性力学理论”第4.2节介绍的结构分析方法和基尔希方法，推导三维井筒岩石力学中的基本方程式。

11.2　井筒周围的应力状态

假设附近没有地震活动的情况下，在进行钻井之前，岩层通常处于平衡(静态)应力状态，很少或没有运动，静态应力状态的3个主应力被称为原地应力，其定义见第8章“原地应力”第8.2节。一旦开钻，静态应力状态就会受到干扰，导致岩层失去稳定性，因此，被扰动的原地应力状态将在钻井层段施加一组不同的应力。图11.1所示为井筒周围地层原地应力示意图。确定原地应力状态是进行地层稳定性分析的第一步。

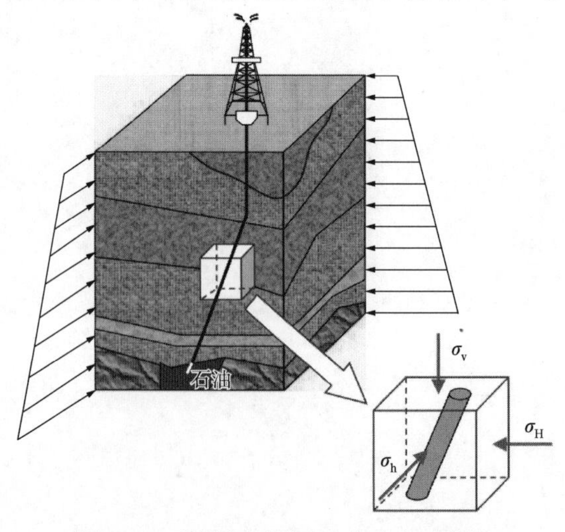

图11.1　井筒周围原地应力状态示意图

为了进一步研究井筒周围的应力状态，将图 11.1 的原地应力岩块转变为图 11.2 所示。图 11.2A 为无井眼的原始岩层，岩块四面受力，为均匀应力状态。一旦在上面钻井，应力状态就会发生变化，因为圆形井眼会导致应力集中，可以延伸到离井筒几个井径的地方。由于几何状态发生改变，井筒周围的应力状态也将有所不同，如图 11.2B 所示。

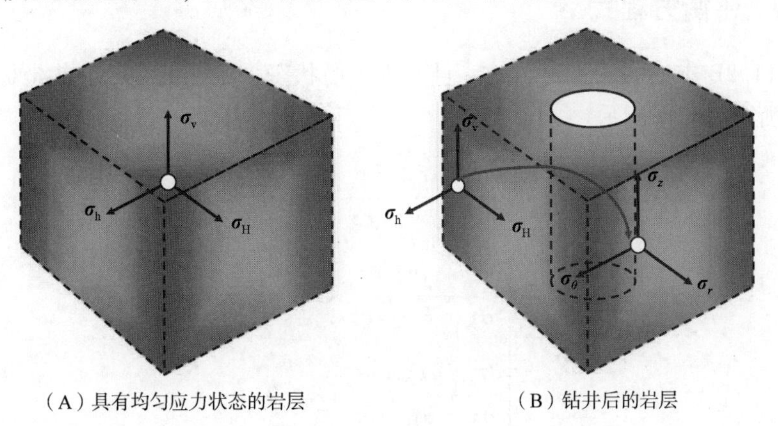

（A）具有均匀应力状态的岩层　（B）钻井后的岩层

图 11.2　岩层示意图

总之，在钻进地层时，需要处理两组应力：(1)原地(远场)应力；(2)井筒周围的应力。井筒周围的应力集中与原地应力不同，可能超过岩石强度，导致地层破坏。井筒还产生了一个自由表面，消除了地层的自然约束，导致地层强度降低，引起随时间变化的非弹性破坏。这些影响的严重程度及其引发的井壁破坏，取决于应力大小和岩层的机械性能。

钻井液和地层液进入地层，会扰乱孔隙压力的形成，降低岩石的内聚强度，并使地层毛细管力发生改变。

11.3　井筒周围岩层的性能

在岩石力学分析中，工程师们经常关注岩石的性能。但应该指出的是，岩石性能与所受载荷和相关应力无关，只与岩石的变形和破坏有关。这就是为什么不管岩石具有什么样的性能，都可用应力转换方程来推导，用于岩石破坏分析的最佳和最简化的应力表达式的原因。

在石油工程应用中，岩石的关键机械性能是岩石的弹性性能和强度，以及岩层胶结物的强度和刚度。附录 A 中给出了一些已知岩石的典型机械性能，由于可能因现场和试验因素的不同，岩石机械性能会有很大变化，因此所给出的数值仅供参考。在实际岩石工程分析中，岩石机械性能必须来自当地采集的岩样的现场测量和实验室实验。

第 4 章“弹性力学理论”介绍的本构关系可描述岩石力学性能，如线性弹性、非线性弹性、弹塑性、多孔弹性、黏弹性、孔隙坍塌强度和断裂韧性等。本节将研究与近井筒活动有关的岩石的具体性能，近井筒活动包括钻井引起的井筒不稳定、水泥环破坏、射孔、水力压裂裂缝起裂、近井筒裂缝的几何形状和出砂等。

11.4　应力分析控制方程

如第 4 章“弹性力学理论”所述，岩石与其他机械结构类似，可分为两大类：(1)静定结构；(2)超静定结构。在大多数实际钻井应用中，岩石属于第二类，因此需要同时满足并求解三个主要方程：平衡方程、相容方程以及本构方程，参见第4.2节。此处简要介绍并采用1898年首次引入的基尔希模型(Kirsch，1898)。

11.4.1 平衡方程式

鉴于图11.2B中的岩块是连续的，且处于平衡状态，三维域和笛卡儿坐标系中岩块的应力状态平衡方程如下所示：

$$\begin{cases}\dfrac{\partial\sigma_x}{\partial x}+\dfrac{\partial\tau_{xy}}{\partial y}+\dfrac{\partial\tau_{xz}}{\partial z}+F_x=0\\[2ex]\dfrac{\partial\tau_{xy}}{\partial x}+\dfrac{\partial\sigma_y}{\partial y}+\dfrac{\partial\tau_{yz}}{\partial z}+F_y=0\\[2ex]\dfrac{\partial\tau_{xz}}{\partial x}+\dfrac{\partial\tau_{yz}}{\partial y}+\dfrac{\partial\sigma_z}{\partial z}+F_z=0\end{cases}\tag{11.1}$$

式中：应力状态用式(1.2)给出的6个不同应力分量表示；F_x，F_y 和 F_z 表示施加在 x，y 和 z 轴方向单位体积上的体积力。

在柱面坐标系中(图11.3)，平衡方程组式(11.1)可以表示为：

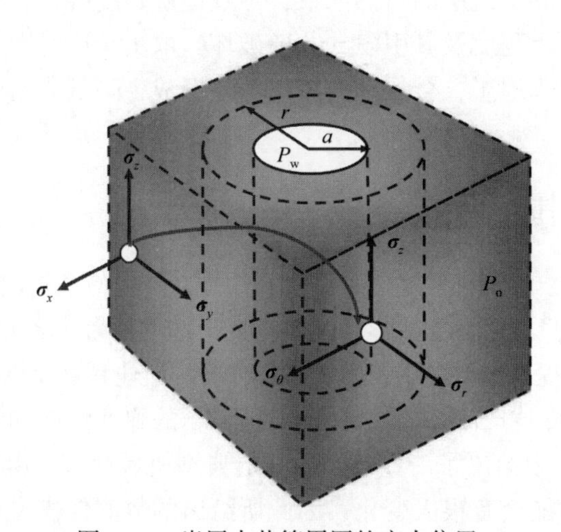

图11.3 岩层中井筒周围的应力位置

$$\begin{cases}\dfrac{\partial\sigma_r}{\partial_r}+\dfrac{1}{r}\dfrac{\partial\tau_{r\theta}}{\partial\theta}+\dfrac{\partial\tau_{rz}}{\partial_z}+\dfrac{\sigma_r-\sigma_\theta}{r}+F_r=0\\[2ex]\dfrac{\partial\tau_{r\theta}}{\partial_r}+\dfrac{1}{r}\dfrac{\partial\sigma_\theta}{\partial\theta}+\dfrac{\partial\tau_{\theta z}}{\partial_z}+\dfrac{2\tau_{r\theta}}{r}+F_\theta=0\\[2ex]\dfrac{\partial\tau_{rz}}{\partial r}+\dfrac{1}{r}\dfrac{\partial\tau_{\theta z}}{\partial\theta}+\dfrac{\partial\sigma_z}{\partial z}+\dfrac{\tau_{rz}}{r}+F_z=0\end{cases}\tag{11.2}$$

式中：σ_r，σ_θ，σ_z，$\tau_{r\theta}$，τ_{rz}和$\tau_{\theta z}$分别为圆面柱坐标系(图 11.2)中的法向应力和剪切应力，F_r，F_θ和F_z分别为r，θ和z方向上的体积力。

假设应力分量轴向对称，因此边界荷载沿着或垂直于井筒轴方向，可以得出：

$$\tau_{rz}=\tau_{\theta z}=\gamma_{rz}=\gamma_{\theta z}=0 \tag{11.3}$$

因此，平衡方程可以简化为：

$$\begin{cases}\dfrac{\partial\sigma_r}{\partial r}+\dfrac{1}{r}\dfrac{\partial\tau_{r\theta}}{\partial\theta}+\dfrac{\sigma_r-\sigma_\theta}{r}+F_r=0\\[2ex]\dfrac{\partial\tau_{r\theta}}{\partial r}+\dfrac{1}{r}\dfrac{\partial\sigma_\theta}{\partial\theta}+\dfrac{2\tau_{r\theta}}{r}+F_\theta=0\\[2ex]\dfrac{\partial\sigma_z}{\partial z}+F_z=0\end{cases} \tag{11.4}$$

进一步假设旋转对称，式(11.4)可简化为：

$$\begin{cases}\dfrac{\partial\sigma_r}{\partial r}+\dfrac{\sigma_r-\sigma_\theta}{r}+F_r=0\\[2ex]\dfrac{\partial\sigma_z}{\partial z}+F_z=0\end{cases} \tag{11.5}$$

11.4.2 相容性方程

由于加载时岩石的变形必须保持连续，所以必须应用一套相容性条件。相容性是指应变必须与应力相容。如果出现变形不连续，连续介质力学不再适用，必须应用断裂力学的概念。相容性方程有 6 个，其中一个如下：

$$\frac{\partial^2\varepsilon_x}{\partial y^2}+\frac{\partial^2\varepsilon_y}{\partial x^2}=\frac{\partial^2\gamma_{xy}}{\partial x\partial y} \tag{11.6}$$

式中：ε_x，ε_y，ε_z，γ_{xy}，γ_{xz}，…，γ_{yz}由式(1.6)定义。在柱面坐标系中式(11.6)也可写为：

$$\frac{\partial^2\varepsilon_r}{\partial\theta^2}+\frac{\partial^2\varepsilon_\theta}{\partial r^2}=\frac{\partial^2\gamma_{r\theta}}{\partial r\partial\theta} \tag{11.7}$$

式中：

$$[\boldsymbol{\varepsilon}]=\begin{bmatrix}\varepsilon_r & \dfrac{1}{2}\gamma_{r\theta} & \dfrac{1}{2}\gamma_{rz}\\[2ex] \dfrac{1}{2}\gamma_{r\theta} & \varepsilon_\theta & \dfrac{1}{2}\gamma_{\theta z}\\[2ex] \dfrac{1}{2}\gamma_{rz} & \dfrac{1}{2}\gamma_{\theta z} & \varepsilon_z\end{bmatrix}$$

$$
=\begin{bmatrix} \frac{\partial u}{\partial r} & \frac{1}{2}\left(\frac{1}{r}\frac{\partial u}{\partial \theta}+\frac{\partial v}{\partial r}-\frac{v}{r}\right) & \frac{1}{2}\left(\frac{\partial w}{\partial r}+\frac{\partial u}{\partial z}\right) \\ \frac{1}{2}\left(\frac{\partial u}{\partial \theta}+\frac{\partial \nu}{\partial r}\frac{\nu}{r}\right) & \frac{1}{r}\frac{\partial \nu}{r\partial \theta}+\frac{u}{r} & \frac{1}{2}\left(\frac{\partial \nu}{\partial z}+\frac{1}{r}\frac{\partial w}{\partial \theta}\right) \\ \frac{1}{2}\left(\frac{\partial w}{\partial r}+\frac{\partial u}{\partial z}\right) & \frac{1}{2}\left(\frac{\partial v}{\partial z}+\frac{1}{r}\frac{\partial w}{\partial \theta}\right) & \frac{\partial w}{\partial z} \end{bmatrix} \tag{11.8}
$$

式中：u、v 和 w 分别为物体在 r、θ 和 z 方向上的体积位移。

11.4.3 本构方程

不幸的是，应力无法直接测量，只能测量作用力或者变形。通过试验测量作用力或变形得出的作用力(应力)和变形(应变)之间的关系方程，称为本构关系或应力—应变方程(如第4章“弹性力学理论”所述)。法向应力—应变线性方程称为胡克定律(Hooke’s law)，参见式(4.1)。当在一个方向上拉伸材料时，长度变化与材料的弹性模量 E 有关；但被拉伸的钢棒也会向垂直于拉力的方向收缩，即发生横向收缩，这种效应称为泊松效应。泊松比 ν 由式(4.4)给出。

笛卡儿坐标系中式(11.1)和式(11.6)、圆柱坐标系中式(11.2)和式(11.7)是井筒周围应力和应变分量关系的一般表达式。可用本构关系耦合上述方程，假设岩石为各向同性，根据三维广义胡克定律，上述方程可表示为：

$$
\begin{bmatrix} \sigma_x \\ \sigma_y \\ \sigma_z \end{bmatrix} = \frac{E}{(1+\nu)(1-2\nu)} \begin{bmatrix} 1-\nu & \nu & \nu \\ \nu & 1-\nu & \nu \\ \nu & \nu & 1-\nu \end{bmatrix} \begin{bmatrix} \varepsilon_x \\ \varepsilon_y \\ \varepsilon_z \end{bmatrix} \tag{11.9a}
$$

和

$$
\begin{bmatrix} \tau_{xy} \\ \tau_{yz} \\ \tau_{xz} \end{bmatrix} = G \begin{bmatrix} \gamma_{xy} \\ \gamma_{yz} \\ \gamma_{xz} \end{bmatrix} \tag{11.9b}
$$

式中：G 由式(4.7)定义。在柱面坐标系中，式(11.9a)和式(11.9b)也可表示为：

$$
\begin{bmatrix} \sigma_r \\ \sigma_\theta \\ \sigma_z \end{bmatrix} = \frac{E}{(1+\nu)(1-2\nu)} \begin{bmatrix} 1-\nu & \nu & \nu \\ \nu & 1-\nu & \nu \\ \nu & \nu & 1-\nu \end{bmatrix} \begin{bmatrix} \varepsilon_r \\ \varepsilon_\theta \\ \varepsilon_z \end{bmatrix} \tag{11.10a}
$$

$$
\begin{bmatrix} \tau_{r\theta} \\ \tau_{\theta z} \\ \tau_{rz} \end{bmatrix} = G \begin{bmatrix} \gamma_{r\theta} \\ \gamma_{\theta z} \\ \gamma_{rz} \end{bmatrix} \tag{11.10b}
$$

式(11.9a)、式(11.9b)、式(11.10a)和式(11.10b)也可以重新排列，用应力来表示应变，即：

$$\begin{bmatrix}\varepsilon_x\\\varepsilon_y\\\varepsilon_z\end{bmatrix}=\frac{1}{E}\begin{bmatrix}1&-\nu&-\nu\\-\nu&1&-\nu\\-\nu&-\nu&1\end{bmatrix}\begin{bmatrix}\sigma_x\\\sigma_y\\\sigma_z\end{bmatrix} \tag{11.11a}$$

$$\begin{bmatrix}\gamma_{xy}\\\gamma_{\gamma z}\\\gamma_{xz}\end{bmatrix}=\frac{1}{G}\begin{bmatrix}\tau_{xy}\\\tau_{yz}\\\tau_{xz}\end{bmatrix} \tag{11.11b}$$

和

$$\begin{bmatrix}\varepsilon_r\\\varepsilon_\theta\\\varepsilon_z\end{bmatrix}=\frac{1}{E}\begin{bmatrix}1&-\nu&-\nu\\-\nu&1&-\nu\\-\nu&-\nu&1\end{bmatrix}\begin{bmatrix}\sigma_r\\\sigma_\theta\\\sigma_z\end{bmatrix} \tag{11.12a}$$

$$\begin{bmatrix}\gamma_{r\theta}\\\gamma_{\theta z}\\\gamma_{rz}\end{bmatrix}=\frac{1}{G}\begin{bmatrix}\tau_{r\theta}\\\tau_{\theta z}\\\tau_{rz}\end{bmatrix} \tag{11.12b}$$

11.4.4 边界条件

笛卡儿坐标系方程组式(11.1)、式(11.6)、式(11.9a)、式(11.9b)、式(11.10a)和式(11.10b)或柱面坐标系方程组式(11.2)、式(11.7)、式(11.11a)、式(11.11b)、式(11.12a)和式(11.12b)必须使用适当的边界条件同时求解，边界条件如下：

$$\begin{cases}\sigma_r=P_{\mathrm{w}} & (r=a)\\ \sigma_r=\sigma_a & (r=\infty)\end{cases} \tag{11.13}$$

式中：a 是井眼半径。

11.5 井筒周围应力分析

11.5.1 问题的提出

在钻井之前，岩层中存在的应力状态可以用主应力 σ_{v}，σ_{H} 和 σ_{h} 来定义。钻井后，井筒内充满了钻井液，地层受到钻井液压力 P_{w} 的作用。很明显，其施加的载荷与钻井前的载荷不同。根据力平衡定律，作用在井壁上的应力仍保持平衡，问题是如何求解此时井筒周围和(或)井筒壁的应力。

在垂直(水平)原地应力场和直井的情况下，可推导出比较简单的求解方法。对于井筒一般都会发生偏斜，求解方法则要复杂得多。

11.5.2 一般假设

一般采用以下假设条件：

(1) 岩层是均质的；

(2) 原地应力状态已知；

(3) 三轴试验参数内聚强度 τ_o、内摩擦角 ϕ 和泊松比 ν 已知；

(4) 原地应力状态有 3 个主应力，即垂直上覆应力 σ_v、最大水平应力 σ_H 和最小水平应力 σ_h；

(5) 岩层有一个恒定的孔隙压力 P_o。

11.5.3 分析方法

如图 11.4 所示，用方形岩块上的圆孔模拟井筒，当井筒发生偏斜时，旋转整个岩块，求解旋转后的原地应力分量，设井筒内半径为 a，外半径 b，与 a 相比 b 要大得多，可以认为是无限大，对以下两种情况进行求解：

(1) 各向同性应力求解；

(2) 各向异性应力求解。

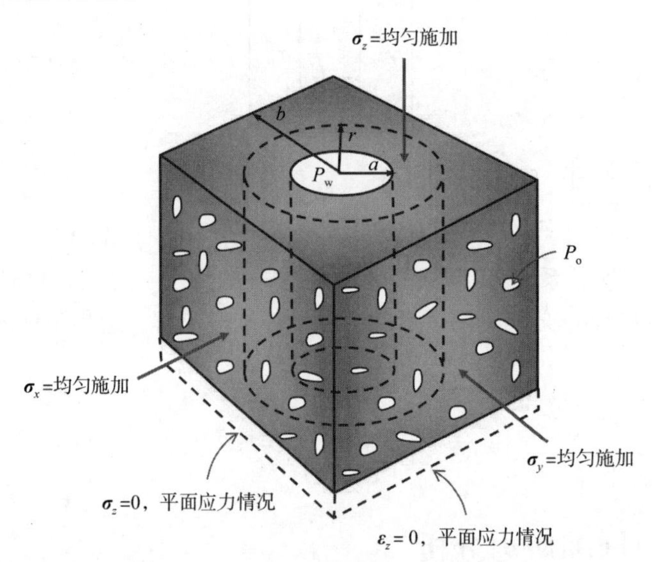

图 11.4 钻井井筒周围的应力分析

井壁应力状态求解步骤如下。

步骤 1：确定原地主应力状态(σ_v，σ_H，σ_h)。

步骤 2：将原地应力状态(σ_v，σ_H，σ_h)转换为井筒笛卡儿坐标系中的应力状态(σ_x，σ_y，σ_z)。

步骤 3：使用第 11.4 节中定义的方程组，根据应力状态(σ_x，σ_y，σ_z)，求出井筒在柱面坐标系中的应力状态(σ_r，σ_θ，σ_z)。

步骤4：将 r 替换为井筒半径 a，求出井壁应力状态 $(\sigma_r, \sigma_\theta, \sigma_z)_{r=a}$。

在图11.5中，应力换算路径AB和BC即为步骤2和步骤3。

注11.1：在石油工业中，通常假定原地主应力状态为水平和垂直应力状态。但应注意，这3个主应力并不总是水平和垂直方向，这可以通过分析成像测井中可能出现偏差来确认。在这种情况下，原地应力应转换为水平和垂直主应力。

11.5.4 应力转换

如前所述，假设输入应力为原地主应力 σ_v、σ_H 和 σ_h，由于井筒可能为任何方向，应将它们转换到新的笛卡儿坐标系 (x, y, z) 中(如步骤2)，可求得应力 σ_x、σ_y 和 σ_z。如图11.5所示。新的应力分量方向可由井筒相对于垂直方向的倾角 γ、地理方位角 φ 和相对于 x 轴的井筒位置角 θ 确定。应注意，在应力变换过程中，y 轴应始终平行于由 σ_H 和 σ_h 形成的平面。

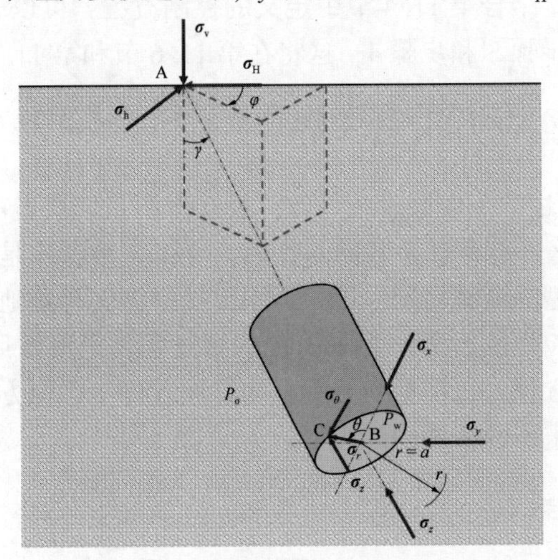

图11.5 岩层中井筒周围的应力位置

$(\sigma_v,, \sigma_H, \sigma_h)$ 表示原地主应力状态；$(\sigma_x, \sigma_y, \sigma_z)$ 和 $(\sigma_r, \sigma_\theta, \sigma_z)$ 分别表示笛卡儿坐标系和柱面坐标系的井筒应力状态

转换后的应力分量由以下方程式求得：

$$\begin{cases} \sigma_x = (\sigma_H\cos^2\varphi+\sigma_h\sin^2\varphi)\cos^2\gamma+\sigma_v\sin^2\gamma \\ \sigma_y = \sigma_H\sin^2\varphi+\sigma_h\cos^2\varphi \\ \sigma_{zz} = (\sigma_H\cos^2\varphi+\sigma_h\sin^2\varphi)\sin^2\gamma+\sigma_v\cos^2\gamma \\ \tau_{xy} = \dfrac{1}{2}(\sigma_h-\sigma_H)\sin2\varphi\cos\gamma \\ \tau_{xz} = \dfrac{1}{2}(\sigma_H\cos^2\varphi+\sigma_h\sin^2\varphi-\sigma_v)\sin2\gamma \\ \tau_{yz} = \dfrac{1}{2}(\sigma_h-\sigma_H)\sin2\varphi\sin\gamma \end{cases} \tag{11.14}$$

式(11.14)也可以用矩阵形式表示：

$$\begin{bmatrix}\sigma_x\\ \sigma_y\\ \sigma_{zz}\end{bmatrix}=\begin{bmatrix}\cos^2\varphi\cos^2\gamma & \sin^2\varphi\cos^2\gamma & \sin^2\gamma\\ \sin^2\varphi & \cos^2\varphi & 0\\ \cos^2\varphi\sin^2\gamma & \sin^2\varphi\sin^2\gamma & \cos^2\gamma\end{bmatrix}\begin{bmatrix}\sigma_{\mathrm{H}}\\ \sigma_{\mathrm{h}}\\ \sigma_{\mathrm{v}}\end{bmatrix} \tag{11.15a}$$

$$\begin{bmatrix}\tau_{xy}\\ \tau_{xz}\\ \tau_{yz}\end{bmatrix}=\frac{1}{2}\begin{bmatrix}-\sin2\varphi\cos2\gamma & \sin2\varphi\cos2\gamma & 0\\ \cos^2\varphi\sin2\gamma & \sin^2\varphi\sin2\gamma & -\sin2\gamma\\ -\sin2\varphi\sin\gamma & \sin2\varphi\sin\gamma & 0\end{bmatrix}\begin{bmatrix}\sigma_{\mathrm{H}}\\ \sigma_{\mathrm{h}}\\ \sigma_{\mathrm{v}}\end{bmatrix} \tag{11.15b}$$

一旦应力转换完成，结合第11.4节中定义的控制方程，可以开始执行第11.5.3节中所述两种应力状态求解步骤3和步骤4，这将在第11.6节和第11.7节详细讨论。

11.6 各向同性应力状态求解

除了第11.5.2节所述的一般假设条件外，假设作用在岩块上的法向应力(图11.4)相等，即 $\sigma_x=\sigma_y=\sigma_z$，那么外部荷载是各向同性的，可将岩块看作是厚壁圆筒。各向同性应力求解只适用于上述类型的荷载情况，即只适用于拉张型沉积盆地环境中的直井，求解结果能更加深入了解井筒应力的行为。为了简化求解过程，需要按照第11.5.3节所述的步骤3和步骤4建立控制方程，包括平衡方程、相容性方程、本构方程和边界条件，然后使用控制方程和边界条件求出井筒周围的应力。

11.6.1 控制方程

假设没有外力，没有剪切应力，也无需旋转坐标系(因为是各向同性应力状态，又是直井，所以无需旋转坐标系)，在柱面坐标系中，式(11.2)可以简化为著名的应力平衡方程，即：

$$r\frac{\mathrm{d}\sigma_r}{\mathrm{d}r}=\sigma_\theta-\sigma_r$$

或

$$\frac{\mathrm{d}}{\mathrm{d}r}(r\sigma_r)=\sigma_\theta \tag{11.16}$$

在没有剪切应力的情况下，岩层保持完好的连续性，因此该应力平衡简化方程自动满足相容性方程。

在三维空间中，各向同性线弹性岩石材料的本构关系可用胡克定律方程表示，见式(11.12b)。

建立控制方程后，假设径向应力和切向应力之和为常数，即 $\sigma_r+\sigma_\theta=C_1$，因此，可以独立于其他两个应变分量，对井轴方向应变分量 ε_z 的本构方程求解。

将 $\sigma_r+\sigma_\theta=C_1$ 代入式(11.16)中，得到以下微分方程：

$$r\frac{\mathrm{d}\sigma_r}{\mathrm{d}r}+2\sigma_r=C_1 \tag{11.17}$$

将式(11.17)对 r 进行积分，结果为：

$$\sigma_r=\frac{1}{2}C_1+\frac{C_2}{r^2} \tag{11.18}$$

11.6.2　边界条件

参照图11.4，将式(11.13)的边界条件应用于径向应力方程，即式(11.18)，可得出径向应力和切向应力的控制方程，表示为：

$$\begin{cases}\sigma_r=\sigma_a\left(1-\dfrac{a^2}{r^2}\right)+p_\mathrm{w}\left(\dfrac{a}{r}\right)^2\\[2ex]\sigma_\theta=\sigma_a\left(1+\dfrac{a^2}{r^2}\right)-p_\mathrm{w}\left(\dfrac{a}{r}\right)^2\end{cases} \tag{11.19}$$

参照求解方法的第4步，在各向同性的情况下，当 $r=a$ 时，井壁应力为：

$$\begin{cases}\sigma_r=P_\mathrm{w}\\\sigma_\theta=2\sigma_a-P_\mathrm{w}\end{cases} \tag{11.20}$$

11.7　各向异性应力状态求解

通常情况下，不同方向的法向应力不同，存在剪切应力和相应的剪切应变，因此，必须应用相容性方程，使法向应变与剪切应变相容，从而使法向应力和剪切应力相容。从物理学上讲，这意味着应变和应力必须在整个地层是连续的，没有不连续的地方。通常需要引入应力函数来处理。

11.7.1　控制方程

在数学上，应变函数必须具有充分连续偏导数，以满足极坐标平面问题的相容性(Lekhnitskii，1968)，即：

$$\left(\frac{\partial^2}{\partial r^2}+\frac{1}{r}\frac{\partial}{\partial r}+\frac{1}{r^2}\frac{\partial^2}{\partial\theta^2}\right)\left(\frac{\partial^2\psi}{\partial r^2}+\frac{1}{r}\frac{\partial\psi}{\partial r}+\frac{1}{r^2}\frac{\partial^2\psi}{\partial\theta^2}\right)=0$$

或

$$\nabla^4\psi=0 \tag{11.21}$$

式中：ψ 为艾里应力函数。

利用柯西应力函数和艾里应力函数之间的关系式，可以推导出满足相容性方程

[式(11.21)]的函数，柯西应力函数和艾里应力函数之间的关系式为：

$$\begin{cases} \sigma_r = \dfrac{1}{r}\dfrac{\partial \psi}{\partial r} + \dfrac{1}{r^2}\dfrac{\partial^2 \psi}{\partial \theta^2} \\ \sigma_\theta = \dfrac{\partial^2 \psi}{\partial r^2} \\ \tau_{r\theta} = -\dfrac{\partial}{\partial r}\left(\dfrac{1}{r}\dfrac{\partial \psi}{\partial \theta}\right) \end{cases} \tag{11.22}$$

用艾里应力函数展开式(11.22)，得到所谓的欧拉微分方程：

$$\frac{\mathrm{d}^4\psi}{\mathrm{d}r^4} + \frac{2}{r}\frac{\mathrm{d}^3\psi}{\mathrm{d}r^3} - \frac{1}{r}\frac{\mathrm{d}^2\psi}{\mathrm{d}r^2} + \frac{1}{r^3}\frac{\mathrm{d}\psi}{\mathrm{d}r} = 0 \tag{11.23}$$

在极坐标系中，上述方程的通解为：

$$\psi(r,\ \theta) = \left(C_1 r^2 + C_2 r^4 + \frac{C_3}{r^2} + C_4\right)\cos 2\theta \tag{11.24}$$

将式(11.24)代入式(11.22)中，应力表达式变为：

$$\begin{cases} \sigma_r = -\left(2C_1 + \dfrac{6C_3}{r^4} + \dfrac{4C_4}{r^2}\right)\cos 2\theta \\ \sigma_\theta = \left(2C_1 + 12C_2 r^2 + \dfrac{6C_3}{r^4}\right)\cos 2\theta \\ \tau_{r\theta} = \left(2C_1 + 6C_2 r^2 - \dfrac{6C_3}{r^4} - \dfrac{2C_4}{r^2}\right)\sin 2\theta \end{cases} \tag{11.25}$$

11.7.2 边界条件

以下将针对不同的加载情况建立边界条件。

图 11.6 显示了分解为任意方向的外部应力，首先求解每一个应力分量，然后再合并求解。根据图 11.6，各应力分量为：

$$\begin{cases} \sigma_{rx} = \sigma_x \cos^2\theta = \dfrac{\sigma_x}{2}(1+\cos 2\theta) \\ \sigma_{r\theta x} = \sigma_x \sin\theta\cos\theta = \dfrac{\sigma_x}{2}\sin 2\theta \\ \sigma_{ry} = \sigma_y \sin^2\theta = \dfrac{\sigma_y}{2}(1-\cos 2\theta) \\ \sigma_{r\theta y} = \sigma_y \sin\theta\cos\theta = \dfrac{\sigma_y}{2}\sin 2\theta \end{cases} \tag{11.26}$$

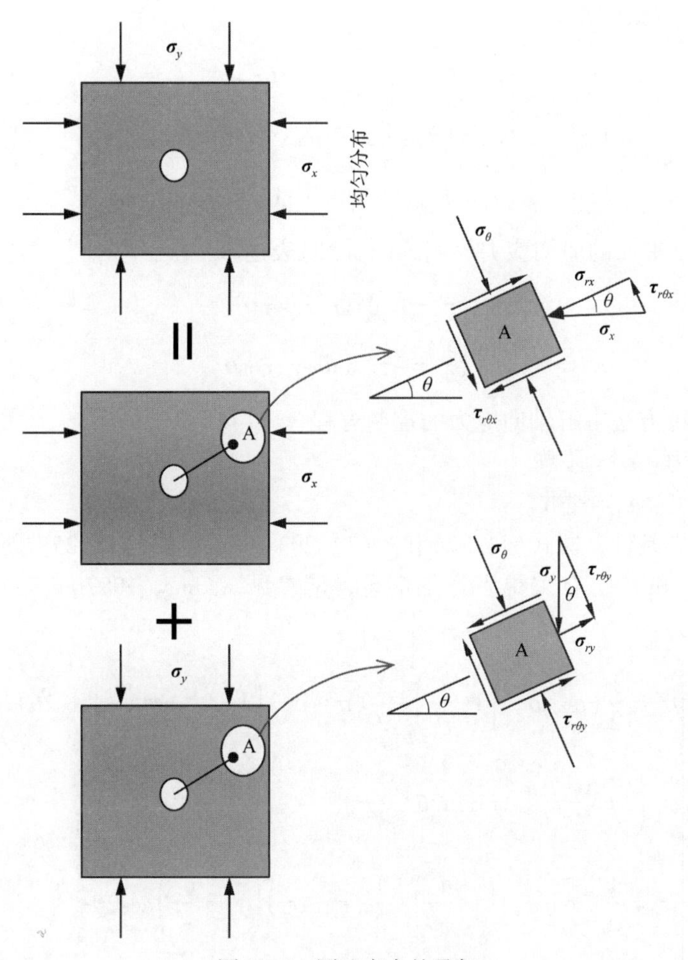

图 11.6 原地应力的叠加

仔细研究式(11.26)可以发现，外边界条件分为静水应力边界条件和偏应力边界条件两部分。因此，可以将它们拆分分别求解，然后将它们合并建立最终的边界条件。

静水应力边界条件：

$$\begin{cases}\text{内边界：}\sigma_r = P_w & (r=a)\\ \text{外边界：}\sigma_r = \dfrac{1}{2}(\sigma_x+\sigma_y) & (r\to\infty)\\ \text{轴向边界：}\sigma_z = v(\sigma'_x+\sigma'_y) = \sigma_{zz} & (r\to\infty)\end{cases} \tag{11.27}$$

偏应力边界条件：

$$\begin{cases}\text{内边界：}G_r = 0 & (r=a)\\ \text{外边界：}\sigma_r = \dfrac{1}{2}(\sigma_x-\sigma_y)\cos2\theta & (r\to\infty)\\ \text{剪切应力：}\tau_{r\theta} = 0\end{cases} \tag{11.28}$$

剪应力边界条件：

$$\begin{cases}\tau_{r\theta}=0 & (r=a)\\ \tau_{r\theta}=-\tau_{xy}\sin2\theta & (r\to\infty)\\ \sigma_r=0 & (r=a)\end{cases}\tag{11.29}$$

同时，关于 z 平面的剪切应力可用式(11.30)表达：

$$\begin{cases}\tau_{rz}=\tau_{xz}\cos\theta+\tau_{yz}\sin\theta\\ \tau_{\theta z}=-\tau_{xz}\sin\theta+\tau_{yz}\cos\theta\end{cases}\tag{11.30}$$

使用以下两种方法求解轴向应力的控制方程。

(1) 平面应力：σ_z=常数。

(2) 平面应变：ε_z=常数。

利用上述边界条件，即式(11.27)和式(11.29)，分别对式(11.25)求解，确定方程式常数 C_1、C_2、C_3 和 C_5。有关更多详细信息，请参见 Aadnoy(1987b)。经过一番运算后，得到的控制方程为：

$$\begin{cases}\sigma_r=\dfrac{1}{2}(\sigma_x+\sigma_y)\left(1-\dfrac{a^2}{r^2}\right)+\dfrac{1}{2}(\sigma_x-\sigma_y)\left(1+3\dfrac{a^4}{r^4}-4\dfrac{a^2}{r^2}\right)\cos2\theta+\\ \tau_{xy}\left(1+3\dfrac{a^4}{r^4}-4\dfrac{a^2}{r^2}\right)\sin2\theta+\dfrac{a^2}{r^2}P_w\\ \sigma_\theta=\dfrac{1}{2}(\sigma_x+\sigma_y)\left(1+\dfrac{a^2}{r^2}\right)-\dfrac{1}{2}(\sigma_x-\sigma_y)\left(1+3\dfrac{a^4}{r^4}\right)\cos2\theta-\\ \tau_{xy}\left(1+3\dfrac{a^4}{r^4}\right)\sin2\theta-P_w\dfrac{a^2}{r^2}\\ \sigma_z=\sigma_{zz}-2v(\sigma_x-\sigma_y)\dfrac{a^2}{r^2}\cos2\theta-4v\tau_{xy}\dfrac{a^2}{r^2}\sin2\theta\to\text{平面应变}\\ \sigma_z=\sigma_{zz}\to\text{平面应变}\\ \tau_{r\theta}=\left[\dfrac{1}{2}(\sigma_x-\sigma_y)\sin2\theta+\tau_{xy}\cos2\theta\right]\left(1-3\dfrac{a^4}{r^4}+2\dfrac{a^2}{r^2}\right)\\ \tau_{rz}=(\tau_{xy}\cos\theta+\tau_{yz}\sin\theta)\left(1-\dfrac{a^2}{r^2}\right)\\ \tau_{\theta z}=(-\tau_{xz}\sin\theta+\tau_{yz}\cos\theta)\left(1+\dfrac{a^2}{r^2}\right)\end{cases}\tag{11.31}$$

上述方程组称为基尔希方程组(Kirsch，1898)。由于 Kirsch(1898)首先发表了圆孔的切向应力方程，因此，人们有时把式(11.31)中的切向应力分量方程称为基尔希方程。

根据井壁应力状态求解步骤 4，在各向异性应力状态下，求解井壁(即当 $r=a$)应力状态的基尔希方程组[式(11.31)]可简化为：

$$
\begin{cases}
\sigma_r = P_w \\
\sigma_\theta = \sigma_x + \sigma_y - P_w - 2(\sigma_x - \sigma_y)\cos 2\theta - 4\tau_{xy}\sin 2\theta \\
\sigma_z = \sigma_{zz} - 2v(\sigma_x - \sigma_y)\cos 2\theta - 4v\tau_{xy}\sin 2\theta \rightarrow \text{平面应变} \\
\sigma_z = \sigma_{zz} \rightarrow \text{平面应变} \\
\tau_{r\theta} = 0 \\
\tau_{rz} = 0 \\
\tau_{\theta z} = 2(-\tau_{xz}\sin\theta + \tau_{yz}\cos\theta)
\end{cases}
\tag{11.32}
$$

式(11.31)和式(11.32)是应用石油岩石力学中用于井壁破坏分析的最重要的方程。

例题 11.1 根据例题 8.1 中的数据和计算得出的上覆应力和水平应力，请确定笛卡儿坐标系中井筒底部的井壁法向应力和剪切应力。

解：由于井筒是垂直的，因此 γ 和 φ 都等于 0。对于笛卡儿坐标系，根据式(11.14)，井筒底部的井壁法向应力计算如下：

$$\sigma_x = (6019.2\times\cos^2 0° + 6019.2\times\sin^2 0°)\cos^2 0° + 9982\times\sin^2 0°$$

$$\sigma_x = 6019.2\text{psi}$$

$$\sigma_y = 6019.2\times\sin^2 0° + 6019.2\times\cos^2 0°$$

$$\sigma_y = 6019.2\text{psi}$$

$$\sigma_{zz} = (6019.2\times\cos^2 0° + 6019.2\times\sin^2 0°)\sin^2 0° + 9982\times\cos^2 0°$$

$$\sigma_{zz} = 9982\text{psi}$$

计算结果说明井筒底部的井壁应力大小与原地应力相同。此外，剪切应力计算如下：

$$\tau_{xy} = \frac{1}{2}(6019.2 - 6019.2)\sin(2\times 0°)\cos 0°$$

$$\tau_{xy} = 0$$

如图 3.3 所示。

例题 11.2 假设钻井液密度为 0.6psi/ft，在 $\theta=90°$ 时，请确定柱面坐标系中井壁底部的轴向、径向、环向和剪切应力。假设各向异性应力状态，采用平面应变方法。

解：利用各向异性应力状态的简化基尔希方程，即式(11.32)，计算井壁底部的应力。因此，首先根据钻井液密度计算出最大井深 10000ft 处的井底压力，即：

$$P_w = wd = 0.6\left(\frac{\text{psi}}{\text{ft}}\right)\times 10000\text{ft}$$

$$P_w=6000\text{psi}$$

井壁径向应力等于井底压力，即：

$$\sigma_r=P_w=6000\text{psi}$$

环向应力和轴向应力计算如下：

$$\sigma_\theta=\sigma_x+\sigma_y-P_w-2(\sigma_x-\sigma_y)\cos2\theta-4\tau_{xy}\sin2\theta$$

$$\sigma_\theta=6019.2+6019.2-6000-2\times(6019.2-6019.2)\cos(2\times90°)-(4\times0)\sin(2\times90°)$$

$$\sigma_\theta=6038.2\text{psi}$$

采用平面应变法：

$$\sigma_z=\sigma_{zz}-2v(\sigma_x-\sigma_y)\cos2\theta-4v\tau_{xy}\sin2\theta$$

$$\sigma_z=9982-2\times0.28\times(6019.2-6019.2)\cos(2\times90°)-(4\times0.28\times0)\sin(2\times90°)$$

$$\sigma_z=9982\text{psi}$$

这表明无论坐标系如何，垂直应力的大小保持不变，即 $\sigma_z=\sigma_{zz}$，这与平面应力法中的结果相同，但这种情况只有在 $\theta=90°$ 时才正确。

使用相同的方程式，计算剪切应力，得到：

$$\tau_{r\theta}=0$$

$$\tau_{rz}=0$$

$$\tau_{\theta z}=2(-\tau_{xz}\cos\theta+\tau_{yz}\sin\theta)=2\times(-0\times\cos90°+0\times\sin0°)$$

$$\tau_{\theta z}=0$$

练习题

11.1　北海油田某油井井壁应力状态如下：

$$\sigma_x=90\text{bar},\ \sigma_y=70\text{bar},\ \sigma_{zz}=100\text{bar}$$

$$\tau_{xy}=10\text{bar},\ \tau_{xz}=\tau_{yz}=0$$

$$P_w=P_o=0$$

a. 请确定井壁基尔希方程。

b. 绘制应力与 θ 的函数曲线。

11.2　假设垂直井筒周围的应力状态如下（图 11.7）：

$$\sigma_x=\sigma_y=80\text{bar},\ \sigma_{zz}=100\text{bar}$$

$$\tau_{xy}=\tau_{xz}=\tau_{yz}=0$$

a. 推导出一般基尔希方程。

b. 假设井筒压力为 90bar 时，井壁处于破裂的边缘，绘制应力与半径 r 的函数曲线。

c. 假设井筒压力为40bar时，井壁处于坍塌的边缘，绘制应力与半径r的函数曲线。

d. 由于应力在井筒附近迅速变化，请确定井筒在半径多少时将不再对原地应力有任何影响。

11.3 根据应力转换方程，即式(11.14)，完成如下内容：

a. 假设$\sigma_H=\sigma_h$，请推导出此时应力转换方程。

b. 请说明部分剪切应力消失，并说明应力状态与方位角无关。

c. 假设$\sigma_H=\sigma_h=\sigma_v$，请写出此时的应力转换方程。

d. 证明应力状态与方位角和倾角无关，并说明得到的应力状态与第3章"主应力和偏应力及应变"中定义的应力状态相同。

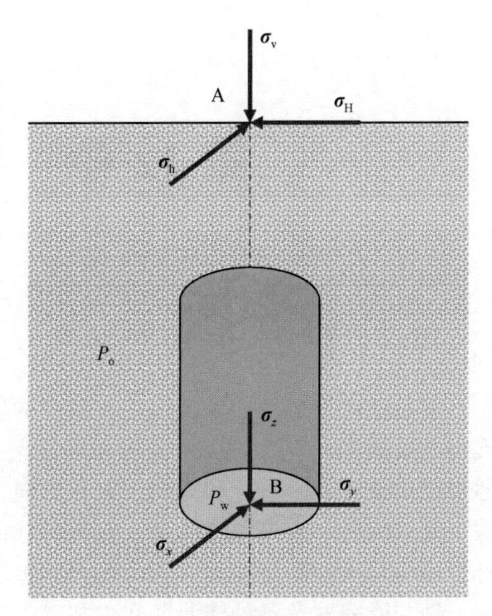

图11.7 练习题11.2所述应力状态的垂直井筒

11.4 假设原地应力状态如下：

$$\sigma_x=\sigma_y=80\text{bar}$$

$$\sigma_z=100\text{bar}$$

$$\tau_{xy}=\tau_{yz}=\tau_{xz}=0$$

当井筒半径a和坍塌压力P_{wc}分别为1ft和40bar时，根据下述公式分别绘制径向应力和切向应力(即σ_r和σ_θ)与半径r的函数曲线。

$$\sigma_r=\frac{1}{2}(\sigma_x+\sigma_y)\left(1-\frac{a^2}{r^2}\right)+\frac{1}{2}(\sigma_x-\sigma_y)\left(1+3\frac{a^2}{r^2}-4\frac{a^4}{r^4}\right)\cos2\theta+\tau_{xy}\left(1+3\frac{a^2}{r^2}-4\frac{a^4}{r^4}\right)\sin2\theta+\frac{a^2}{r^2}P_w$$

$$\sigma_\theta=\frac{1}{2}(\sigma_x+\sigma_y)\left(1+\frac{a^2}{r^2}\right)-\frac{1}{2}(\sigma_x-\sigma_y)\left(1+3\frac{a^4}{r^4}\right)\cos2\theta-\tau_{xy}\left(1+3\frac{a^4}{r^4}-\right)\sin2\theta-\frac{a^2}{r^2}P_w$$

11.5 根据例题8.2中的现场数据和计算结果，并假设为同一油田的直井，请确定：

a. 直角坐标系中井筒底部的井壁法向应力和剪切应力。

b. 当$\theta=0°$时，柱面坐标系中井筒底部的井壁轴向应力、径向应力、环向应力和剪切应力。

c. 两个坐标系中的有效应力。

第 12 章　井壁失稳分析

12.1　简介

前面已讨论过，如果知道正在钻井的岩层的原地主应力，就可以利用岩石力学原理来确定井眼周围的应力，从而分析井下复杂问题，如地层破裂、井漏、坍塌和出砂。另外，通过优化设计井眼轨迹和方向、射孔方向，以及实施漏失试验，还有可能最大限度地减少井下复杂问题。应该注意的是，在进行任何井下复杂问题分析之前，除了确定原地应力之外，还应对地层破裂压力、孔隙压力、地层深度以及井筒方位角和倾角进行评估。

钻井或完井及各种作业期间，井壁失稳是由多种现象和因素造成的，其中包括固体—流体之间相互作用(岩石和钻井液之间)、复杂的应力条件、井筒倾角等复杂多变的井筒条件、不规则的油层动态、不规范的钻井作业、深水钻井和高温高压(HPHT)油藏等。前 3 个因素将在第 12 章“井壁失稳分析”和第 13 章“井壁失稳反演分析技术”中详细讨论，第 14 章“井壁失稳量化风险分析”中将对第 4 个和第 5 个因素进行述评和评估，第 15 章“钻井液漏失对井壁稳定性的影响”将讨论最后两个因素。

例如，近海油田钻斜井可减少所需的生产平台数量，可开采更大面积的储层，然而，斜井的井壁稳定性较差，特别是大斜度井和水平井，发生井壁失稳的可能性大大增加。斜井的优势是节约成本，但由此产生井壁失稳极有可能危及钻井作业的顺利完成，最终可能导致成本增加。这就是为什么进行井壁稳定性分析、及时了解并掌握井下情况是钻井作业能否成功的关键原因。

根据表 8.1 中列出的应力测量和估算方法，概括形成了钻井设计和井壁稳定性(失稳)分析的基本程序，如图 12.1 所示。

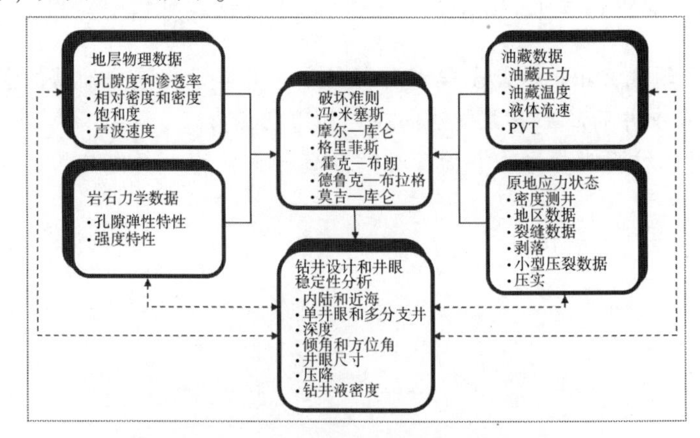

图 12.1　钻井设计和井壁稳定性分析程序

本章将集中讨论井筒破坏的主要机理，即破裂和坍塌，并将阐述如何利用前几章介绍的方法和数据，来分析井眼失稳问题。

12.2 分析程序

利用第 11.5.2 节的假设和第 11.5.3 节介绍的方法，来推导井壁或近井地层中的应力状态的表达式。在井壁稳定性分析时，井筒压力 P_w 通常是未知的，但需要知道井筒压力 P_w 才能确定造成井筒破坏的临界破裂压力和临界坍塌压力(P_{wf}和 P_{wc})，如图 9.1 和图 12.2所示。假设这是井壁稳定性分析的第 5 步，也是最后一步，需要确定的是井筒破坏的最小压力和最大压力，即 $P_{wc}<P_w<P_{wf}$。

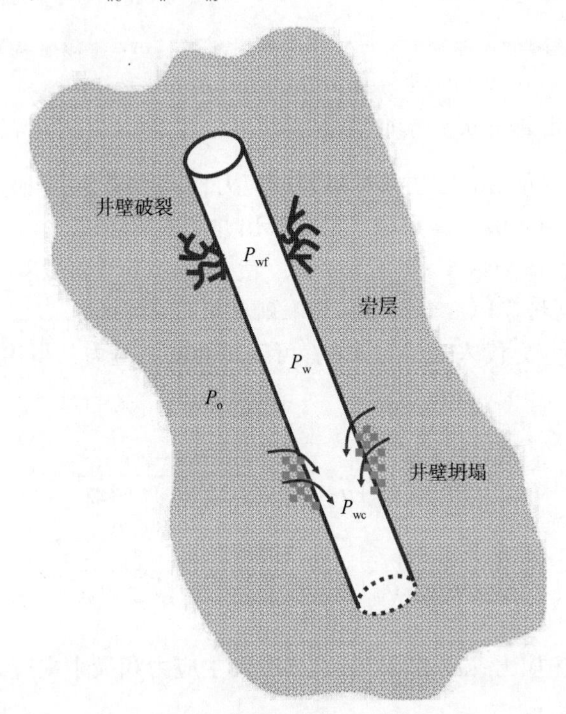

图 12.2 钻井和生产过程中由于井壁破裂(高压)和坍塌(低压)造成的井壁失稳示意图

图 12.3 表示了井筒压力和地层孔隙压力之间的压差造成的 2 种典型井壁失稳情况。该图可结合图 9.1 进行解释，图 9.1 展示了因井筒和孔隙压差不等，而形成的多种井筒破坏模式。

过平衡钻井时，井下压力高于地层孔隙压力。尽管这被认为是正常的，但当压差达到一定值时，会导致近井地层屈服，并诱发裂缝。随着井筒压力的提高，地层岩石发生塑性变形；井壁裂纹稳定延展；随着压力的进一步升高，井壁裂缝突然扩大，导致钻井液大量流入地层，最终导致循环完全丧失。而欠平衡钻井时，井筒压力略低于孔隙压力，可能会出现可忽略不计的局部冲刷或膨胀；随着井筒压力降低，局部冲刷或膨胀加剧，达到一定程度时，导致井壁脱落和剥落；随着井筒压力进一步降低，在向井筒内流动的地层液流作用下，出现大规模的井壁脱落，导致地层变形，最终导致井筒坍塌破坏。

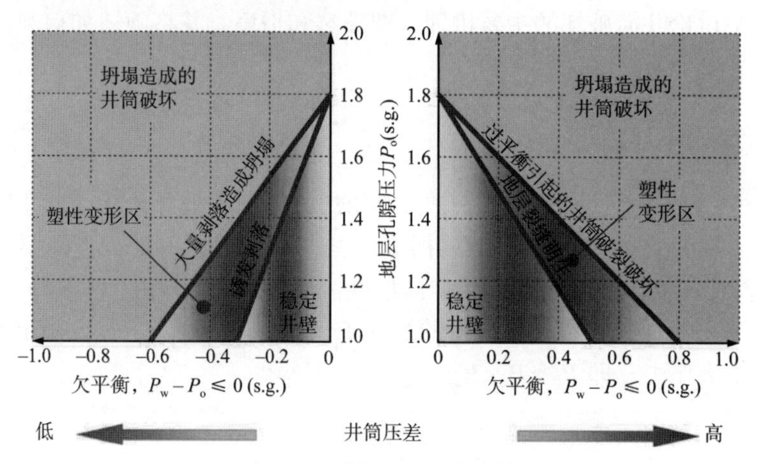

图 12.3 井筒压力和孔隙压力压差与井壁稳定的关系
(可以用来确定欠平衡和过平衡钻井时井壁稳定和破坏的临界压力)

将根据第 11.5.3 节介绍的方法估算的井壁应力，代入第 5 章“破坏准则”和第 9 章“岩石强度和岩石破坏”介绍的破坏准则中，可求解出井筒临界压力。

注 12.1：应注意，正如第 5 章“破坏准则”所述，对于任何破坏准则，计算时均应使用有效法向应力，不包括剪切应力。即破坏准则要求用主应力。

将式(11.31)中的应力代入式(3.2)中，可确定井壁主应力，得出主应力为：

$$\begin{cases}\sigma_1=\sigma_r=P_w\\ \sigma_2=\dfrac{1}{2}(\sigma_\theta+\sigma_z)+\dfrac{1}{2}\sqrt{(\sigma_\theta-\sigma_z)^2+4\tau_{\theta z}^2}\\ \sigma_3=\dfrac{1}{2}(\sigma_\theta+\sigma_z)-\dfrac{1}{2}\sqrt{(\sigma_\theta-\sigma_z)^2+4\tau_{\theta z}^2}\end{cases} \tag{12.1}$$

式中：σ_1 为最大主应力；σ_2和 σ_3 分别为中间主应力和最小主应力。

12.3 井壁破裂压力

在第 9 章“岩石强度和岩石破坏”中，介绍了一种确定地层破裂压力梯度的直接试验方法，称为漏失试验方法，用于收集岩石的破裂性能数据。在钻井过程中，每下一层套管后，要进行漏失试验，以检查套管鞋下方井壁的强度，并确保其强度足以承受后续钻井所需的钻井液密度。此外，在油井增产作业期间，常进行小型压裂试验或延长漏失试验，故意对井壁进行压裂。然而，在传统的漏失试验中，井壁通常也会达到破裂阶段。无论采用哪种方法，都可收集数据并制成表格，以便对井筒进行进一步的破裂分析。漏失试验数据是进行井壁破裂分析的主要输入数据，也可以说，孔隙压力和破裂压力剖面是井筒稳定性分析中最重要的两个参数。当岩石应力从压缩应力变为拉伸应力，井壁开始破裂。

在第 9 章“岩石强度和岩石破坏”定义岩石的抗拉强度时，对此进行了讨论。随着井筒压力的提高，根据式(11.31)，井壁切向(环向)应力σ_θ会相应降低，最终下降到岩石抗拉强度以下，在高井筒压力作用下，井壁发生破裂。图12.4所示为井壁破裂破坏的发展过程。

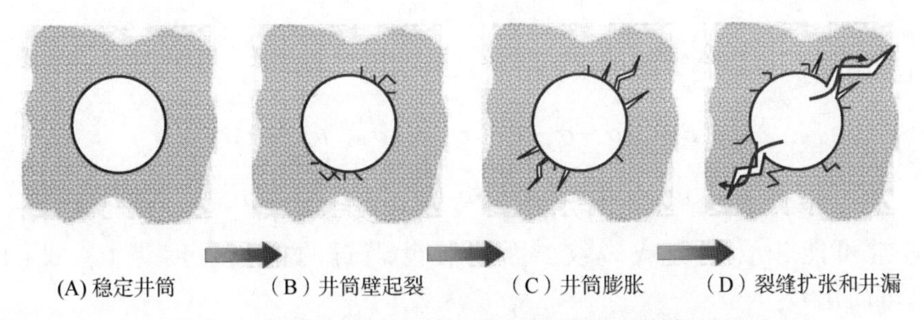

图12.4 从裂缝起裂到发生井漏的井壁破裂破坏顺序

当最小有效主应力σ_3'达到岩石抗拉强度σ_t，井壁将发生破裂，即：

$$\sigma_3'=\sigma_3-P_o\leqslant\sigma_t \tag{12.2}$$

将式(12.2)代入式(12.1)中，经过演算后，临界环向应力可表示为：

$$\sigma_\theta=\frac{\tau_{\theta z}^2}{\sigma_z-P_o}+P_o+\sigma_t \tag{12.3}$$

将式(12.3)代入式(11.32)的环向应力项中，并重新排列式(11.32)的环向应力项，可得出获得井筒临界破裂压力P_{wf}的方程式：

$$P_{wf}=\sigma_x+\sigma_y-2(\sigma_x-\sigma_y)\cos2\theta-4\tau_{xy}\sin2\theta-\frac{\tau_{\theta z}^2}{\sigma_z-P_o}-P_o-\sigma_t \tag{12.4}$$

由于剪切应力的存在，破裂可能不会发生在x轴或y轴的方向上，为了确定破裂发生的方向，对式(12.4)进行微分，即：

$$\frac{dP_{wf}}{d\theta}=0$$

或

$$\tan2\theta=\frac{2\tau_{xy}(\sigma_z-P_o)-\tau_{xz}\tau_{yz}}{(\sigma_x-\sigma_y)(\sigma_z-P_o)-\tau_{xz}^2-\tau_{yz}^2}$$

由于法向应力远大于剪切应力，忽略二阶剪切应力是可以接受的，因此，$\tan2\theta$可以简化为：

$$\tan2\theta=\frac{2\tau_{xy}}{\sigma_x-\sigma_y} \tag{12.5}$$

式(12.4)和式(12.5)为任意方向井筒的通用破裂压力方程式。如果存在对称条件，则所有剪切应力等于0，因此，满足以下条件之一，井壁就有可能发生破裂：

$$\begin{cases}\sigma_{\mathrm{H}}=\sigma_{\mathrm{h}} \\ \gamma=0^{\circ} \\ \phi=0^{\circ},\ 90^{\circ}\end{cases} \tag{12.6}$$

代入上述条件，井筒临界破裂压力可表示为：

$$P_{\mathrm{wf}}=3\sigma_x-\sigma_y-P_{\mathrm{o}}-\sigma_{\mathrm{t}}(\sigma_x<\sigma_y,\ \theta=90^{\circ}) \tag{12.7a}$$

$$P_{\mathrm{wf}}=3\sigma_y-\sigma_x-P_{\mathrm{o}}-\sigma_{\mathrm{t}}(\sigma_y<\sigma_x,\ \theta=0^{\circ}) \tag{12.7b}$$

岩石通常可能包含裂缝或裂纹，因此假设岩石的抗拉强度为 0，式(12.7a)和式(12.7b)可简化为：

$$P_{\mathrm{wf}}=3\sigma_x-\sigma_y-P_{\mathrm{o}}(\sigma_x<\sigma_y,\ \theta=90^{\circ}) \tag{12.8a}$$

$$P_{\mathrm{wf}}=3\sigma_y-\sigma_x-P_{\mathrm{o}}(\sigma_y<\sigma_x,\ \theta=0^{\circ}) \tag{12.8b}$$

式(12.8a)和式(12.8b)适用于井筒方向与原地主应力方向一致时。

注 12.2：在高井筒压力下，裂缝(井漏)从垂直于最小应力的方向开始起裂，并沿最大垂直应力方向扩展，大量钻井液流失到地层中。

12.4 井筒坍塌压力

井壁破裂发生在高井筒压力的情况下，而井壁坍塌是在低井筒压力下发生的井壁破坏现象。在低井筒压力下，环向应力变大，径向应力则以与井筒压力相同的速率减小，参见式(11.31)。由于径向应力和环向应力之间存在相当大的差异，因此产生较大的剪切应力，一旦剪切应力超过临界应力水平，井壁将因高剪切力而坍塌。在坍塌压力下，由于井筒内外的压差，井筒将发生灾难性变形。图 12.5 所示为井壁坍塌破坏过程示意图。

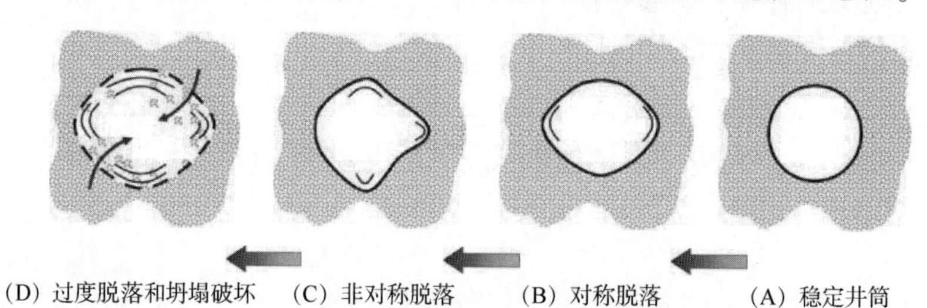

图 12.5　从早期冲刷到井壁大量脱落、井筒变形和坍塌破坏的坍塌破坏过程的示意图

圆形井筒的坍塌压力值相对较高，然而，当井眼略呈卵圆形或椭圆形时，井壁坍塌时的压差可能会显著降低，第 12.5 节将对此进行更详细的讨论。

在高井筒压力下，主应力以环向应力为主，即最大主应力为环向应力，式(12.1)变成式(12.9)：

$$\begin{cases}\sigma_1=\frac{1}{2}(\sigma_\theta+\sigma_z)+\frac{1}{2}\sqrt{(\sigma_\theta-\sigma_z)^2+4\tau_{\theta z}^2}\\ \sigma_2=\frac{1}{2}(\sigma_\theta+\sigma_z)-\frac{1}{2}\sqrt{(\sigma_\theta-\sigma_z)^2+4\tau_{\theta z}^2}\\ \sigma_3=\sigma_r=P_w\end{cases} \tag{12.9}$$

如果满足式(12.6)的对称条件，则最大主应力 σ_1 可简化为：

$$\sigma_1=\sigma_\theta \tag{12.10}$$

为了确定井壁发生坍塌的方向，可将式(11.32)中的环向应力表达式代入式(12.8a)和式(12.8b)中，然后进行微分，但是，推导过程十分复杂。相反，如果使用没有剪切应力的简化式(12.10)，即将式(11.32)中的环向应力表达式代入式(12.10)，并对其进行微分，可以得到：

$$\frac{d\sigma_1}{d\theta}=\frac{d\sigma_\theta}{d\theta}=0$$

或经演算后得到：

$$\tan2\theta=\frac{2\tau_{xy}(\sigma_z-P_o)-\tau_{xz}\tau_{yz}}{(\sigma_x-\sigma_y)(\sigma_z-P_o)-\tau_{xz}^2-\tau_{yz}^2}$$

由于法向应力远大于剪切应力，因此可以忽略二阶剪切应力，即：

$$\tan2\theta=\frac{2\tau_{xy}}{\sigma_x-\sigma_y} \tag{12.11}$$

根据式(12.6)所述的简化条件，井筒坍塌临界压力可表示为：

$$\sigma_1=3\sigma_x-\sigma_y-P_{wc}(\sigma_x>\sigma_y,\ \theta=90°) \tag{12.12a}$$

$$\sigma_1=3\sigma_y-\sigma_x-P_{wc}(\sigma_y>\sigma_x,\ \theta=0°) \tag{12.12b}$$

式(12.12a)和式(12.12b)适用于井筒方向与原地主应力方向一致时。

注12.3：井壁坍塌从最小主应力方向开始。在低井筒压力下，当受压缩力作用的井壁发生剥落达到临界程度时，没有足够的完整地层岩石能够阻止井壁向井内崩落，从而造成坍塌。提高钻井液密度(井筒压力)可减少井壁坍塌风险。

最小主应力可表示为：

$$\sigma_3=P_{wc} \tag{12.13}$$

有了最大主应力和最小主应力的表达式，即式(12.12a)、式(12.12b)和式(12.13)，即可选择破坏准则模型，如莫尔—库仑破坏准则。如果采用莫尔—库仑破坏准则，首先应将式(12.12a)和式(12.13)转换为有效主应力，如下所示：

$$\sigma'_1=\sigma_1-P_o \tag{12.14a}$$

$$\sigma'_3=\sigma_3-P_o \tag{12.14b}$$

然后将它们代入式(5.3)，其中τ和σ采用式(5.4)给出的形式，得出的方程式变为：

$$\tau=\frac{1}{2}(\sigma'_1-\sigma'_3)\cos\phi=\tau_o+\left[\frac{1}{2}(\sigma'_1+\sigma'_3)-\frac{1}{2}(\sigma'_1-\sigma'_3)\sin\phi\right]\tan\phi$$

或

$$\frac{1}{2}(3\sigma_x-\sigma_y-2P_{wc})\cos\phi=\tau_o+\left[\frac{1}{2}(3\sigma_x-\sigma_y-2P_o)-\frac{1}{2}(3\sigma_x-\sigma_y-2P_{wc})\sin\phi\right]\tan\phi$$

经过演算，并遵循与式(12.12b)相同的推导过程，井壁临界坍塌压力可表示为：

$$P_{wc}=\frac{1}{2}(3\sigma_x-\sigma_y)(1-\sin\phi)-\tau_o\cos\phi+P_o\sin\phi(\sigma_x>\sigma_y,\ \theta=90°) \tag{12.15a}$$

$$P_{wc}=\frac{1}{2}(3\sigma_y-\sigma_x)(1-\sin\phi)-\tau_o\cos\phi+P_o\sin\phi(\sigma_y>\sigma_x,\ \theta=0°) \tag{12.15b}$$

式(12.15a)和式(12.15b)只有一个未知变量P_{wc}，内聚强度τ_o和内摩擦角ϕ可以通过岩样三轴试验获得。

注12.4：原地应力大小和方向、地层孔隙压力、岩石抗压强度和井筒方向(地理方位角)是影响井筒坍塌压力和破裂压力的关键参数，因此也用于控制和监测井筒稳定性。

12.5 多分支井井壁失稳分析

石油和天然气行业越来越重视多分支井钻井技术，以减少钻井时间和成本，提高产量。因此，近年来多分支井钻井的数量有所增加，特别是在北海和墨西哥湾深海地区。多分支井技术在连通性、稳定性和提高采收率方面的潜力引起了石油天然气行业钻井和服务公司的极大关注。多分支井技术在地下不同方向钻出几百米甚至几千米深的井眼，如何确保多分支井的完整性(即井眼质量)也引起了钻井和服务公司的极大重视。随着油井建模、分析和模拟技术的改进，多分支井技术成为发展更智能、更经济、更省时、更可靠的油井技术的一个主要方向，它便于实现地面远程操作和减少昂贵的修井作业。

据报道，2000年年初至年中，北海海区有部分分支井发生井壁失稳，导致井眼坍塌和(或)破裂事故。在一口井中，由于连接处地层发生坍塌，垂直的主井筒套管在分支井筒连接处发生变形，导致钻井设备无法再次下入。进一步分析表明，连接处的稳定性对油井整体稳定性、完整性和多分支井的成功钻完井至关重要(Aadnoy and Edland，2001)。

图12.6所示为1口具有一个垂直主井筒和2个分支井筒的多分支井系统。可以看出，连接区的圆形井筒变为椭圆形或卵圆形，连接区下方有2个或3个相邻的圆形井筒。

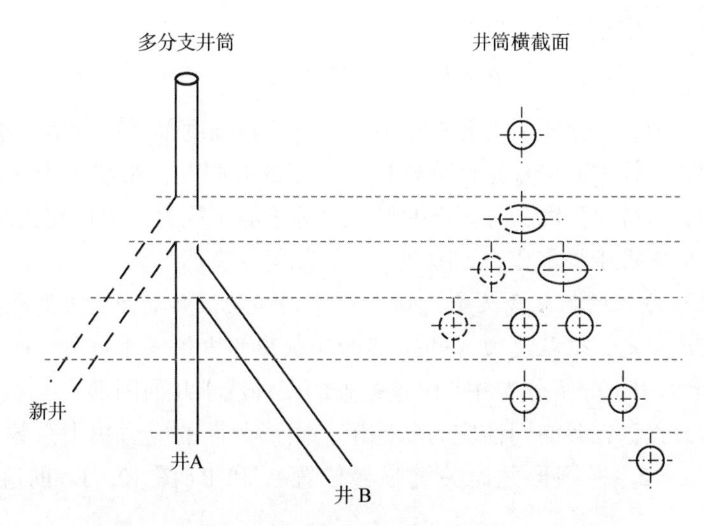

图 12.6　圆形、椭圆形和卵圆形井筒多分支井连接处

本节将简要研究分支井垂直主井筒和分支斜井筒连接处的破坏。由于没有针对性的分析和求解方法可用，因此，使用第 12.3 节和第 12.4 节得出的井筒破坏方程，即式(12.7a)和式(12.7b)以及式(12.15a)和式(12.15b)，并将它们与非圆形井眼的应力集中系数耦合，临界破裂压力 P_{wf} 和坍塌压力 P_{wc} 都会随着井眼横截面从圆形变为其他形状而发生变化。因此，预期非圆形井眼将造成多分支井连接处的安全压力窗口减小。

Aadnoy 和 Edland(2001)开展的一项研究表明，连接处井眼变为椭圆形或卵圆形后，应力集中加剧，从而造成井壁破裂和坍塌，并且在一定压力下，几何效应将减少或消失。研究还得出结论，与连接处上方和下方的圆形井筒相比，连接处井眼的临界破裂压力更低，临界坍塌压力更高，许用钻井液密度窗口更小。优化钻井液密度是确保多分支井顺利钻进的最重要因素，因此，必须研究确定不同几何形状最佳应力条件，确保在整个钻井作业过程中选用最佳的钻井液密度，确保安全交井。

井筒周围的环向(切向)应力是井筒稳定性和完整性分析的控制因素。第 11.7 节推导得出的用于井壁稳定性分析的基尔希方程仅适用于圆形井筒，对于多分支井，必须考虑其他几何形状，即椭圆形和卵圆形。

假设在拉张型沉积盆地一口任意几何形状的油井，其外部荷载恒定，等于水平地应力和钻井液压力，Aadnoy 和 Angell Olsen(1996)的研究表明，在这种恒定的无孔隙地层应力状态下，非圆形井筒的井壁环向应力可以简单地表示为：

$$\sigma_\theta = P_w + K(\sigma - P_w)$$

或

$$\sigma_\theta = K\sigma - (K-1)P_w \tag{12.16}$$

式中：P_w 为井筒压力；σ 为地层静水应力；K 为井壁周围的应力集中系数。

由于岩石具有天然孔隙，并且可能具有抗拉强度(即使很小)，因此，考虑到有效应力和岩石抗拉强度，上述方程应扩展为：

$$\sigma_{\theta}=K\sigma-(K-1)P_{w}-P_{o}-\sigma_{t} \tag{12.17}$$

通常，静水压力、井筒压力、孔隙压力和岩石抗拉强度都是已知值，唯一未知的参数是应力集中系数，可根据井壁稳定性分析所在地区的井眼几何形状确定。忽略式(12.17)中的孔隙压力和岩石抗拉强度，并假设井筒压力等于静水压力，可以得出结论：对于任何几何形状，环向应力等于静水压力，因此，井筒几何效应消失。

注 12.5：上述方程的物理含义是，如果钻井期间的流体密度(钻井液密度)等于水平地应力，则井壁最稳定，这就是由 Aadnoy(1996)提出的中位线原则。

图 12.7 所示为用于分析分支井井眼连接处的四种数学几何图形。

根据基尔希方程，在各向同性应力状态下，圆形井筒的应力集中系数计算比较简单，其值等于 2，即 $K=2$。椭圆形井筒关键临界位置 A 和 B(图 12.7B)的应力集中系数如式(12.18)所示：

$$\begin{cases}K_{A}=1+2e\\ K_{B}=1+\dfrac{2}{e}\end{cases} \tag{12.18}$$

式中：e 为椭圆度，$e=a/b$。

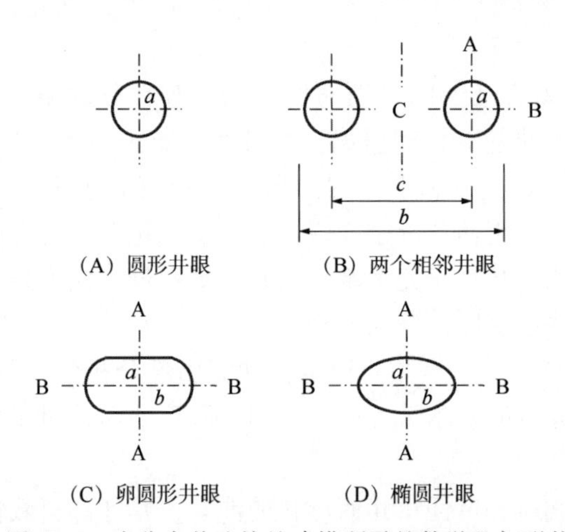

图 12.7 多分支井连接处建模所需的数学几何形状

卵圆形井眼的 K 值计算十分复杂。由于是非圆形，卵圆形井眼周围的应力集中系数各不相同，Aadnoy 和 Edland(2001)根据其他人建议的公式绘制了一张图(图 12.8)，可用来评估卵圆形井眼的应力集中系数。图 12.8 对应图 12.7C 所示的卵圆形井筒。

相邻井筒的应力集中系数的求解，要比卵圆形井眼的应力集中系数的求解更加复杂，但也有极其复杂的计算公式。仍然利用 Aadnoy 和 Edland(2001)开发的图，可简单地获得如图 12.7B 中 A、B 和 C 三个关键区域的 K 系数值，如图 12.9 所示。

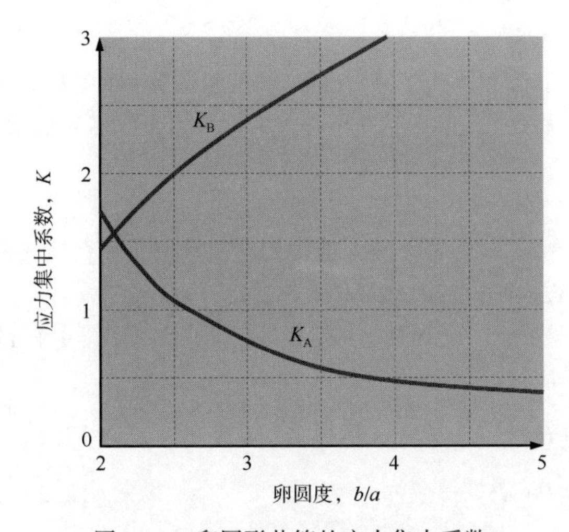

图 12.8 卵圆形井筒的应力集中系数
(Aadnoy and Edland，2001)

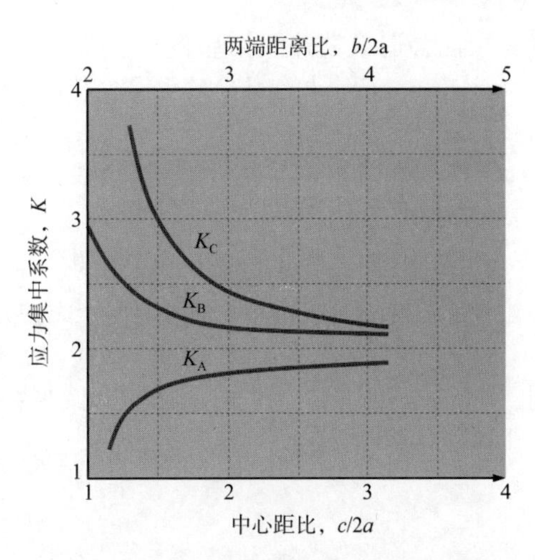

图 12.9 两个相邻井眼的应力集中系数
(Aadnoy and Edland，2001)

很明显，非圆形井筒井壁稳定性降低。Bayfield 和 Fisher(1999)进行的数值模拟证实了上述结论。他们还证明，和圆形井筒相比，非圆形井筒的井壁破裂强度和坍塌强度将分别降低 8%~16%和 8%~28%，证实了井筒几何形状在(进行钻井期间和之后)井壁稳定性分析中的重要性。

参照图 12.6，对于高井筒压力下的破裂破坏和低井筒压力下的坍塌破坏这两种破坏模式，可以在考虑井筒连接处应力集中的情况下，对式(12.17)进行进一步拓展，来求解其井壁破裂临界压力和坍塌临界压力。

12.5.1 井壁破裂临界压力

由于井壁破裂通常发生在有效环向应力(切向应力)为拉伸应力时，因此，当 $K=2$ 且 $\sigma_x=\sigma_y=\sigma_H=\sigma_h$ 时，圆形井筒的破裂压力可用式(12.7a)表示。经过一番演算，可得到方程：

$$P_{wf}=2\sigma_h-P_o-\sigma_t \tag{12.19}$$

对于相同条件下其他几何形状的井筒，式(12.19)可表示为：

$$P_{wf}=\frac{K\sigma_h-P_o-\sigma_t}{K-1} \tag{12.20}$$

应该指出的是，由于实际油井中存在裂缝或裂纹，可忽略地层抗拉强度，因而假定 $\sigma_t=0$是可以接受的。另外，假定连接处以上的主井筒垂直于连接处侧钻井筒也是可以接受的，这样就可以使用上面引用的相等的水平应力，即 $\sigma_H=\sigma_h$。

根据式(12.20)和式(12.18)以及图 12.8 和图 12.9，可得出以下结论：

(1) 卵圆形井筒将在两端位置发生破裂，即图 12.7C 所示的位置 A 和 B。

(2) 椭圆形井筒将在东西方向位置发生破裂，即图 12.7D 所示的位置 B。

(3) 两个相邻圆形井筒将在两个井筒之间的地层发生破裂，即图 12.7B 所示的位置 C，然而，破裂只会发生在两个井筒之间应力集中区域，并且只会导致井筒之间的岩石破裂，可能不会导致井筒破坏。所谓的端点位置即位置 B，会出现从井筒延伸到地层的裂缝，可能会造成钻井液循环丧失，导致钻井事故。

注 12.6：两个相邻井筒的主要破裂位置位于两个钻孔之间的地层，而椭圆形和卵圆形井筒的破裂最有可能发生在两端部位置。在后两种情况中，假设钻井条件相同，卵圆形更容易破裂。

12.5.2 井壁坍塌压力

井壁坍塌是在低井筒压力下发生的一种机械破坏。在第 12.4 节中，利用莫尔—库仑破坏模型建立了求解圆形井筒井壁临界坍塌压力的方程，即式(12.15a)和式(12.15b)。

将式(12.12a)或式(12.12b)和式(12.13)转化为式(12.14a)和式(12.14b)，并重新排列，得到类似式(12.16)的适用于非圆形井筒的有效应力方程式，即：

$$\sigma'_1 = K\sigma-(K-1)P_w-P_o \tag{12.21a}$$

$$\sigma'_3 = P_w-P_o \tag{12.21a}$$

将式(12.21a)和式(12.21b)代入莫尔—库仑破坏模型，即式(5.3)。经过一番运算后，可得到适用于任何几何形状井筒的临界坍塌压力方程式，表示为：

$$P_{wc} = \frac{(K/2)\sigma_h(1-\sin\phi)-\tau_o\cos\phi+P_o\sin\phi}{\sin\phi+(K/2)(1-\sin\phi)} \tag{12.22}$$

对于圆形井筒，$K=2$ 时，式(12.22)可简化为式(12.15a)和式(12.15b)。

根据式(12.20)和式(12.22)可以得出结论：与其上方和下方的圆形井筒相比，多分支井连接处的井壁破裂强度和坍塌强度都有所降低。为了最大限度地减少连接处地层发生破坏的风险，必须考虑两个条件：连接处应选择坚硬地层，并选择适当的钻井液密度。Aadnoy 和 Edland(2001)指出，地层抵抗机械坍塌的能力最为关键。他们建议，应选择均质坚硬的地层作为连接处，这一点很重要；如果有岩石力学数据，最好用式(12.22)确定该地层的强度，即临界坍塌压力。这表明，在连接处下入套管并固井之前，井筒不应该暴露在较低的井筒压力下，只有在高质量固井以后，连接处才能在钻井作业和生产过程中暴露在较低的压力下。固井可以为地层提供额外的强度，防止套管和尾管发生几何变形。

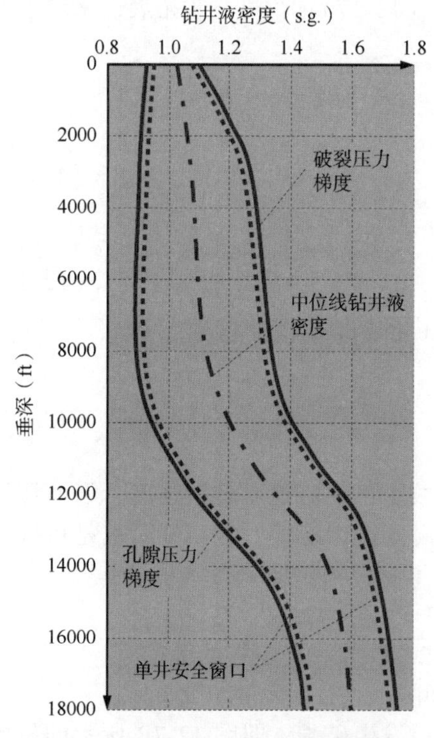

图 12.10 减少多分支井井壁破裂或坍塌风险的中位线钻井液密度

Aadnoy 和 Edland(2001)提出了一种降低发生机械破坏风险的方法，即通过优选钻井液密度，尽量减少其对井壁应力的干扰，将机械破坏风险降至最低。这就是维持钻井液密度，使之与破裂压力梯度和地层孔隙压力梯度之间的中位线密度相同，如图 12.10 所示，使井壁应力保持与钻井前的应力相同。换而言之，钻井去除的岩石被提供相同压力的钻井液取代，这一原理简化了井眼稳定性分析，因此近年来已成功地应用于许多油井。

注 12.7：选择坚硬地层作为连接位置并密切监测钻井液密度，将有助于减少多分支井连接处发生坍塌或破裂破坏的风险。前者可以通过持续的现场数据收集和评估，及时、良好的固井加强连接处的地层来实现；后者可以通过将钻井液密度，保持在与破裂压力梯度和孔隙压力线之间的中位线钻井液密度相同来实现。

12.6 相邻井筒的失稳分析

在近海油田，油井通常部署在海底基盘上。井与井之间的距离很近，不仅仅井口彼此靠得很近，而且定向井井眼轨迹也可能彼此相近，相邻井筒的其他示例包括救援井和第 12.5 节所述的多分支井。

Aadnoy 和 Froitland(1991)解决了两口相邻井筒的数学问题。因为井筒之间的应力场会相互影响，因此不能直接叠加，即叠加不再有效。本节对相邻井筒井壁失稳分析的细节不作详细介绍，仅介绍分析结论，作为第 12.5 节的补充。

图 12.11 所示为两口相邻井井筒简化模型。两个井筒由 A 点到 E 点有 5 个位置，关键位置分别为外部的 B 点、内部的 D 点和顶部的 E 点。

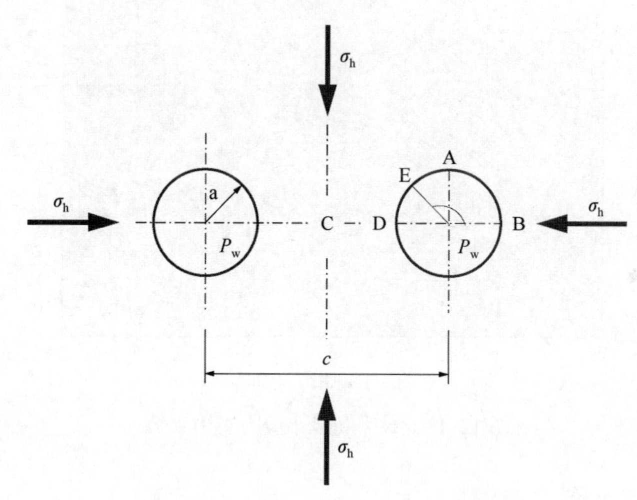

图 12.11　两口相邻井井筒简化模型

分析表明，应力场之间的相互影响导致高应力集中效应，图 12.12 所示为图 12.11 中 B 点和 D 点的应力集中系数 K。

在后续分析中，假设井眼为圆形(即 $K=2$)，原地应力相等，因此，通过简化式(12.16)，井筒应力可以表示为：

$$\begin{cases}\sigma_r = P_w \\ \sigma_\theta = 2\sigma_h - P_w\end{cases} \tag{12.23}$$

图 12.13 给出了不同井筒压力下 D 点(图 12.11)的最大应力集中系数 K。系数 K 随着井筒压力的增加而减小，当 $P_w=1$ 时，K 等于 2。图 12.13 还显示，当 $c/2a>3$ 时，在大多数实际情况可采用单井筒模型。

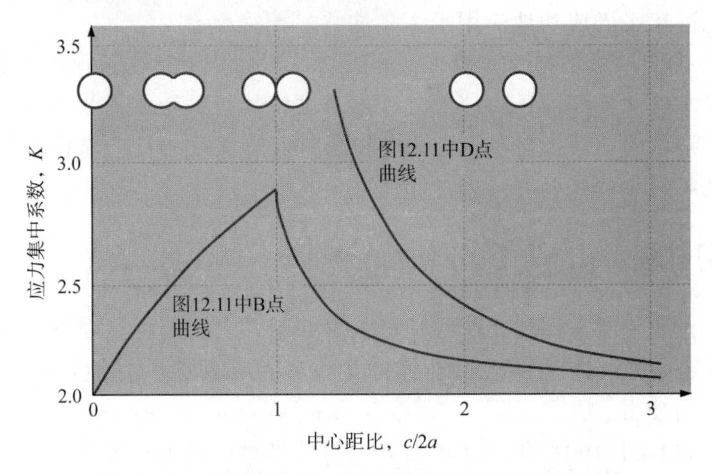

图 12.12　井筒压力为 0 时相邻井筒的应力集中系数

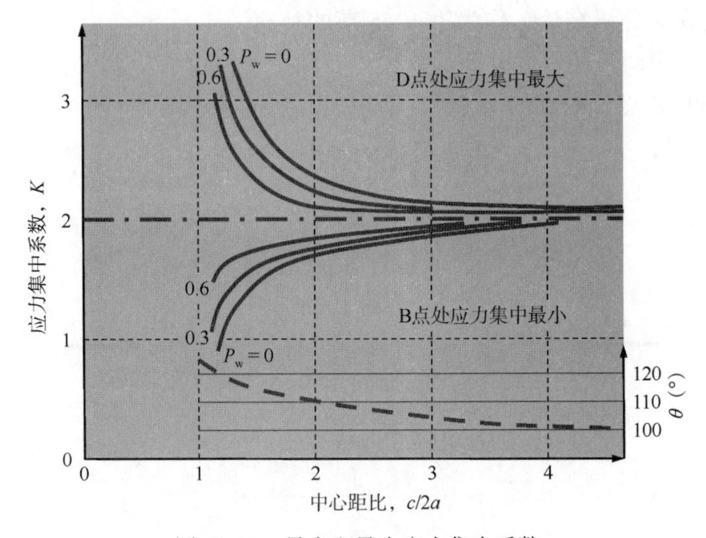

图 12.13　最大和最小应力集中系数

12.6.1　井壁坍塌

此前，本章利用莫尔—库仑破坏模型推导出了坍塌破坏方程。根据式(12.23)的定义，井壁坍塌时的有效应力为：

$$\begin{cases}\sigma'=\dfrac{1}{2}K\sigma_{\rm h}-P_{\rm o}-\left(\dfrac{1}{2}K\sigma_{\rm h}-P_{\rm w}\right)\sin\phi \\ \tau=\left(\dfrac{1}{2}K\sigma_{\rm h}-P_{\rm w}\right)\cos\phi\end{cases} \tag{12.24}$$

将式(12.24)代入莫尔—库仑破坏模型，得到：

$$P_{\rm wc}=\frac{1}{2}K\sigma_{\rm h}-\tau_{\rm o}\cos\phi=P_{\rm o}\sin\phi \tag{12.25}$$

井壁在低井筒压力时发生坍塌。为了求解现场实际情况的最低允许井筒压力，不妨先假设已经确定了第一个井筒的坍塌压力，对于单个井筒，将 $K=2$ 代入等式(12.25)即可。另一方面，当钻下一个井眼时，应力状态受到干扰，坍塌压力将发生变化。从图 12.12 可以看出，D 点显然是应力集中最大的坍塌位置。为了求得第一个井眼的坍塌压力和钻下一个井眼时的坍塌压力之间的差，可以简单把上述两种情况下的等式(12.25)相减，即可得出坍塌压力差的方程，为：

$$\Delta P_{wc}=\frac{1}{2}(K-2)\sigma_h \tag{12.26}$$

井眼压力为零时，应力集中系数过于极端(图 12.14)。实际井眼坍塌压力可能是原地应力的一半左右。任意选取井眼压力为 $P_w/\sigma_h=0.6$ 的曲线进行分析，其结果如图 12.14 所示。估算的井眼坍塌压力会因两井的距离缩小而明显增加，当 $c/2a<3$ 时，井眼塌陷的风险显著增加。

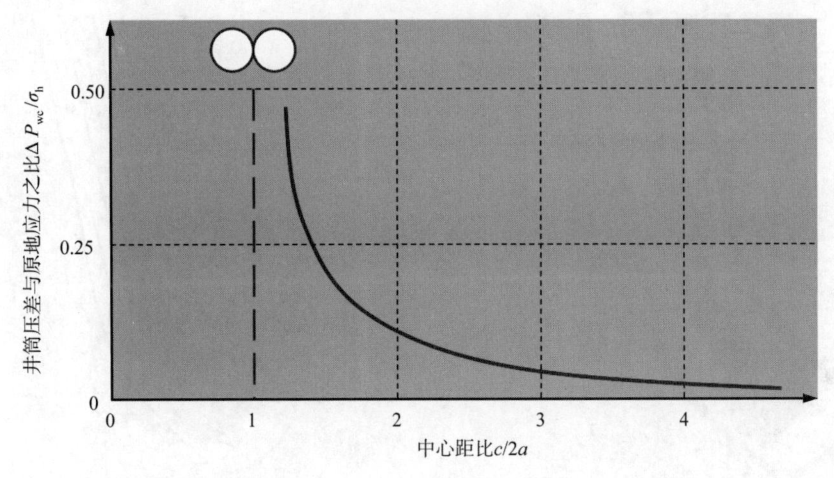

图 12.14 钻邻井时坍塌压力增加

12.6.2 井壁破裂

井壁破裂发生在井筒周围切向应力最小的位置，即图 12.11 的 E 点。假设岩石的抗拉强度为 0，则井壁破裂的条件为有效切向应力等于 0，即：

$$\sigma_\theta=P_o=0 \tag{12.27}$$

代入切向应力表达式，临界破裂压力可表示为：

$$P_{wf}=K\sigma_h-P_o \tag{12.28}$$

再次假设已经钻完第一口井，并已经知道了其破裂压力。在第一口井附近钻下一口井之前，想知道新井破裂压力的变化值。使用第一口井的破裂压力方程减去新井的破裂压力方程，破裂压力的压差可以表示为：

$$\Delta P_{wf}=\sigma_h(K-2) \tag{12.29}$$

在井下压力的作用下，井壁破裂将按原地应力大小顺序发生。根据图 12.14 中的条件，应力集中系数等于 2。

注 12.8：综上所述，两个相邻井筒可能导致临界坍塌压力增加，两口井之间的地层可能发生坍塌。对于井壁破裂，两个相邻的井筒的行为与单独一口井一样。

12.7 欠平衡钻井井壁失稳分析

通常情况下，钻井是在过平衡情况下进行的，井筒压力是由钻井液和岩屑重量引起的静水压力(又俗称压头)、由钻井液循环引起的动压力以及由于地面管道关闭而产生的背压之和。过平衡钻井的井筒压力大于近井筒地层孔隙压力，即 $P_w>P_o$，如图 12.15 所示。

如第 12.2 节所述，如图 12.16 所示，欠平衡钻井的井筒有效压力小于近井筒地层的有效孔隙压力，即 $P_w \leq P_o$。通常，采取降低钻井液的静水压头使井筒压力小于地层孔隙压力。

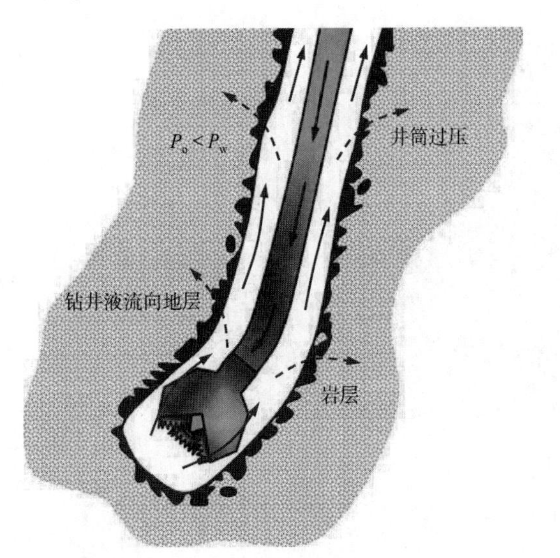

图 12.15　连续过平衡井筒的传统钻井技术

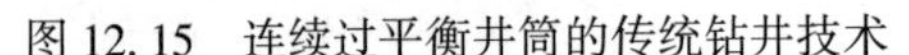

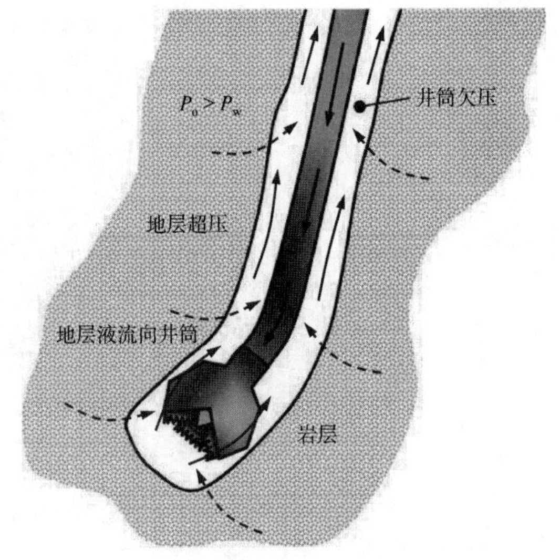

图 12.16　连续欠压井筒的欠平衡钻井技术

欠平衡钻井的三个主要目标是：最大限度地提高油气采收率、最大限度地减少井下复杂工况和获取关键油藏信息。欠平衡钻井主要缺点：欠平衡钻井时，井壁不稳定性增加，井壁坍塌破坏的风险高。

理论上，当井筒压力大于井壁坍塌压力(如第 12.4 节所计算的)时，即 $P_w>P_{wc}$时，可以保证欠平衡钻井的井壁稳定性。在井筒压力低于地层孔隙压力时，即 $P_o>P_w>P_{wc}$，仍然可进行欠平衡钻井。

已创建的若干数学模型可用来选择合适的井筒减压过程，以实现安全可靠的欠平衡钻井(Al-Awad and Amro，2000；McLellan and Hawkes，2001)。本节将根据第 12.4 节所讨论的内容建立一个简化模型。

为了评估能够安全可靠地评估欠平衡钻井的最小井筒压力，可根据原地主应力、井筒倾角、方位角以及地层强度和物理性能等数据，利用莫尔—库仑破坏准则，创建数学模型。

引用式(12.9)，可得到有效应力方程为：

$$\begin{cases}\sigma'_1=\frac{1}{2}(\sigma_\theta+\sigma_z)+\frac{1}{2}\sqrt{(\sigma_\theta-\sigma_z)^2+4\tau_{\theta z}^2}-P_o\\ \sigma'_2=\frac{1}{2}(\sigma_\theta+\sigma_z)-\frac{1}{2}\sqrt{(\sigma_\theta-\sigma_z)^2+4\tau_{\theta z}^2}-P_o\\ \sigma'_3=\sigma_r-P_o=P_{wc}-P_o\end{cases} \tag{12.30}$$

最大剪切应力的计算可简化如下：

$$\tau_{max}=\frac{\sigma'_1-\sigma'_3}{2} \tag{12.31}$$

在与式(12.30)相同的条件下，参考公式(5.3)，莫尔—库仑破裂包络线可以根据三轴试验确定，用方程式表示如下：

$$\tau=\tau_o+\frac{\sigma'_1+\sigma'_3}{2}\tan\phi \tag{12.32}$$

为了使井壁在整个欠平衡钻井过程中保持稳定，式(12.31)求得的最大剪切应力必须保持在式(12.32)得出的失效包络线以下，也就是说：

$$\tau_{max}<\tau$$

或

$$\frac{\sigma'_1-\sigma'_3}{2}<\tau_o+\frac{\sigma'_1+\sigma'_3}{2}\tan\phi \tag{12.33}$$

式(12.33)可以用图12.17表示。

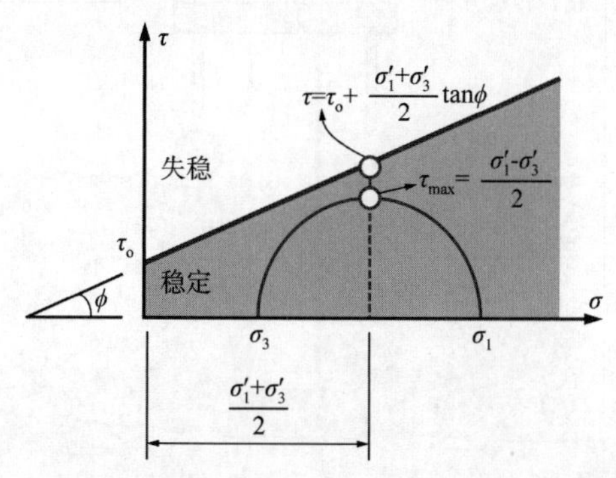

图12.17 欠平衡钻井的井壁稳定性的示意图(当计算得出的最大剪切应力小于莫尔—库仑试验得出的剪切应力时，井壁处于稳定状态)

如果满足式(12.6)所述的对称条件，式(12.33)可简化为：

$$\frac{\sigma_\theta - P_{wc}}{2} < \tau_o + \frac{\sigma_\theta - 2P_o + P_{wc}}{2}\tan\phi \tag{12.34}$$

经过整理后求出 σ_θ：

$$\sigma_\theta < \frac{1}{1-\tan\phi}\left[2\tau_o - 2P_o\tan\phi + P_{wc}(1+\tan\phi)\right] \tag{12.35}$$

为了确保欠平衡钻井的井壁稳定性，任何时候都必须满足式(12.33)所表达的条件。不等式中，τ_o 和 ϕ 从实验室三轴试验中得到，P_o 从现场声波测井或其他技术中得到，σ_θ 和 P_{wc} 由式(11.32)、式(12.15a)和式(12.15b)计算获得。

注 12.9：临界坍塌压力在很大程度上取决于岩层特性以及井筒的位置、方位、作业和井眼条件的复杂性。对于欠平衡钻井来说，水平井欠平衡钻井的安全性和成功率要比直井欠平衡钻井小得多。

12.8 浅井井壁破裂

目前，关于浅地层的破裂强度的资料几乎没有，主要原因是大多认为浅层套管不那么重要；另外，浅层钻井通常不用防喷器，因此不考虑进行压力完整性试验和井控作业。然而，从精确设计的角度来看，有必要建立浅地层的破裂压力梯度曲线，以优化套管下入深度，特别是存在浅层气时。

图 12.18 所示为浅地层钻井的物理环境。在浅地层，井压控制几乎不受关注，而且钻井液密度要大大低于破裂压力梯度，完全可以保证井壁的完整性。除此之外，高破裂压力梯度几乎没有任何意义。

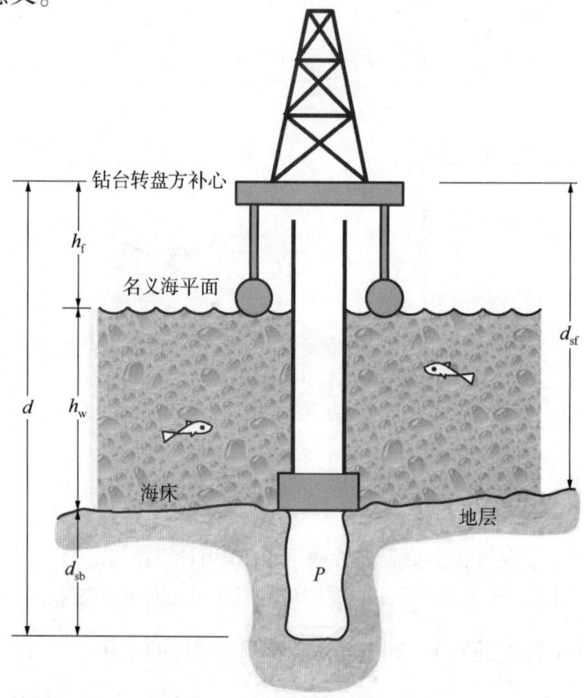

图 12.18　海上钻井井深参考平面

12.8.1 深度归一化的浅地层破裂压力数据

本节内容主要来自 Aadnoy(2010)以及 Kaarstad 和 Aadnoy(2008)。Saga 石油公司开发了一种用于30in 导管的海底导流器，通过它可获得一些浅地层破裂压力数据，利用这些数据与其他数据相结合，有助于建立浅地层破裂压力模型。数据来源包括：

(1) Saga 石油公司海底导流器采集的数据；

(2) 来自不同平台的普通土壤强度数据；

(3) 来自不明探井的浅地层漏失试验数据；

(4) 来自 Sleipner 油田一个研究项目的破裂压力数据。

模拟结果如图 12.19 所示，由于数据来自不同水深的油田，通过减去海水压力和海水深度，将数据归一化到海床，可以观察到，这些数据看起来具有一致性。然而，一个疑问是，由于数据来源不同，采用这些数据建模可能不具有普遍意义；而另一个相反的论点是，非常浅的沉积层通常是未固结年轻地层，无论在什么地方都有类似的性能。下文采用后者的观点。

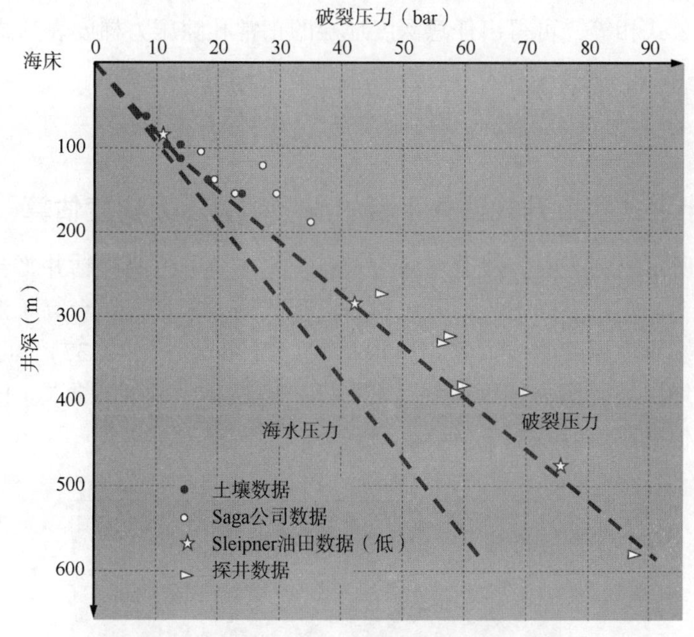

图 12.19 按海床水平面归一化的浅层低破裂压力，已减去海水的压力

图 12.19 所示为广义破裂压力曲线，可表示为任意水深和钻台转盘方补心高度的函数，方程式如下：

$$G_{\mathrm{RKB}}=1.03\frac{h_{\mathrm{w}}}{d}+1.276\frac{d_{\mathrm{sb}}}{d}\quad(0\leqslant d_{\mathrm{sb}}<120\mathrm{m})\tag{12.36}$$

$$G_{\mathrm{RKB}}=1.03\frac{h_{\mathrm{w}}}{d}+1.541\frac{d_{\mathrm{sb}}}{d}-\frac{33.16}{d}\quad(120\mathrm{m}\leqslant d_{\mathrm{sb}}<600\mathrm{m})\tag{12.37}$$

式中：G 为破裂压力梯度，s. g.；d 为总深度，m；d_{sf}为钻台到海床的深度，m；d_{sb}为

海床以下岩层的深度，m；h_w 为水深，m。

在下文中，增加普通水压，并用钻台作为参考平面，而不是海床。

假设浅地层为静水孔隙压力，也就是说海水和地层孔隙压力梯度均等于 1.03 s.g.。如果参考平面是海平面，很简单，地层孔隙压力梯度等于盐水压力梯度。然而，钻机始终在钻台上，高于海平面，提供了一个不同的参考平面，因此，地层孔隙压力梯度必须进行修正，求出钻台标高作为参考平面的孔隙压力梯度才能应用。

假设从钻台至地层的深度为 d，压力为 P，如图 12.18 所示，如果以钻台为参考平面，那么压力可以表示为：

$$P=0.098G_{\mathrm{oRKB}}d$$

如果以名义海平面(MSL)作为参考平面，同样的压力可以表示为：

$$P=0.098G_{\mathrm{oMSL}}d(d-h_{\mathrm{f}})=0.098\times1.03(d-h_{\mathrm{f}})=0.1(d-h_{\mathrm{f}})$$

式中：h_f 为钻台至名义海平面的高度。

使上述两个公式相等，可得出任意深度地层的正常孔隙压力梯度表达式：

$$G_{\mathrm{oRKB}}=G_{\mathrm{oMSL}}\frac{d-h_{\mathrm{f}}}{d}=1.03\,\frac{d-h_{\mathrm{f}}}{d} \tag{12.38}$$

12.8.2 半潜式和自升式钻井平台的浅层破裂压力梯度估算

在图 12.20 所示的例子中，假设水深为 68m。此外，考虑两种钻井平台：一种是半潜式钻井平台，钻台高于海平面 26m；另一种是自升式钻井平台，钻台高于海平面 42m。这一空气间隙形成了压力梯度曲线的差别。根据式(12.36)和式(12.37)，可以绘制出两种类型钻井平台的地层破裂压力梯度曲线，如图 12.20 所示。同时根据式(12.38)，绘制出地层孔隙压力的梯度曲线(虚线)。

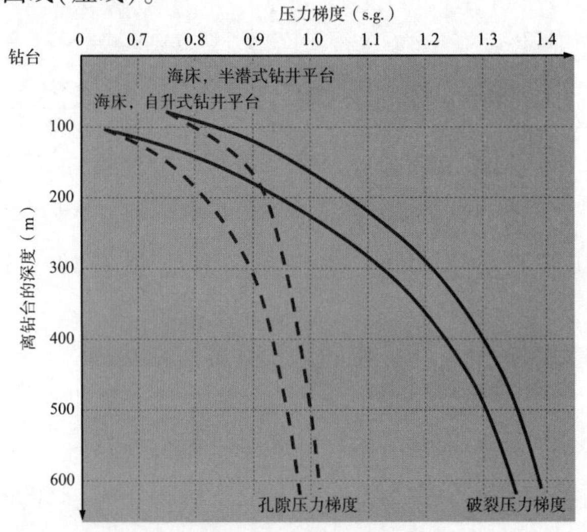

图 12.20 两种平台高度的破裂压力梯度和孔隙压力梯度

水深为 68m，半潜式和自升式钻井平台从海平面到钻台的高度分别为 26m 和 42m)

12.9 通用破裂压力模型

12.9.1 简介

在第 12.8 节中，创建了适用于任意钻台高度的通用归一化方程，还根据浅井破裂压力数据推导出了破裂压力经验模型。该模型通过归一化处理，可适用于不同深度海域。

上述归一化原理已被扩广应用到深海钻井中。Aadnoy(1998)的研究表明，井壁破裂压力主要取决于有效上覆地层应力，所提出的通用模型，在世界各地，如北海、墨西哥湾、巴西、安哥拉等地得到广泛的应用，都取得了良好的效果，因此也被称为全球模型。该模型的主要特点是对水深进行适当的归一化处理，适用于任何水深，无论是深海还是浅海。Kaarstad 和 Aadnoy(2006)对该模型进行了总结性的介绍，第 12.9.2 节和第 12.9.3 节将简要阐述这个模型，本章末尾提供了 2 道例题，帮助读者更好地理解破裂压力的基本概念。

12.9.2 模型的开发

12.9.2.1 上覆应力

井壁破裂压力取决于原地应力状态。原地应力状态为一个三参数张量：上覆应力 σ_v、最大水平应力 σ_H 和最小水平应力 σ_h。上覆应力是给定深度地层上方沉积物的累积重量。第 8.4 节讨论过上覆地层应力，对于陆上钻井，上覆应力可用式(8.1)表示。对于近海钻井(图 12.18)，必须考虑水深，因此式(8.1)改写为：

$$\sigma_v = g\int_0^{h_w}\rho_{sw}(h)\,dh + g\int_0^{d}\rho_b(h)\,dh \tag{12.39}$$

海水密度基本上可以认为是一常数，但不同地层的岩石密度是不同的。例如，假设岩石密度不变，式(12.39)表示的上覆应力的梯度可以表达为：

$$G_{ob} = 1.03\frac{h_w}{d} + \rho_b\left(1 - \frac{h_w}{d}\right) \tag{12.40}$$

图 12.21 所示为根据公式(12.40)绘制的不同水深条件下地层上覆应力梯度曲线。可以看出，由于海水的密度较低，上覆压力梯度随着水深的增加而减小。

Kaarstad 和 Aadnoy(2006)表明，对于深海钻井，破裂压力和上覆应力之间有很强的关联性。下面将利用这种关联性，推导出归一化的通用破裂压力方程，其目的是：利用某一水深的破裂压力数据来预测另一个水深的破裂压力。

12.9.2.2 假设

参照本章前面介绍的井壁破裂压力的基本方程，即式(12.8a)和式(12.8b)，并假设：

(1) 拉张型沉积盆地环境或原地水平应力场相等。

(2) 正常孔隙压力。

(3) 异常孔隙压力，除两种给定情况下孔隙压力相同之外。

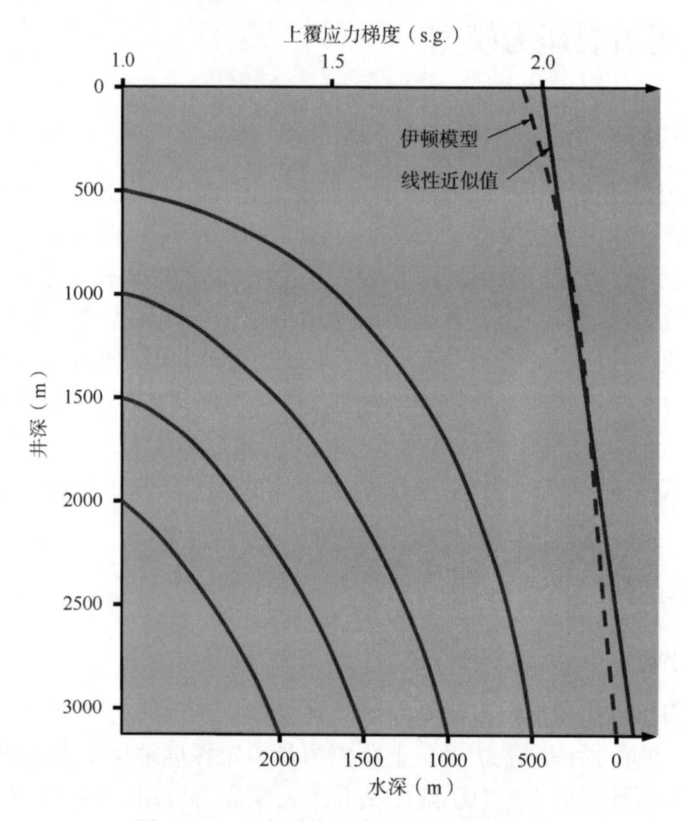

图 12.21　不同水深的上覆应力梯度曲线

（4）垂直井眼。对于斜井，可以首先推导出直井破裂压力方程，然后转换成斜井破裂压力方程(Aadno and Chenevert，1987)。

12.9.2.3　破裂压力的归一化

以海床为参考平面，对破裂压力进行了归一化处理，并将其与拉张型沉积盆地环境的上覆压力关联。

图 12.22 显示了两个近海地点以海床为参考平面的归一化压力。不考虑海水压力，深度也是从海床开始计算。在图 12.22 中，参数的下角标 1 指的是参考井的数据，而下角标 2 指的是预测井(根据从参考井的地层破裂压力数据，预测邻井的地层破裂应力)的数据。另外，钻台是零参考点，G_b是岩层密度梯度(s.g.)，G_{sw}是海水的相对密度梯度(s.g.)。

在一般情况下，与参考井(下角标为 1)相比，新井(下角标为 2)在海床以下的地层渗透率不同，密度不同，水深不同，钻台高度也不同。根据破裂压力和上覆应力之间的直接经验公式，可以得到：

$$P_{wf}=k\sigma_v \tag{12.41}$$

式中：k 为常数。

参考井和预测井的参考深度的关系如下：

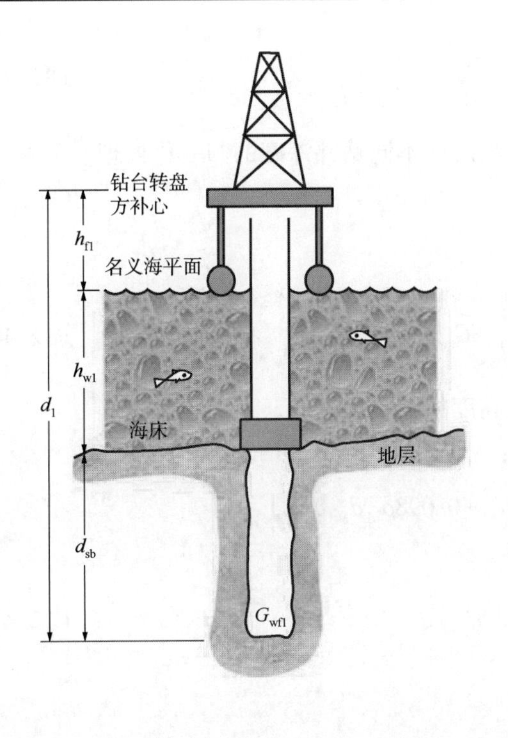

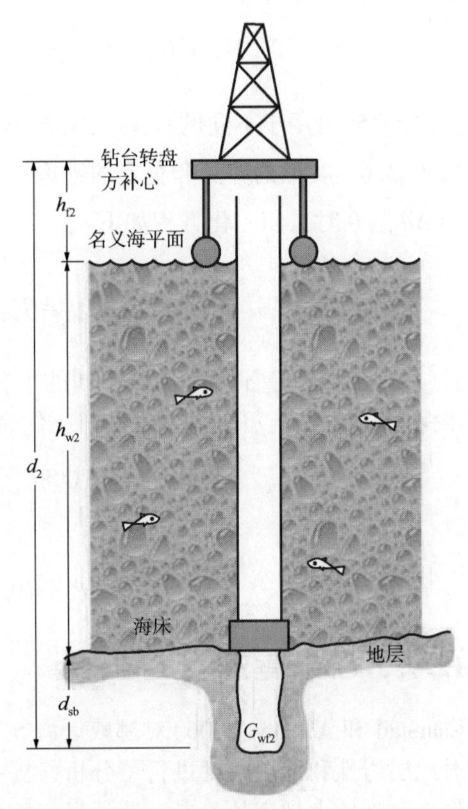

图 12.22 不同水深的数据归一化处理的深度参考平面

$$d_2=d_1+\Delta h_w+\Delta h_f+\Delta d_{sb} \tag{12.42}$$

假设地层岩石密度不同，则预测井的破裂压力梯度归一化方程变为：

$$G_{wf2}=G_{sw}\frac{h_{w2}}{d_2}+\left(G_{wf1}\frac{d_1}{d_2}-G_{sw}\frac{h_{w1}}{d_{wf2}}\right)\frac{\int d_{sb2}\rho_{b2}\,\mathrm{d}h}{\int d_{sb2}\rho_{b1}\,\mathrm{d}h} \tag{12.43}$$

该方程需要地层密度剖面的详细信息，而且需要大量的参考数据才能使用，但通过各种假设，可分为以下几种情况简化该方程。

12.9.2.4 两口井的地层密度不同，同一口井不同地层密度相同

两口井的地层密度不同，同一口井不同地层密度相同的条件下，公式(12.43)无需进行积分，归一化方程可以表示为：

$$G_{wf2}=G_{sw}\frac{h_{w2}}{d_2}+\left(G_{wf1}\frac{d_1}{d_2}-G_{sw}\frac{h_{w1}}{d_{wf2}}\right)\frac{\rho_{b2}d_{sb2}}{\rho_{b1}d_{sb1}} \tag{12.44}$$

12.9.2.5 两口井的地层密度类似，同一口井不同地层密度相同

对于同一地区的油井，通常可以假定不同油井的地层密度是相等的，则归一化方程式(12.44)可进一步简化为：

$$G_{\mathrm{wf2}}=G_{\mathrm{sw}}\frac{h_{\mathrm{w2}}}{d_2}+\left(G_{\mathrm{wf1}}\frac{d_1}{d_2}-G_{\mathrm{sw}}\frac{h_{\mathrm{w1}}}{d_{\mathrm{wf2}}}\right)\frac{d_{\mathrm{sb2}}}{d_{\mathrm{sb1}}} \tag{12.45}$$

式(12.45)可用于不同的水深、不同平台高度和不同钻井深度的归一化处理。

12.9.2.6 类似的井深和恒定的密度

当 $\Delta d_{\mathrm{sb}}=0$ 时，归一化方程如下：

$$G_{\mathrm{wf2}}=G_{\mathrm{wf1}}\frac{d_1}{d_2}+G_{\mathrm{sw}}\frac{\Delta h_{\mathrm{w}}}{d_2} \tag{12.46}$$

式(12.46)可用于不同水深或不同的平台高度的归一化处理。

水深为 d_1 时，上覆压力公式可归一化为：

$$P_{\mathrm{wf1}}=0.098G_{\mathrm{sw1}}h_{\mathrm{w1}}+0.098\rho_{\mathrm{b1}}d_{\mathrm{sb1}}$$

或

$$P_{\mathrm{wf1}}=0.098G_{\mathrm{wf1}}d_1 \tag{12.47}$$

12.9.3 油田案例

Kaarstad 和 Aadnoy(2006)对挪威近海 5 口深海油井和 1 口浅海油井进行了详细分析。他们对地层岩性和地层密度进行了分析，提供了每口井准确的上覆应力曲线。由于上覆应力可作为破裂压力梯度的参考，获得尽可能准确的地层密度数据，非常重要。

通过对 5 口深海井的漏失试验数据和上覆压力梯度的分析，预测破裂压力梯度为上覆压力梯度的 98%，标准偏差为 0.049，误差为 0~5%。图 12.23 所示为其中 1 口井的上覆压力梯度、漏失试验数据以及预测破裂压力梯度曲线。

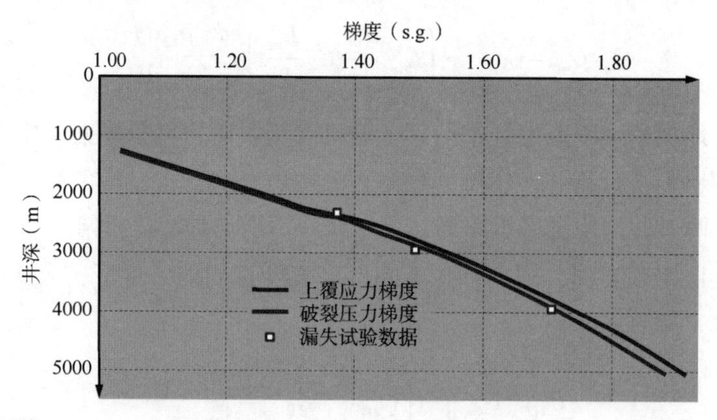

图 12.23 挪威近海 6707/10-1 井通用破裂压力模型应用实例[摘自 Kaarstad 和 Aadnoy(2006)，图 3]

数据归一化是使不同参考系数据集具有可比性的至关重要的处理方法。式(12.43)是一个通用的归一化方程，可用于比较不同密度、钻台高度、水深和井深时的压力(如上覆应力、漏失压力、原地应力等)。为了说明这种方法的应用，提供了两道例题，即例题 12.4和例题 12.5。

注 12.10：除非油井之间非常接近，否则有理由认为地层密度存在差异，岩性的变化可能会对上覆应力梯度产生重大影响，因此，归一化处理应考虑到地层密度的差异。

12.10 高温、高压油藏的压实分析

压实分析模型在地质力学分析中一直非常有用。Aadnoy(2010)对此作了详细分析。本节对比分析作简要介绍。

图 12.24A 和图 12.24B 所示为孔隙压力发生改变前后的岩石。假设上覆应力保持不变，岩石侧面不允许有任何应变，那么就可以计算出岩石水平应力的变化。因为上覆应力是恒定的，如果孔隙压力降低，那么岩石基质必须承担原先由孔隙压力所承担的那部分载荷。岩石基质应力的提高会造成岩石基质水平应力增大(与泊松比有关)，正如 Aadnoy(1991)所给出的，水平应力的增加值为：

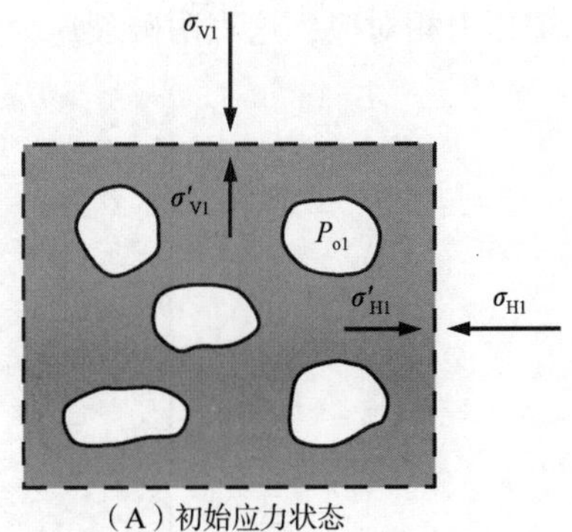

(A)初始应力状态

(B)孔隙压力降低后(造成水平应力增加，而上覆应力保持不变)

图 12.24 压实模型(Aadnoy，2010)

$$\Delta\sigma_{\mathrm{h}}=\Delta P_{\mathrm{o}}\frac{1-2\nu}{1-\nu} \tag{12.48a}$$

$$\Delta\sigma_{\mathrm{H}}=\Delta P_{\mathrm{o}}\frac{1-2\nu}{1-\nu} \tag{12.48b}$$

将岩石基质应力变化值代入通用破裂压力方程，可以计算出相应的破裂压力变化，破裂压力变化公式如下：

$$\Delta P_{\mathrm{wf}}=\Delta P_{\mathrm{o}}\frac{1-3\nu}{1-\nu} \tag{12.49}$$

式(12.49)既适用于压力耗竭储层，即破裂压力下降，也适用于注水油层，即破裂压力提高。

例如，某油田孔隙压力下降到 0.6s.g.，假设泊松比为 0.25，水平应力和破裂压力的变化计算如下：

$$\Delta\sigma_{\mathrm{h}}\text{ 或 }\Delta\sigma_{\mathrm{H}}=0.6\times\frac{1-2\times0.25}{1-0.25}=0.4\text{s.g.}$$

$$\Delta\sigma_{\mathrm{wf}}=0.6\times\frac{1-3\times0.25}{1-0.25}=0.2\text{s.g.}$$

这说明了枯竭油藏的加密井钻井往往会发生井漏的原因，主要原因是油藏枯竭造成地层破裂压力降低。

上述例子介绍了 Aadnoy(2010)通过将若干破裂压力和孔隙压力数据归一化为相同的孔隙压力并建立破裂压力预测关系式。下面将介绍另一个例子：利用压实模型创建高温高

压井地层破裂压力预测模型。

北海某高温高压井的钻井设计基础输入数据来自 70 口参考井，其中 36 口井有 Cromer Knoll 盖层，新井也是这种情况。

图 12.25 所示为参考井的漏失试验数据与各自的孔隙压力的关系，来自各井的数据的差别很大，建模十分困难，因此必须缩小数据差值以便创建新井预测模型。图 12.25 中虚线表示数据的预期趋势，可以看到，低破裂压力与低孔隙压力相对应，而高破裂压力与高孔隙压力相对应，这表明破裂压力和孔隙压力之间有直接的关联性。

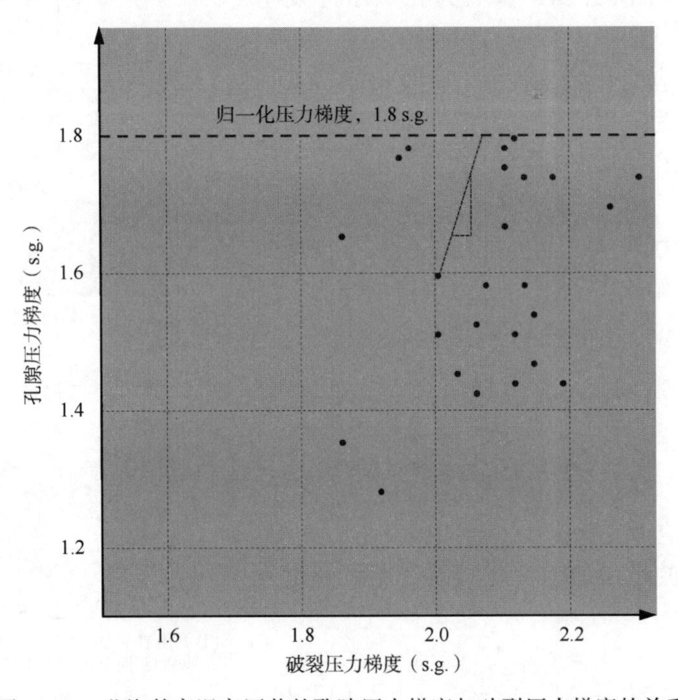

图 12.25　北海某高温高压井的孔隙压力梯度与破裂压力梯度的关系

假设泊松比为 0.3，数据可以用压实模型归一化到相同的孔隙压力：

$$\frac{P_{\text{wf-normalized}}-P_{\text{wf}}}{\sigma_{\text{v}}}=\frac{1-3\times0.3}{1-0.3}\frac{P_{\text{o-normalized}}-P_{\text{o}}}{\sigma_{\text{v}}}=\frac{1}{7}\times\frac{1.8-P_{\text{o}}}{\sigma_{\text{v}}} \tag{12.50}$$

任意选取孔隙压力梯度等于 1.8s.g.，将图 12.25 中的所有数据都归一化到 1.8s.g.，假设所有参考井的孔隙压力都调整到这个值，其结果如图 12.26 所示。

可以看出，初始漏失试验数据的总差值为 0.34s.g.。当归一化到共同孔隙压力 1.8s.g. 后，差值缩减到 0.19s.g.。

例如，在某一深度，记录的漏失试验压力为 1.98s.g.，孔隙压力为 1.44s.g.，上覆应力为 2.10s.g.，根据式(12.50)可以得到：

$$\frac{P_{\text{wf-normalized}}-1.98}{2.10}=\frac{1}{7}\times\frac{1.8-1.44}{2.10}=\frac{0.05}{2.10}$$

因此，归一化后破裂压力 $P_{\text{wf}}=1.98+0.05=2.04$s.g.。上述说明了归一化处理过程。

对图12.26作进一步解释：假设参考数据来自低应力(第Ⅰ组)、中应力(第Ⅱ组)和高应力(第Ⅲ组)三种不同应力地区，然后映射到图12.27中，可以看出，不同组的数据似乎也是按地理分组。

首先，考虑设计的新井位于高应力区域(第Ⅲ组)，从图12.26中，选取最近的参考井的比率(漏失压力和上覆压力之比)为1.01，由此得出的破裂压力方程为：

$$P_{wf}=1.01\sigma_v-\frac{1}{7}(1.8-P_o) \quad (12.51)$$

代入上覆应力的方程式，破裂压力方程式变为：

$$P_{wf}=1.01(1.916+0.00006611d)-\frac{1}{7}(1.8-P_o) \quad (12.52)$$

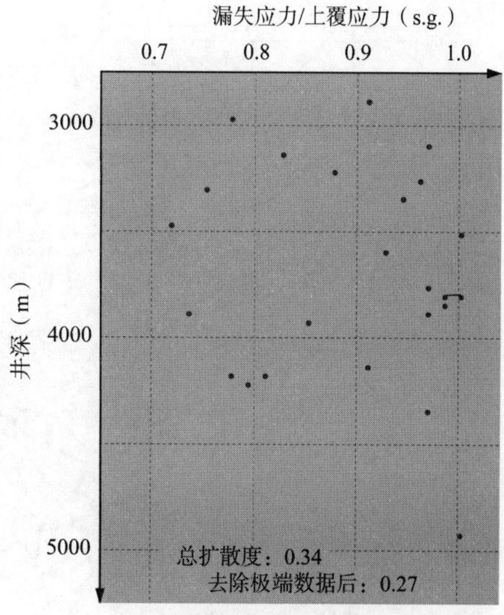

（A）用上覆应力归一化的漏失试验数据

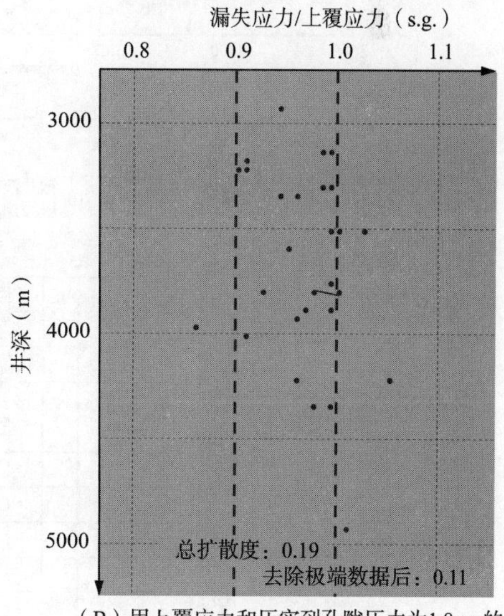

（B）用上覆应力和压实到孔隙压力为1.8s.g.的归一化的漏失试验数据

图12.26 井深归一化和井深—孔隙压力归一化的漏失试验数据比较

图12.28所示为利用上述方程式预测的该油井的孔隙压力梯度曲线。图12.28中所示的破裂压力曲线是根据压实模型预测的孔隙压力梯度曲线计算得到的。图12.28中还显示了漏失压力梯度曲线，是根据参考井的漏失压力梯度数据，以同样的方式得出的。当然，不确定的是不知道其中哪一条曲线适用于每一个井段。

图12.29所示为最终的研究结果。图12.29中包括孔隙压力梯度曲线、地层破裂压力梯度曲线、钻井液漏失压力梯度曲线、上覆应力和建议的钻井液密度。可以观察到，钻井液密度在接近井底时是逐渐增加的，目的是寻找生产套管的最终下入位置。如果储油层的地层强度高，则钻井液密度窗口较宽；另一方面，如果发生钻井液漏失，钻井液密度窗口就会变窄，这种不确定性是钻这种类型井时的主要挑战之一。

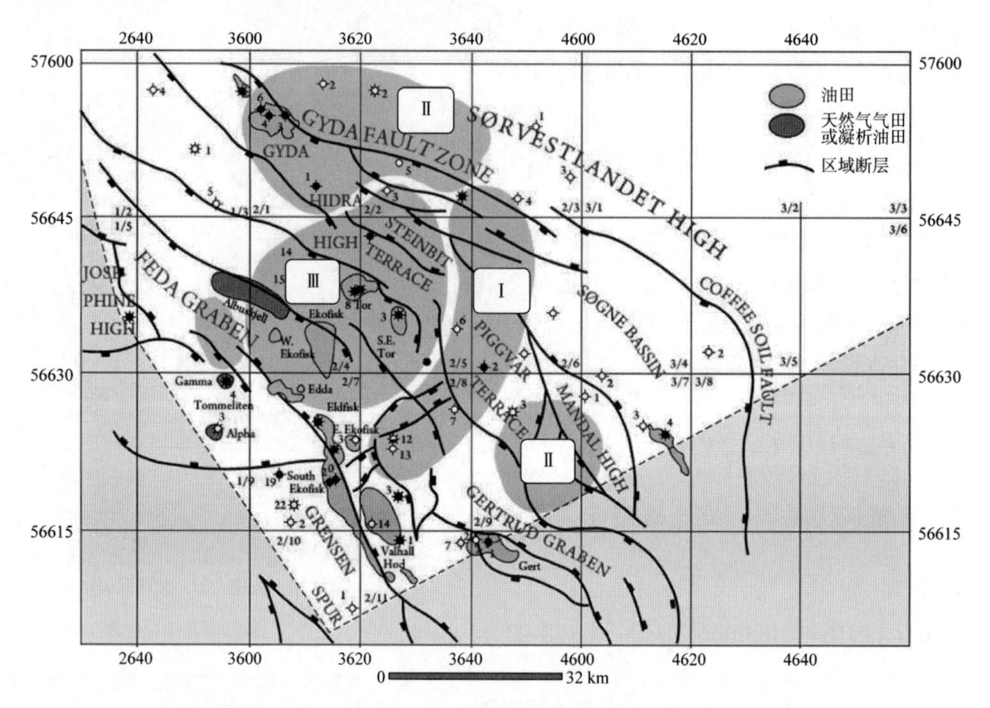

图 12.27　归一化漏失的地理分组情况

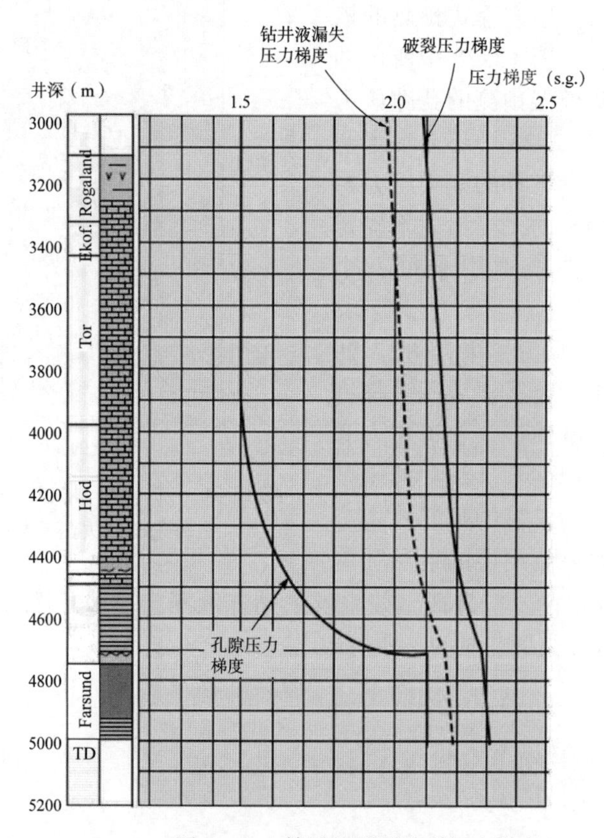

图 12.28　储层的预测破裂压力梯度

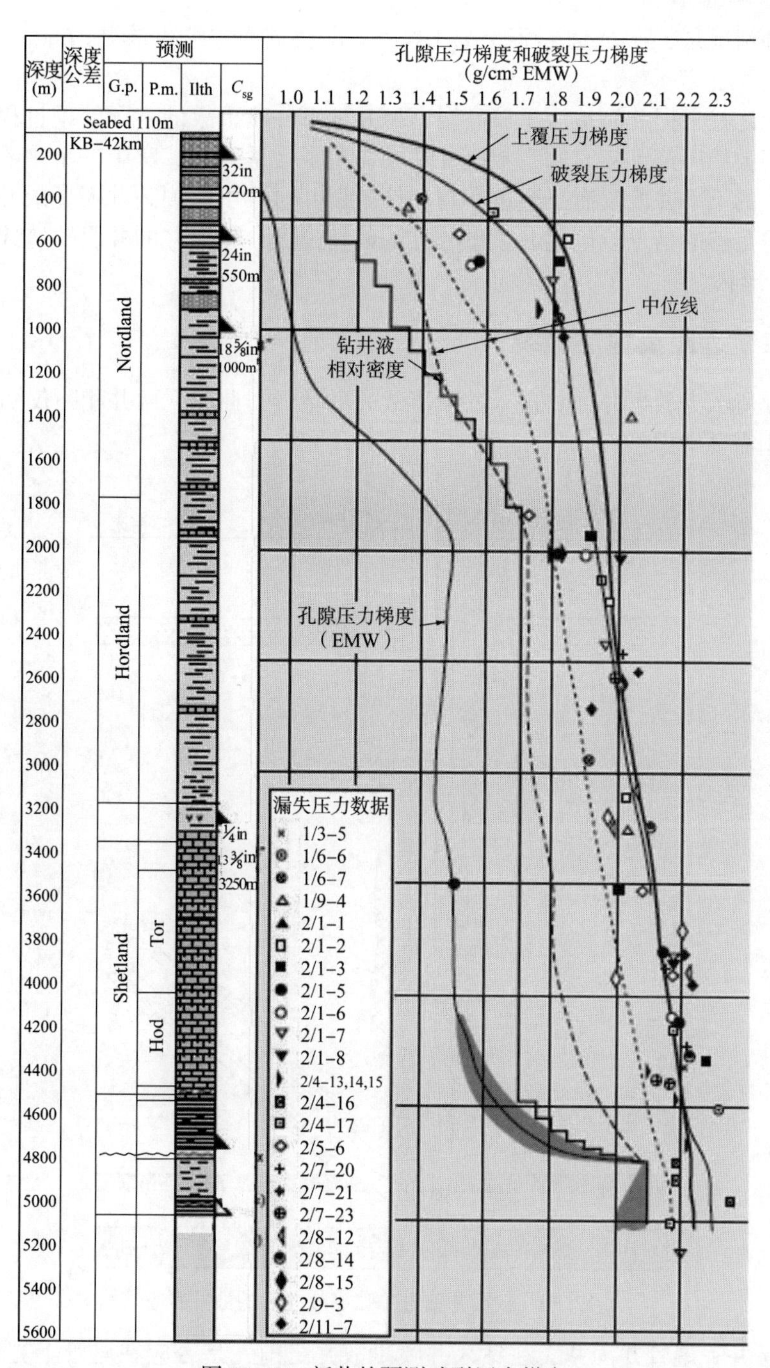

图 12.29 新井的预测破裂压力梯度

12.11 井喷事故井和救援井连通

事实证明，第 12.6 节介绍的相邻井井壁失稳分析模型对其他两口井或两个分支相近的情况也非常有用。

其中一种情况是，在处理井喷事故时救援井即将进入井喷事故井（Aadnoy and Bakoy，1992）。

下面的理论是根据北海地区1口高温高压井地下井喷事故的实际处理过程形成的。井喷事故的处理大约历经1年时间，救援井钻井花费了大量时间。其中一个主要问题是，由于井喷事故井的下部井段没有下金属套管，钻救援井时难于探测到井喷事故井的位置。因此，为了获得足够的信息以确定井喷事故井的确切位置，救援井的井眼轨迹成了围绕井喷事故井的“S”形状。

12.11.1 远距离地层破裂

图12.30所示为救援井即将进入井喷事故井的情形，此时，两井相距仅7m（20ft），有以下几个问题需要考虑。

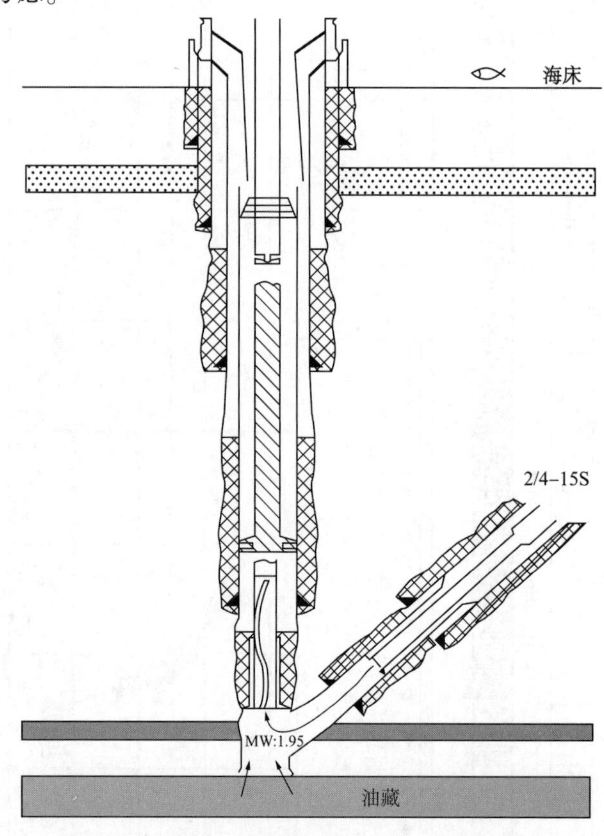

图12.30 救援井钻进井喷事故井后的油井状态

（1）救援井下尾管并固井，在钻入井喷事故井之前，是否应在尾管下方做漏失试验？做漏失试验的结果可能是。

① 漏失试验成功，井的完整性得到验证，压井作业可以安全进行；

② 如果发生钻井液漏失并流入井喷事故井，情况就会变得更糟，局部连通可能会导致两口井的同时井喷。

（2）如果不做漏失试验，如何保证救援井的完整性，特别是在救援井也存在井喷风险的情况下。

关于上述几个问题的答案，请务必牢记：井喷事故井的井筒压力低，相应的切向应力高；而救援井的钻井液密度高，切向应力低。因此，答案就简单了。如果裂缝从救援井起裂并向井喷事故井方向延伸，将遇到切向应力引起的高应力区域，裂缝无法穿越高应力区，而转向其他方向延伸，如图 12.31 所示。

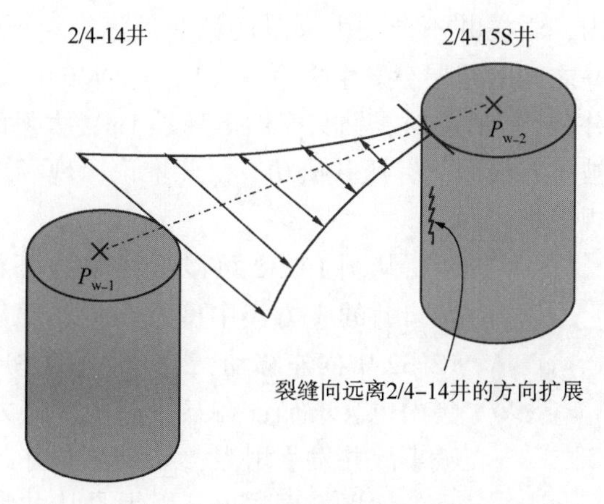

图 12.31　井眼完整性测试时的切向(环向)应力

总而言之，对上述问题的回答是，应该进行漏失试验，以确定救援井的完整性。由于井喷事故井的井底压力低，造成附近地层切向应力增大，潜在的裂缝不可能延展到井喷事故井。

因此，进行了漏失试验，并在压力为 2.35 s.g. 时停止试验，足以进行压井作业，没有观察到裂缝突破井喷事故井。

12.11.2　两井连通时井壁坍塌问题

下一种情况是裂缝突破井喷事故井，井喷事故井和救援井之间建立了连通。对于当时的这种情况，使用了新开发的相邻井筒的破裂压力预测模型，模拟结果如图 12.32 所示。

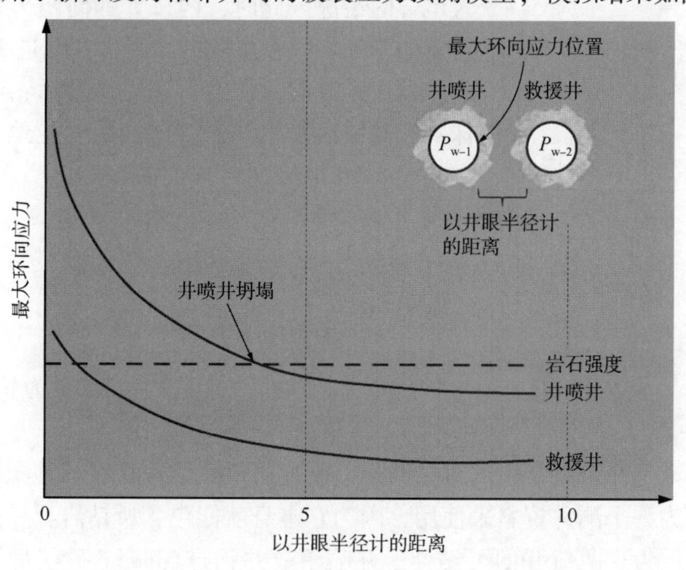

图 12.32　救援井接近井喷事故井时环向应力增加

救援井尾管以下井段钻进时，两个井筒之间的距离逐渐减小。图 12.32 所示为两井之间地层的应力集中系数曲线(根据第 12.6 节中介绍的理论绘制)。救援井的井下压力高，井壁切向应力较低。

许多工程师认为，相邻两口井之间的地层会发生破裂。其实，该观点是不正确的，裂缝会被限制在一定区域内，救援井不会发生大量的钻井液流失，不足以压死井喷事故井。实际发生的情况是，两井之间的地层会发生坍塌，形成一个大的洞穴。在所讨论的实例井事件中，当钻进至两井井距约为 1m 时，钻头突然下降了 1m；大量的钻井液流失，在很短的时间内，井喷事故井被压井液填满，压井成功。由此推论，现场出现的情形，只能说明两口井之间地层发生大规模坍塌。

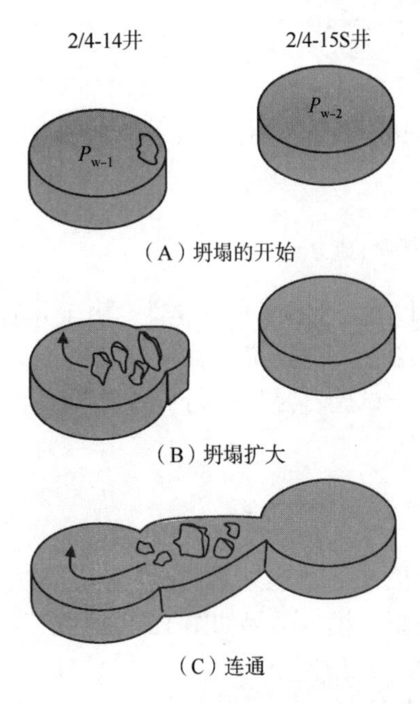

图 12.33 连通过程示意图

从图 12.32 可以看出其破坏机制，在一定距离时，两口井的应力集中度都很低，随着井距越来越小(在图 12.32 中向左移动)，出现了邻井应力效应，相应的应力集中也会增加；在某一点上，应力超过了岩石强度，井喷事故井发生坍塌，导致两井井距缩短，从而导致更严重的坍塌。事实上，坍塌是从井喷事故井开始的，并以爆炸性的方式向救援井扩展，这与现场看到的情形一致。即钻头突然下降，大量的钻井液瞬间流失。

图 12.33 进一步说明了爆炸性坍塌的过程，坍塌一旦发生就会瞬间扩大。

12.11.3 来自可钻性分析的信息

由于氢脆作用，套管被破坏，井喷事故井已经完全坍塌，能获得的信息有限。图 12.34 所示为救援井刚下入尾管的情况。此时，两口井的间距为 6.4m。图 12.34 还显示了发生井喷事故的原因，在钻进 Mandal 砂层过程中，发生了井漏，在重新建立循环后，继续钻进，钻至侏罗纪储层后发生井涌，储油层发生地下井喷，进入上方的 Mandal 地层，然后从井口喷出。

机械钻速的方程式为：

$$\mathrm{ROP}=K_{\mathrm{D}}\frac{\mathrm{WOB}\cdot N}{D} \tag{12.53}$$

式中：ROP 为机械钻速，ft/h(m/h)；K_{D} 为可钻性系数；WOB 为钻压；N 为转速，r/min；D 为钻头直径。

可钻性实际上是一个归一化的机械钻速，硬地层机械钻速低，软地层机械钻速高。机械钻速也可以作为一个测井资料来使用，因为它本身就能包含所钻岩石一些性能的信息。

图 12.35 所示为这两口井的可钻性。井喷事故井钻进 Mandal 砂层后，可钻性增加了 10 倍，并发生井漏事故。上侏罗统储层的可钻性也很高。事实上，盖层的可钻性通常较

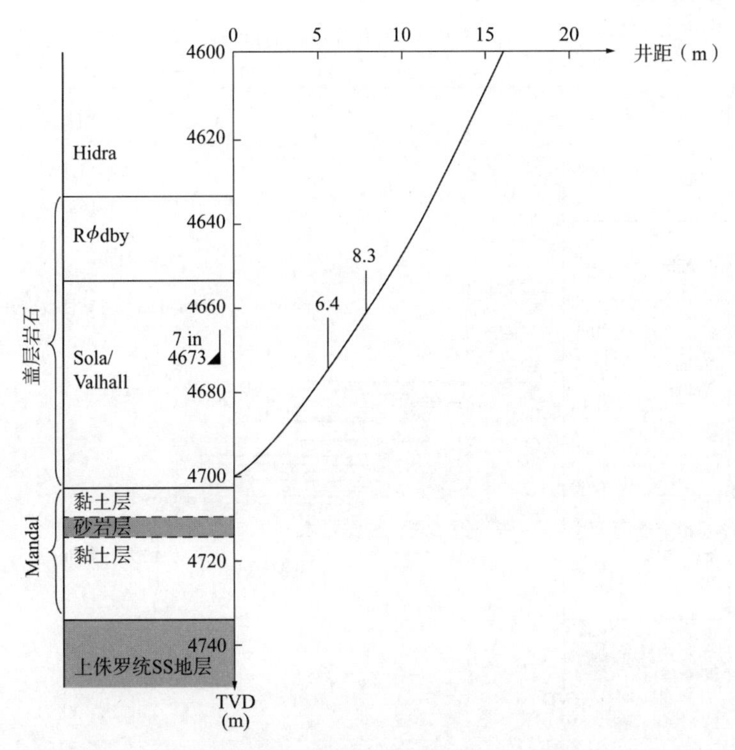

图 12. 34 救援井与井喷事故井的井距

低，而高压储层往往具有高孔隙度，可钻性较好。

救援井是在井喷发生 1 年后钻的。可以看到，两口井的可钻性在井深 4675m 以上几乎相同，该深度时井距为 6. 4m。在该深度以下井段，救援井的可钻性显著提高。井喷发生后，地层液体以每天约 18000bbl 从地下喷出，历时 1 年，导致地层孔隙压力降低，引起岩石性质的变化，甚至是出现沉降或塌陷。

众所周知，当救援井接近井喷事故井时，像是“回基地”，意思是它直接向井喷事故井方向钻进，如图 12. 35 所示。在岩石性质改变区域(半径为 6. 4m)的可钻性增加，在这个区域内岩石更易钻进，钻头沿着阻力最小的方向前进。

这表明，可钻性是目前能从钻头上测得的唯一参数，可为井控事件的分析提供宝贵信息。

12. 12 考虑加载过程和温度变化的破裂压力预测模型

石油工业中使用的破裂压力方程是由基于环向应力的基尔希方程推导而来的，由于其过于简单，几乎只用于预测地层破裂的起裂压力，不适用于分析载荷变化的历程。

Aadnoy 和 Belayneh(2008)开发了一个新的模型，将载荷变化考虑在内。该模型通过计算由初始原地应力条件干扰引起的井壁载荷，采用体积应变平衡，建立破裂压力预测方程式。由于井筒在径向上受到载荷作用，产生切向张力，因此产生了泊松效应。此外，该通用模型，还考虑了温度变化的影响。

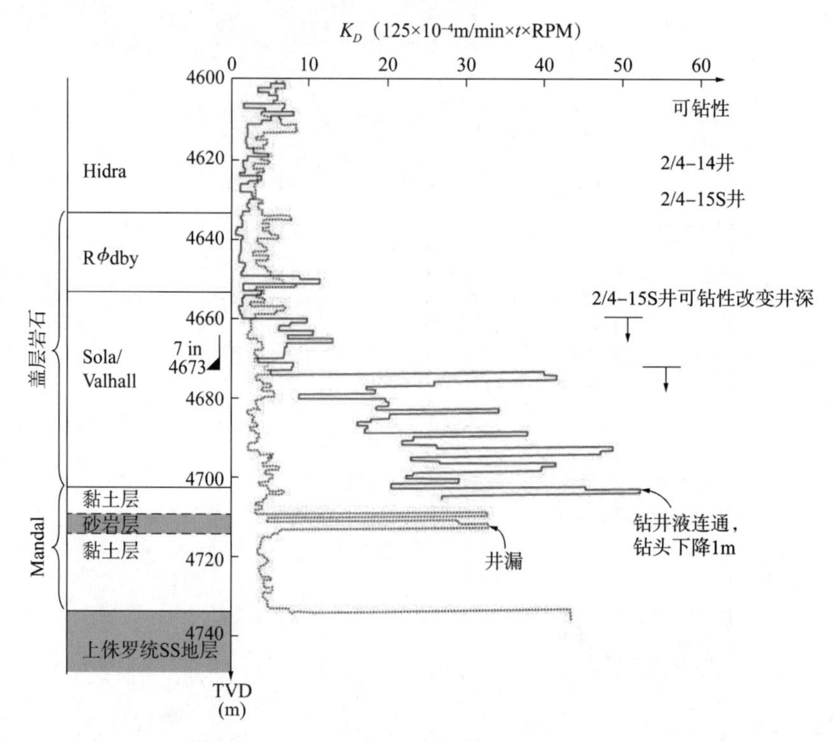

图 12.35　井喷事故井和救援井地层的可钻性

12.12.1　泊松比的影响

井壁破裂时，井壁应力发生变化，局部应力场在三个维度上受到影响，因此在应力耦合时，应考虑泊松比。

假设在钻井之前，岩层中存在一个主应力状态，如果井下压力等于原地应力状态，那么近井筒的应力状态仍然是主应力状态(Aadnoy，1996)；在此基础上，降低或增加钻井液密度，会导致应力受泊松比的影响。假设主应力状态由 σ_v、σ_h 和 σ_H 组成，根据线性弹性模型，破裂压力可由式(12.54)给出(参见附录 B 中的详细讨论)：

$$P_{wf}=\frac{(1+\nu)(1-\nu^2)}{3\nu(1-2\nu)+(1+\nu)^2}(3\sigma_h-\sigma_H-2P_o)+P_o \tag{12.54}$$

式(12.54)与岩石力学中常用的所谓基尔希方程类似，只是前面多一个比例系数。

在继续讨论之前，先来探讨式(12.54)中前面的比例系数项。该比例系数 K_{S1} 与泊松比有关，可以定义为：

$$K_{S1}=\frac{(1+\nu)(1-\nu^2)}{3\nu(1-2\nu)+(1+\nu)^2} \tag{12.55}$$

图 12.36 显示了泊松比效应的大小。泊松比的一个典型值是 0.25，此时，比例系数为 $K_{S1}=0.605$。这意味着，如果考虑到泊松比的影响，会产生不同的破裂压力。泊松比为 0 时，比例系数极值为 $K_{S1}=1$。目前上述成果在石油工业得到了应用。

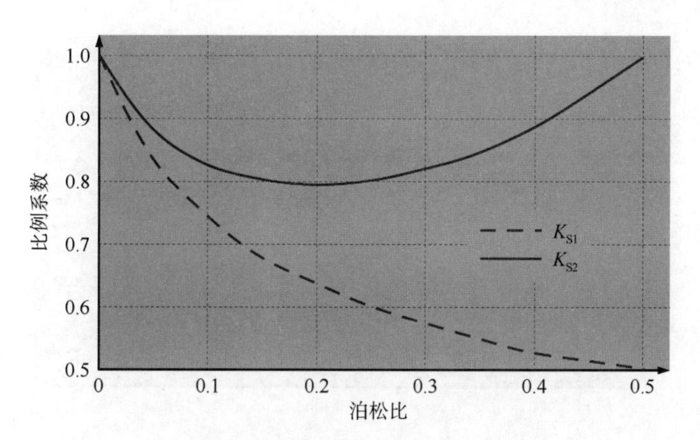

图 12.36 泊松比效应引起的比例系数

12.12.2 温度变化的影响

附录 B 中推导出的破裂压力预测模型，考虑了温度变化的影响。如果井筒被加热或冷却，破裂压力会因为井筒膨胀或收缩导致的环向应力的变化而发生变化。

温度变化对破裂压力方程式的影响可表示为：

$$\frac{(1+\nu)^2}{3\nu(1-2\nu)+(1+\nu)^2}E\alpha\Delta T \tag{12.56}$$

式中：E 为弹性模量，Pa；α 为线性膨胀系数,℃$^{-1}$；ΔT 为与初始温度相比的温差,℃。

K_{S2}是温度效应的比例系数，如图 12.36 所示(也可参见附录B)，用泊松比来表示，其表达式为：

$$K_{S2}=\frac{(1+\nu)^2}{3\nu(1-2\nu)+(1+\nu)^2} \tag{12.57}$$

12.12.3 初始条件和历史数据的拟合

基尔希方程没有考虑载荷的变化，没有考虑前面定义的载荷变化对应力的影响。为了分析载荷变化造成的影响，必须建立初始条件。

图 12.37 所示为载荷变化情况，左边部分表示钻井前的应力状态。在钻井阶段，井筒形成，来自钻井液的载荷不同于钻井前的原地应力。图 12.37 还说明了井筒所承受的各种载荷，最右边是漏失试验时的载荷。本书的模型参考了钻井前的原地应力，泊松比效应只作用于偏离初始应力状态的载荷。

12.12.3.1 初始条件

假设在钻井前，岩层中存在一个主应力状态，如果井筒方向偏离主应力方向，应力必须在空间上进行转换。地层破裂时，泊松比效应只有在应力大小偏离主应力状态时有效。

假设直井的原地应力状态为 σ_H、σ_h 和 σ_v，其中垂直应力 σ_v 最大。在这种情况下，

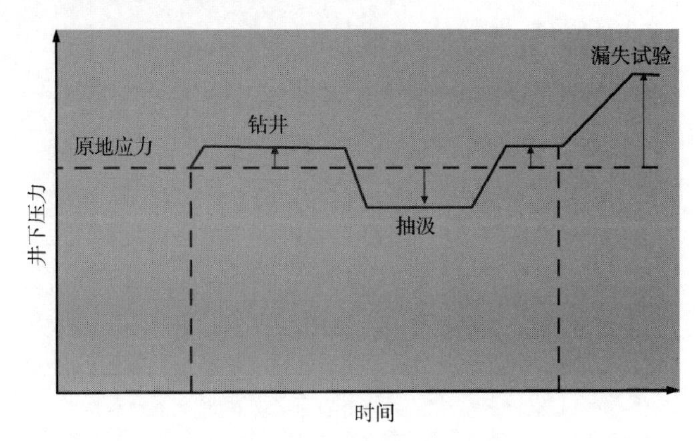

图 12.37　井筒压力变化过程

井壁在 σ_H 的方向上发生破裂，垂直于这个方向的原地应力是 σ_h，该 σ_h 确定了原地应力的初始条件。破裂压力等于原地应力加上大于原地应力的载荷，其中包括泊松比效应产生的载荷。

12.12.3.2　各向同性应力加载

如果井筒周围存在着各向同性的载荷(井壁上的法向应力相等)，载荷条件比较简单，初始应力就等于钻井前原地应力。地层破裂加载过程是在初始应力(等于钻井前原地应力)的基础上，加上考虑泊松比效应的环向应力，直到达到破裂压力，因此，地层破裂压力可表示为：

$$P_{wf}=\sigma+K_{S1}(2\sigma-\sigma-2P_o)+P_o=\sigma+P_o+K_{S1}(\sigma-2P_o) \tag{12.58}$$

2.12.3.3　各向异性应力加载

在各向异性的应力情况下，井壁上的两个法向应力具有不同的大小。假设是直井，这两个应力可以定义为 σ_H 和 σ_h，即最大水平应力和最小水平应力。

由于井筒内充满了钻井液，这两个应力不可能同时成为初始条件。在裂缝起裂位置，初始应力状态是 σ_H，因此选择这个应力作为初始状态，破裂压力方程变为：

$$P_{wf}=\sigma_H+K_{S1}(3\sigma_h-\sigma_H-\sigma_H-2P_o)+P_o=\sigma_H+P_o+2K_{S1}\left(\frac{3}{2}\sigma_h-\sigma_H-P_o\right) \tag{12.59}$$

12.12.3.4　弹塑性阻隔物(滤饼)

Aadnoy 和 Belayneh(2004)发现，滤饼的特性是塑性，事实上因此产生了更高的破裂压力。目前，还没有现场方法来计算滤饼影响的大小，所以通常被忽略。然而，在未来，需要考虑滤饼的影响。滤饼的影响是一种静水压效应，因此，由于滤饼的存在，井壁破裂压力增加值为(对破裂压力的贡献如下)：

$$\Delta P=\frac{2S_y}{\sqrt{3}}\ln\left(1+\frac{t}{a}\right) \tag{12.60}$$

式中：S_y 为滤饼颗粒的屈服强度，N/m²；t 为滤饼的厚度，m；a 为井筒半径，m。

12.12.3.5 初始温度条件

由于温度变化导致应力变化的一般方程式是：

$$\sigma_{\mathrm{T}}=\frac{E\alpha}{(1-\nu)}\Delta T=\frac{E\alpha}{(1-\nu)}(T-T_{\mathrm{o}}) \tag{12.61}$$

式中：T_{o} 为原始原地温度。

在附录B中，推导出一个破裂压力方程，其中包括了径向载荷变化引起的泊松比效应，考虑温度变化的破裂压力预测方程式与该方程类似，区别仅在于比例系数不同。

假设在原地应力条件下，存在原始原地温度，任何温度变化都可能造成周向应力的变化，从而使破裂压力随之变化。式(12.56)可以修改为(见附录B)：

$$P_{\mathrm{T}}=\frac{(1+\nu)^2}{3\nu(1-2\nu)+(1+\nu)^2}E\alpha(T-T_{\mathrm{o}}) \tag{12.62}$$

12.12.3.6 载荷历史拟合的完整模型

全面考虑载荷变化、温度变化和滤饼等因素影响，建立了适用于任意井筒方向的通用破裂压力模型；与上述方程相似，原地应力需在空间上进行转换。在(x, y)坐标系中，通用破裂压力方程可写为：

$$P_{\mathrm{wf}}=\sigma_{y}+\frac{2(1+\nu)(1-\nu^2)}{3\nu(1-2\nu)+(1+\nu)^2}\left(\frac{3}{2}\sigma_{x}-\sigma_{y}-P_{\mathrm{o}}\right)+P_{\mathrm{o}}+\frac{(1+\nu)^2}{3\nu(1-2\nu)+(1+\nu)^2}E\alpha(T-T_{\mathrm{o}})+\frac{2S_{\mathrm{y}}}{\sqrt{3}}\left(1+\frac{t}{a}\right) \tag{12.63}$$

式中：σ_x 为作用于井壁上的最小法向应力。

2.12.4 新模型的应用

例题12.6和例题12.7说明了在破裂压力预测中考虑泊松比和温度效应的重要性。还注意到，新的方程使用起来很简单。

12.13 流动诱导应力的影响

Lubinsky(1954)认为，热弹性—孔隙弹性之间的类比关系可以用来计算材料内部体积力引起的应力，多孔介质中的流体流动是体积力的一种形式。Biot推导出了另一个被广泛使用的热类比方法(Geertsma，1966)。

Lubinsky模型中，对作用在岩石基质上的载荷(在本章例子中是上覆应力和水平原地应力)引起的应力、岩石中任何位置的静水压力以及流体流动引起的体积力的解进行叠加；在比较热应力问题和相应的多孔介质内流体流动应力问题时，Lubinsky用压力代替温度，采用了热应力解，热膨胀系数替换为：

$$K=\frac{(1-\beta)(1-2\nu)}{E} \tag{12.64}$$

式中：K 为体积模量；E 为弹性模量；β 为 Biot 常数；ν 为泊松比。

在推导上述方程时，假设压力为径向且对称分布，即采用厚壁圆筒方法，所有的剪切应力和剪切应变均为 0，此时可以使用应力平衡方程。

Aadnoy(1987b)将 Lubinsky 方程扩展到具有各向异性原地应力的一般情况，对于内部有流体压力的多孔介质，式(11.12a)可以改写为：

$$\begin{cases}\varepsilon_r-KP=\dfrac{1}{E}[\sigma_r-\nu(\sigma_\theta+\sigma_z)]\\[2ex]\varepsilon_\theta-KP=\dfrac{1}{E}[\sigma_\theta-\nu(\sigma_r+\sigma_z)]\\[2ex]\varepsilon_z-KP=\dfrac{1}{E}[\sigma_z-\nu(\sigma_r+\sigma_\theta)]\end{cases}\tag{12.65}$$

解该方程组，求出应力，且平面应变为 0，即 $\varepsilon_z=0$。根据非线性应变的定义和平衡方程，包括体积力的微分方程为：

$$\frac{\mathrm{d}}{\mathrm{d}r}\left[\frac{1}{r}\frac{\mathrm{d}(ru_r)}{\mathrm{d}r}\right]=K\frac{1+\nu\mathrm{d}P}{1-\nu\mathrm{d}r}\tag{12.66}$$

可以观察到，该方程与一般应力模型类似，但一般应力模型等号右侧为 0。事实上，式(12.66)的右边就是要求解的流体流动应力。对这个方程进行积分，可以得到：

$$\begin{cases}u_r=\dfrac{1+\nu}{1+\nu}\dfrac{K}{r}\displaystyle\int_a^r \mathrm{Prd}r-C_1r-\dfrac{C_2}{r}\\[2ex]\sigma_r=\dfrac{KE}{1-\nu}\dfrac{1}{r^2}\displaystyle\int_a^r \mathrm{Prd}r-\dfrac{E}{(1+\nu)(1-2\nu)}\left[C_1-\dfrac{C_2}{r^2}(1-2\nu)\right]\\[2ex]\sigma_\theta=\dfrac{KE}{1-\nu}\dfrac{1}{r^2}\displaystyle\int_a^r \mathrm{Prd}r+\dfrac{KEP}{1-\nu}-\dfrac{E}{(1+\nu)(1-2\nu)}\left[C_1+\dfrac{C_2}{r^2}(1-2\nu)\right]\\[2ex]\sigma_z=\dfrac{KEP}{1-\nu}-\dfrac{2\nu EC_1}{(1+\nu)(1-2\nu)}\end{cases}\tag{12.67}$$

按 σ_z 方向分布的法向作用力必须施加在圆柱体两端，且始终保持 $\varepsilon_z=0$。圆柱体的内半径为 a，外半径为 b，式(12.67)中的常数 C_1 和 C_2 的取值使径向应力 σ_r 在这两个半径处均为 0，假设外半径 b 为无穷大，那么得到边界条件为：

$$C_1=C_2=0$$

流动诱导应力方程式(12.67)变为：

$$\begin{cases}\sigma_r=(1-\beta)\dfrac{1-2\nu}{1-\nu}\left(\dfrac{1}{r^2}\displaystyle\int_a^r P r\mathrm{d}r\right)\\[2ex]\sigma_\theta=(1-\beta)\dfrac{1-2\nu}{1-\nu}\left(\dfrac{1}{r^2}\displaystyle\int_a^r P r\mathrm{d}r-P\right)\end{cases}\tag{12.68}$$

$$\sigma_z=(1-\beta)\frac{1-2\nu}{1-\nu}P$$

式中：Pr 被称为普朗特数（Prantel 数），其值为 $Pr=\nu/\alpha$，其中 α 为流体的热扩散率（m^2/s），其值为$\alpha=k/\rho_{cp}$。

正如第 7.6 节所讨论的，有效应力等于总应力减去孔隙压力乘以一个系数[也就是 Serafim（1968）给出的方程式]。Lubinsky（1954）将这个系数定义为孔隙度，这在今天是不可接受的。Nur 和 Byerlee（1971）通过分析得出，该系数等于 Biot 常数，因此，他们用下式[与式（7.12a）相同]来表示有效应力：

$$\sigma'=\sigma-\beta P_o$$

对于许多岩石，Biot 常数在 0.8 左右，然而，在岩土工程和岩石力学中，规范做法是将该常数定义为 1。

将径向流动方程定义为：

$$P=P_w-(P_w-P_o)\frac{\lg(r/a)}{\lg(b/a)} \tag{12.69}$$

并将其代入式（12.68）中，应力方程变为：

$$\begin{cases}\sigma_r=(1-\beta)\dfrac{1-2\nu}{1-\nu}\dfrac{P_w-P_o}{2}\left\{\left(1-\dfrac{a^2}{r^2}\right)\left[1+\dfrac{1}{2\lg(b/a)}\right]-\dfrac{\lg(r/a)}{\lg(b/a)}\right\}\\ \sigma_\theta=(1-\beta)\dfrac{1-2\nu}{1-\nu}\dfrac{P_w-P_o}{2}\left\{\left(1-\dfrac{a^2}{r^2}\right)\left[1+\dfrac{1}{2\lg(b/a)}\right]-2+\dfrac{\lg(r/a)}{\lg(b/a)}\right\}\\ \sigma_z=(1-\beta)\dfrac{1-2\nu}{1-\nu}(P_w-P_o)\left[1-\dfrac{\lg(r/a)}{\lg(b/a)}\right]\end{cases} \tag{12.70}$$

在井壁处，即 $r=a$，式（12.70）简化为：

$$\begin{cases}\sigma_r=0\\ \sigma_\theta=-(1-\beta)\dfrac{1-2\nu}{1-\nu}(P_w-P_o)\\ \sigma_z=-(1-\beta)\dfrac{1-2\nu}{1-\nu}(P_w-P_o)\end{cases} \tag{12.71}$$

Aadnoy（1987b）也讨论了井筒两端的边界条件，并得出结论，上述方程式对平面应力和平面应变都有效。

现在将利用稳态流动（$b/a=100$）、中间态流动（$b/a=2$）、瞬态流动（$b/a=10$）三种压力曲线分析上述方程的一些特点。

图 12.38 所示为稳态流动压力曲线。假设井筒压力是原始储层压力的两倍，这是井筒达到破裂时具有代表性的井筒压力。此时，井筒径向应力为 0，但在离井壁一小段距离处观察到一个最大正值压力。另一方面，切向应力分量为拉伸应力，稳态流动条件下，总拉

伸应力增加将会降低井壁稳定性。流体流入地层会引起轴向拉伸应力，但对井壁稳定性影响不大，可以不关注。

中间流态特点与稳态类似，如图 12.39 所示。

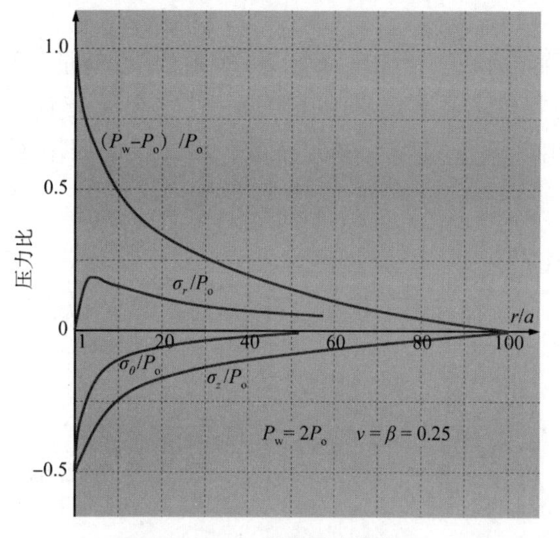

图 12.38　稳态压力曲线

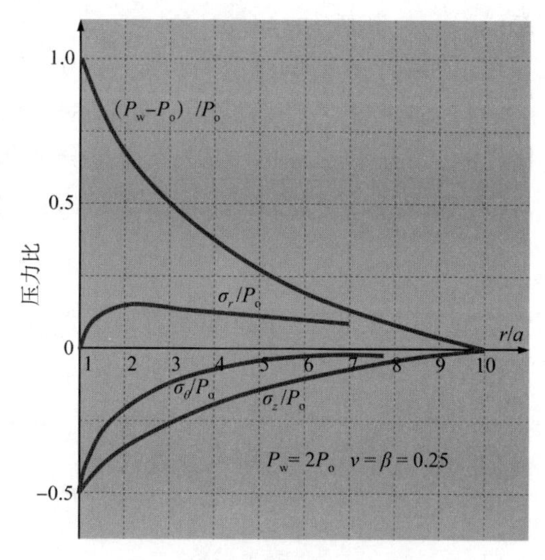

图 12.39　中间流态压力曲线

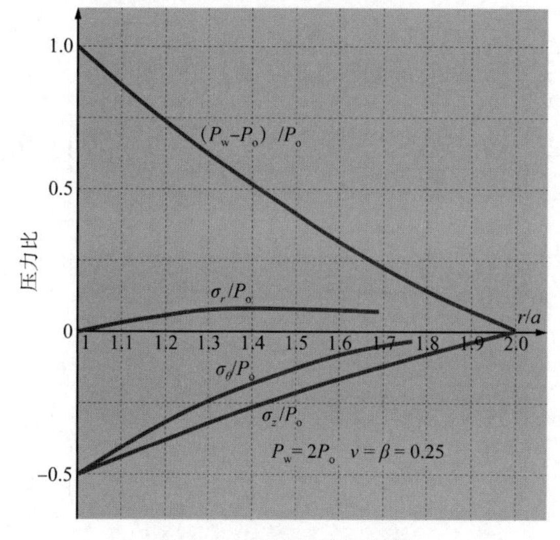

图 12.40　瞬态压力曲线

图 12.40 所示为瞬态流动情况下的压力曲线。可以观察到总体趋势相同，但压力大小不同。

注 12.11：当流体流入地层时，由于切向应力的降低，井筒稳定性会降低。径向应力和轴向应力对井壁稳定性影响不大。在压力下降时，流体的流动可能会稍微改善井筒的稳定性，其改善效果正比于井筒压力与地层压力的差值。从瞬态流动变为稳态流动时，只增加径向应力分量。流动引起的应力可以与外部原地载荷和井筒内压引起的应力叠加。

12.14　出砂模拟

出砂是选择完井方案时需要考虑的关键问题，不仅直接影响到完井技术方案选择和长期修井作业计划，而且还会影响到为缓解出砂问题所采用的智能井系统。

本节将研究原地应力、岩石性能和井筒几何形状对油井出砂的影响。首先，利用基尔希方程探讨当初始油井为圆形井眼时的出砂情况；然后，本节第二部分将建立井筒因井壁坍塌而成为椭圆形状时的出砂模型，并进行讨论。

12.14.1 储层枯竭期间的出砂量

出砂对完井技术方案选择和应用有重大的影响，如裸眼完井、筛网完井或割缝尾管完井。

本节将介绍一种与井筒压力有关的出砂模型，该模型也适用于欠平衡钻井时的井筒坍塌。该模型基于全三维分析，考虑了载荷变化历程，是针对各向异性的应力而创建的，适用于各种井筒。同时，岩石的内聚强度对储层枯竭阶段的井壁稳定性有重要影响。

本节还介绍两个油田案例，第一个案例研究直井和水平井的潜在出砂量，第二个案例将研究直井中原地应力和岩石性能对出砂的影响。

井壁坍塌是一种在低井筒压力下发生的剪切破坏。在低井筒压力下，切向应力变得很大，最终导致井壁坍塌。岩石碎片从井筒壁上脱落，在各向异性的法向应力作用下，往往会形成卵圆形井眼。

出砂不仅发生在钻井阶段，而且在采油阶段更常见，主要是因为井筒压力随着流速的增加而降低，井壁切向应力增大。事实上，井壁坍塌和出砂是属于同一类型的事故，只是分别发生在钻井和生产的不同阶段。

本节介绍的模型是为了研究出砂问题而建立的，它们同样适用于井筒坍塌的研究(Aadnoy and Kaarstad，2010a)。

12.14.1.1 出砂破坏模型

出砂破坏模型的基础是第5.4节介绍的莫仑—库仑破坏模型，如图5.3、式(5.3)和式(5.4)所示。

莫尔—库仑模型描述了一些材料的性能，ϕ 被定义为内摩擦角，例如，砂岩层会沿着剪切面产生摩擦力，限制砂粒运动，无论砂粒是否被胶结。内聚强度 τ_o 表示材料的胶结程度。

根据莫尔—库仑模型，将式(5.4)代入式(5.3)，得到井壁坍塌破坏时的应力状态方程式：

$$\tau=\frac{1}{2}(\sigma'_1-\sigma'_3)\cos\phi=\tau_o+\left[\frac{1}{2}(\sigma'_1+\sigma'_3)-\frac{1}{2}(\sigma'_1-\sigma'_3)\sin\phi\right]\tan\phi \tag{12.72}$$

式中：σ_1'和σ_3'为有效主应力，由式(12.14a)和式(12.14b)给出。

式(12.72)与井筒壁坍塌方程式相同，但边界条件不同。对于井筒坍塌，通常井筒压力高于孔隙压力，需要采用无穿透边界条件(滑移条件)。对于欠平衡钻井和出砂，井筒压力等于孔隙压力，这就需要采用穿透边界条件(非滑移条件)(见第12.7节)，那么最小主应力就变成：

$$\sigma'_3=P_w-P_o=0 \tag{12.73}$$

将式(12.73)的边界条件用于式(12.72)，后者简化为：

$$\sigma'_1=2\tau_o\frac{\cos\phi}{1-\sin\phi} \tag{12.74}$$

12.14.1.2 井筒应力

根据式(12.9)，井筒最小主应力等于井筒压力，如果井眼方向与其中一个主应力一致，最大主应力等于切向应力，即：

$$\sigma_1 = 3\sigma_{max} - \sigma_{min} - P_w \tag{12.75}$$

井筒将沿着最大法向应力的方向坍塌，最大法向应力等于垂直于井筒的最大原地应力。

将式(12.74)代入式(12.75)，穿透条件下的坍塌压力为：

$$P_{wc} = \frac{1}{2}(3\sigma_{max} - \sigma_{min}) - \frac{\cos\phi}{1-\sin\phi}\tau_o \tag{12.76}$$

12.14.1.3 孔隙压力下降的影响

随着孔隙压力的降低，有效岩石应力也会发生变化，这在第12.10节中已经讨论过。

一般来说，上覆地层应力恒定不变，但当孔隙压力降低时，有效上覆应力势必增大。在三维空间中，有效上覆应力的变化会引起有效水平应力发生变化，这种现象称为泊松比效应，如图12.24所示。

孔隙压力降低将导致破裂压力降低，同时坍塌压力也会降低。Aadnoy(1991，1996)创建了一个压实模型，用于评估孔隙压力变化时水平应力的变化。正如第12.10节讨论的那样，该模型适用于地层枯竭造成孔隙压力降低的情况，也适用于注水期间孔隙压力增加的情况。水平应力和井壁破裂压力的变化可分别用式(12.48a)、式(12.48b)和式(12.49)表示。

在孔隙压力降低的情况下，由式(12.48a)和式(12.48b)表示的水平应力的变化可改写为：

$$\sigma_h^* = \sigma_h - \frac{1-2\nu}{1-\nu}(P_o - P_o^*) \tag{12.77a}$$

$$\sigma_H^* = \sigma_H - \frac{1-2\nu}{1-\nu}(P_o - P_o^*) \tag{12.77b}$$

式中：*表示地层枯竭条件。为了确保完整性，还应定义临界破裂压力。根据式(12.49)，在孔隙压力枯竭的条件下，临界破裂压力可表示为：

$$P_{wf}^* = P_{wf} - \frac{1-3\nu}{1-\nu}(P_o - P_o^*) \tag{12.78}$$

式(12.78)适用于直井。对于水平井，泊松比的比值项与式(12.77a)和式(12.77b)的不同，水平井临界破裂压力表达式如下：

$$P_{wf}^* = P_{wf} - \frac{2-5\nu}{1-\nu}(P_o - P_o^*) \tag{12.79}$$

将式(12.77a)和式(12.77b)代入式(12.76)，可以得到直井的临界坍塌压力：

$$P_{wc}^* = \frac{1}{2}(3\sigma_{max}^* - \sigma_{min}^*) - \frac{\cos\phi}{1-\sin\phi}\tau_o$$

$$= P_{wc} + \frac{1}{2}(3\Delta\sigma_{max} - \Delta\sigma_{min}) \tag{12.80}$$

式中：P_{wc}由式(12.76)确定。注意：σ_{max}的大小将取决于井筒的方向和倾角。利用式(12.77a)和式(12.77b)，式(12.80)也可用泊松比来表示，最终的方程式由读者在练习题12.9中自行推导。

表12.1为直井和水平井的临界坍塌压力和临界破裂压力的控制方程。表12.2为泊松比等于0.25时，直井和水平井的临界坍塌压力和临界破裂压力的控制方程。

从表12.1和表12.2可以看出，与直井相比，水平井的压实效应要严重得多。在压实模型中，上覆应力是恒定的，是水平井的最大法向应力；相对直井而言，水平井的原地应力也比较大。从表12.1中的最后一个方程可以看出，临界坍塌压力实际上可能会随着油藏枯竭而增大。

表12.1　直井和水平井的临界坍塌压力和临界破裂压力方程式

井型	破裂压力方程	坍塌压力方程
直井	$P_{wf}^* = P_{wf} - [(1-3\nu)(1-\nu)](P_o - P_o^*)$	$P_{wc}^* = P_{wc} - [(1-2\nu)/(1-\nu)](P_o - P_o^*)$
水平井	$P_{wf}^* = P_{wf} - [(2-5\nu)/(1-\nu)](P_o - P_o^*)$	$P_{wc}^* = P_{wc} + \{(1-2\nu)/[2(1-\nu)]\}(P_o - P_o^*)$

表12.2　泊松比等于0.25时，直井和水平井的临界坍塌压力和临界破裂压力方程

井型	破裂压力方程	坍塌压力方程
直井	$P_{wf}^* = P_{wf} - (1/3)(P_o - P_o^*)$	$P_{wc}^* = P_{wc} - (2/3)(P_o - P_o^*)$
水平井	$P_{wf}^* = P_{wf} - (P_o - P_o^*)$	$P_{wc}^* = P_{wc} + (1/3)(P_o - P_o^*)$

最后，令枯竭井壁坍塌压力等于枯竭孔隙压力，即$P_{wc}=P_o$，以确定井筒处于平衡状态且不出砂的最低井筒压力。根据表12.1中关于坍塌压力的两个公式，直井不出砂的最低井筒压力可表示为：

$$P_{wc}^* = \frac{1-\nu}{\nu}\left(P_{wc} - \frac{1-2\nu}{1-\nu}P_o\right) \tag{12.81a}$$

水平井不出砂的最低井筒压力可表示为：

$$P_{wc}^* = (1-\nu)\left(P_{wc} - \frac{1-2\nu}{1-\nu}P_o\right) \tag{12.81b}$$

请读者参考本章的例题12.8和例题12.9。

12.14.2　椭圆形井筒的产砂量

从严格意义上讲，第12.14.1节介绍的基于基尔希方程建立的模型只能适用于圆形井筒。井筒遭到破坏后，由于受各向异性的法向应力的作用，通常会呈椭圆形或卵圆形。最近，Aadnoy和Kaarstad(2010b)创建了针对椭圆形井眼的模型。下面介绍椭圆形井眼模型，然后计算油藏枯竭阶段井眼处于平衡状态时的产砂量。这些模型都是显示表达式，使用简单。

12.14.2.1　受压椭圆形井筒

多年来，在固体力学中，双轴载荷对带内压圆孔和椭圆形孔的影响问题，已进行广泛而深入的研究。例如，受双轴载荷作用的飞机机舱窗户的最佳形状设计中，应力集中问题的分析十分重要；同样，井筒周围的应力集中，对确定最佳井筒形状也至关重要。这在第12.5节和第12.6节中有详细讨论。

现实中，钻井时井眼总是圆形的，井筒周围的应力集中受到原地应力、地层孔隙压力和不规则井壁的影响，井壁周围的应力集中增加到一定程度时，井筒将以变形或井壁坍塌的形式，试图改变其初始的几何形状，使应力集中降低到最小，保持井眼稳定。

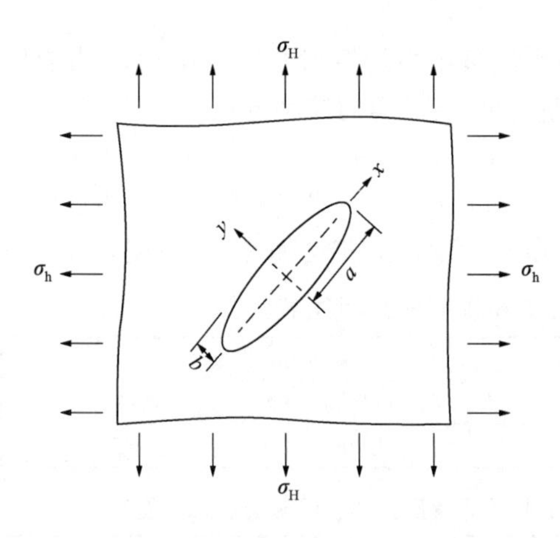

图 12.41　斜井椭圆形井筒的双轴张力

在油井整个生命周期中，由于油层逐渐枯竭，孔隙压力和原地水平应力会发生变化，井筒的最佳形状也会发生变化。

首先研究井筒变形的机理，根据已建立的受拉孔理论，推导出井壁应力方程，如图12.41所示。

因为圆孔是椭圆孔的一个特例，所以引入椭圆坐标系，计算受拉孔周围的应力分布(Inglis，1913)。已建立的方程，与在钻井工程中的应用之间的本质区别是，井筒处于压缩状态，而不是拉伸状态。因此，与受拉孔相比，井眼的剪切应力分量的最大值将转动90°。根据Pilkey(1997)的研究结果，在双轴压缩力作用下，椭圆形孔的短轴和长轴的切向应力为：

$$\sigma_A=(1+2c)\sigma_H-\sigma_h=K_A\sigma_h \tag{12.82}$$

$$\sigma_B=\left(1+\frac{2}{c}\right)\sigma_h-\sigma_H=K_B\sigma_h \tag{12.83}$$

式中：c为椭圆短轴长度和长轴长度之比，即椭圆度，$c=b/a$；K_A和K_B分别为A点和B点的应力集中系数。对于斜井，两个轴的切向应力分量用σ_x和σ_y代替。

如图12.42所示，当A点和B点的应力平衡时，椭圆孔是稳定的，并且没有首选的坍塌方向。对于井筒而言，只有当内聚强度(τ_o)和内摩擦角(ϕ)均等于0时，这才是正确的。由于实际井筒通常具有一定的抗坍塌能力，当最大切向应力(σ_A)与破坏准则(最大抗坍塌强度)平衡时，井筒椭圆形状将不再发生变化。此时$\sigma_A=\sigma_B$，表示在恒定的原地应力和井下压力条件下，井筒达到最大出砂量。

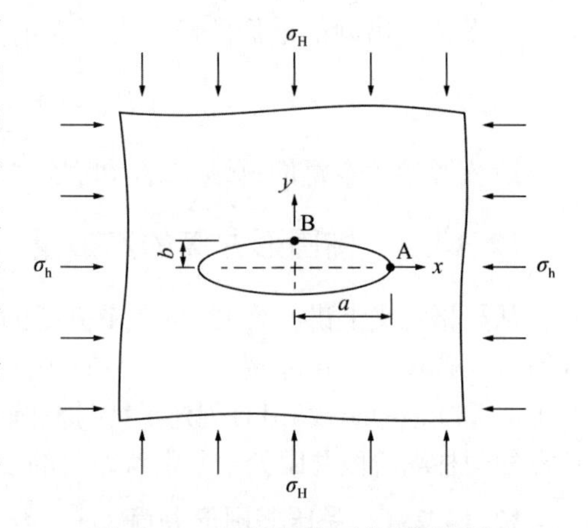

图 12.42　双轴压缩下的椭圆形孔

在正断层应力状态下，$\sigma_H=\sigma_h$，圆形井筒($c=1$)是稳定的。由于井筒圆周曲率一致，因此，应力集中系数$K_A=K_B=2$。

在各向异性原地应力场或斜井的情况下，垂直于井筒轴线的主应力通常不相等，因此井筒只有在椭圆形状时才是稳定的，如图 12.43 所示。

钢板上的圆形孔与井筒的另一个主要区别是，地层是一种多孔介质，始终充满了流体，当井筒中的流体压力等于孔隙压力时，地层受到的外部载荷等于 0，因此，井筒流体对地层施加的外部载荷等于井筒压力和孔隙压力之间的压力差。根据 Lekhnitskii(1968)的研究，受压状态的椭圆形井筒的切向应力为：

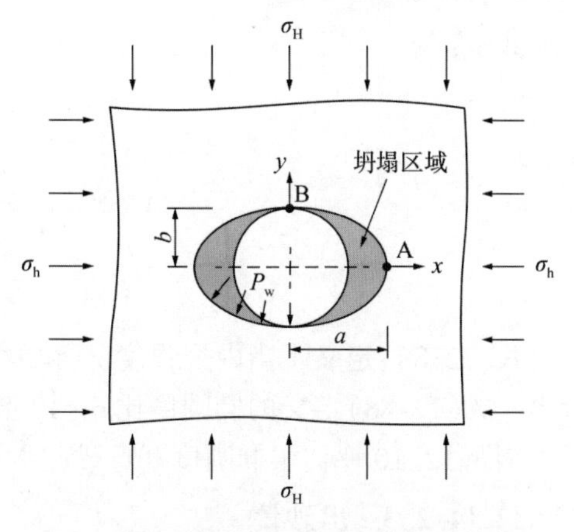

图 12.43 初始圆形孔和最终椭圆形孔

$$\sigma_A=(1+2c)\sigma_H-\sigma_h-\left(\frac{2}{c}-1\right)P_w \quad (12.84)$$

$$\sigma_B=\left(1+\frac{2}{c}\right)\sigma_h-\sigma_H-(2c-1)P_w \quad (12.85)$$

椭圆形井筒周围的切向应力均匀分布时，可认为井壁是稳定的，因此，A 点和 B 点的切向应力相等，令式(12.84)等于式(12.85)，得到：

$$c=\frac{b}{a}=\frac{\sigma_h+P_w}{\sigma_H+P_w} \quad (12.86)$$

式中的 c 值定义了当内聚强度(τ_o)和摩擦角(ϕ)均等于 0 时井筒的椭圆形状。式(12.86)表明，井筒的椭圆形状不仅与远场应力(σ_H，σ_h)有关，也井筒压力有关。

12.14.2.2 井壁坍塌

井壁坍塌是发生在低井筒压力下的剪切破坏。在低井筒压力下，切向应力变大，最终导致井壁破裂。由于应力集中效应，岩石碎片从井壁脱落，常常会使井筒变成椭圆形。Aadnoy 和 Kaarstad(2010a)介绍了由于油藏枯竭造成出砂的问题。

进一步拓展上述模型，用来预测井壁保持稳定时的井眼椭圆形状。假设井眼形状是由于井壁坍塌和出砂造成的，那么就可以计算出出砂量。

根据莫尔—库仑破坏模型，临界坍塌压力可由公(12.72)给出，地层液向井内流动时，井壁孔隙压力等于井筒压力，参见式(12.73)，此时，式(12.72)可简化为式(12.74)。

如果存在这样的条件：剪切应力为0，$\sigma_H=\sigma_h$，$\phi=0°$或$\gamma=0°$，那么最大主应力变为：

$$\sigma_1=\sigma_\theta=\sigma_A \quad (12.87)$$

这是因为当初始条件为圆形孔时，坍塌将发生在 A 点。将式(12.74)和式(12.84)代入式(12.87)中，并求解 c，可以得到：

$$c^*=\frac{-Y+\sqrt{Y^2-4XZ}}{2X} \quad (12.88)$$

式中：

$$X=2\sigma_{\mathrm{H}}$$

$$Y=\sigma_{\mathrm{H}}-\sigma_{\mathrm{h}}+P_{\mathrm{w}}-P_{\mathrm{o}}-2\tau_{\mathrm{o}}\frac{\cos\phi}{1-\sin\phi}$$

$$Z=2P_{\mathrm{w}}$$

式(12.88)定义了当内聚强度 τ_{o} 和内摩擦角 ϕ 都不等于 0 时，井筒的椭圆形状。由此看出，式(12.88)定义的椭圆度比式(12.86)定义的椭圆度要小。

例题 12.10 评估了椭圆度和产砂率的变化关系。

12.14.2.3　出砂量

出砂的体积等于椭圆形孔和圆形孔的体积之差：

$$V^{*}=\frac{\pi}{4}ab-\frac{\pi}{4}b^{2}=\frac{\pi}{4}\frac{1-c}{c}b^{2} \tag{12.89}$$

式中：V^{*} 为出砂率，m^{3}/m。

通过对出砂率积分，可以得到出砂总量，如式(12.90)所示：

$$V=\int V^{*}\mathrm{d}L=\int F(c,\ \tau_{\mathrm{o}})\mathrm{d}L \tag{12.90}$$

例题 12.11 对椭圆形状和出砂率的变化进行讨论。

12.14.2.4　油藏枯竭的影响

Aadnoy(1991)建立的压实模型，可用来评估孔隙压力随水平应力的变化特性。Aadnoy 和 Kaarstad(2010a)用该模型说明了孔隙压力下降对出砂量的影响，水平应力的变化由式(12.77a)和式(12.77b)表示，将这两个方程代入式(12.86)和式(12.88)，可以计算出油藏枯竭后的椭圆度。由于所有方向水平应力的变化相等，可以证明根据式(12.85)和式(12.87)计算得到的椭圆度更大，也就是说，c 值和 c^{*} 值都变小。

油藏枯竭对出砂的影响是：油井开始出砂，直到井眼形成稳定的椭圆形状，然后，随着油藏枯竭的发生，井眼形状又会发生变化，导致更多的出砂。油藏枯竭是一个缓慢的过程，所以第二阶段的出砂可能会延续很长的时间。油藏枯竭过程是连续的，但事实上地层并不完全均匀，井壁坍塌可能阶梯式发生，因此，油藏枯竭期间的出砂量也是阶梯式的。

在油藏枯竭期间，水平应力发生变化，而上覆应力保持不变，导致斜井和水平井的各向异性程度更严重，因此，斜井井筒的椭圆形状变化会更大。对任意方向的斜井，利用式(12.87)来求解井壁坍塌压力，可得出式(12.76)。将式(12.77a)和式(12.77b)代入式(12.76)并考虑井筒椭圆度 c，可以到得到油藏枯竭后的坍塌压力，表示为：

$$P_{\mathrm{wc}}^{*}=P_{\mathrm{wc}}+\frac{c}{2}\left[(1+2c)\Delta\sigma_{\max}-\Delta\sigma_{\min}\right] \tag{12.91}$$

例题 12.12 要求根据例题 12.10 中直井的已知条件，计算出在油藏枯竭时该井的椭圆度。

注 12.12：上面介绍的出砂模型根据井眼周围应力的各向异性计算确定井眼的椭圆形状，考虑了油藏枯竭期间地层孔隙压力和水平原地应力的变化对出砂量的影响，因此适用于油藏枯竭的情况。该模型基于三维压实模型，同时考虑了泊松比效应。应该指出的是，应力的各向异性是造成井筒椭圆形状的决定性因素。研究还表明，在内聚强度和内摩擦角不等于零的情况下，岩石内聚强度是造成井筒椭圆形状的关键因素。出砂量根据最终的椭圆形井筒和最初的圆形井筒的体积差计算。

12.15 井筒稳定性分析小结

以下是井筒稳定性分析的简要小结。所有方程式的推导过程在本书其他章节已经作过介绍(见第 11 章“井筒周围的应力”，本章也做了进一步深化)，这里汇集了最终使用的方程式。最后用实例说明精确求解方程和简化方程。

通常情况下，井筒稳定性分析包括以下四个步骤(如第 11.5.3 节所示)。

(1) 步骤 1，定义输入参数，如：

① 垂直上覆应力 σ_v；

② 原地主水平应力 σ_H 和 σ_h；

③ 孔隙压力 P_o；

④ 岩石的内聚强度 τ_o 和内摩擦角 ϕ ；

⑤ 泊松比 ν。

(2) 步骤 2，将原地主应力转化为沿井筒方向：

① 井筒倾角 γ；

② 井筒方位角 φ。

(3) 步骤 3，利用下述方程之一计算井壁破裂压力：

① 使用精确求解方程式(12.4)；

② 使用简化方程式(12.6)和方程式(12.7)。

(4) 步骤 4，使用下述方程之一计算临界井壁坍塌压力：

① 使用精确求解方程式(5.4)；

② 使用简化方程式(12.5)。

下面的实例将依次说明这些方程的应用。此外，还将讨论简化方程的误差。

12.15.1 原地应力分析

原地应力张量是所有井筒稳定性分析的一个必要输入数据。图 12.44 所示为由垂直应力分量和两个水平应力分量组成的原地应力状态。

沿着其中一个应力方向钻进的井筒，将直接受到上述应力的影响。图 12.44 所示为任意方向斜井井筒，根据步骤 2 需将原地应力转化到沿井筒的方向，可用转换方程(11.14)完成，即：

$$\sigma_x = (\sigma_H \cos^2\varphi + \sigma_h \sin^2\varphi)\cos^2\gamma + \sigma_v \sin^2\gamma$$

$$\sigma_y = \sigma_H \sin^2\varphi + \sigma_h \cos^2\varphi$$

$$\sigma_{zz}=(\sigma_{\mathrm{H}}\cos^2\varphi+\sigma_{\mathrm{h}}\sin^2\varphi)\sin^2\gamma+\sigma_{\mathrm{v}}\cos^2\gamma$$

$$\tau_{xy}=\frac{1}{2}(\sigma_{\mathrm{h}}-\sigma_{\mathrm{H}})\sin2\varphi\cos\gamma$$

$$\tau_{xz}=\frac{1}{2}(\sigma_{\mathrm{H}}\cos^2\varphi+\sigma_{\mathrm{h}}\sin^2\varphi-\sigma_{\mathrm{v}})\sin2\gamma$$

$$\tau_{yz}=\frac{1}{2}(\sigma_{\mathrm{h}}-\sigma_{\mathrm{H}})\sin2\varphi\sin\gamma$$

假设以下参数：

（1）上覆应力 $\sigma_{\mathrm{v}}=1.7$s. g.；

（2）原地水平应力 $\sigma_{\mathrm{H}}=1.53$s. g.，$\sigma_{\mathrm{h}}=1.36$s. g.；

（3）孔隙压力 $P_{\mathrm{o}}=1.03$s. g.；

（4）岩石的抗拉强度为0。

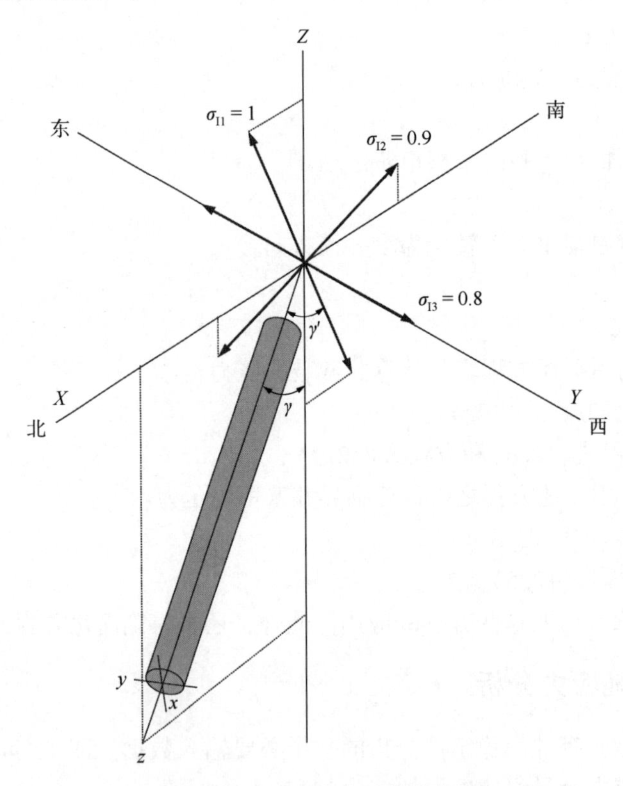

图 12.44　原地应力和斜井井筒

井筒方向的倾角为 $\gamma=30°$，相对最大原地水平应力 σ_{H} 方位角为 $\varphi=15°$。转换后的应力为：

$$\sigma_x=(1.53\cos^2 15°+1.36\sin^2 15°)\cos^2 30°+1.7\sin^2 30°=1.564$$

$$\sigma_y=1.53\sin^2 15°+1.36\cos^2 15°=1.371$$

$$\sigma_{zz}=(1.53\cos^2 15°+1.36\sin^2 15°)\sin^2 30°+1.7\cos^2 30°=1.655$$

$$\tau_{xy}=\frac{1}{2}(1.53-1.36)\sin(2\times 15°)\cos 30°=0.037$$

$$\tau_{xz}=\frac{1}{2}(1.53\cos^2 15°+1.36\sin^2 15°-1.7)\sin(2\times 30°)=-0.079$$

$$\tau_{yz}=\frac{1}{2}(1.53-1.36)\sin(2\times 15°)\sin 30°=0.021$$

上述方程定义了原地应力状态，将其转化为井筒的方向，可作为后续井筒稳定性分析的输入数据。

12.15.2　井壁破裂

井壁破裂通常发生在较高的井筒压力下，是由井壁岩石断裂引起的，往往会导致钻井液漏失。

第11章“井筒周围的应力”介绍了井壁不稳定性分析的一般方法，本章也做了进一步深化。对于井壁破裂，首先必须根据式(12.5)确定破裂开始位置：

$$\tan 2\theta=\frac{2\tau_{xy}}{\sigma_x-\sigma_y}=\frac{2\times 0.037}{1.564-1.371}=0.383$$

本例的解是井壁将在10.5°或190.5°处开始破裂。

用式(11.32)计算柱面坐标系的井筒剪切应力：

$$\tau\theta_z=2(-\tau_{xz}\sin\theta+\tau_{yz}\cos\theta)$$
$$=2[-(-0.079\sin 29.3°)+0.021\cos 10.5°]=0.028$$

式(12.4)为通用破裂压力方程，根据前面给出的数据，计算得出井壁临界破裂压力梯度的预测值为1.49s.g.。通常假设岩石的抗拉强度为0，因为岩石的抗拉强度本来就很弱，而且经常含有裂缝或裂纹，并非是完好的岩石。

12.15.3　简化破裂压力方程

上面是精确计算。通过线性化上述方程，可以得到简化方程。在下文中，将使用简化方程。

在本例中$\sigma_x>\sigma_y$，这种情况下，式(12.8b)适用，因此，破裂压力梯度变为：

$$P_{wf}=3\sigma_y-\sigma_x-P_o=3\times 1.371-1.564-1.03=1.519\text{s.g.}$$

简化方程计算得到的破裂压力梯度预测值过高，误差小于2%，对于许多实际应用来说，这是可以接受的。然而，在特定条件下，简化方程的解也是精确的，在式(12.6)所述的条件下，线性化方程的解是精确的。

12.15.4　井壁坍塌

井壁机械性坍塌往往发生在较低的井筒压力下，是由井筒壁上的高压缩载荷引起的，高压缩载荷引起岩石破坏，从而导致井筒扩大。

井壁坍塌压力分析的输入数据采用与本例前面部分相同的应力值，此外，必须确定岩石强度数据，假设：

（1）岩石内聚强度 τ_o = 0.5s.g.；

（2）岩石的内摩擦角 $\phi=30°$；

（3）泊松比 $\nu=0.25$。

井壁坍塌的起始位置也可用式(12.5)确定，但是，由于破裂代表一个最小的切向应力值，而坍塌代表一个最大的应力值，所以根据式(12.5)解得坍塌方向是100.5°。求解井壁坍塌起始位置的一个更简单的方法是，井壁坍塌起始位置总是与井壁起裂位置成90°角，也就是说坍塌位置等于10.5°+90°=100.5°。

下面计算精确解。根据式(11.32)，得出的井筒应力精确解为：

$$\sigma_r=P_w$$

$$\sigma_\theta=\sigma_x+\sigma_y-P_w-2(\sigma_x-\sigma_y)\cos2\theta-4\tau_{xy}\sin2\theta$$

$$=1.564+1.371-P_w-2(1.564-1.371)\cos(2\times100.5°)-$$

$$4\times0.037\sin(2\times100.5°)=3.348-P_w$$

$$\sigma_z=\sigma_{zz}-2\nu(\sigma_x-\sigma_y)\cos2\theta-4\nu\tau_{xy}\sin2\theta$$

$$=1.655-2\times0.25(1.564-1.371)\cos(2\times100.5°)-$$

$$4\times0.25\times0.037\sin(2\times100.5°)=1.758$$

$$\tau_{r\theta}=0$$

$$\tau_{rz}=0$$

$$\tau_{\theta z}=2(-\tau_{xz}\cos\theta+\tau_{yz}\sin\theta)$$

$$=2(-0.079\cos100.5°+0.021\sin100.5°)=0.007$$ [1]

下一步是根据式(12.9)确定井筒的最大主应力和最小主应力，即井筒有效应力为：

$$\sigma_1=3.351-P_w-1.03=2.321-P_w$$

$$\sigma_2=1.755-1.03=0.725$$

$$\sigma_3=P_w-1.03$$

根据莫尔—库仑破坏模型，即式(5.3)：

$$\tau=\tau_o+\sigma\tan\phi$$

其中井筒主应力可根据式(5.4)求得：

[1] 原书公式有误——编辑注。

$$\tau=\frac{1}{2}(\sigma_1-\sigma_3)\cos\phi$$

$$\sigma=\frac{1}{2}(\sigma_1+\sigma_3)-\frac{1}{2}(\sigma_1-\sigma_3)\sin\phi$$

将有效应力减去孔隙压力代入有效主应力公式，式(5.4)变为：

$$\tau=\frac{1}{2}(2.321-P_{\mathrm{w}})\cos30°=1.451-0.866P_{\mathrm{w}}$$

$$\sigma=\frac{1}{2}\{(2.321-P_{\mathrm{w}}+P_{\mathrm{w}}-1.03)-[2.321-P_{\mathrm{w}}-(P_{\mathrm{w}}-1.03)]\sin30°\}=-0.192+0.5P_{\mathrm{w}}$$

将得到的数据代入莫尔—库仑方程式(5.3)，得到：

$$1.451-0.866P_{\mathrm{w}}=0.5+(-0.192+0.5P_{\mathrm{w}})\tan30°$$

求解上述方程，得到井筒临界坍塌压力 $P_{\mathrm{w}}=0.919$。

再用线性化(简化)方程式(12.5)计算井筒临界坍塌压力，可以看到，线性化方程的误差小于1%。

例题12.1 以下是墨西哥湾某直井的数据，请确定破裂压力。

$$\sigma_{\mathrm{v}}=100\mathrm{bar}$$

$$\sigma_{\mathrm{H}}=\sigma_{\mathrm{h}}=90\mathrm{bar}$$

$$P_{\mathrm{o}}=50\mathrm{bar}$$

$$\gamma=0°$$

$$\varphi=0°$$

解：该井的原地应力与井筒应力直接相关，即：

$$\sigma_{zz}=\sigma_{\mathrm{v}}=100\mathrm{bar}$$

$$\sigma_x=\sigma_y=\sigma_{\mathrm{h}}=\sigma_{\mathrm{H}}=90\mathrm{bar}$$

破裂压力直接用式(12.7a)和式(12.7b)求解，即：

$$P_{\mathrm{wf}}=2\sigma_x-P_{\mathrm{o}}=2\times90-50=130\mathrm{bar}$$

例题12.2 根据例题12.1的数据，假设是一口斜井，其中：

$$\gamma=40°$$

$$\varphi=165°$$

$$\nu=0.30$$

请确定井筒的破裂压力。

解：首先用式(11.14)将应力转换为沿井筒的方向，其结果是：

$$\sigma_x = 94.13\text{bar}$$

$$\sigma_y = 90\text{bar}$$

$$\sigma_z = 95.87\text{bar}$$

$$\tau_{xy} = \tau_{yz} = 0$$

$$\tau_{xz} = 4.92\text{bar}$$

将上述数据代入式(11.32)，求出井筒应力为：

$$\sigma_r = P_{\text{wf}}$$

$$\sigma_\theta = 184.13 - P_{\text{wf}} - 8.26\cos 2\theta$$

$$\sigma_z = 95.87 - 2.57\cos 2\theta$$

$$\tau_{\theta z} = -9.84\sin\theta$$

用式(12.5)确定破裂开始时与 x 轴的夹角 θ，其结果是：

$$\tan 2\theta = \frac{\tau_{xy}}{\sigma_x - \sigma_y} = \frac{0}{94.13 - 90} = 0$$

因此，$\theta = 0°$。

根据式(12.8b)，求出破裂压力为：

$$P_{\text{wf}} = 3\sigma_x - \sigma_y - P_{\text{o}} = 3\times 90 - 94.13 - 50 = 125.9\text{bar}$$

对例12.1和例12.2的计算结果进行比较，表明破裂压力随着井眼倾角的增加而降低，这是假设岩石各向同性时的普遍趋势。如果地层岩石各向异性材料，则结果可能会有所不同。

例题 12.3 根据例题12.1的数据，并假设内聚强度 $\tau_{\text{o}} = 60\text{bar}$，内摩擦角 $\phi = 30°$，请确定井壁坍塌压力。

解：将例题12.1转换后的原地应力代入式(12.15b)，并假设 $\theta = 0°$，得到：

$$\tau = \frac{1}{2}(192.39 - 2P_{\text{wc}})\cos 30°$$

$$= 60 + \left[\frac{1}{2}(92.39) - \frac{1}{2}(192.39 - 2P_{\text{wc}})\sin 30°\right]\tan 30°$$

上述方程只有一个未知数 P_{wc}，因此可以求出井壁坍塌压力，其结果为：

$$P_{\text{wc}} = 21.14\text{bar}$$

上面得到的临界坍塌压力低于孔隙压力，这具有重要的物理意义。如果井筒压力在21.14~50bar之间，就会有地层流体流向井内，这就是所谓的欠平衡钻井(如第12.6节所述)，在此过程中，地层液向井内流动，井壁稳定。如果井筒压力下降到21.14bar的临界值以下，井壁就会发生坍塌，最终导致井筒破坏。

例题 12.4 一口参考井所在海域水深为400m，假设钻台高度、体积密度和钻井深度不变，请根据以下数据，预测位于水深1100m海域的2号井的漏失压力梯度。

钻台高度 $h_f=25m$

1号井的总井深 $d_1=900m$

1号井的水深 $h_{w1}=400m$

1号井的漏失试验压力 $G_1=1.5s.g.@900m$

2号井的水深 $h_{w2}=1100m$

海水密度 $\rho_{sw}=1.03s.g.$

解：根据假设，可以应用式(12.42)和式(12.46)来计算新井漏失压力梯度的预估值。首先，计算出新井的参考深度：

$$\begin{aligned}d_2&=d_1+\Delta h_w+\Delta h_f+\Delta h_{sb}\\&=900+(1100-400)+(25-25)+0\\&=1600m\end{aligned}$$

接下来，可以计算出漏失压力梯度的预测值：

$$\begin{aligned}G_2&=G_1\frac{d_1}{d_2}+G_{sw}\frac{\Delta h_w}{d_2}\\&=1.5s.g.\frac{900m}{1600m}+1.03s.g.\frac{700m}{1600m}\\&=1.29s.g.\end{aligned}$$

在本例中，水深从400m增加到1100m，漏失压力梯度从1.5s.g.降到1.29s.g.。

例题12.5 请以与例题12.4中相同的两口井为例，说明地层体积密度差异对漏失压力梯度的影响，两口井的地层体积密度分别为：

参考井的地层体积密度梯度 $\rho_{b1}=2.05s.g.$

新井的地层体积密度梯度 $\rho_{b2}=1.85s.g.$

请计算位于1100m水深海域新井的漏失压力梯度预测值。

解：应用式(12.44)对数据进行归一化处理，新井的参考深度为：

$$\begin{aligned}d_2&=d_1+\Delta h_w+\Delta h_f+\Delta h_{sb}\\&=900+(1100-400)+0+0\\&=1600m\end{aligned}$$

新井的漏失压力梯度为：

$$\begin{aligned}G_2&=G_{sw}\frac{h_{w2}}{d_2}+\left(G_1\frac{d_1}{d_2}-G_{sw}\frac{h_{w1}}{d_2}\right)\frac{\rho_{b2}}{\rho_{b1}}\\&=1.03s.g.\frac{1100m}{1600m}+\left(1.50s.g.\frac{900m}{1600m}-1.03s.g.\frac{400m}{1600m}\right)\frac{1.85s.g.}{2.05s.g.}\\&=1.24s.g.\end{aligned}$$

计算发现，2号井的地层体积密度较低，导致上覆应力下降，从而降低了漏失压力梯度预估值。此外还观察到，虽然海水对总上覆应力的贡献很大，但在相同井深时，水深的增加会使上覆应力梯度和破裂压力梯度减小。事实上，水深越深，上覆应力梯度就越小。

例题 12.6 与基尔希模型的比较：假设孔隙压力为 1.03s. g.，泊松比为 0.20，请根据经典基尔希方程和新模型，即式(12.59)，分别计算破裂压力并比较其结果。

解：根据经典基尔希方程(不考虑温度变化影响)，计算破裂压力为：

$$P_{wf}=2\sigma_h-P_o=2\times1.39-1.03=1.75\text{s. g.}$$

使用新的模型时，首先计算泊松比比例系数 K_{s1}，如下：

$$K_{s1}=\frac{(1+\nu)(1-\nu^2)}{3\nu(1-2\nu)+(1+\nu)^2}=\frac{(1+0.2)(1-0.2^2)}{3\times0.2\times(1-2\times0.2)+(1+0.2)^2}=0.64$$

因此，破裂压力为(忽略温度变化和弹塑性影响)：

$$P_{wf}=\sigma_H+P_o+2K_{s1}\left(\frac{3}{2}\sigma_h-\sigma_H-P_o\right)$$

$$=1.39+1.03+2\times0.64\times\left(\frac{3}{2}\times1.39-1.39-1.03\right)=1.99\text{s. g.}$$

地层完整性试验发现，破裂压力等于 1.90s. g.。本例表明，经典基尔希方程严重低估了破裂压力，泊松比对破裂压力的影响非常大。

例题 12.7 注冷水和注热气的比较：典型的水气交替驱油井中，井通常是注入冷水一段时间后，再注气体，气体经压缩机加压后，温度会升高。

本案例的数据如下：

井深	2000m(TVD)
原始井底温度	80℃
注水井底温度	30℃
注气井底温度	120℃
泊松比	0.20
砂岩的弹性模量	15GPa
线性热膨胀系数	0.000005℃$^{-1}$

利用例题 12.6 的数据，研究在注冷水和注热气两种情况下的破裂压力的变化。

解：根据上述数据，储层深 2000m，原始井温为 80℃，注冷水几个月后，井底温度接近 30℃，后期注气体后，井底温度升高达到 120℃。

计量单位选择钻井行业惯用的 s. g.，那么深 2000m 的砂岩的弹性模量为：

$$E=\frac{15000\text{bar}\times102}{2000\text{m}}=765\text{s. g.}$$

第一种情况：注蒸汽，井底温度从 80℃升高到 120℃，因此，破裂压力梯度是泊松比和温度效应的总和，忽略弹塑性效应，可由式(12.63)得出：

$$P_{wf}=\sigma_y+K_{s1}\left(\frac{3}{2}\sigma_x-\sigma_y-P_o\right)+P_o+K_{s2}E\alpha(T-T_o)$$

在例题 12.6 中已经计算出第一项泊松比效应，因此需要求出温度效应比例系数来计算破裂压力的增加值。温度效应的比例系数为：

$$K_{s2}=\frac{(1+\nu)^2}{3\nu(1-2\nu)+(1+\nu)^2}=\frac{(1+0.2)^2}{3\times0.2\times(1-2\times0.2)+(1+0.2)^2}=0.8$$

破裂压力变梯度为：

$$P_{wf}=\sigma_y+P_o+2K_{s1}\left(\frac{3}{2}\sigma_x-\sigma_y-P_o\right)+K_{s2}E\alpha(T-T_o)$$

$$=1.39+1.03+2\times0.64\times\left(\frac{3}{2}\times1.39-1.39-1.03\right)+0.8\times765\times0.000005\times(120-80)$$

$$=1.99+0.12=2.11\text{s. g.}$$

第二种情况是长期注水，会导致井筒冷却，使环向拉伸应力增大，导致破裂起裂压力降低，即：

$$P_{wf}=\sigma_y+P_o+2K_{s1}\left(\frac{3}{2}\sigma_x-\sigma_y-P_o\right)+K_{s2}E\alpha(T-T_o)$$

$$=1.39+1.03+2\times0.64\times\left(\frac{3}{2}\times1.39-1.39-1.03\right)+0.8\times765\times0.000005\times(30-80)$$

$$=1.99-0.15=1.84\text{s. g.}$$

破裂压力计算结果总结如下。

使用基尔希方程计算得到的破裂压力梯度为： 1.75s. g.

包括泊松比效应的破裂压力梯度为： 1.99s. g.

冷却到 30℃时的破裂压力梯度为： 1.84s. g.

加热到 120℃时的破裂压力梯度为： 2.11s. g.

例题 12.8 油田案例 1：油藏枯竭后油井出砂。挪威某油田的 1 口直井，储层为砂岩，岩石强度变化较大，其中一个重要问题是否需要下筛网等防砂设备。表 12.3 为该油田的相关数据，请评估该油田初始条件下和枯竭阶段的出砂可能性。

解：孔隙压力耗竭不仅会降低破裂压力梯度，也会使坍塌压力下降。表 12.3 是该直井井壁破裂和坍塌的有关数据。

在初始孔隙压力条件下，井壁破裂压力梯度和坍塌压力梯度为：

$$P_{wf}=3\times1.51-1.51-1.04=1.98\text{s. g.}$$

$$P_{wc}=\frac{1}{2}(3\times1.51-1.51)-\frac{\cos27^\circ}{1-\sin27^\circ}\times0.4=0.86\text{s. g.}$$

表 12.3　油田案例 1 的数据

变量	数值
井深(m)	1200
上覆应力(s. g.)	1.88
最大水平应力/最小水平应力(s. g.)	1.51/1.51
初始孔隙压力(s. g.)	1.04
枯竭孔隙压力(s. g.)	0.54
岩石内聚强度(s. g.)	0.40
岩石内摩擦角(°)	27

在非压实枯竭孔隙压力下，井壁破裂压力梯度和坍塌压力梯度为：

$$P_{wf}=3\times1.51-1.51-0.54=2.48\text{s. g.}$$

$$P_{wc}=\frac{1}{2}(3\times1.51-1.51)-\frac{\cos27°}{1-\sin27°}\times0.4=0.86\text{s. g.}$$

根据压实模型(使用表 12.2 第二行的公式)计算得到的油层枯竭条件下的破裂压力梯度和坍塌压力梯度为：

$$P_{wf}=1.98-\frac{1}{3}(1.04-0.54)=1.81\text{s. g.}$$

$$P_{wc}=0.86-\frac{2}{3}(1.04-0.54)=0.52\text{s. g.}$$

表 12.4 对上述计算结果进行了比较。

表 12.4　典型模型和压实模型的比较(孔隙压力下降 0.50 s. g.)

模型类型	破裂压力(初始—枯竭)(s. g.)	坍塌压力(初始—枯竭)(s. g.)
直井	1.98~2.48	0.86~0.86
水平井	1.98~1.81	0.86~0.52

值得注意的是，采用传统模型分析，孔隙压力的降低导致了更高的破裂压力(见表 12.4 的第一行)，这个结果是不符合实际的，这可能是由于假设原地应力不变造成的。因此，在实际工作中，在孔隙压力下降的情况下，应该进行漏失试验，对原地应力的大小进行校准。

从表 12.4 中，观察到压实模型得到的油藏枯竭期间的破裂压力较低，压实模型的坍塌压力也较低，但坍塌压力比断裂压力降低更多，这是因为压实模型在三个维度上考虑了枯竭效应，因此，其结果被认为更真实。

表 12.4 数据说明，由于初始孔隙压力梯度为 1.04s. g.，因此当井筒生产压力低于 0.86s. g.，油井就有可能出砂。但是由于油藏枯竭，临界坍塌压力下降到 0.52s. g.，低于 0.54s. g. 的枯竭孔隙压力。根据该模型，该井最初会出砂，但随着油藏孔隙压力的枯竭，

孔隙压力达到给定值时会停止出砂。根据上述输入数据，结果表明当枯竭孔隙压力超过0.49s.g. 时，井壁就可以达到平衡而停止出砂。

例题 12.9 油田案例 2：出砂量的变化。根据给出的数据研究油井出砂量的可能变化。岩石内聚强度是最大的不确定因素，岩心样本表明：内聚强度随固结的变化而变化，范围在 0 到 0.56s.g. 之间。为此，根据例题 12.8 给出的现场数据，将出砂量作为内聚强度的函数，研究油藏枯竭时的原位出砂量。

解：当临界坍塌压力小于孔隙压力时就会开始产砂，因此，井壁稳定的条件需满足方程：

$$P_{wc}^{*}=\frac{1}{2}(3\sigma_{H}-\sigma_{h})-\frac{\cos\phi}{1-\sin\phi}\tau_{o}-\frac{2}{3}(P_{o}-P_{o}^{*})\leqslant P_{o}^{*}$$

解方程求出保持井壁稳定的最小内聚强度，为：

$$\tau_{o}\geqslant\frac{\sin\phi-1}{\cos\phi}\left[\frac{1}{2}(3\sigma_{H}-\sigma_{h})+P_{o}^{*}+\frac{1-2\nu}{1-\nu}(P_{o}-P_{o}^{*})\right]$$

和

$$\tau_{o}\geqslant\frac{\sin27°-1}{\cos27°}\left[\frac{1}{2}(3\times1.51-1.51)+0.54+\frac{2}{3}(1.04-0.54)\right]$$

因此：

$$\tau_{o}\geqslant0.39\text{s.g.}$$

如图 12.45 所示，不同产油层，内聚强度 τ_{o} 有可能不同，从而有些油层出砂，而有些油层不出砂。还应注意的是，内聚强度和井壁稳定性之间的关系取决于水平应力和泊松比。因此，为保证模型的精确性，需要精确评估水平应力和泊松比。从图 12.45 中可以看出，出砂将发生在局部内聚强度(振荡曲线)高于临界内聚强度(直线)的油层。

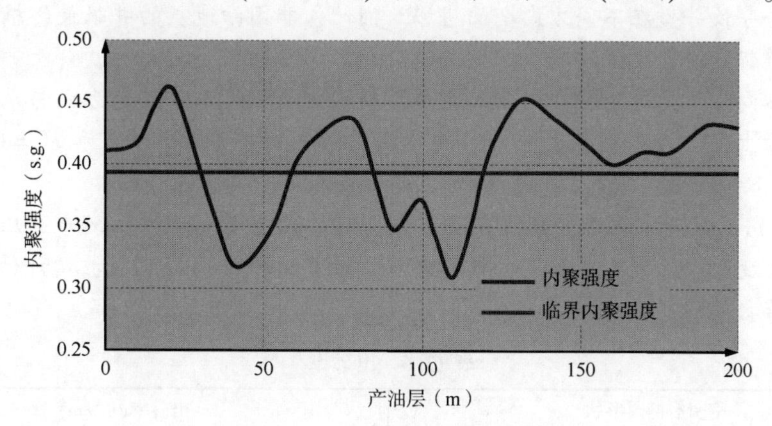

图 12.45 产油层的内聚强度

代入表 12.3 中的数据，可得到最小的井筒压力为 0.49s.g.，井筒压力高于此值，井筒稳定，低于此值会导致出砂。上述结论只适用于内聚强度高于式(12.80)所定义的临界内聚强度的油层。

作为一个出砂模型，压实模型同样适用于欠平衡钻井的井筒坍塌。该模型以三维压实模型为基础，考虑了泊松比效应，模型提供了井壁破裂压力和坍塌压力预测方程。

本案例说明岩石内聚强度是油井出砂的最关键的因素，并推导出了临界内聚强度计算方程式。同时表明，泊松比和地层内摩擦角也是影响油井出砂的重要因素。最后，水平应力和泊松比的精确估算对于模型准确性至关重要。

例题 12.10 某井的特性数据见表 12.5。根据式(12.86)和式(12.88)，评估井眼的最终椭圆形状和井壁坍塌的可能性，并展开讨论。

表 12.5 某直井的特性数据

变量	数值
上覆应力(s. g.)	1.9
地层孔隙压力(s. g.)	1.03
井压(s. g.)	1.03
最大水平应力/最小水平应力(s. g.)	1.7/1.5
岩石内聚强度(s. g.)	0.4
岩石内摩擦角(°)	30
井径(in)	12.25
泊松比	0.25

解：由式(12.85)定义，得到井眼的最终椭圆形状系数 $c=0.92$；而根据表 12.1 的属性数据，用式(12.88)计算得到的井眼的最终椭圆形状系数 $c^*=0.97$。其原因是式(12.88)，它是地层内聚强度的函数，地层固结程度会对井眼椭圆形状的发育程度产生重大的影响。如果内聚强度增加到 0.45s. g.，切向应力低于井筒强度，井眼仍然保持圆形。如果内聚强度降低到 0.21s. g.，井筒圆周上的坍塌压力保持一致；如果内聚强度进一步下降，则会导致井壁在不同方向全面坍塌。因此，非固结地层的井眼最终椭圆形状极其稳定，但井壁仍可能会发生坍塌，只是井筒会向不同方向同时扩大。

应力的各向异性是决定椭圆形状的主要关键因素。如果水平井的方向与水平主应力方向一致，由于上覆应力和最小水平应力的各向异性，将形成 $c=0.86$ 和 $c^*=0.89$ 的椭圆形状。

例题 12.11 例题 12.10 中井的直径为 12.25in，在生产过程中，随着井压的下降，井眼形状将发生变化，直到形成稳定的椭圆形状，油井出砂率见表 12.6，请评估并讨论椭圆形状与出砂率之间的关系。

表 12.6 出砂率

平衡后椭圆形状	出砂率(m^3/m)
抗坍塌井筒	0.0005
最终椭圆形状	0.0015

解：根据例题 12.10，计算结果如图 12.46 所示。应注意到，如果产油层的内聚强度

发生变化，那么井眼椭圆形状也会相应地发生变化，导致出砂率的变化。

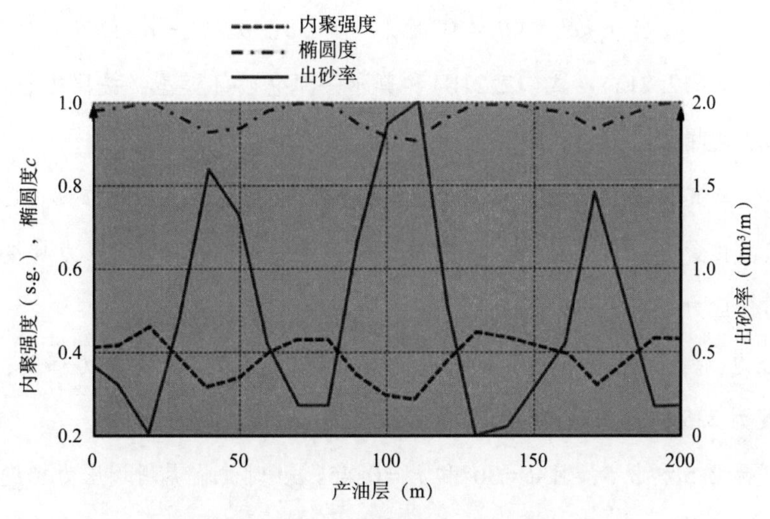

图 12.46 椭圆形状和出砂量与内聚强度的关系

例题 12.12 经过一段时间的生产，例题 12.10 中井的枯竭孔隙压力为 0.54s.g.，根据式(12.86)和式(12.88)计算枯竭时井筒的椭圆度。

解：将枯竭孔隙压力和枯竭水平应力分别代入式(12.86)和式(12.88)，得出最终椭圆度分别为 $c=0.92$ 和 $c=0.89$，而抗坍塌时井筒椭圆度分别为 $c^*=0.97$ 和 $c^*=0.91$。

练习题

12.1 井壁破裂和机械坍塌是井筒破坏的两种主要形式，请简要解释在井筒压力或地层压力的作用下，井壁破裂和坍塌是如何发生的?

12.2 假设某直井井深为 3000m，上覆地层压力梯度为 2.2s.g.，两个水平应力均为 1.96s.g.，地层正常孔隙压力为 1.03s.g.，钻井使用的钻井液密度为 1.2s.g.，请计算井壁主应力和破裂压力。

12.3 考虑与练习 12.2 中给出的相同的井，地层为 Leuders 石灰岩，内聚强度为 172bar，内摩擦角为 35°，请计算临界坍塌压力梯度，单位为 s.g.。

12.4 以下是某斜井的数据：

$$\sigma_x=9.54\text{MPa},\ \tau_{xz}=0.5\text{MPa}$$

$$\sigma_y=9.12\text{MPa},\ \tau_{xy}=\tau_{yz}=0\text{MPa}$$

$$\sigma_z=9.71\text{MPa},\ P_o=3.04\text{MPa}$$

式中：σ_x，σ_y，σ_z，τ_{xy}，τ_{xz}和τ_{yz}为原地应力，P_o为孔隙压力，请根据下述公式计算井壁破裂压力(P_{wf})。假设岩石抗拉强度 σ_t 为 0。

$$\tan 2\theta=\frac{\tau_{xy}}{\sigma_x-\sigma_y}$$

$$当\ \sigma_x<\sigma_y\ 和\ \theta=90°时，P_{wf}=3\sigma_x-\sigma_y-P_o-\sigma_t$$

$$当\ \sigma_y<\sigma_x\ 和\ \theta=0°时，P_{wf}=3\sigma_y-\sigma_x-P_o-\sigma_t$$

12.5　根据式(12.21a)、式(12.21b)和莫尔—库仑破坏模型，按照方程的推导过程，逐步推导出临界坍塌压力方程，参见式(12.22)。

12.6　在多分支井连接处造斜钻井之前，需要研究确定连接处的位置。已在选定的连接处以上一点的位置完成漏失试验，漏失压力梯度为2.2s.g.，孔隙压力梯度为1.8s.g.，假设为各向同性应力状态，请确定：

a. 水平应力(使用基尔希方程)，假设漏失试验压力梯度为破裂压力梯度；

b. 椭圆度为2.5和3.5时的临界破裂压力梯度；

c. 椭圆度为2.5和3.5，且$\phi=30°$和$\tau_o=0.45$s.g.时的临界坍塌压力梯度。

12.7　伊朗西南部Masjid Sulaiman油田采用欠平衡钻井技术，油井的地层数据为：

$$\sigma_v=1.2\text{psi/ft}，P_o=5000\text{psi}$$

$$\sigma_H=0.8\text{psi/ft}，\nu=0.25$$

$$\sigma_h=0.8\text{psi/ft}$$

该井垂深为8500ft，倾角和方位角分别为0°和90°，根据三轴试验，内摩擦角为27°，线性内聚强度范围为280~1750psi。

假设油井附近地层岩石的单轴抗压强度为3455psi。

a. 请分别评估井筒旋转角度为0°和90°时，欠平衡钻井时的井壁稳定性，并展开讨论。

b. 如果井壁失稳，在目前的条件下，至少可以采取哪些改善措施，确保欠平衡钻井时井壁的稳定性。

12.8　计划用Wildcat半潜式钻井平台钻2口井，其中一口井海域水深为56m，另一口井海域水深为172m，钻台高度为22m。

a. 根据式(3.21)和式(3.22)绘制出2口井至海床以下600m的浅地层破裂压力梯度和孔隙压力梯度图。

b. 绘制出2口井以平均海平面为基准的破裂压力梯度和孔隙压力梯度图。

c. 绘制出2口井的孔隙压力梯度和破裂压力梯度之差。

12.9　将式(12.77a)和式(12.77b)代入式(12.9)，推导出用泊松比表示的直井临界坍塌压力方程式(参见表12.1)。

第 13 章　井壁失稳反演分析技术

13.1　简介

本章将讨论一种独特的井壁失稳分析技术，即井壁失稳反演分析技术。该技术根据漏失试验数据，既可用来预测地层应力，也可用来预测新井的破裂压力。该技术需要输入的参数包括破裂压力梯度、地层孔隙压力、破裂位置的上覆应力、井眼方位角和倾角。

13.2　定义

第 10 章“钻井设计和钻井液密度的优选”第 10.5.3 节对反演技术使用的关键参数做了定义，包括套管鞋处的井筒倾角(γ)、井筒方位角(ϕ，即与正北方的顺时针夹角)、最大水平应力估算值(σ_H)、最小水平应力估算值(σ_h)、最大水平应力与正北方向的夹角(β)。

13.3　反演技术

图 13.1 所示为井壁失稳反演分析技术示意图，Aadnoy(1990a)对该技术进行详细的介绍。井壁失稳反演分析技术利用两组或多组数据，计算出符合所有数据组的水平应力场，也就是说首先计算最大(主)水平应力和最小(主)水平应力的大小和方向，然后再利用计算得到的数据进一步分析现有井或新井所在地区的岩石力学性能。本节将重点介绍钻完井期间井壁破裂问题。

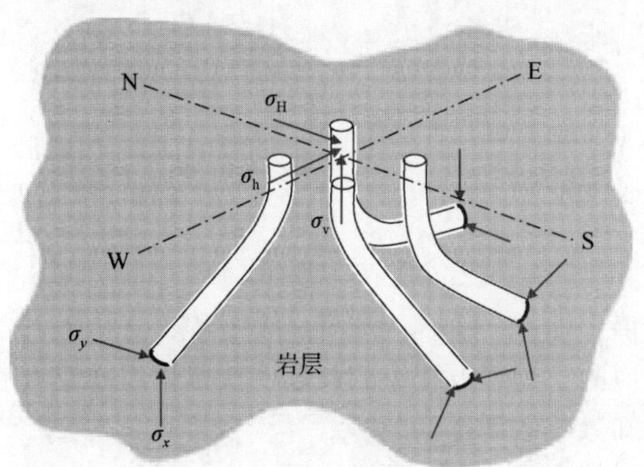

图 13.1　由原地应力场转化而来的斜井井壁应力

假设井壁破裂过程的控制方程适用式(12.8b)[1]，两个法向应力 σ_x 和 σ_y 可以用等效

[1] 原文有错，第 11 章没有式(11.8b)这个公式，应为式(12.8b)——译者注。

转化方程式(11.14)代替[1]，由式(12.8b)得到：

$$\frac{P_{wf}+P_o}{\sigma_v}+\sin^2\gamma=(3\sin^2\phi-\cos^2\phi\cos^2\gamma)\frac{\sigma_H}{\sigma_v}+(3\cos^2\phi-\sin^2\phi\cos^2\gamma)\frac{\sigma_h}{\sigma_v}$$

或

$$P'=a\frac{\sigma_H}{\sigma_v}+b\frac{\sigma_h}{\sigma_v} \tag{13.1}$$

式中：

$$P'=\frac{P_{wf}+P_o}{\sigma_v}+\sin^2\gamma$$

$$a=3\sin^2\phi-\cos^2\phi\cos^2\gamma$$

$$b=3\cos^2\phi-\sin^2\phi\cos^2\gamma$$

式(13.1)有两个未知数，即最大水平原地应力和最小水平原地应力，即 σ_H 和 σ_h，如果有两组不同方位角井段的数据，就可以计算确定水平应力。

注 13.1：反演技术使用上述过程来确定原地水平应力的大小及其方向，通常需要两组以上来自评估不同地区油井的数据，计算出所有数据组的水平原地应力及其方向，并对结果进行收敛和验证。

如果有许多组数据，那么式(13.1)就可以用矩阵形式表示，在同一个方程中包括所有可用的数据，如下所示：

$$\begin{bmatrix} P'_1 \\ P'_2 \\ P'_3 \\ \vdots \\ P'_n \end{bmatrix}=\begin{bmatrix} a_1 & b_1 \\ a_2 & b_2 \\ a_3 & b_3 \\ \vdots & \vdots \\ a_n & b_n \end{bmatrix}\begin{bmatrix} \sigma_H/\sigma_v \\ \sigma_h/\sigma_v \end{bmatrix}$$

或

$$[\boldsymbol{P'}]=[\boldsymbol{A}][\boldsymbol{\sigma}] \tag{13.2}$$

由于只有两个未知值，即 σ_H 和 σ_h，却有 n 个方程，式(13.2)为超定方程组，需要收敛以正确计算原地水平应力。超定方程组的解和一些数据组总是存在边际误差，因此应使误差最小化，以便使未知数收敛到正确的解。

模型解出的值和测量值之间的误差可以表示为：

$$[\boldsymbol{e}]=[\boldsymbol{A}][\boldsymbol{\sigma}]-[\boldsymbol{P'}] \tag{13.3}$$

[1] 原文有错，原文是式(10.14)，第 10 章根本没有这个式——译者注。

当式(13.4)成立时，误差最小：

$$\frac{\partial e^2}{\partial[\boldsymbol{\sigma}]}=0 \tag{13.4}$$

式中：e^2 为误差的平方值，用下式计算：

$$e^2=[\boldsymbol{e}]^{\mathrm{T}}[\boldsymbol{e}]$$

将式(13.3)代入式(13.4)，利用式(13.2)的反演公式解析出未知应力矩阵，因此，未知原地水平应力可以用式(13.5)求解：

$$[\boldsymbol{\sigma}]=\{[\boldsymbol{A}]^{\mathrm{T}}[\boldsymbol{A}]\}^{-1}[\boldsymbol{A}]^{\mathrm{T}}[\boldsymbol{P}] \tag{13.5}$$

式(13.5)十分复杂，无法手工求解，因此需采用计算机数值分析方法来求解，特别是在有大量数据组的时候。

假设在原地应力方向为0°~90°的条件下，对误差和未知应力进行求解，当误差值最小时，就可以解得水平原地应力的方向。

Aadnoy 等(1994)详细介绍了一个利用反演技术计算原地应力的现场案例。

第 13.4 节将深入阐述反演技术在两种实际情况下的应用。

13.4 地质特性

为了说明反演技术的基本原理，下面介绍两种地质特性。

13.4.1 第一种地质特性——各向同性应力状态

在拉张型沉积环境中，忽略地质构造效应，假设原地水平应力场仅由岩石压实引起，称为水平面内的静水应力状态或各向同性应力状态，因此所有方向上的水平应力相同。如果钻的是斜井，在相同的井筒倾角的情况下，任何地理方位角的井筒漏失压力相同，没有方向性的差异。由于拉张型沉积环境的水平应力低于上覆应力，因此，破裂压力梯度将随着井筒倾角增大而减小，如图 13.2所示。在各向同性应力状态下，水平应力梯度的估算值在整个油田范围内保持不变，分析起来相对简单。虽然存在拉张型沉积环境，但这种简单而理想的应力状态却很少见，通常情况下，原地应力状态要复杂得多。

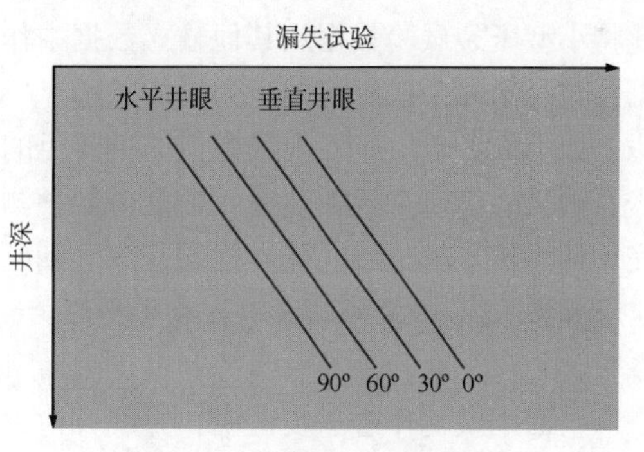

图 13.2 拉张型沉积盆地的地层破裂试验压力变化

13.4.2 第二种地质特性——各向异性应力状态

水平应力场通常随方向而变化，导致各向异性的应力状态。应力各向异性是由于全球地质作用(如板块构造)或局部影响(如盐穹、地形或断层)而造成的，第 8 章“原地应力”

中对此作过介绍。图 13. 3 所示为北海挪威地区 Snorre 油田开发案例，可以看出，漏失压力的分布范围很大，而且与井筒倾角没有明显的关系，由于许多数据点(油井)的应力状态不同，因此上述各向同性应力条件下的模型不适用。通过为该油田创建更复杂的应力模型，可以对大部分油井的破裂压力梯度做出准确、合理的预测(图 13. 3)。应该指出的是，几乎所有的油田，无论是在陆地还是海上，都表现出各向异性的应力状态。

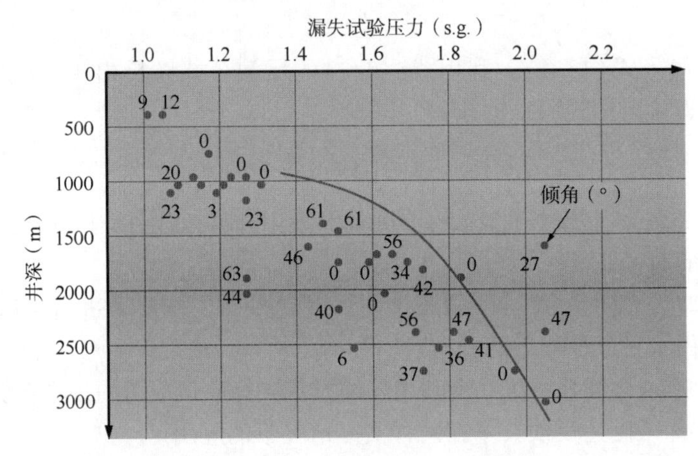

图 13. 3　应力各向异性对漏失压力的影响(北海挪威地区 Snorre 油田)

13. 5　分析约束条件

在第 13. 3 节中，讨论了反演技术的优势。反演技术是对具有不同应力状态的不同油田进行井壁稳定性分析的有效工具。在具体分析中，可以对输入数据根据数据解释或质量进行分组，比如如果某个数据组包括小型压裂试压数据，通常认为其预测结果更准确，因此将小型压裂试验数据从其他输入数据中作为固定数据标记出来，作为估算应力状态的依据，这是确保生成真实的应力场的关键。

如第 8. 3 节所述，现场模拟的主要目的是预测原地应力场的方向和大小，它们是许多岩石破裂力学研究的关键输入数据，如预测破裂压力梯度、建立临界坍塌压力模型、盖层完整性评估、解决层间隔离问题、出砂问题以及与油井增产和完井作业有关的裂缝模式。

注 13. 2：*在模拟过程中，最重要的是预测未来油井的破裂压力梯度，可以简单地通过在模拟方程中代入除破裂压力梯度以外的所有数据来估算。*

下面用实例作进一步说明，并展开讨论。模型模拟通常是通过编写独立计算机程序或者使用商业软件来进行，商业软件如 MathCAD、Maple 等具有强大的数域计算和处理能力。下面用专门挑选的实例说明反演技术在现场井筒破坏评估方面的优势。

13. 6　根据裂缝数据和成像测井资料进行反演

参照第 8. 7 节讨论的内容，由于应力集中效应，水力压裂诱发裂缝基本上只能沿井筒的轴线方向延展，不会向其他方向延伸，如图 8. 5 所示。图 8. 5A 所示为井筒方向与原地主应力方向一致时产生的水力裂缝，是沿井轴延伸的直线裂缝，而图 8. 5B 所示的情况与之不同，原地主应力的方向与井筒方向不同，此时，由于井壁产生剪切应力，形成了锯齿状裂缝，虽然裂缝仍然沿同一方位角方向延伸，但会在狭长范围内来回折返。事实上，这种裂缝迹线包含了一些关于原地应力场方向的重要信息(Aadnoy and Bell，1998)。

图13.4进一步显示了裂缝迹线。裂缝迹线相对于井筒轴线的局部偏移角度定义为裂缝角，如第8.7.1节所讨论的和式(8.12)所示。如果井筒方向与原地主应力方向一致，则剪切应力分量等于零，裂缝角度β等于0°，这在第8.7.1节有详细讨论。

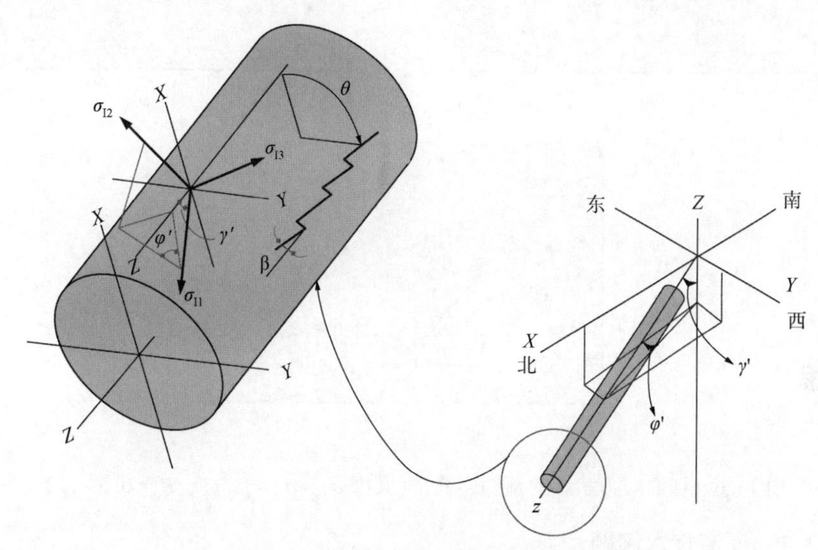

图13.4 裂缝迹线和裂缝角度(Aadnoy，1990a)

Aadnoy(1990a)在假设为柱面应力场，即水平应力相等且不等于垂直应力的条件下，推导得出了预期的裂缝特性，在水平应力相等的正断层应力状态下，裂缝发生在靠近顶部和底部两侧，且沿着井筒的轴线方向延展，如图13.5A所示，而逆断层应力状态下，裂缝迹线将出现在井筒一侧，呈锯齿状，如图13.5B所示。

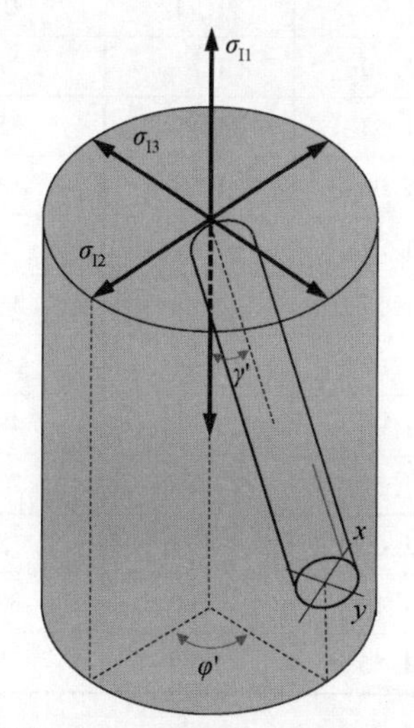

(A) 水平应力小于上覆应力(正断层应力状态)

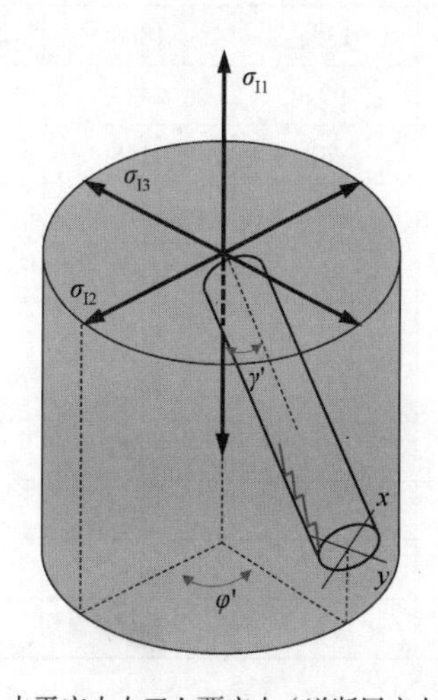

(B) 水平应力大于上覆应力(逆断层应力状态)

图13.5 原地水平应力相等时的裂缝迹线(Aadnoy，1990b)

图 13.6 所示为不同应力状态和倾角时的裂缝迹线及其方位角和破裂压力。

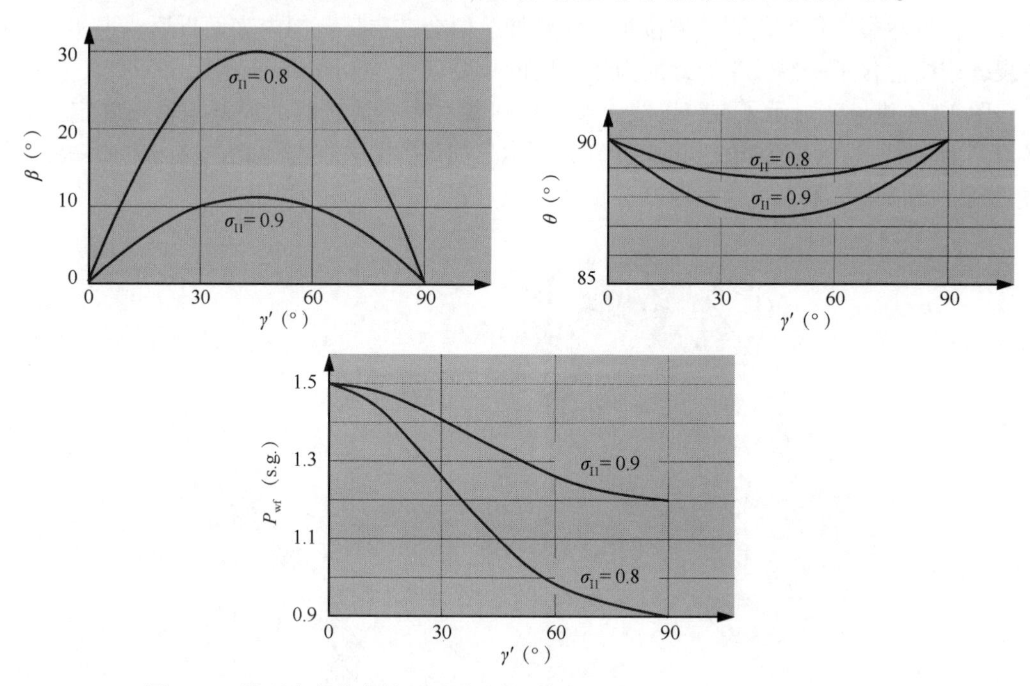

图 13.6　柱面应力状态的预测裂缝角（其中 $\sigma_H=\sigma_h=1$s. g.，$P_o=0.5$s. g.）

例题 13.1　反演技术例题

假设某油田有 3 口已钻井，第 4 口井正在规划中。表 13.1 给出了油田数据，图 13.7A 和图 13.7B 所示为油井的水平和垂直投影示意图。

表 13.1　现有 3 口油井和新规划油井的现场数据

数据组	油井	套管直径(in)	垂深(m)	P_{wf}(s. g.)	P_o(s. g.)	σ_v(s. g.)	γ(°)	φ(°)
1	A	20	1101	1.53	1.03	1.71	0	27
2		13⅜	1888	1.84	1.39	1.81	27	92
3		9⅝	2423	1.82	1.53	1.89	35	90
4	B	20	1148	1.47	1.03	1.71	23	183
5		13⅜	1812	1.78	1.25	1.82	42	183
6		9⅝	2362	1.87	1.57	1.88	41	183
7	C	20	1141	1.49	1.03	1.71	23	284
8		13⅜	1607	1.64	1.05	1.78	48	284
9		9⅝	2320	1.84	1.53	1.88	27	284
10	新井	20	1100		1.03	1.71	15	135
11		13⅜	1700		1.19	1.80	30	135
12		9⅝	2400		1.55	1.89	45	135

解： 首先介绍几次模拟计算。

（1）第一次模拟运行。

第一次模拟运行是计算地层平均应力。在这种模拟模式下，首先选择数据组，例如从第1组到第9组，然后运行模拟程序，计算出的结果是：

$$\frac{\sigma_H}{\sigma_{v1}}=0.864$$

$$\frac{\sigma_h}{\sigma_{v2}}=0.822$$

$$\beta=44°$$

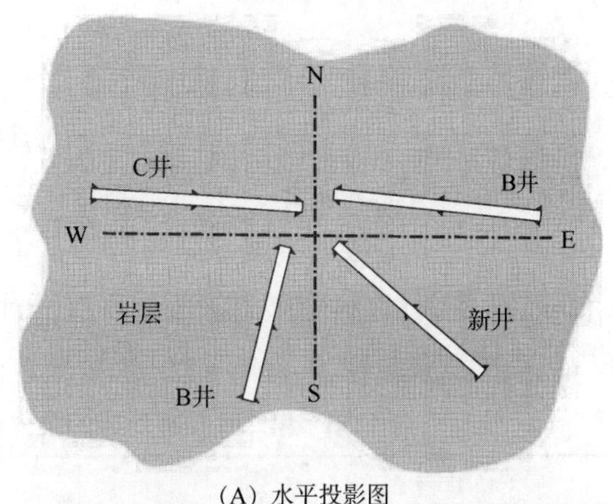

(A) 水平投影图

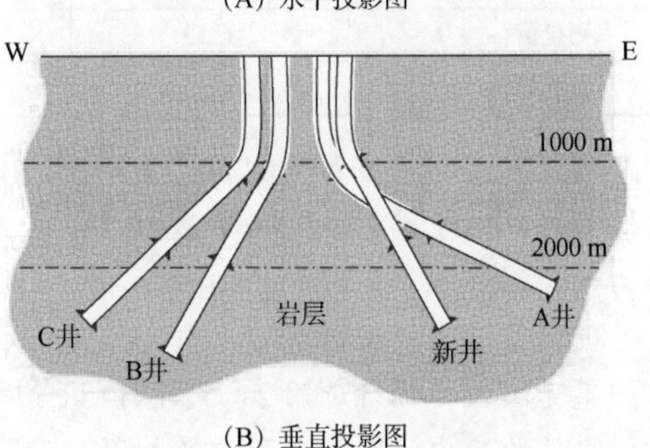

(B) 垂直投影图

图13.7 井场中的油井位置

可以看出，最大原地水平应力是上覆应力的0.864倍，其方向为偏正北44°(东北方向)，最小原地水平应力是上覆地层应力的0.822倍。由于所选的数据组涵盖的地层深度范围大，地质条件复杂，因此需要评估模拟的质量，并对一次应力模拟计算结果是否足以描述如此长的井段进行评估。商业软件的质量评估通常是自动运行的，然而，对于自行编写的计算机程序，需要对预测结果与测量数据进行对比，评估模拟计算的质量。在计算出应力后，将其作为输入数据，用基准软件计算出每组输入数据的破裂压力预测值，如果预测值和测量值(通过漏失试验获得的漏失压力)基本一致，那么模拟是好的，相反，应对应力的模拟结果的有效性提出质疑。表13.2所示为第一次模拟运行的预测值和测量值的对比。

表13.2 第一次模拟运行的漏失压力测量值和破裂压力预测值的比较

数据组	1	2	3	4	5	6	7	8	9
测量值(s. g.)	1.53	1.84	1.82	1.47	1.78	1.87	1.49	1.64	1.84
预测值(s. g.)	1.75	1.64	1.58	1.78	1.66	1.43	1.88	1.86	1.65

通过对比可以发现，漏失试验压力实测数据和漏失压力模拟预测数据之间的相关性很差，在实际应用中，两者之差通常应在0.05~0.10s. g. 以内，阶段性结论是，对选定的长井段，一次应力模拟计算是不够的，必须进行几次子模拟运行。

（2）第二次模拟运行。

现在尝试缩小模拟范围，重点模拟井深约1100m的20in套管鞋位置的应力状态，选择1、4、7和10数据组，并进行模拟计算，得出应力状态如下。

$$\frac{\sigma_H}{\sigma_{v1}}=0.754$$

$$\frac{\sigma_h}{\sigma_{v2}}=0.750$$

$$\beta=27°$$

可以看到，两个水平应力几乎相等，这在预料之中，因为在这个深度没有或几乎不存在构造作用，在拉张型沉积环境中，原地上覆应力造成的压实作用是主导机制，预计会出现相等(或静水)的水平应力状态。然后，对输入的破裂压力数据和模拟计算得到的数据进行比较，评估模拟的质量，见表13.3。

表13.3　第二次模拟运行的漏失试验测量值和破裂压力预测值的比较

数据组	1	4	7	10
测量值(s.g.)	1.53	1.47	1.49	—
预测值(s.g.)	1.53	1.47	1.49	1.53

可以看到测量值和预测值完全一致，因此认为这次模拟计算得出的应力状态是正确的。另外，由于模拟中包含了第10组(新井)数据，所以也完成了新井的应力状态和破裂压力的预测。

(3) 第三次模拟运行。

第三次模拟运行选用2、5、8和11组数据，模拟计算井深为1607~1888m的13.375in套管鞋处的应力状态，得到结果如下：

$$\frac{\sigma_H}{\sigma_{v1}}=1.053$$

$$\frac{\sigma_h}{\sigma_{v2}}=0.708$$

$$\beta=140°$$

参见表13.4，可以看出，测量值和预测值一致性很差，造成这种差异的主要原因可能是所选的3组输入数据(即2、5和8)事实上并不一致，换句话说，一种应力状态不足以对所有三个位置进行模拟。因此将上述数据组组成几种组合，重新进行模拟研究，结果见表13.5和表13.6。

表13.4　第三次模拟运行的地层破裂试验测量值和破裂压力预测值的比较

数据组	2	5	8	11
测量值(s.g.)	1.84	1.78	1.64	—
预测值(s.g.)	1.73	1.37	1.37	0.77

表13.5　表13.4给出的数据组的第一种组合模拟结果

数据组	2	5	8	11
测量值(s.g.)	1.84	1.78	1.64	—
预测值(s.g.)	1.84	1.78	1.64	1.95

表 13.6 表 13.4 给出的数据组的第二种组合模拟结果

数据组	5	8	11
测量值(s. g.)	1.78	1.64	—
预测值(s. g.)	1.78	1.64	1.71

可以看出，表 13.5 和表 13.6 中给出的两次子模拟运行结果完全匹配。因为只有 2 个未知原地应力需要计算，因此当只使用 2 组数据时，模拟计算结果总是一致的。然而，应该注意的是，与第二组数据相比，第一组数据得出破裂压力预测值过高，而第二组数据得出结果则更为现实，因此，使用后者来做进一步评估。

(4) 第四次模拟运行。

最后一次模拟运行是模拟储层的应力状态，模拟计算选用 3、6、9 和 12 组数据，见表 13.7，计算结果如下：

$$\frac{\sigma_H}{\sigma_{v1}}=0.927$$

$$\frac{\sigma_h}{\sigma_{v2}}=0.906$$

$$\beta=77°$$

表 13.7 第四次模拟运行的地层破裂试验测量值和破裂压力预测值的比较

数据组	3	6	9	12
测量值(s. g.)	1.82	1.87	1.84	—
预测值(s. g.)	1.82	1.87	1.84	1.86

漏失试验测量值和破裂压力预测值完全一致，表明第四次模拟运行结果完美表述了储层的应力状态。

(5) 关于模拟的讨论。

从第一次模拟运行到第四次模拟运行的模拟过程，说明了如何利用反演技术预测原地应力状态，如何预测新井的破裂压力，同时简要地介绍了评估模拟质量的方法。利用反演技术分析应力状态的一种实用方法是首先模拟得出较长井段和区域的平均值(如第一次模拟运行)，然后再对较小井段或部分区域进行模拟研究，通过比较测量值和预测值，评估每次模拟运行的质量。这种方法可确保模拟计算结果收敛到测量值和预测应力值之间的一个可接受的精度，从而得出足够的应力数据，以全面模拟研究地区的应力状态。表 13.8 对上述模拟结果进行了总结。

表 13.8 根据表 13.1 中给出的数据组合进行模拟的结果

模拟序号	数据组	油井	套管直径(in)	σ_1/σ_o	σ_2/σ_o	β(°)	结果评价
1	1~9	A, B, C	全部	0.861	0.825	41	油区平均
2	1, 4, 7	A, B, C	20	0.754	0.750	27	好
3	2, 5, 8	A, B, C	13⅜	1.053	0.708	50	差

续表

模拟序号	数据组	油井	套管直径(in)	σ_1/σ_o	σ_2/σ_o	β(°)	结果评价
4	2，5	A，B	13⅜	0.891	0.867	13	好
5	2，8	A，C	13⅜	—	—	—	差
6	2，8	B，C	13⅜	0.854	0.814	96	好
7	3，6，9	A，B，C	9⅝	0.927	0.906	77	好
8	2，3	A	13⅜，9⅝	0.989	0.920	90	差
9	5，6	B	13⅜，9⅝	—	—	—	差
10	8，9	C	13⅜，9⅝	—	—	—	差

为了突出一致性好的模拟，在表13.8中已标出并列在表13.9中。

表13.9 使用反演技术进行现场模拟的最终结果

模拟序号	套管直径(in)	垂深(m)	σ_1/σ_o	σ_2/σ_o	β(°)	结果评价
2	20	1100~1148	0.754	0.750	27	好
6	13⅜	1607~1812	0.854	0.814	96	好
7	9⅝	2320~2423	0.927	0.906	77	好

最后的关键观察结果如下：(1)如预期，应力随深度增加而增大；(2)模拟结果说明应力状态为各向异性，特别是储层的最大水平应力接近上覆应力。图13.8更直观地展示了应力场状态的模拟结果。

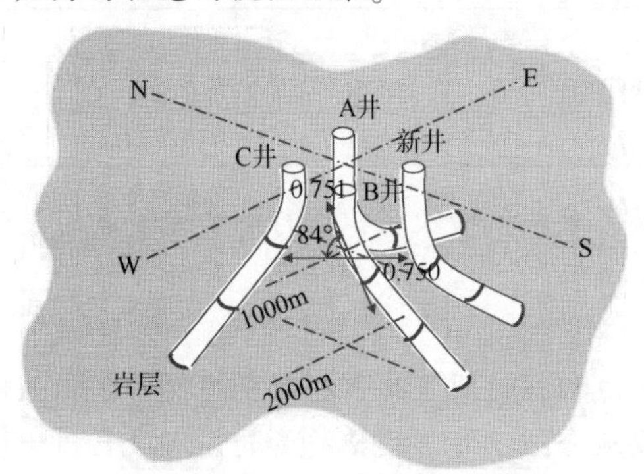

(A) 1100~1148m地层预测应力状态

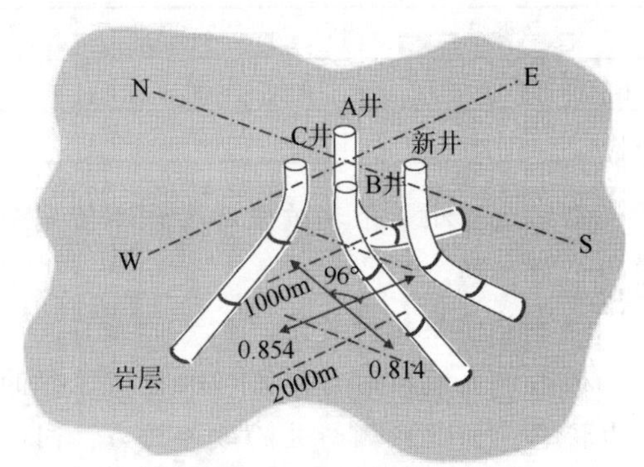

(B) 1607~1813m地层预测应力状态

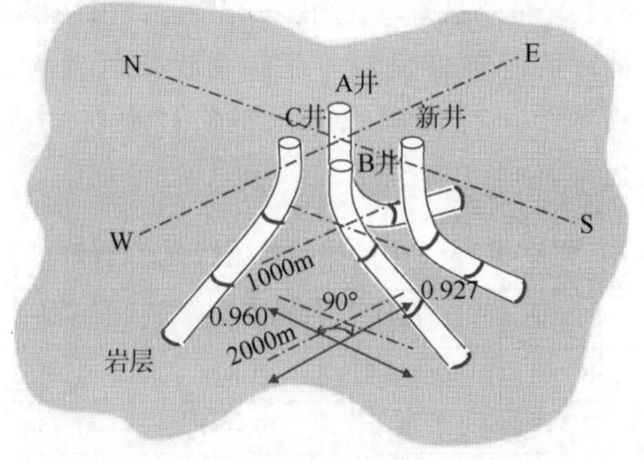

(C) 2320~2428m地层预测应力状态

图13.8 三个关键位置的原地应力状态预测结果

例题 13.2 根据破裂压力数据和成像测井数据进行反演分析的实例。

假设北海某油田 2 口井的数据见表 13.10。

表 13.10 北海某油田 2 口井成像测井数据

参数	案例 1	案例 2
井筒倾角(°)	20	20
方位角(°)	30	0
相对原地应力	1, 0.9, 0.8	1, 0.9, 0.8
相对孔隙压力	0.5	0.5
裂缝角度(°)	13.6	22
井筒裂缝位置(°)	55	90

例 8.4 中的图 8.17[1] 所示为这种应力状态的图解法。

案例 1：输入数据：裂缝迹线数据 $\beta=13.6°$，与井眼顶部夹角 $\theta=55°$，可以得出原地应力状态的倾角等于 20°，方位角等于 30°，与井筒的倾角和方位角一致，因此，原地主应力场方向与井筒参考坐标系一致，原地应力场的方向是 1 指向南，0.9 指向北，0.8 指向东。

案例 2：该井井筒指向正北(沿参考坐标系 X 轴方向)，方位角 $\varphi=0°$，井筒倾角为 20°，裂缝测井仪读出了一条偏离井筒轴线 $\beta=22°$ 的裂缝，与井筒顶部的交角 $\theta=90°$，根据上述信息，可以根据图 8.17，找出原地应力状态的方向，即倾角为 30°，方位角为 0°，说明原地应力状态的方向不同于井筒方向，原地应力场不是水平或垂直的，更具体地说，最小的原地应力为 0.8，方向为水平东西方向，最大的应力为 1.0，偏离垂直方向 10°，而中间应力为 0.9，偏离水平方向 10°，结果显示在例题 8.5 的图 8.9 中。

如例题 8.6 所述，Lehne 和 Aadnoy(1992)在挪威某白垩油田进行了详细的现场案例分析，包括：(1)天然裂缝和诱发裂缝的识别；(2)根据延长井筒测量确定最小水平原地应力的方向；(3)根据小型压裂试验分析估算最小水平原地应力；(4)采用漏失试验压力反演法估算原地应力大小和方向。图 8.10 所示为分析结果，不仅表明原地应力不是水平或垂直的，而且其方向也随深度变化而变化。图 8.17 的应力状态也适用于本案例，可以找出最大原地应力方向为偏离垂直方向 12°~30°。此外，井筒截面呈螺旋状。

练习题

13.1 假设 2 口井的数据如下：

数据组	漏失压力梯度(s.g.)	P_o(s.g.)	σ_o(s.g.)	γ(°)	φ(°)
1	1101	1.03	1.70	30	11
2	2400	1.55	1.70	10	195

利用上述两组数据，根据式(13.1)，确定两个原地水平应力的大小，同时计算这两个应力的比率。

[1] 原文为图 8.8——译者注。

第 14 章　井壁失稳量化风险分析

14.1　简介

在第 12 章“井筒失稳分析”和第 13 章“井筒失稳反演分析技术”中，介绍了两种常规(经典)井壁失稳分析技术：一种是基于实验室试验数据的分析技术；另一种则主要使用现场估算和测量数据来评估井壁稳定性。这些分析技术只有在初始和关键输入数据准确、合理的情况下才是可靠的。无论分析模型有多复杂(实际上)，它们都不能完全评估钻井作业中的井壁稳定性。尽管这些模型是基于一些实际数据建立的，但大部分数据是通过测量、估算或假设获得的，使得模拟结果在实际工作中不能直接使用。

本章将介绍统计和(或)概率分析技术的最新研究成果，并探讨如何利用这些研究成果对关键输入数据的误差和不确定性进行量化分析及其对井壁失稳分析的影响，如何提高钻井和各种作业成功率。

14.2　确定性分析与概率评估的比较

传统的分析性和实验性井壁失稳分析技术(也称为确定性分析技术)通常假设(不同位置和深度的)原地应力状态和地层(储层)岩石性能是可以通过现场估算或测量以及实验室试验获得，是已知的，且是精确、合理的，然而，由于缺乏足够的现场数据或地层岩石的物理性能数据，通常需要利用近场地层的现有数据来推算远场和深部地层的相关岩层性能数据。传统分析技术通常仅限于确定性分析，以确定井壁及其附近地层的临界拉伸(破裂)或压缩(坍塌)破坏压力，尽管它们成熟，且得到了广泛应用，但非常依赖于现场数据的准确性。因此，它们的应用可能仅限于经典岩石力学的破坏分析，而不是在钻井、完井和作业期间的现场实际应用，在斜井或水平井钻井时尤为关键，因为在这些井中，由于成本或时间的限制，需要的精度更高。

对确定性和概率性模型的比较表明，前者只考虑了计划中的事件，而后者则同时考虑了计划和非计划(非预期)事件，为钻井作业者提供了处理最关键事件和意外事件的机会，从而减少非生产性时间，减少钻井作业时间，降低钻井成本。

14.3　为什么要进行概率评估

在常规分析技术中，使用任何不准确数据带来的误差和不确定性，都可能会影响井眼稳定性分析的最终结果，从而造成由于使用的非确定数据而危及井壁稳定性。在过去的十年中，已经有一些尝试，试图通过使用统计或概率方法，将常规分析技术与操作规定的允许误差值相结合，来验证和量化井壁稳定性分析的准确性。

概率风险评估是一个非常强大的工具，有助于在存在不确定因素下做出决策。概率风险评估已越来越多地应用于钻井作业，尽量减少由于关键参数的不确定性而造成的错误，最大限度地提高(对某一作业的)决策正确性。概率风险评估适用于各种复杂环境，不仅适用于地质和工程设计的风险分析，也适用于钻井作业的经济风险分析。概率风险评估模型适用于油田勘探开发的各个阶段，从早期的地质期勘探和前期研究，到综合性技术评估以及后期的油田生产。

在技术评估时，即井壁稳定性评估时，为了评估和量化由于输入数据不准确造成的误差和不确定性，人们引入概率评估技术，用来确定井壁发生破坏(LOF)的概率，提出保证能成功完成钻井、建井、完井和各种作业的必要措施。

概率分析模型应该在过程开发和执行的早期阶段进行开发，随着过程的进展，获得数据越来越多，对概率分析模型进行持续不断完善，提高模型的精确性，降低意外事件发生的频率和可能性。

量化风险评估方法(QRA)由 Ottesen 等(1999)提出，Moos 等(2003)对这种方法做了进一步发展，是目前应用最为广泛的概率分析方法之一，本章将对其进行概述和讨论。通过量化风险评估，可以改变某些钻井参数，如钻井液密度、钻井液流变性、排量、起下钻速度、机械钻速等，识别和减少与井壁坍塌和破裂有关的风险。采用量化风险评估技术预测的地层孔隙压力梯度、地层破裂压力梯度和其他关键变量要精确得多，可以优化套管程序设计和套管下深。

14.4 量化风险评估

14.4.1 量化风险评估过程

在量化风险评估技术中，首先要对输入数据的误差进行评估和量化。然后，使用三维本构模型，将井壁稳定性作为井筒压力(钻井液液柱压力)的函数，利用概率分析原理，确认井壁稳定性预期达到的精度。必须指出的是，井筒稳定性分析与所选择的本构模型无关，但必须选择适当的模型来表述岩石的物理性能及其变形性能。为了简单起见，只要其误差最小，通常会采用线性弹性模型。

本构模型选定后，就要确定操作失败和成功之间的阈值(根据安全性、可靠性和成本效益来判定)。例如，对于有大量剥落的井筒，失败阈值描述为卡钻，而成功阈值描述为操作上允许的井壁剥落范围，通常是井筒方向和横截面几何形状的函数，模型的阈值用 Ottesen 等(1999)提出的极限状态函数(LSF)定义。极限状态函数(LSF)将常规井壁稳定性模型和作业失败阈值联系起来，量化与作业失败相关的风险，确定适当的钻井液密度范围，减少井壁失稳的概率，更多细节参见第 14.4.3 节。

其次是通过进行多次井筒失稳模拟，建立临界钻井液密度的响应面。然后，利用响应面，通过三维井筒稳定性(失稳)模型来生成量化风险分析的概率分布数据。该模型增加了与井筒关键参数有关的误差或不确定性。最后，利用概率分布确定不同钻井液密度时的成功概率(LS)，成功率为钻井液密度的函数，从而提供足够的数据来监测和控制钻井液密度，以实现安全可靠的钻井和生产作业。

Moos 等(2003)对上述量化风险评估过程进行了修正，形成了系统性的、交互式量化风险评估方法，包括钻井井壁坍塌和破裂破坏的评估。这里对该模型加以扩展，概括为以下 5 个步骤。

第 1 步：识别物理参数及破坏模式，量化相关误差和不确定因素，对不太关键的参数采用默认值(如±5%～±10%)。

第 2 步：针对每种破坏模式建立极限状态方程(LSF)，选择基本变量，进行敏感性分析，计算临界钻井液密度(施加的井筒压力)的响应面。

第 3 步：使用有限元分析法或蒙特卡洛方法，针对每个不确定因素进行数值(计算机)模拟。

第 4 步：将概率分布与所有不确定变量的物理参数相结合。

第 5 步：绘制成功概率与钻井液密度的关系图，确定可靠性指数，进行敏感性分析，并评估井壁稳定性。

最后一步，确定防止发生井壁坍塌或破裂(井漏)的阈值。使用蒙特卡罗方法等数值运算方法，结合测量参数的实际分布，对数据误差和不确定因素进行采样，可找出最大的不确定性参数，有助于通过重点关注影响分析结果的关键参数，确定数据收集工作的优先次序，有效地进行评估，最大限度地提高成功概率，并减少完成评估所需的时间、成本和精力。

图 14.1 所示为结合井筒设计和稳定性分析过程，以流程图的形式显示了井壁失稳量化风险评估过程的步骤顺序。可以看出，现场和实验室数据的交互更新，对优化量化风险评估的结果、确定可接受的成功概率、降低作业失败风险起着重要作用。

还有其他一些量化风险评估方法，如 Liang(2002)提出的基于高斯分布的评估方法，以及 McIntosh(2004)提出的主要侧重于恶劣环境下(如深水和偏远地区)建井概率评估方法。这里不作讨论，但鼓励读者参考相关的技术论文，了解这些方法及其优点和缺点。

14.4.2 关键物理参数

正常情况下，需要用量化风险评估方法进行评估的关键物理参数，包括主原地上覆应力 σ_v、最大原地主水平应力 σ_H、最小原地主水平应力 σ_h、地层孔隙压力 P_o、地层岩石无围压抗压强度 S_{UC}和井筒地理方位角 φ。

在第 8 章“原地应力”和第 9 章“岩石强度和岩石破坏”中，详细讨论了如何在现场或通过实验室试验来估计和测量这些物理参数，例如，可以根据密度测井资料估算出较高准确度的原地上覆应力；原地最小水平应力则可以通过漏失试验来确定，但根据漏失试验资料估算的结果有时并不准确，在这种情况下，可采用延长漏失试验或测量关井压力的办法来提高测量的准确性；原地最大水平应力不能直接测量，但其范围(上限和下限)可以根据井壁和近井筒剥落位置的地层岩石的抗拉伸破裂性能来获得；地层孔隙压力可以在实验室中测量，也可利用地震速度技术在现场估算；地层岩石抗压强度可以在实验室测量(参见第 9.6 节)。尽管如此，根据这些测量或估算得到数据，用物理模型计算出来的结果，仍然存在相当大的误差或不确定性。

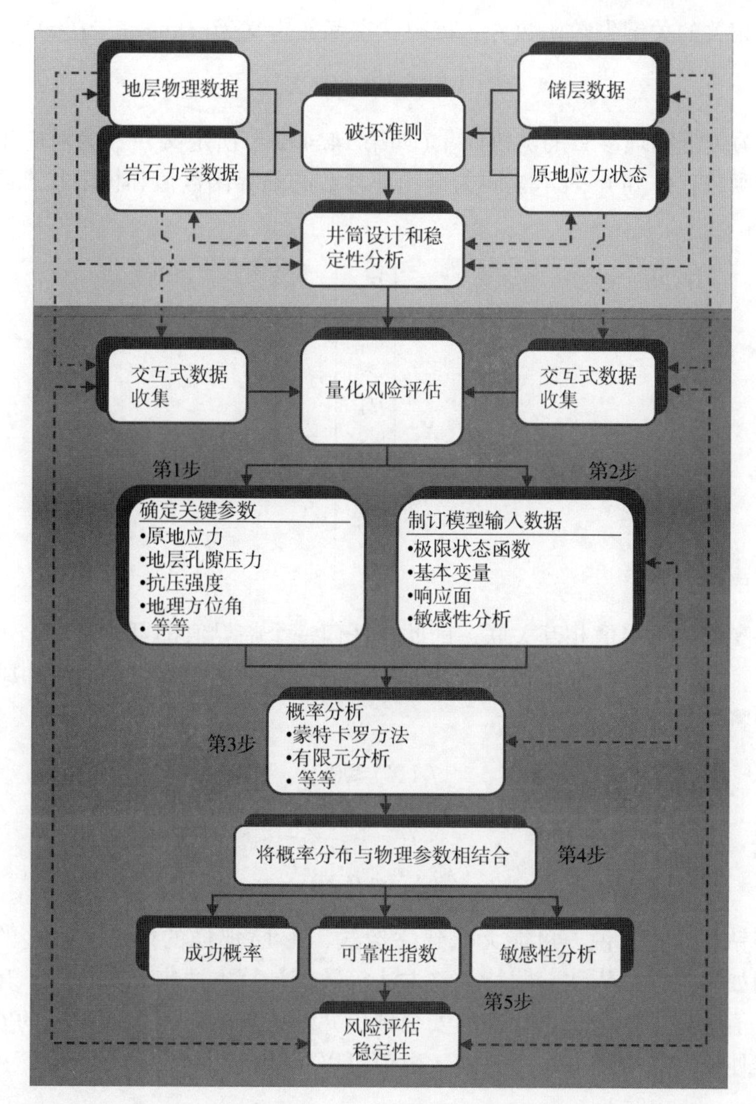

图 14.1 井壁失稳量化风险分析流程图，显示了井筒设计和稳定性分析与概率方法之间的接口，后者详细列出了量化风险评估技术的过程步骤

注 14.1：影响井壁稳定性的关键参数是原地应力大小和方向、地层孔隙压力、岩石抗压强度和井筒方向(地理方位角)，与这些关键参数相关的任何误差或不确定性以及它们的敏感度水平必须使用概率技术进行评估，以减少失败的风险，提高成功概率。

14.4.3 极限状态函数

井筒失稳分析模型是将传统分析性井壁失稳模型与现场获得的(并在现场不断更新的)井壁失稳作业阈值相结合而形成的。以大斜度井的作业阈值为例，它是大斜度井有效地向上输送钻屑所需的水力参数，利用量化风险评估原则计算出的临界阈值，用作评估成功或失败的量度和生成极限状态函数(LSF)。LSF 的定义见第 14.4.1 节。

定义两个函数：第一个是由确定性分析技术产生的基本故障函数 f；第二个是与已知

且确定的失败相关的关键失败函数f_C。极限状态函数定义为(Ottesen，1999)：

$$f_L(\boldsymbol{X})=f_C(\boldsymbol{X})-f(\boldsymbol{X}) \tag{14.1}$$

式中：$\boldsymbol{X}$为关键物理参数的随机向量(如第14.4.2节所定义)；f为对应于特定井筒压力的特定响应函数；f_C和f_L表示相同关键物理参数的临界函数值和极限状态函数值。矢量$\boldsymbol{X}$可以表示为：

$$\boldsymbol{X}=\begin{bmatrix}\sigma_v\\ \sigma_H\\ \sigma_h\\ P_o\\ S_{UC}\\ \varphi\end{bmatrix} \tag{14.2}$$

不同钻井参数的临界值相互关联，因此，任何一个临界值都可能是其余关键钻井参数的函数，例如，孔隙压力临界值取决于井筒的几何形状和方向、岩石性质和原地应力。

临界失败将发生在：

$$f_L(\boldsymbol{X})\leqslant 0$$

或

$$f_C(\boldsymbol{X})\leqslant f(\boldsymbol{X}) \tag{14.3}$$

对于许多钻井作业来说，可能无法建立像式(14.1)那样的简单、直接的极限状态方程，但可采用如有限元分析法、蒙特卡洛方法等数值计算方法来间接评估。用不同输入数值反复进行数值分析，逐一找出相应的安全域，并对极限状态函数所代表的安全域进行评估，例如，当使用蒙特卡洛方法时，输入数值可以是随机的。

14.4.4 概率失败函数

概率分布函数定义为：

$$P(\boldsymbol{X})=P(\sigma_v, \sigma_H, \sigma_h, P_o, S_{UC}, \varphi) \tag{14.4}$$

概率失败函数可表示为：

$$P_f(\boldsymbol{X})=\int_{\Omega}P(\boldsymbol{X})\,\mathrm{d}\boldsymbol{X} \tag{14.5}$$

其中：安全域Ω由式(14.3)定义，即：

$$\Omega\equiv f_C(\boldsymbol{X})\leqslant f(\boldsymbol{X})$$

概率分布函数描述了随机变量的分析特征。它并不总是像高斯函数那样，是一条对称钟形曲线，两端有明显的最小值和最大值，中心是最可能的值。它是由几千次的模拟和预测得出，以锯齿线或直方图的形式记录，然后拟合成式(14.5)表示的平滑曲线。

14.4.5　敏感性分析

利用敏感性分析可以判别对井壁稳定性影响最大的物理变量(关键参数)。反过来，又可确定哪些变量可以当作固定值，不需要深入评估，只需对少数随机变量进行考虑。这样，简化了概率分析的工作量。

确定性分析的敏感性系数可以简单地定义为：在一定参考值下，某一变量的变化所引起的响应变量的变化，即：

$$\lambda_i=\frac{\partial R}{\partial x_i}\quad (x_i=x_o) \tag{14.6}$$

式中：x_i 为随机变量(如孔隙压力)；λ_i 为与变量 x_i 有关的敏感性系数；R 为响应变量(如井筒压力)；x_o 为 x_i 的参考值。

概率分析的敏感性系数更为复杂，需根据平均值和标准差来计算得出，定义为：

$$\lambda_i=\frac{s_i}{\sum_{j=1}^{n} s_j} \tag{14.7a}$$

式中：s_i 为敏感性模块，表示为：

$$s_i=\sqrt{\left(\frac{\partial (P_f)_i}{\partial M_i}S_o\right)^2+\left(\frac{\partial (P_f)_i}{\partial S_i}M_o\right)^2} \tag{14.7b}$$

式中：M_i 为 x_i 变量的平均值；S_i 为 x_i 变量的标准差；M_o 为参考平均值；S_o 为参考标准差。

注14.2：为了量化因井壁失稳而导致的作业失败风险，提高时间—成本效益，安全可靠地选择关键钻井参数(如钻井液密度)，运用量化风险评估(QRA)原理，将传统的确定性分析技术与井壁失稳操作容限相结合起来，有利于提高作业效率，减少因坍塌或破裂而导致的失败风险，通过响应面技术提高成功概率。

在后面的例题中，将按照第14.4.1节介绍的“五步骤”概率评价过程，用具体的数值运算一步一步地说明井壁失稳量化风险评估技术。同时，意在重点介绍每一步的思路和推进过程。特别是在进行敏感性分析中，尽管有些关键参数的来源可能存在着不确定性。

14.5　欠平衡钻井的量化风险评估

正如第11.6节所讨论的，欠平衡钻井时，井筒压力低于地层孔隙压力，井壁失稳的风险高，导致井壁或附近地层岩石坍塌或破坏的风险增加。

把井壁剥落及其剥落量的大小，作为识别发生井壁坍塌的可能性大小的指标。假设井壁剥落量的大小用剥落从北向南扩展角度(下文中的剥落角度和破坏角度)定义，如图14.2所示，那么表示容许井壁剥落量极限状态函数可以表示为：

$$\alpha_{L}(\boldsymbol{X})=\alpha_{C}(\boldsymbol{X})-\alpha(\boldsymbol{X}) \tag{14.8}$$

式中：α 为与井筒压力有关的剥落或破坏角度；α_L 为容许井壁剥落量的极限状态函数；α_C 为将发生坍塌破坏和卡钻的关键破坏角度。

临界井眼扩大和破坏角度可根据井筒倾角和钻屑向上输送的效率来确定。

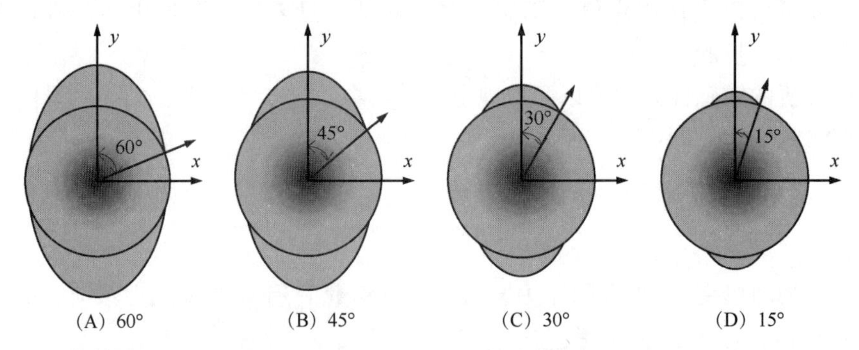

图 14.2　井筒横截面几何示意图(井筒不同剥落量的 4 个不同破坏角度)

利用量化风险评估可以预测水平井欠平衡钻井和裸眼完井时防止井壁坍塌的成功概率，如第 14.4.1 节所述。该技术还可判别哪些关键不确定变量需要在钻井和施工过程中做进一步的测量，消除或减少不确定变量，以免影响到欠平衡钻井风险评估的准确性和钻井作业的顺利进行。

在确立了关键参数后，根据实验室或现场测量获得的数据的准确性及其置信水平，其中有 1 个或 2 个关键参数如孔隙压力和岩石强度，可能需要进一步测量，其余的关键参数可以利用本油田或附近油田现有的经验值和(或)数据，假定为一个缺省不确定度(例如 ±5%~±10%)。参照表 8.1 中介绍的估算和测量方法，欠平衡钻井时，通过观察井壁剥落情况如通过井筒声波成像测井数据可大致确定原地应力的方向，而漏失试验和延长漏失试验数据、密度测井数据以及观察井壁破坏情况等可用来大致确定原地应力的大小。直接测量测试(MDT)或随钻测井(LWD)等测量技术通常能提供良好的孔隙压力数据，但其结果及其不确定性程度在很大程度上取决于欠平衡钻井或裸眼钻井的复杂性。岩石强度数据可能是主要的不确定因素，因为完整岩样的实验室试验结果以及随后使用的确定性模型的计算结果可能与钻井初期或钻井过程中通过电缆测井获得的数据有很大的不同。交互式数据收集，如图 14.1 所示，可提供足够的数据，可获得不确定性最大的 1 个或 2 个关键参数的合理的概率分布函数。然后，将这些数据输入到量化风险评估过程中，进行数值模拟分析，得出图 14.3[1] 所示的累积分布函数。

图 14.3 所示为累积分布函数。累积分布函数将钻井作业过程中防止井壁坍塌的成功概率定义为钻井液密度的函数，并考虑剥落角度和宽度对成功概率的影响。可以看出，成功概率直接受井壁剥落程度的影响。将图 14.3 和图 14.2 所示井壁剥落的不同阶段结合起来看，假设地层孔隙压力为 0.75s. g.，成功概率将从小剥落角度($\alpha \leqslant 15°$)的 83%降低到大剥落角度($45° \leqslant \alpha \leqslant 60°$)的 47%。这说明现场观察井壁剥落的情况可以了解井壁剥落达

[1] 原文为图 14.2——译者注。

到何种程度，近乎导致井壁坍塌破坏。众所周知，当井筒压力低于地层孔隙压力时，可能会发生井壁坍塌。然而，正如第11.6节所阐述的那样，由于欠平衡钻井时，井筒压力始终低于地层孔隙压力，因此，井壁坍塌更准确的定义是：井壁地层剥落的宽度或角度超过临界极限时，致使未受影响的剩余部分井壁不再能承受周围的高应力而向井内脱落，导致井筒扩大，及至坍塌并完全破坏。尽管在较小的剥落角度下($\alpha \leqslant 30°$)，小范围的局部破坏是不可避免的，对于一个基本处于平衡状态的井眼，这种局部坍塌可能会迅速稳定下来，井壁脱落现象会减少。假设井筒压力为0.65s.g.，比0.75s.g.的孔隙压力低0.1s.g.，可以看出，在剥落角度$\alpha = 60°$大角度时❶，成功概率可能会从井筒压力等于地层孔隙压力时的83%下降到62%。这表明，欠平衡钻井虽然可行，但成功概率降低。因此，应该对钻井作业进行细致的、持续的评估和监测，确保成功完井。这主要是通过关键不确定参数的敏感性评估，确保更精确地预测关键参数来实现。敏感性分析通常建议在钻井过程中，采集更多的数据，尽量减少数据的不确定性，并根据数据采集情况，对钻井风险水平以及继续钻完井作业或放弃钻井作业的可能性进行重新评估。

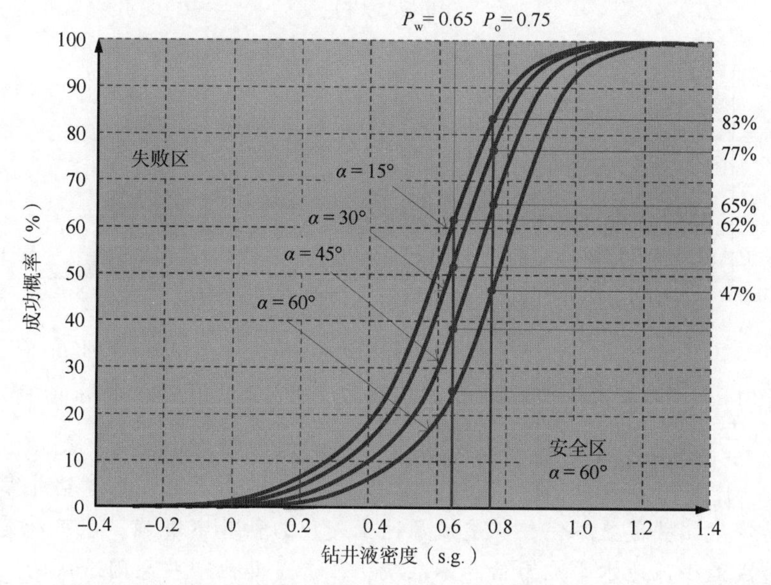

图14.3　欠平衡钻井井壁坍塌的累积概率函数(显示了剥落角度对安全区域的影响)

注14.3：关键钻井参数的准确预测对成功完成钻井作业至关重要，尤其是欠平衡水平井钻井或裸眼钻井时，其作用更为关键。与传统过平衡钻井相比，量化风险评估技术在最大限度地减少不确定性和最大限度地提高欠平衡钻井和裸眼完井的成功概率(存在较小的成功率)方面起着关键和不可否认的作用。

例题14.1　假设1口深斜井，已经进行了全面的确定性井壁失稳分析，对深度为d的地层的6个关键参数也进行了n次模拟，得到了它们的概率分布函数，如图14.4所示❷。请利用量化风险评估技术来验证确定性分析结果的误差和不确定性；建立极限状态函数和

---

❶　对照图14.3，应该是剥落角度为$\alpha = 15°$小角度时——译者注。

❷　原文为图14.1——译者注。

响应面，确定关键参数及其敏感性；预测如何通过系统的量化风险评估使成功概率最大化。

解：图 14.4 所示为根据每一个关键参数的极限状态函数，利用式(14.5)得出的 6 个关键参数概率分布函数，表明 99%的可能值位于最小值和最大值之间。根据量化风险评估技术步骤 1 的要求，利用极限状态方程对关键钻井参数的不确定性进行量化处理，用来计算钻井作业和建井所需的、井壁失稳或钻井失败可能性最小的钻井液密度窗口。

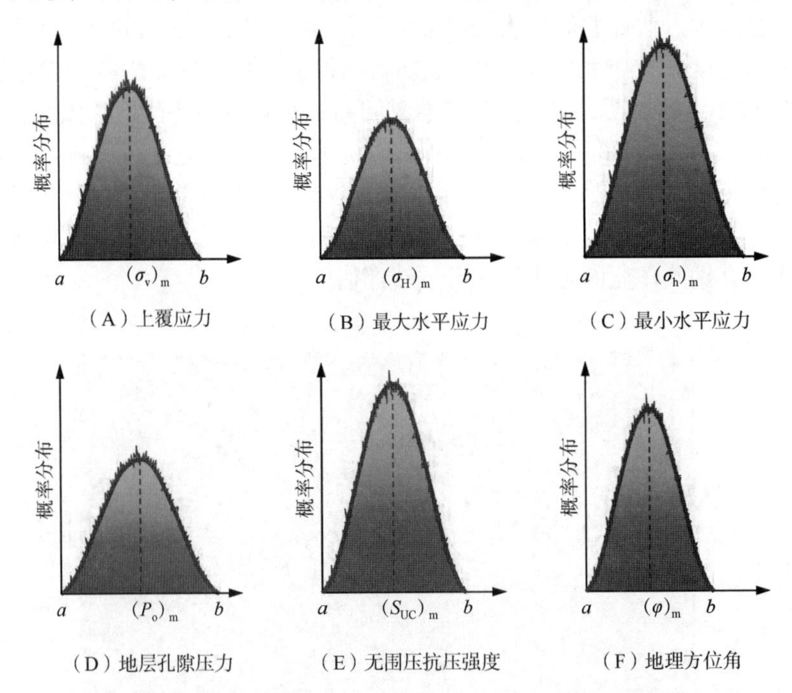

图 14.4　n 次模拟得出的深度为 d 的地层的 6 个关键钻井参数概率分布函数

第 1 步：每个概率分布函数曲线有 3 个不同的值，即最小值 a、最大值 b 和最可能值(平均值)$(\quad)_m$，图 14.4 中的所有概率分布曲线都是对称的。关键钻井参数的不确定性原因可能是密度测井覆盖不完整，造成原地上覆应力估算不准确，也可能是缺乏可靠的漏失试验，造成最小原地水平应力估算不准确，或者是其他一些原因造成的。

第 2 步：建立极限状态函数后，利用回归方法，对用确定性分析技术(通常基于简化的弹性或孔隙弹性模型)分析得出的井筒坍塌压力和破裂压力进行最佳拟合，建立井壁坍塌压力和破裂压力(井漏)的响应面。井筒坍塌压力和破裂压力的分析值是根据相关设计矩阵以及关键参数若干组合的最小值、最大值和最可能值，进行计算得到的。通常会针对已经建立概率分布函数的每一个关键参数，建立二次多项式函数形式的响应面。

第 3 步：利用数值计算技术，如 Moos 等(2003)提出的蒙特卡洛方法，确定与井筒坍塌应力和破裂压力有关的不确定性，通过使用平均偏差函数或标准偏差函数为每个关键参数生成成千上万的随机值来完成的。

第 4 步：用直方图或累积分布函数(二次多项式)的形式说明输出结果，通常如图 14.5 所示。

第 5 步：在图 14.5 中，曲线之外代表失败区，曲线之下代表安全区，可以得出结论：

可以通过缩小钻井液密度窗口(范围)来提高成功率。例如，要将成功概率从85%提高到95%，钻井液密度窗口必须缩小到0.1s.g.，从钻井作业上讲虽然可实现，但需要更加密切地监测井筒压力。

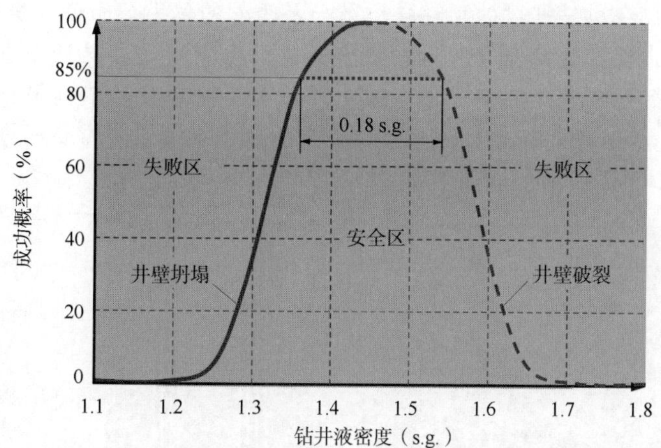

图14.5 典型的响应面(表示二开钻井时对应某关键钻井参数的最小和最大钻井液密度的边界。水平虚线表示钻井液密度窗口，此时，钻井成功概率达到85%)

图14.6为第三层套管井段的(即三开井段)概率分布函数。可以看出，安全区已经缩小，钻井作业的钻井液密度窗口非常有限，因此，钻井成功的概率也较小。根据图14.6中的水平虚线，如果钻井液密度保持在1.38~1.47s.g.之间，即钻井液密度窗口仅为0.09s.g.，三开井段只有47%的机会可以防止井筒坍塌或破裂。

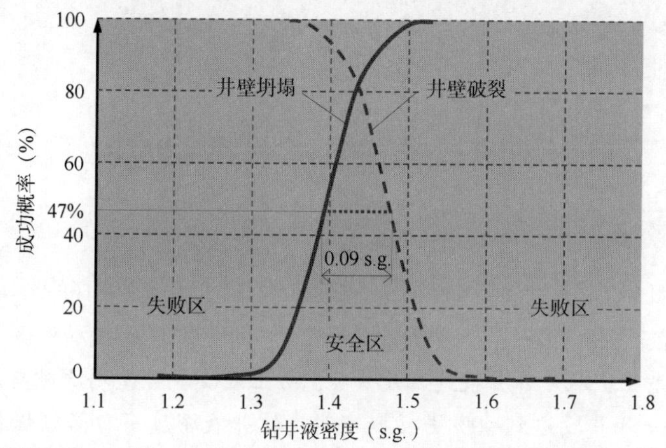

图14.6 典型的响应面(表示三开钻井时对应某关键钻井参数的最小和最大钻井液密度的边界。水平虚线表示钻井液密度窗口，此时，钻井成功概率达到85%)

图14.7为钻井液密度窗口与井深、套管程序的关系。该图说明了坍塌压力和破裂压力随井深及拟定的套管程序的函数变化及确定性分析结果，可以看出，每一井段的井壁稳定性是由最小和最大井筒压力(钻井液密度)决定的，而最小和最大井筒压力与该井段的坍塌压力阈值和断裂压力阈值相对应。

由于地层性能的不确定性，套管程序设计必须谨慎，包括套管层数、套管下深和钻井液密度窗口。尤其是随着井深的增加，套管尺寸越来越小的情况下，如图14.7所示，井深越深，最小和最大压力包络线就越接近，可用的钻井液密度窗口就越小，从而，导致使用常规钻井液密度窗口(通常不小于0.05s.g.)内的作业方式，成功概率降低，使得防止井壁失稳，避免钻井失败的挑战性更大。在大多数钻井作业中，最小破裂压力(最大井筒压力包络线)一般出现在所钻井段的顶部接近第一层套管的位置，而最大坍塌压力(最小井筒压力包络线)一般出现在生产套管井段的底部位置。如前所述，这两个包络线之间必须保证有0.05s.g.的最小钻井液密度窗口。然而，由于关键参数的不确定性，在使用量化风险分析技术评估这些不确定性之前，无法保证预测的钻井液密度窗口的准确性。

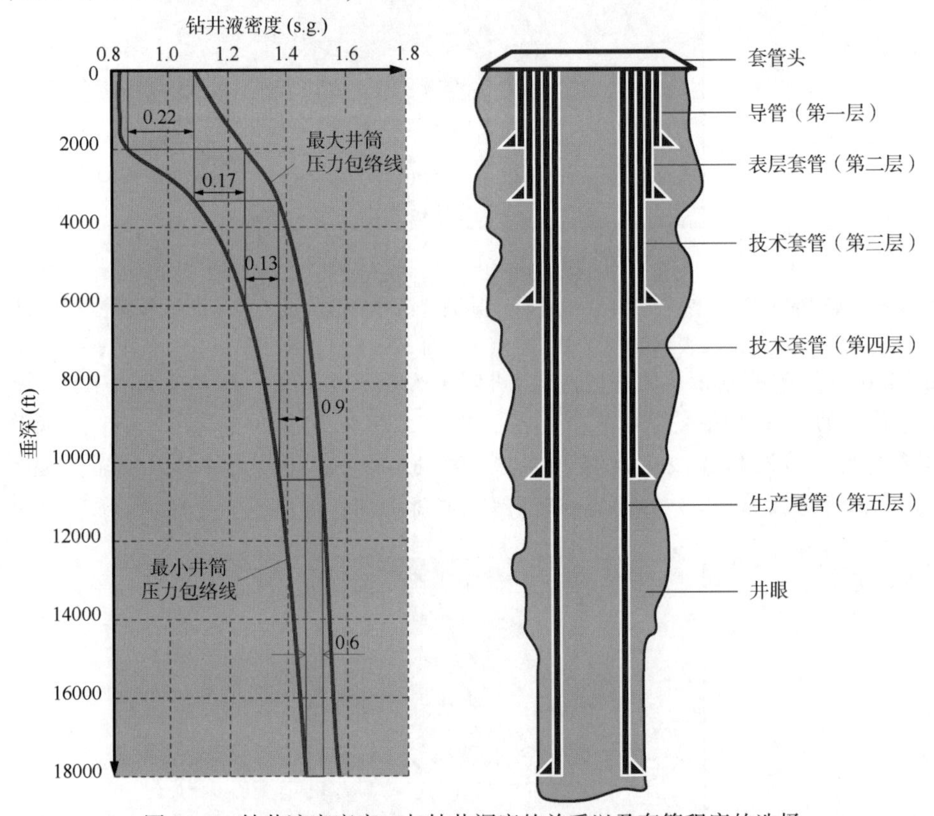

图 14.7　钻井液密度窗口与钻井深度的关系以及套管程序的选择

图14.8为一开至五开(第一层套管至第五层套管)所有井段的成功概率与钻井液密度的典型关系曲线。可以看出，从一开井段到五开井段，防止或减少井壁坍塌破坏和破裂破坏的可能性是逐步降低的；一开井段达到90%成功概率时，钻井液密度窗口必须保持在0.22s.g.或以下，而最深的五开井段要达到30%的成功概率，钻井液密度窗口必须保持在0.05s.g.以下，这已经是前面讲过的可接受的最小钻井液密度窗口。因此，要在五开井段整个钻井过程中保持钻井液密度不变似乎是一个巨大的挑战。步骤5的最后一部分是对关键参数进行敏感性分析。

图14.9所示为不同关键钻井参数的响应面，表明预测的钻井液密度对每个关键参数不确定性的敏感性。可以看出，对于最小原地水平应力和地理方位角，响应面几乎是平的，表明这些关键参数的估算有足够的准确性，因此不需要额外再进行分析。但模型预测结果对其他4个关键参数非常敏感，特别是地层孔隙压力，显示出最高的敏感性。因此，在完成钻井作业之前，需要用随钻测井(LWD)、地震速度分析或其他技术，对地层孔隙

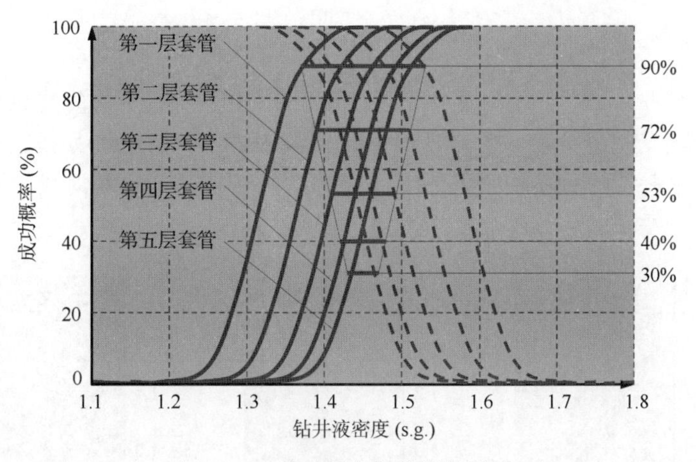

图 14.8　成功概率与井深的关系

压力进行进一步的现场估算。对其他敏感性参数，也需要采取类似的措施，采集更多更准确的数据进行修正，例如，原地上覆应力，可以通过增加密度测井的次数和覆盖面来解决；最大原地水平应力，可通过提高对井壁剥落情况的测量来解决；岩石无围压抗压强度，可以增加实验室岩石强度试验或电缆测井来解决，然后将新的数据导入模型，以完善量化风险评估的结果，如此反复进行，直到在完成钻井之前取得满意的效果。

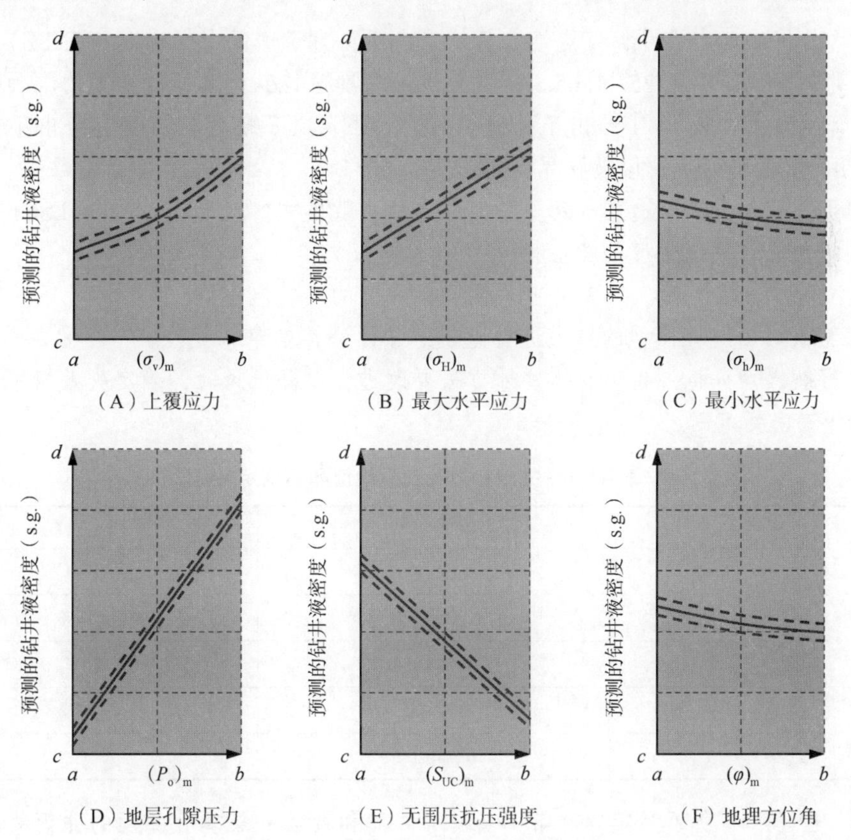

图 14.9　关键钻井参数响应面，钻井液密度预测值的敏感性及对不同参数的依赖程度

练习题

14.1　在某斜井的量化风险评估过程中，得出了3个关键参数的响应面，揭示了钻井液密度对每个不确定性关键参数的高度敏感性，如图14.10所示。另据报告，在相同钻井液密度窗口内，原地应力的响应面几乎是平坦的。请评估每个参数对成功钻井的重要性和影响，并讨论可能需要进一步采集哪些信息或数据来提高成功概率。

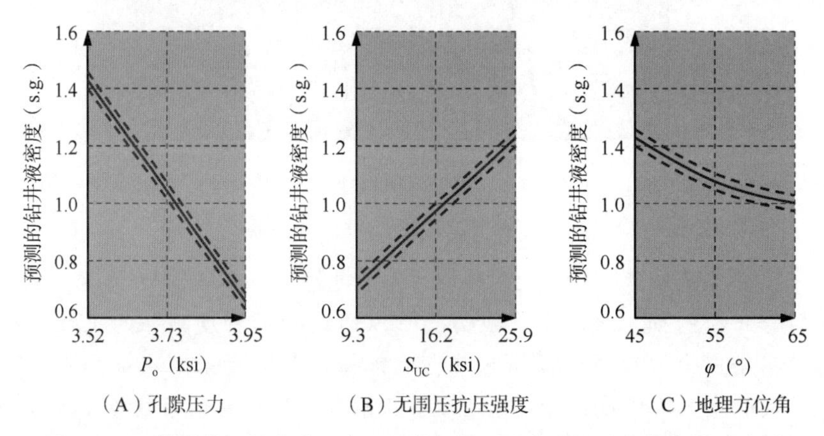

图14.10　某斜井地层孔隙压力、无围压抗压强度和地理方位角的响应面

14.2　传统的确定性井筒壁定性分析结果表明，为了确保中立隔离区(NPZ)内陆油田某直井钻井成功，需要1.25~1.65s.g.的钻井液密度窗口，为了评估结果的准确性，采用量化风险评估技术。表14.1给出了关键参数的大小及其不确定性，没有给出不确定性的参数，使用5%的默认值，假设临界剥落角度为60°。

a. 由于井壁大量剥落造成卡钻，请建立卡钻失败模式的极限状态函数(LSF)。

b. 创建临界钻井液密度的响应面。

c. 建立累积概率模型，确定井壁严重剥落井段的成功概率(LS)。

d. 将结果与确定性模型的结果进行比较，并讨论其差异。

e. 进行敏感性分析，指出有哪些地方需要改进，以降低风险，确定失败概率(LOF)最高时的钻井液密度范围。

表14.1　关键参数及其平均值和不确定性

关键参数	最可能值(平均值)	不确定性百分比
σ_v/d	1.2psi/ft	—
σ_h/d	1.05psi/ft	17%
σ_H/d	1.65psi/ft	—
S_{UC}	17.4psi	22%
P_o/d	0.74psi/ft	—

14.3　图14.11所示为某直井第一层套管井段和最后一层套管井段的井筒故障的累积概率函数，请就下述问题展开讨论。

a. 两个井段的钻井液密度窗口的含义及其重要性。

b. 为了最大限度地提高最后井段的成功概率，需要采取哪些措施?

c. 关键参数不确定性的变化会如何影响这两层套管的设计。

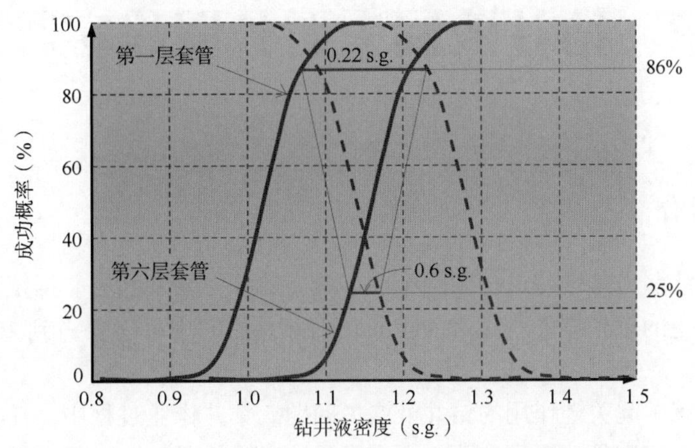

图 14.11 第一层套管井段和第六层套管的累积概率函数

14.4 讨论并确定直井和水平井的井壁剥落宽度和角度限值之间的区别，及其对钻井失败风险的可能影响。

14.5 某水平井采用欠平衡钻井，图 14.12 所示为该井的累积概率函数，有人建议将井筒压力保持在 0.1s.g. 附近，假设井筒孔隙压力大约为 0.45s.g.。

a. 评估该建议的可行性，并讨论成功概率。

b. 需要采取哪些措施使成功概率最大化?

c. 是否可以推荐采用裸眼完井工艺? 如果不可以，需要进一步采集哪些数据或需要进行何种分析使之可行?

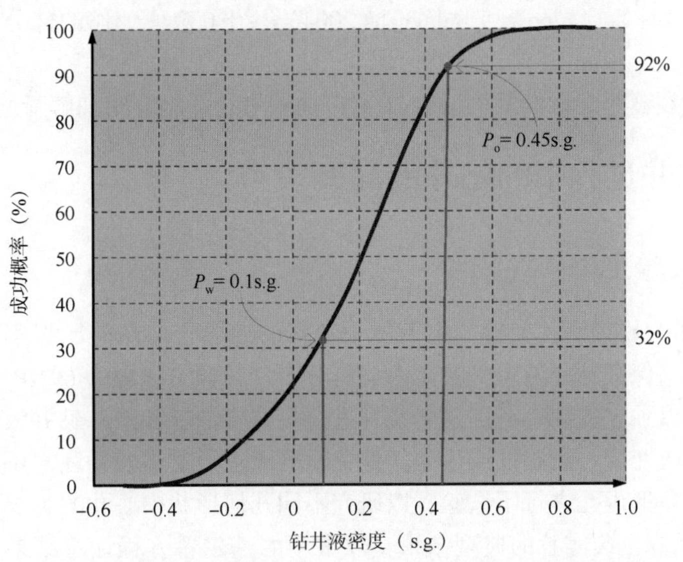

图 14.12 累积概率函数，显示水平井欠平衡钻井的成功概率

第 15 章　钻井液漏失对井壁稳定性的影响

15.1　简介

卡钻和钻井液漏失是钻井过程中两个成本最高的井下复杂问题。据统计数据，以卡钻和钻井液漏失为主的意外事件所耗费的时间在钻井总用时中可能要占到 10%~20%，因此成本是非常高的。

本章将讨论其中起关键作用的钻井液漏失问题。钻井作业过程中，任何时候都有可能发生钻井液漏失，特别是枯竭的油藏，更加常见。通常情况下，必须在堵漏成功后才能恢复钻井作业。使用水基钻井液时，通常采用堵漏剂来减少钻井液漏失，在某些更严重的情况下，甚至需要进行固井。使用油基钻井液则要糟糕得多，一旦发生井漏，将很难控制，会漏失大量的钻井液，造成很大的浪费。人们认为这与岩石和油基钻井液的润湿性不同有关，毛细管屏障阻止滤液进入岩石，使油基钻井液保持较低的黏度，从而使裂缝进一步扩展。

钻井液公司有许多专有防漏失钻井液配方，基本上都是利用不同颗粒材料的不同组合作为防漏堵塞材料，这里不作进一步讨论。本章将阐述钻井液漏失机制。多年来，斯塔万格大学(University of Stavanger)开展了一项研究项目，开发了一种新的破裂机理模型，称为“弹塑性屏障模型”。Aadnoy 和 Belayneh(2004)介绍了这项工作的部分内容，也构成了本章的主要内容。

本章还将对裂缝起裂时的漏失试验(LOTs)曲线进行详细介绍和解释。

15.2　钻井过程中的钻井液漏失

15.2.1　实验工作

图 15.1 所示为压裂实验装置，用于中心带孔的混凝土样品的压裂实验。该装置可以进行钻井液循环，保证钻井液颗粒在孔内均匀分布，其额定压力为 69MPa，轴向载荷、围压和孔内压力可以独立控制。利用这套装置进行了许多油基和水基钻井液的试验，也对一些新颖的想法如改变岩石润湿性或建立其他化学屏障进行过试验，还对不同形状内孔如圆形、卵圆形和三角形内孔进行了试验，以研究不同几何形状中心孔的影响。

图 15.2 所示为压裂实验的典型结果，以常用的基尔希方程计算结果为参考。基尔希方程可以计算非渗透情况下(例如使用钻井液时)岩石的理论破裂压力，详见第 10 章“钻井设计和钻井液密度优选”。从图 15.2 可以看出，只有一个破裂压力测量值与理论模型计算

结果基本一致，其他两个数据相差很大。通过试验研究得出以下结论：

(1) 基尔希模型通常低估破裂压力；

(2) 不同质量的钻井液对破裂压力有很大影响。

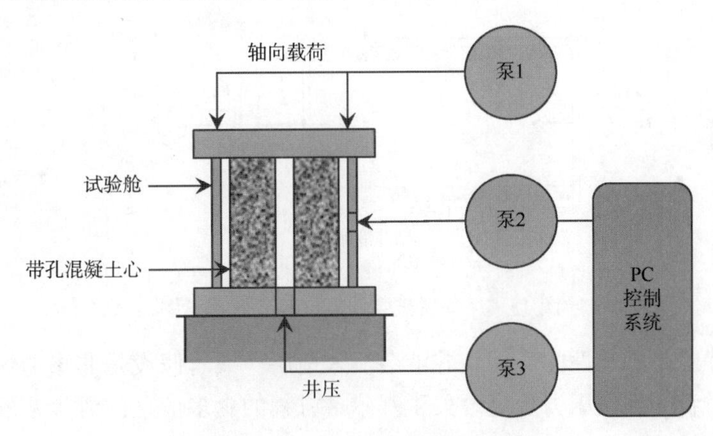

图 15.1 混凝土心压裂试验装置示意图

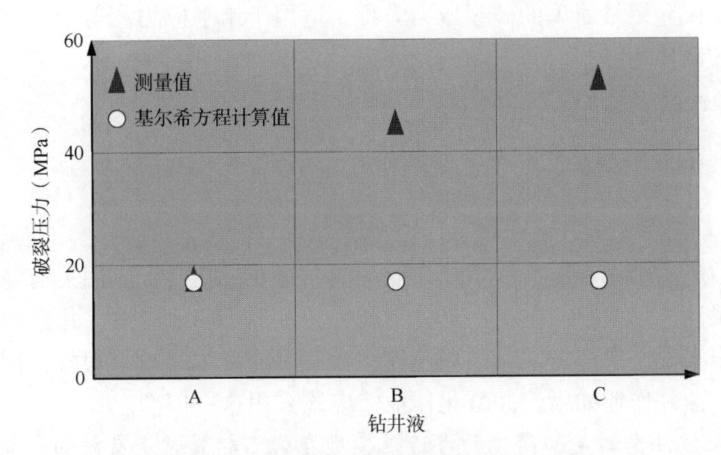

图 15.2 理论破裂压力和实测破裂压力实例

这表明，通过优化钻井液设计，是有可能提高破裂压力的。事实上，图 15.2 的结果解释了在现场观察到不同破裂压力的原因：有时由于某些原因，钻井液质量比较好，会观察到更高的漏失压力。目前，除了标准钻井液性能参数如滤饼厚度外，没有参数足以说明钻井液的抗破裂性能。

图 15.3 所示为钻井液滤饼破裂强度试验装置，有 6 个钻井液出口，设有不同尺寸的人工槽型裂缝，用低压泵循环钻井液，在槽型裂缝上形成滤饼后，用高压泵增加压力，直到滤饼破裂。通过这种方法，可以研究滤饼的稳定性和强度。对各种常规钻井液和添加剂的试验表明，减少钻井液添加剂种类往往能得到更高质量的钻井液。笔者还研究了用非石化添加剂来改进钻井液，这方面的内容将在后面讨论。

15.2.2 破裂压力模型

在石油工业界，所谓的基尔希方程几乎只用来模拟岩石起裂的情况，它是一个线性弹

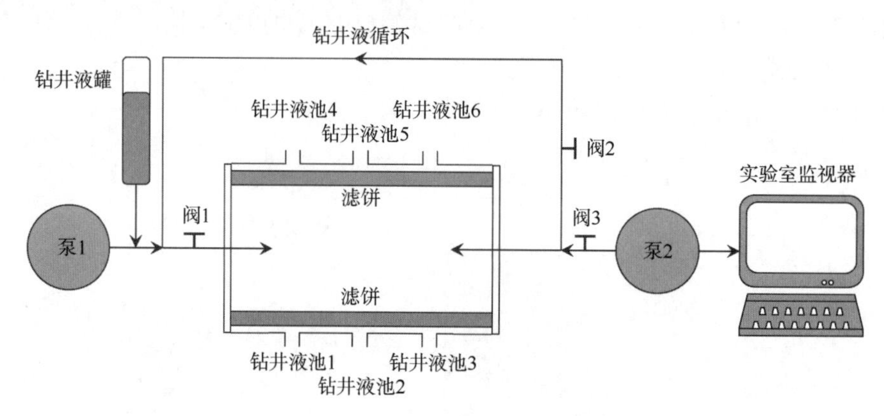

图 15.3　滤饼破裂强度试验装置示意图

性模型，假设井壁是渗透性的，即钻井液会流入地层，或者假设是非渗透性的，即滤饼阻止滤液漏失，后者的破裂压力更高。关于基尔希方程的更多信息，请参见第 10 章“钻井设计和钻井液密度优选”。

在下文中，仅介绍最简单的破裂压力方程，适用于水平应力相等的直井，比较典型的是拉张型沉积盆地环境。

15.2.2.1　渗透性模型

式(15.1)是最简单的岩石破裂压力模型，定义为：

$$P_{wf}=\sigma_h \tag{15.1}$$

渗透性模型适用于水力压裂和增产作业等油井作业，它要求使用无需滤液控制的纯液体如水、酸和柴油，结果很简单，一旦井下压力超过最小原地应力，井壁就会发生破裂。

所有的压裂实验结果都证实，该理论模型在使用纯液体时效果很好，因此，使用纯液体作为钻井液的油井作业如增产和酸化作业，应该采用这一模型。

注 15.1：应该注意的是，简化的渗透性模型在岩石起裂时是有效的，裂缝扩展阶段则需要采用其他模型。

15.2.2.2　非渗透性模型

在钻井作业中，钻井液会在井壁上形成滤饼，在这种情况下，基尔希方程变为：

$$P_{wf}=2\sigma_h-P_o \tag{15.2}$$

但该模型通常会低估破裂压力(图 15.2)，问题出在滤饼(零滤液损失)这一假设上。

滤饼是塑性的，因此假设滤饼是一层薄的塑料，其后面是线性弹性的岩石，就可以建立新的模型，称为弹塑性破裂模型。模型的解释是，当裂缝开启时，滤饼不会马上破裂，而是发生塑性变形以维持屏障，因此会出现较高的破裂压力。正如 Aadnoy 和 Belayneh(2004)所给出的，这个模型可以表示为：

$$P_{wf}=2\sigma_h-P_o+\frac{2\sigma_h}{\sqrt{3}}\ln\left(1+\frac{t}{a}\right) \tag{15.3}$$

式中：t 为滤饼厚度，m；a 为井眼半径，m。

用弹塑性模型得到的额外强度与形成滤饼的颗粒的屈服强度成正比，这个模型准确地描述了图 15.2 中所示的测量数据。

15.2.3 井壁破裂过程描述

图 15.4 所示为井壁破裂过程的不同阶段，更详细地说明了图 12.4 所示的井壁破裂过程。

下面按顺序介绍导致井筒破裂造成钻井液漏失的不同阶段(图 15.4)。

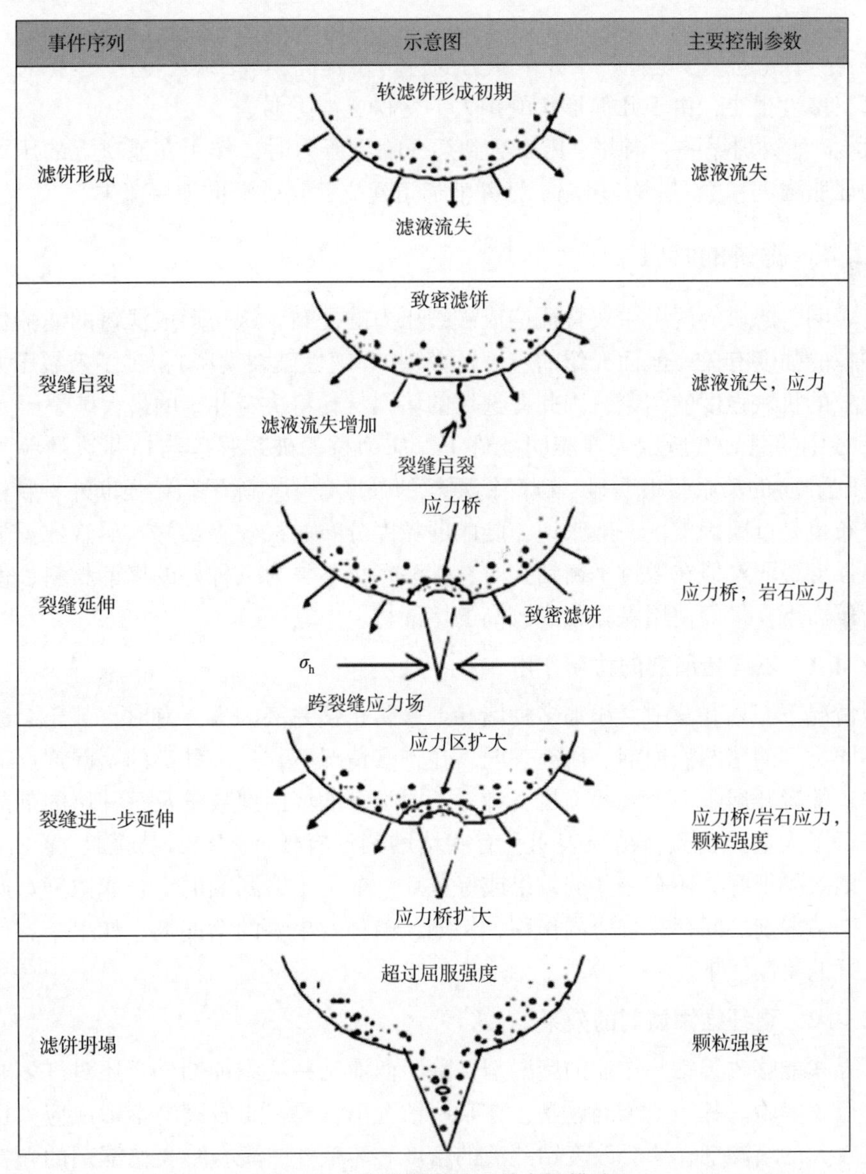

图 15.4 井壁破裂过程的定性描述

阶段 1：滤饼的形成——少量的滤液流失确保了滤饼的形成。在钻井液流动过程中会形成一层薄薄的滤饼，滤饼的厚度取决于滤液的引力和钻井液流动侵蚀之间的平衡。

阶段2：起裂——随着井下压力的增加，岩石的环向应力从压缩应力变为拉伸应力，滤液损失确保滤饼就位。环向应力由原地应力决定，井下压力受到原地应力的抵制，当井下压力达到某一临界值时，井壁开始破裂。

阶段3：裂缝延伸——井下压力的进一步提高导致裂缝宽度扩大，而原地应力则阻止裂缝扩大，滤饼在裂缝上形成应力桥，并保持在原位，这就是弹塑性模型的塑性部分。应力桥就像一个天然的岩石拱桥，顶部载荷越高，曲面内的压缩力就越大，防止应力桥崩溃的因素是滤饼颗粒的机械强度。在这个阶段，岩石的应力和滤饼的强度都能抵抗破坏发生。

阶段4：裂缝进一步延伸——井下压力的进一步提高，导致裂缝进一步扩大。应力桥变大变薄，厚度很小，由于几何形状的扩大，变得更加脆弱。

阶段5：滤饼坍塌——当井下压力达到某一临界压力时，作用在滤饼上的压力超过滤饼颗粒的屈服强度，“石拱桥”坍塌，钻井液通道建立，钻井液向地层流失。

15.2.4 滤饼的特性

研究表明，滤饼的两个主要特征造成破裂压力的提高，这与形成滤饼的滤液性能和钻井液中颗粒的强度有关，前面介绍的应力桥模型(弹塑性破裂模型)得出了破裂压力取决于钻井液颗粒的机械强度的结论，因此，选用的堵漏材料将决定井壁的最大破裂压力。

附录C中的图C.2所示为在相同条件下，应力桥的破裂强度与钻井液颗粒的莫氏硬度(或抗压强度)的关系，很明显，碳酸钙颗粒的强度最小。除了颗粒强度外，颗粒形状和粒度的分布也是重要因素，一般来说，陡峭的粒度分布曲线效果最好。尽管数据显示碳酸钙的颗粒强度最弱，但在微过平衡钻井时，碳酸钙仍不失为一种好的堵漏材料，但在较高的过平衡压力下，最好使用颗粒强度较高的堵漏材料。

15.2.4.1 不同堵漏剂的协同作用

通常情况下，钻井液中会添加多种堵漏剂来防止钻井液漏失，有时，甚至会添加多达十来种不同类型的堵漏添加剂。研究表明，在许多情况下，过多种类的堵漏剂反而会使钻井液变差。笔者开展了一个实验项目，针对不同类型的堵漏剂数量及每种堵漏剂的不同添加剂量进行了大量的实验，结果表明：有些堵漏剂没有任何效果，甚至是(事实上)有害的，有些则效果很好，还有一些的效果或好或坏，取决于堵漏剂的组合和浓度。此外还观察到，不同堵漏剂之间存在着协同作用，例如，两种效果差的堵漏剂，如果结合使用，就会取得良好的堵漏效果。

15.2.4.2 碳纤维添加剂的效果

为了寻找能够改善钻井作业的堵漏剂，除了商业钻井液添加剂外，还对许多非石油类堵漏剂进行了实验。其中一个问题是，在某些情况下，要在岩石裂缝上形成应力桥，需要采用颗粒较大的堵漏剂，这会改变钻井液的密度和流变性。聚合物类堵漏剂的颗粒强度太小，机械强度更高的碳纤维的堵漏实验效果更好。碳纤维是一种非磨蚀性材料，不仅具有很高的机械强度，而且密度相对较低。

15.2.4.3 结论

(1) 为了形成稳定的应力桥，防止钻井液漏失，钻井液颗粒最大直径应该等于或超过裂缝宽度，但目前没有可靠的方法来确定裂缝宽度。

(2) 为了提供足够的桥接材料，颗粒浓度必须保持在最低值以上。

(3) 如果预计的井壁压差很大，则应使用颗粒抗压强度高(莫氏硬度高)的堵漏剂。

(4) 不同堵漏剂之间有很强的协同作用。两种效果差的堵漏剂混合使用可能会有好的效果，但只能通过实验室实验确定。

(5) 钻井液中堵漏剂的种类应保持在最低水平。

(6) 新钻井液和旧钻井液的性能有很大的差异，新钻井液有很大的改进潜力。

(7) 颗粒就位很重要。

(8) 与油基钻井液相比，水基钻井液的裂缝应力桥强度更高，推测其原因是水基钻井液的湿润性较好，滤液易漏失，因此水基钻井液是首选。

(9) 水基钻井液和油基钻井液的裂缝延伸压力几乎相同，但使用水基钻井液时，随着滤液的漏失，应力桥的裂缝愈合效应增加，裂缝延伸压力提高，而油基钻井液的裂缝延伸压力几乎恒定不变。

15.2.5 浅井实例

作业公司预计在某口浅井的钻井过程中可能会出现井漏和井壁失稳问题，钻井液设计完成后，钻井液样品被送到挪威斯塔万格大学(University of Stavanger)的压裂实验室进行试验，并在钻进作业中实施了根据试验提出的建议，由于钻井液质量得到了保证，该井的钻井十分成功。图 15.5 所示为该井的漏失试验数据与参考井数据的对比，说明该井的漏失压力梯度有明显的提高，该例表明通过优化钻井液设计提高井壁的抗破裂强度是可能的。

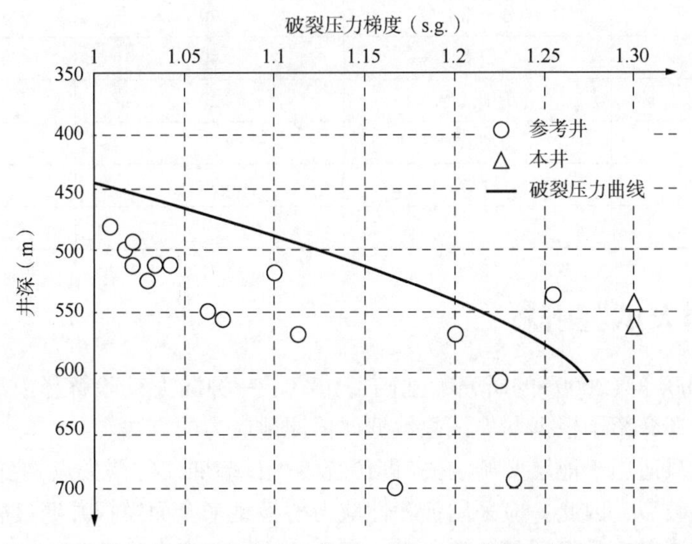

图 15.5 参考井与新井的漏失试验数据比较，所有数据都归一化到同一水深

15.2.6 钻井液配方推荐

这里推荐几种钻井液配方。由于钻井作业条件各不相同，这些钻井液配方只能用作参考，是否适用，只有通过实验室试验才能确认。

井漏发生后，通常需要用堵漏材料进行堵漏，这是一种被动的响应。应积极主动地改善钻井液质量，防止井漏的发生。下面举例说明上述两种情况下(防漏失钻井液配方和堵漏钻井液配方)的几种钻井液配方设计，见表15.1。这些配方中使用添加剂种类很少，但滤饼的质量很好，特别是碳纤维，有很好的效果。

表15.1 防漏失钻井液添加剂推荐

添加剂	粗颗粒碳酸钙	石墨	云母粉	纤维素	碳纤维
推荐剂量(6ppb)	3	—	3	—	—
	—	3	3	—	—
	2	2	—	—	2
	2	2	—	2	—

表15.2所示为一家作业公司提供的堵漏钻井液配方设计，并在实验室里对此进行了试验，发现其性能并不理想，建议去掉配方中的碳酸钙和石墨，添加少量的碳纤维，结果表明，堵漏效果十分明显。

表15.2 堵漏钻井液设计

添加剂	成分	作业者配方(ppb)	推荐的配方(ppb)
A	粗颗粒碳酸钙	15	—
B	细颗粒碳酸钙	15	—
C	精细聚合物	20	30
D	中分子聚合物	20	20
E	石墨	40	—
F	精细云母	20	20
G	中型云母	—	20
H	纤维素	30	45
碳纤维		—	少量

15.3 漏失试验解释

本节以Aadnoy等(2009)的研究为基础，介绍了一种漏失试验解释模型，包括对井壁破裂后的评估，还介绍了根据漏失试验数据评估原地应力的方法。

基尔希方程只适用于地层开始漏失(即传统漏失试验曲线的漏失点)之前，地层开始漏失后，井壁已经破裂，因此，应采用弹塑性应力桥模型来全面模拟井壁最后的破坏。

新模型的模拟发现，根据基尔希方程，用原地应力状态和岩石抗拉强度可以精确确定地层漏失压力(开始漏失的点)。该模型还解释了油基钻井液的钻井液漏失问题，使用油基钻井液时，井壁强度降低至最小水平应力水平。

本节介绍的模型(弹塑性模型或称应力桥模型)适用于采用控制失水固相钻井液体系的传统钻井作业，也适用于环空体积大、裂缝开口相对小的漏失试验，但不适用于使用清洁、渗透性液体作为循环液的油井增产作业，如大规模水力压裂。这是一个重要的定义，因为许多出版物要么把两者混淆，要么用清洁液体的渗透性模型代替钻井液的非渗透性模型。

15.3.1 连续泵送漏失试验

众所周知，漏失试验期间岩石会出现破裂(Aadnoy and Belayneh，2004)。当裂缝张开时，钻井液固体颗粒会在裂缝上形成应力桥，阻止更多的液体流入裂缝。从这个角度来看，地层破裂过程包括两个阶段，即破裂前阶段和破裂后阶段。

井壁岩层被压裂之前的破裂前阶段，可以用连续介质力学方法即基尔希方程来描述。假设一种简单的情况，即受各向异性水平应力作用的直井，其漏失压力可表示为：

$$P_{LOT}=3\sigma_h-\sigma_H-P_o+\sigma_t \tag{15.4}$$

式中：P_{LOT}为漏失压力。

如图15.6所示，漏失压力通常定义为压力曲线偏离直线的点时的压力，正是在这一点地层开始破裂。图15.6中也显示了岩石的抗拉强度，漏失试验的第一阶段井下压力必须超过地层抗拉强度，因此，根据原地应力状态和岩石抗拉强度可以精确确定漏失压力。

根据式(15.4)，可以准确估算原地应力状态。假设水平应力相等，原地应力估算为：

$$\sigma_h=\frac{1}{2}(P_{LOT}+P_o-\sigma_t) \tag{15.5}$$

破裂后阶段是指井壁被压裂之后，钻井液中的固体颗粒在裂缝上形成应力桥，井下压力会进一步提高。当井下压力达到最大值时，图15.6中用抗破裂强度S_{fr}表示，应力桥破坏，随着钻井液进入裂缝，井下压力下降。

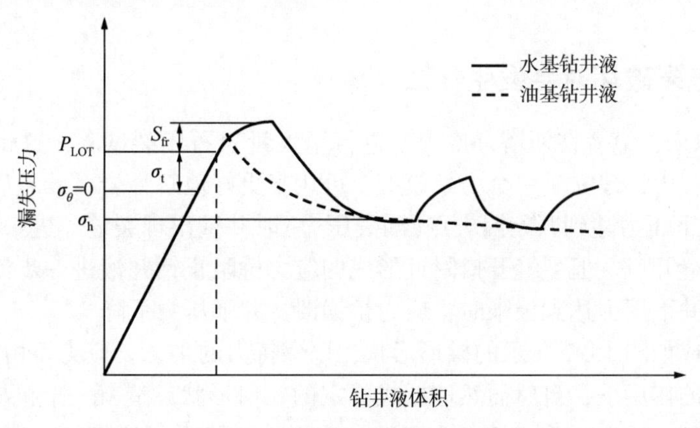

图15.6 延长漏失试验压力曲线

图 15.6 所示为连续泵送漏失试验压力曲线图。应力桥破坏后，井下压力下降到最小法向应力，即 σ_h。继续泵送钻井液，钻井液颗粒试图再次形成应力桥(图 15.7)，当井下压力达到一定值时再次破裂，这种现象称为水基钻井液的自愈效应。

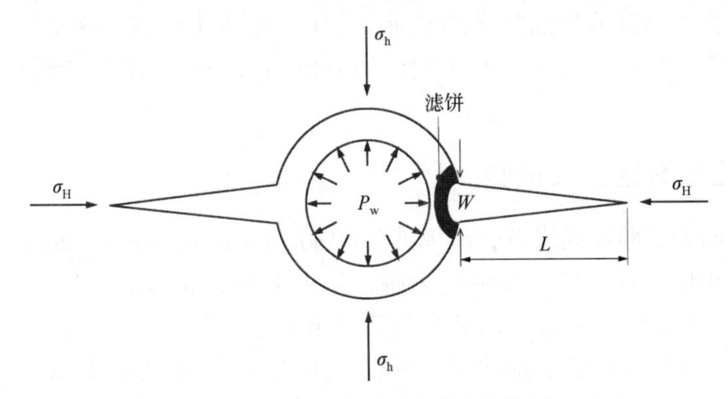

图 15.7 破裂后阶段形成的应力桥

油基钻井液情况则不同，地层破裂的发生会更加突然，在不停泵的情况下，裂缝延伸压力保持恒定不变，这种现象在钻井作业中是很常见的。通常认为油基钻井液很难产生漏失自愈效应，岩石和钻井液的润湿性有很大的差异，导致了低滤液漏失。另一种看似合理的解释是，要形成稳定的钻井液应力桥，需要一定的摩擦力来稳定钻井液颗粒。换句话说，钻井液颗粒润滑性过高，使颗粒间产生滑动，而不是互相锁定而形成应力桥。但降低油基钻井液的润滑性可能是毫无意义的，相反，可以使用更多棱角的钻井液添加剂，这样更容易互相锁定。在对漏失压力进行实际解释之前，先对地层破裂过程做简要的总结。

(1) 如果考虑岩石抗拉强度，则漏失压力是应力的指标。

(2) 漏失压力由基尔希方程确定，参见式(15.4)，也是地层破裂前的最小抗破裂强度。最大抗破裂强度 S_{fr} 则会因钻井液质量的不同而变化。漏失压力和抗破裂强度 S_{fr} 事实上定义了未破裂井壁的强度范围。

(3) 井壁破裂后，抗破裂强度由应力桥强度和最小水平应力 σ_h(即最小井壁强度)决定。用水基钻井液时，抗破裂强度可以部分恢复，但使用油基钻井液时，通常会维持较低的抗破裂强度。

15.3.2 破裂破坏时会发生什么

自 1996 年以来，笔者在斯塔万格大学进行了大量岩石压裂试验，这也是编写本节的基础。在研究过程中，建立了一个力学模型，可用来更好地解释岩石破裂后的特性。如图 15.7 所示，当井下压力达到开始漏失点(漏失压力)时井壁出现裂缝，进一步泵入钻井液，钻井液进入了裂缝开口。但裂缝开口附近形成的应力桥阻止钻井液进一步流入裂缝，使井下压力提高，当井下压力达到极限时，应力桥崩溃，井下压力下降。

应力桥将形成如图 15.7 所示的拱形形状，以保持力的平衡。应力桥由单个颗粒组成，没有刚度，在力的作用下，自然而然地形成稳定的几何形状，造就一个机械屏障。附录 C 简要介绍了该模型，Aadnoy 和 Belayneh(2004)也对该模型做了详细的介绍。该模型表明，应力桥的最大抗压强度(压力)与钻井液中颗粒的抗压强度成正比，换句话说，低强度钻井液中颗粒强度高，其井壁的极限破裂压力也高。

破裂后的极限破裂压力为：

$$P_{wf}=S_{fr}+f(\sigma_h,\ \sigma_H,\ E,\ P_o,\ \cdots) \tag{15.6}$$

岩石裂缝延伸模型很复杂，它与应力状态、岩石弹性性能、裂缝前端的延伸条件及其他一些参数有关，裂缝延伸压力的最小值等于裂缝表面的法向原地应力。在分析中，将裂缝的最小延伸压力定义为：

$$P_{wf}=S_{fr}+\sigma_h \tag{15.7}$$

后续研究也可以对该模型做进一步修改，将裂纹前端的延伸条件和其他影响因素考虑进去。

15.3.3　漏失试验的阐述

下文进一步阐述扩展漏失试验(ELOT)的基本定义：扩展漏失试验是在漏失试验过程中，当地层破裂以后，再次泵入钻井液，试验通常会重复一次或几次。

图15.8所示为典型扩展漏失试验压力曲线，流量曲线显示了开泵和停泵情况。通常情况下，当达到极限压力或超过极限压力时，停止泵入钻井液，井下压力下降到一个稳定值，然后再开泵，重复一次或多次试验过程。

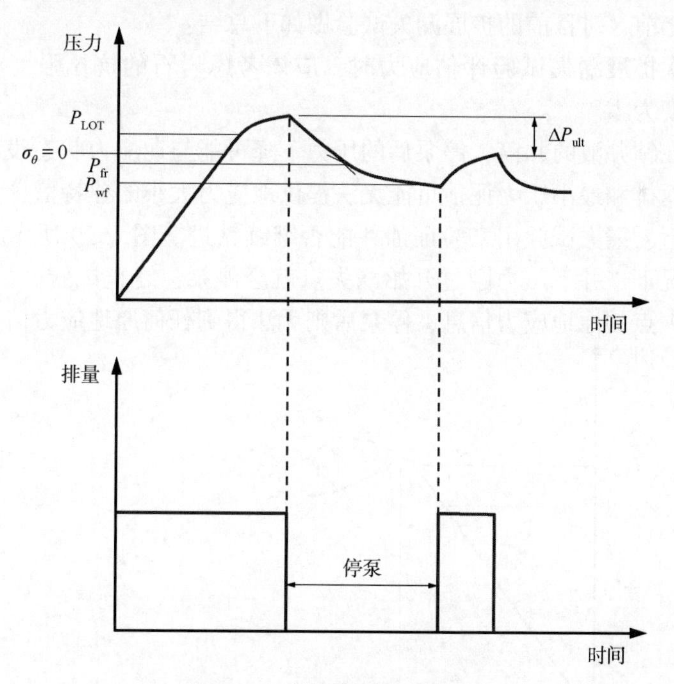

图15.8　扩展漏失试验曲线

下面是根据上面介绍的模型对扩展漏失试验(ELOT)最常见的解释。

(1) 目前，漏失压力常被用作假设岩石抗拉强度为零时的应力指标。但要使这一假设成立，原先存在的裂缝方向必须与地层破裂应力状态相一致，这似乎不太可能，因此，首次漏失试验必须克服岩石的抗拉强度。

(2) 停泵后，对压力下降进行监测。对于使用渗透性液体的大规模水力压裂(De Bree and Walters，1989)，可以根据压力下降的斜率变化确定原地应力。水力压裂采用的压裂液通常是渗透性的，因此，将上述利用压力变化确定原地应力的方法应用于钻井期间的漏失试验，会产生一些问题或者不确定性。

(3) 首先是钻井液中存在颗粒，且具有低滤失性。在钻井液回流过程中，裂缝内部可能会出现应力桥，从而造成裂缝闭合压力不准确，钻井液中颗粒还可能支撑裂缝保持张开状态，使渗流压力低于裂缝闭合压力。

(4) 其次是井筒容积。井筒容积通常比进入裂缝的钻井液体积大几个数量级，钻井液的可压缩性效应可能主导回流体积，因此很难区分钻井液可压缩性效应和裂缝闭合效应，需要对钻井液进行更多的研究，以确认纯液体模型能否适用于钻井液。

(5) 最小井下压力 P_e[1] 有时被用作最小水平应力指标。由于已经停泵，没有发现最小井下压力与原地应力有物理上的联系，反而可能与井内钻井液的静态重量关系更大。

(6) 前两次扩展漏失试验的极限压力之差通常被解释为等于岩石抗拉强度，但只有在两次试验中的应力桥完全一样的情况下，上述解释才是正确的。试验表明，第一次试验的应力桥抗压强度往往大于第二次试验的应力桥，因为后者在已有的裂缝中形成，因此，极限压力之差 ΔP_{ult} 可能高估了岩石的抗拉强度。

在深入推论之前，对目前的扩展漏失试验做如下总结：

(1) 根据首次扩展漏失试验评估应力时，应该考虑岩石的抗拉强度。此后的重复试验，岩石抗拉强度为零。

(2) 对于存在钻井液的井筒，停泵后的压力下降可能与地应力状态没有直接联系。因此，压力下降、返排和最小压力评估可能无法提供地应力大小的独特信息。

大多数情况下，漏失试验用来验证油井能否继续钻进。图 15.9 所示为典型的漏失试验曲线。通常情况下，井下压力刚过开始漏失点就会停泵，终止试验。根据前面的讨论，得到的是开始漏失点的原地应力信息，停泵后则无法得到任何原地应力信息。

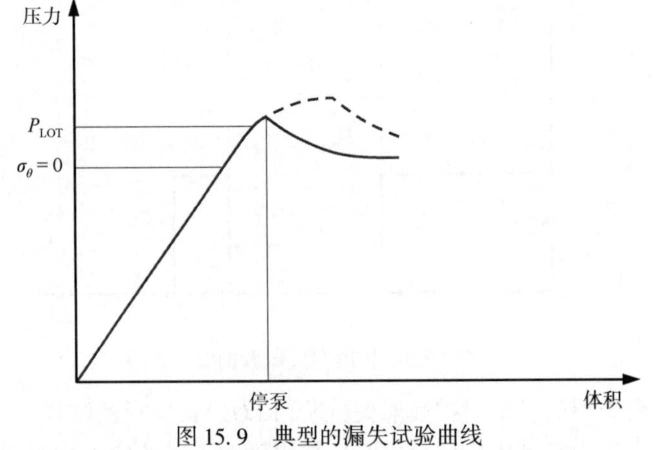

图 15.9　典型的漏失试验曲线

[1] 原书图 15.8 中没有 P_e——译者注。

根据前面的讨论，油井钻井期间的井壁破裂压力限值如下。

（1）井壁未破裂时的破裂压力上限和下限为：

$$\begin{cases} P_{wf}(\text{上限}) = 3\sigma_h - \sigma_H - P_o + \sigma_t + S_{fr} \\ P_{wf}(\text{下限}) = 3\sigma_h - \sigma_H - P_o + \sigma_t \end{cases} \tag{15.8}$$

（2）井壁破裂后的破裂压力上限和下限为：

$$\begin{cases} P_{wf}(\text{上限}) = \sigma_h + S_{fr} \\ P_{wf}(\text{下限}) = \sigma_h \end{cases} \tag{15.9}$$

15.3.4 压裂过程的不可逆性

从本章前面的讨论中可以看出，井壁破裂是一个不可逆的过程。一旦井壁破裂，岩石的抗拉强度是不可能恢复的，上述结论基本上适用于高井下压力情况。高井下压力时，井壁切向应力由压应力变为拉伸应力($P_w > \sigma_h$)，基尔希方程不再适用。

但在低井下压力时($P_w < \sigma_h$)，切向应力始终是压缩应力，裂缝可能不会对应力产生影响，但可能对岩石抗压强度造成局部影响，这种情况下，基尔希方程(连续介质力学方法)仍将适用。

裂缝中可能会残留一些钻井液，造成小而永久的裂缝，有人认为这种现象可导致环向应力的增大，但从力学的角度来看，这种假设是值得怀疑的。在向开始漏失点加压过程中，井壁会产生径向应力和切向应力，根据基尔希方程，井壁将产生相应的径向应变和切向应变，然而，井壁破裂后，基尔希方程不再适用，抗压强度等于最小的原地应力 σ_h，此时，由于有长裂缝穿过井筒两侧，径向应力—应变关系转变为无限介质中的线性应力—应变关系，因为井下压力约等于最小原地应力，应变变得非常小，当井下压力下降时，仍保持原地应力状态。

本讨论的一个关键点是，如果应力增大，势必要有相应的应变增大。另一个关键点是，破裂后，岩壁变得不连续将导致应力变化。

与此相关的一个问题是：有没有可能形成一条小裂缝，不穿透井筒周围(小于5个井眼半径的距离)应力集中区域？如果有这种可能，由于拉伸切向应力仍然存在，那么仍有可能会产生应力集中，然而混凝土试样压裂试验的经验表明，突然的破裂通常伴随有噪声，然而从未观察到局部破裂的现象。如果压裂是一个一定会穿越应力集中区的不稳定过程，那么不太可能因裂缝填满而增加应力，未来的研究可能会证明，是否有可能形成短的局部裂缝，增加切向应力。

15.3.5 主要研究结果总结

第15.3节介绍了一种低滤失钻井液漏失试验的破裂压力模型，包括开始漏失点之前的连续介质力学模型和破裂后破裂压力评估。

注15.2：最重要的研究结论是：

（1）漏失压力准确地代表了原地应力状态和岩石抗拉强度；

(2) 首次漏失试验必须克服岩石抗拉强度，为了确定原地应力，必须知道岩石的抗拉强度；

(3) 井壁破裂后，井壁强度等于应力桥强度和最小原地应力之和；

(4) 扩展漏失试验压力曲线的最小压力可以用来估算最小水平应力；

(5) 停泵后的压降曲线分析、钻井液返流量和最小井下压力评估，可能都无法得出使用钻井液时的原地应力的独特信息；

(6) 根据扩展漏失试验得出的岩石抗拉强度极有可能高于真实的岩石抗拉强度。

15.4 井眼稳定性分析技术的发展方向

本章讨论的主题对石油和天然气行业非常重要。已经研究了井壁破裂主导机制，提出了替代性的研究路径，还需要开展以下进一步研究。

(1) 应力桥的实验研究，包括颗粒浓度和分类，稳定性试验，以及可获得的压力幅度(抗压强度)的大小。

(2) 岩石拉伸破裂理论和实验研究，包括压缩效应、桥接条件和裂缝延伸扩展条件的研究。

(3) 建立岩石抗拉强度的数据表格，用于分析漏失试验。可以建立岩石抗拉强度和单轴抗压强度之间的经验公式，用于井壁破裂和坍塌分析。

(4) 进行全尺寸试验，以确定能否发现停泵后的原地应力的信息，除了井下压力读数外，还应该收集井下流量测量数据。

(5) 进一步评估颗粒摩擦力和颗粒棱角的作用，本章介绍的模型表明，增加颗粒之间的摩擦力可能有助于减少油基钻井液的漏失，其中一种方法是增加钻井液中颗粒的棱角。

例题 15.1 如下的是北海某直井的漏失试验数据：

$$P_{LOT}=1.90\text{s. g.}$$

$$P_o=1.08\text{s. g.}$$

$$\sigma_t=0.1\text{s. g.}$$

井径测井表明，该井有很长井段发生冲蚀，但井眼基本上是圆形。请计算原地水平应力，然后用所得的数值，讨论这口井发生井漏的可能性。

解： 由于该井是直井，因此可以认为两个水平应力是相等的，因此，根据式(15.5)，计算水平应力为：

$$\sigma_h=\frac{1}{2}(P_{LOT}+P_o-\sigma_t)$$

$$\sigma_h=\frac{1}{2}(1.9+1.08-0.1)=1.44\text{s. g.}$$

使用水基钻井液钻井时，通常可以通过降低井下压力或采用堵漏材料重新建立循环。井壁破裂后，其当量强度为 1.44s. g.。使用水基钻井液时，由于应力桥的形成，可以恢复部分强度，而使用油基钻井液时，井壁当量强度仅为 1.44s. g.。

练习题

15.1 图15.10所示为某井漏失试验压力曲线图，在曲线的峰值处停泵，该井井深2100m，钻井液密度为1.55s.g.，估计水平应力为337bar，请根据压力曲线图确定：

a. 岩石的抗拉强度。

b. 应力桥强度。

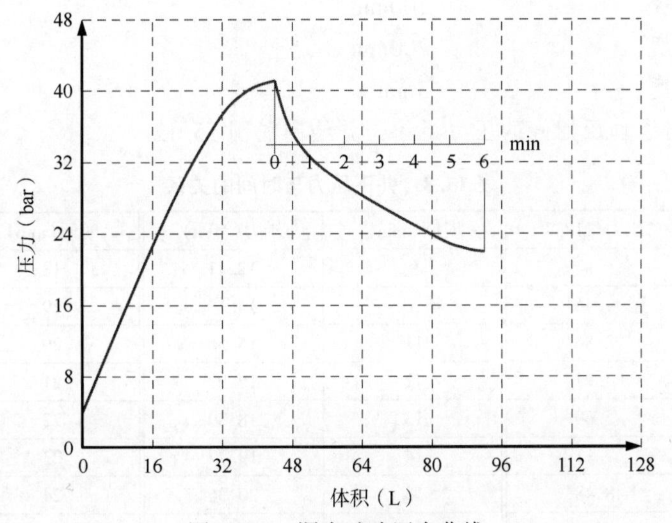

图15.10 漏失试验压力曲线

15.2 图15.11所示为某井扩展漏失试验图，该井井深4354ft，试验时使用的钻井液密度为11.2ppb。

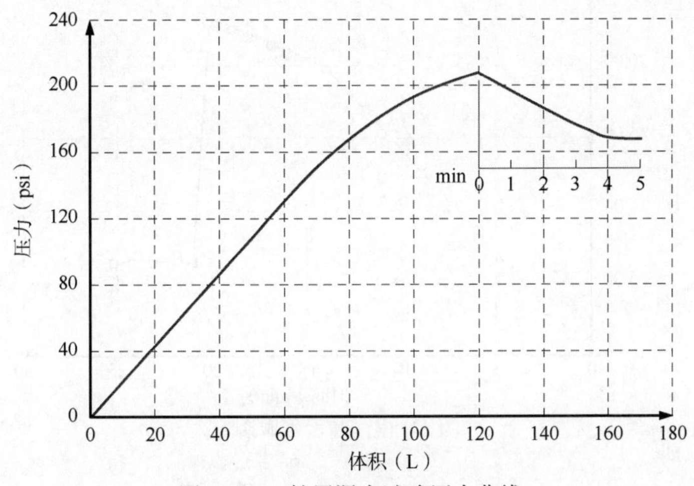

图15.11 扩展漏失试验压力曲线

a. 请确定原地应力和应力桥的强度。

b. 如果这口井采用水作为钻井液，没有滤失控制，那么破裂压力是多少？

15.3 压裂试验：使用一个空心混凝土筒和含有一定量堵漏剂的水基钻井液测量破裂压力。给混凝土筒周围的水套加压，施加围压，通过机械方式施加并控制轴向载荷，在给孔眼施加压力之前，循环钻井液 10min，然后隔离孔眼，注入更多钻井液以起裂裂缝。试验的初始条件如下：

孔隙压力	0
围压	6.0MPa
抗拉强度	8.4MPa
孔眼直径	10mm
混凝土筒直径	100mm
混凝土筒高度	200mm
围压水套厚度	5mm

表 15.3 列出了加压期间的压力记录，并绘制成图 15.12。

表 15.3 井下压力与时间的关系

时间(min)	压力(MPa)	时间(min)	压力(MPa)	时间(min)	压力(MPa)
0	0	9	12.71	18	21.99
1	1.46	10	14.13	19	22.54
2	2.86	11	15.56	20	23.10
3	4.27	12	16.97	21	6.14
4	5.69	13	18.39	22	6.62
5	7.11	14	19.77	23	6.23
6	8.48	15	20.36	24	6.54
7	9.93	16	20.89	25	6.04
8	11.32	17	21.42		

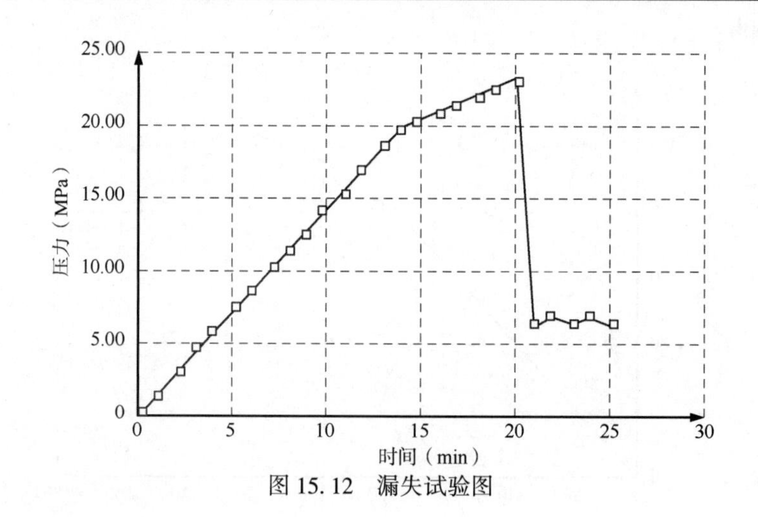

图 15.12 漏失试验图

请估算：

a. 起裂压力；

b. 岩石的抗拉强度；

c. 切向应力等于 0 时的孔眼压力；

d. 井筒破裂(漏失)压力；

e. 颗粒桥(或应力桥)强度。

第16章 页岩油、页岩气和水力压裂

16.1 简介

20世纪中期以来，石油和天然气日益成为世界经济的主要能源，未来几十年内仍有可能保持增长趋势。由于传统化石燃料资源，特别是老石油产区油气资源即将耗尽，发达国家和发展中国家对碳氢化合物产品的上升需求可能无法满足，因此，作为关键能源的石油和天然气的重要性毋庸置疑。自20世纪初以来，石油和天然气资源的勘探开发使整个世界发生巨大的变化，创造了巨大的财富，但也在世界各地引发了许多武装冲突。

20世纪初，随着技术的突破和工业化的快速发展，对原油的需求开始上升，其中主导原因是内燃机的发明和随后的汽车工业的发展。随着对电力和汽车的需求呈指数级增长，对原油的需求也随之增加，促使各国开始管控其能源资源。在第一次、第二次世界大战期间，石油的供应起着至关重要作用。许多军事技术的发展，如以石油为动力的空军和海军装备的需求，极大地推动了石油工业的发展，这种推动也是许多其他行业多边协同技术进步的动因。

直到20世纪70年代初，原油价格一直维持在较低水平，价格稳定，没有任何重大波动。该时期为一些国家和地区常规石油勘探和开发的快速发展奠定了基础，如美国、中东和波斯湾地区以及周边国家。

然而，1974年阿拉伯战争爆发后，市场发生了巨大变化。原油价格分别在1974年和1980年涨了一倍多，对西方国家产生了重大影响，尤其是美国。20世纪80年代初，美国政府指示石油和天然气行业进一步开发本国的油气资源，以减少对进口石油和天然气的依赖。尽管如此，美国对石油和天然气进口的依赖继续稳步增加，而原油价格在20世纪90年代到2000年继续呈上升趋势。石油行业对富含油气资源的页岩层及其开发潜力有充分的认识，但对薄油层、超低渗透性油藏，却缺乏有效的技术方案，无法进行商业开采。因此，对新技术的渴求越来越明显，点燃了能源革命的导火索，而且随着越来越多的数字技术的应用而不断前进，实现了更精确、以前无法实现、环境更恶劣的石油勘探和开发。

与此同时，非常规油气资源的开发技术也得到了发展，发明了将水平钻井技术和水力压裂技术相结合的新技术，其应用取得了巨大成功。页岩油和页岩气的产量上升到几十年前无法想象的程度，已成为美国经济增长的最大驱动力之一，在目前全球经济和政治中发挥着关键作用，从而，也导致美国和其他几个发达国家对世界其他地区常规石油和天然气生产的依赖程度显著降低。

21世纪初，尽管钻井工作量不断增加，但美国的天然气产量开始持续下降，因此，美国天然气价格上涨，人们认为唯一的解决方案是在中东、东南亚和非洲开发液化天然气(LNG)项目。在早期阶段，美国的页岩气现象虽然被忽视，但从2004年到2005年开始，通过结合和应用一些成熟的技术，即水平钻井技术和压力诱导水力压裂技术，获得了发展势头，在服务公司的技术协助下，一些小型独立石油和天然气公司将这些技术推广应用，引发了现在人们通常所说的页岩气热潮。从那时起，美国的天然气产量持续增加，在可预见的未来，美国液化天然气和天然气进口需求量逐步减少。

然而，水力压裂污染地下水源和破坏当地农业的问题引发人们的争议和担忧。另外，页岩气藏的平均采收率仅为20%~25%，页岩油藏的采收率通常低于10%，这两个数字都低于全世界常规油气平均采收率(30%~35%)的水平，也引起了人们对页岩油气开发技术成熟度的争议。

16.2 页岩气和页岩油的特征和性质

页岩，也被称为黏土岩或泥岩，是粒径小于0.06mm非常细小的颗粒沉积岩石，既存在于内陆，也存在于海洋环境中。随着细粒沉积物的出现，有机物质也会沉积，特别是在海洋环境中。当有机物质的含量超过1%时，混合沉积物就被称为碳质页岩或黑页岩。页岩被认为是常规和非常规碳氢化合物的烃源岩，由于其低孔隙度和低渗透性[1]，储存油气的能力非常小，因此形成的碳氢化合物会迁移到高孔隙度储层如砂岩层中。但对于非常规页岩气，页岩既是烃源岩，也是储集岩。页岩气通常由90%的甲烷和少量的乙烷、丁烷和戊烷组成，页岩气是一种无味的气体，几乎没有硫或硝酸盐，是一种极好的能源，加工过程最少，对环境影响最小。天然气的计量单位是万亿立方英尺(TCF)。

16.2.1 开发技术

水力压裂技术最早出现在20世纪40年代，目的是当油井的产量有下降趋势时，用于提高油井的石油和天然气产量。乔治(后改名为迈克)·米切尔(George Mitchell)，被誉为“压裂技术之父”，是开发和成功应用水力压裂技术和水平井钻井技术的先驱者之一，尽管他不是该技术的发明人，但近17年来，他研发和改进了水力压裂技术与水平井钻井技术，在非常规油藏的综合应用中取得了成功。例如，乔治·米切尔在得克萨斯州达拉斯的巴奈特页岩地区，投资钻了几千口井，1998年，他的公司在巴奈特页岩，生产了大量的天然气(Idland and Fredheim，2018)。在整个20世纪80年代和90年代，许多能源分析师预测，美国页岩油气生产将出现负增长。当米切尔能源与发展公司(Mitchell Energy & Development Corporation)公布他们成功的消息时，竞争对手首先想到的是公告是假的。然而，他的成功几乎在一夜之间，大幅提高了公司的价值。2002年，米切尔先生以35亿美元的价格将公司出售给德文能源公司(Devon Energy Corporation)。

使用水平井钻井技术和水力压裂技术，大大提高了生产商从低渗透地层和页岩层中，开采天然气和原油的盈利能力。利用水力压裂技术提高石油和天然气产量，早在20世纪50年代就开始迅速增长。从20世纪70年代中期开始，私人运营商、服务公司、

[1] 原文为高渗透性——编辑注。

美国能源部以及天然气研究所结成伙伴关系，促进了实用技术的发展，美国东部浅层页岩气得到商业开采。这种伙伴关系促进了页岩开发关键技术的发展，如水平井技术、多级压裂技术和滑溜水压裂技术(slick-water fracturing)。水平井在原油生产中的实际应用始于20世纪80年代初。当时，由于先进井下钻具引入，一些支持性设备、材料和技术的供应得到保障，特别是井下遥测技术的出现，致使水平井技术得到广泛的商业应用。尽管如此，大规模页岩气生产并没有发生，直到米切尔能源和发展公司在20世纪90年代进行试验，使深层页岩气生产成为商业现实，如前文所引述的得克萨斯州中北部的巴奈特页岩气的成功开发。随着米切尔能源和发展公司的成功，其他公司积极进入页岩气领域。到2005年，仅巴奈特页岩区每年就生产天然气近$0.5\times10^{12}ft^3$。生产商在巴奈特页岩天然气、阿肯色州费耶特维尔页岩气的二次开采中获利，对页岩气的开采前景充满信心，他们主动投入其他页岩区的开发，包括美国的马塞勒斯、海恩斯维尔、伍德福和鹰滩，以及欧洲、中国和非洲等地。

美国能源信息署(EIA)下属的国家能源建模系统在20世纪90年代中期开始主导页岩气资源的开发、应用和生产，但近10年的页岩气才被认为是美国干气市场的游戏改变者。尽管2014年以来石油和天然气价格大幅下滑，但在过去的10年里，进入新页岩区的活动增加，使美国的干页岩气产量增加了6倍以上，占美国2014年天然气总产量的25%之多。美国的湿页岩气储量更大，占天然气总储量的20%~25%。在过去10年里，页岩油产量也迅速增长，特别是北达科他州和蒙大拿州的巴肯页岩区。

16.2.2 页岩地层地质

页岩层由黏土或泥状矿物和细粒石英经过数百万年的积累层层堆积而成，由于沉积作用，建立起上覆地层压力，使其固化为不渗透的岩层。为了成功地压裂和开采非常规页岩油藏中的石油和天然气，页岩的可破碎性十分关键，这在很大程度上取决于其矿物成分，因此，在孔隙度、原地应力和总有机碳含量等几个因素中，矿物成分是评价的主要对象(图16.1)。页岩中硅质和钙质含量高，黏土或泥状矿物含量少(商业生产中低于30%)，页岩层容易压裂，这与储层岩石受压力作用时的变形相反，这在生产中引起了重大问题(Bell，2007)。

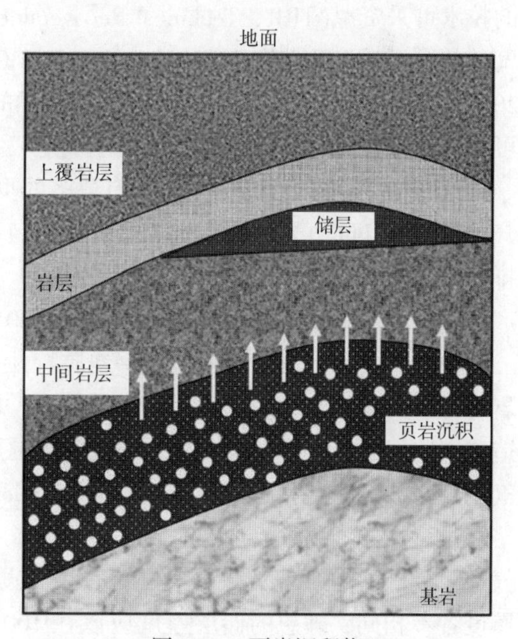

图16.1 页岩沉积物

与页岩层地质有关的另一个关键因素是，烃源岩往往也是储集岩。由于页岩渗透率低，通常在0.001~0.1mD之间，油母质尚未从其沉积和成熟的位置迁移出来，只有当出现自然裂缝或机械压裂裂缝时，碳氢化合物才会被释放出来(Sayed et al.，2017)。因此，除了流动受限外，页岩层中的页岩油和页岩气含量可能会发生显著变化。

注 16.1：*矿物学成分表明页岩既是烃源岩又是储集岩，构成了区分常规储层和非常规储层的两个主要特征，这就是为什么长期以来页岩气和页岩油开采技术得到不断的改进，并且与常规油气开发技术有很大不同的原因*(Rezaee，2015)。

16.2.3 页岩层的特性

由于页岩地层中有机物质与沉积物同时堆积的特性，页岩孔隙度通常较低，在2%～15%之间，技术可采资源(TRR)的孔隙度最好超过5%。美国的主要页岩气产区的孔隙度只有2%～10%(Sayed et al.，2017)。

页岩有两种类型，深黑页岩和浅页岩。当大量的有机物质与沉积颗粒一起沉积在少氧气或厌氧环境中时，页岩会呈现出深色或黑色，相比之下，有机孔隙材料的颜色显得很浅，或者可能会受到赤铁矿等其他彩色矿物成分的影响(Speight，2013)。页岩油和页岩气的聚集主要是由于海洋沉积，通常在浅海地区，海洋沉积环境与沉积物相遇。由于沉积物如黏土和淤泥的颗粒细小(0.004～0.062mm)，海洋深度较浅，有丰富的植物、浮游生物和细菌生命，易形成油母质(Pipkin et al.，2013)，是97%的页岩沉积油母质的主要来源，其中主要是油母质Ⅱ型。油母质Ⅱ次于油母质Ⅰ型，具有很好的生油能力，而且其生产的原油价格比天然气更高，所以更受欢迎(Chapman，2000)。

16.2.4 采收率和产量展望

人们早就知道，许多深层页岩层富含油气资源，几乎世界各地都存在页岩油和页岩气的技术可采资源(TRR，Technical Recoverable Resources)。据估计，世界深层页岩油和页岩气的技术可采资源分别为3500×10^8bbl和$7300\times10^{12}ft^3$以上，发现深度为1600m以上(EIA，2013)。虽然是技术可采资源，但值得注意的是，并非所有技术可采石油和天然气储量都可经济开采。

从图16.2可以看出，中国拥有最多的页岩气技术可采资源，相当于$1115\times10^{12}ft^3$页岩气，320×10^8bbl页岩油，在世界范围内排名第一。但就经济可采页岩气测量而言，中国仅排名第三，原因是中国页岩层黏土含量高，页岩的充分压裂一直难以实现，因此，页岩气产量仅占中国天然气产量的1%(Rezaee，2015)。

中国的页岩多位于干旱地区，地质特性上也与北美不同。与北美的页岩相比，中国页岩含有更多的黏土，易变形，而不易破裂，此外，当使用水基压裂液时，黏土的膨胀也会造成一些问题(Rezaee，2015)。但这些问题可通过研究替代压裂液加以解决，如液化石油气、液化二氧化碳和超临界二氧化碳(Gandossi，2013)。

虽然页岩气和页岩油产量正在稳步增长，但由于钻井成本高，目前近海页岩油和页岩气产量极低。2018年，仅在美国就有注册页岩油气井超过13万口，几乎都在陆上，油层厚度各不相同，理想的储层厚度应该在100～165ft(30～50m)之间。在北美，储层厚度在20ft(6m)至997ft(304m)不等，如Marcellus页岩(Rezaee，2015)。美国技术可采资源约为

每天 500×10^4bbl 页岩油和 $1676\times10^{12}ft^3$ 页岩气。

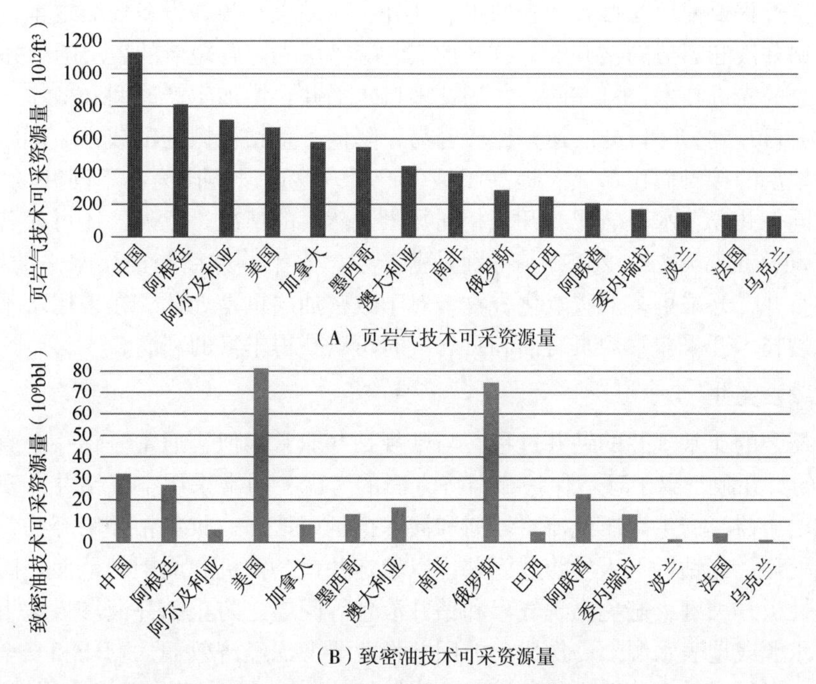

图 16.2 拥有页岩气技术可采资源和致密油技术可采资源量的前 15 个国家(Rezaee, 2015)

16.3 页岩气和页岩油储层的钻井

16.3.1 水力压裂的力学原理

16.3.1.1 勘探

震源车是内陆油气勘探最常用的勘探装备。震源车对地面产生不同频率的声波，由于勘探地区的岩性和沉积类型等因素的影响，不同地层的密度变化导致声波以不同的速度反射(返回)到地表(Zhao et al., 2016)。

利用数字技术和超级计算机，地球物理学家可以利用检波器记录声波数据，创建二维、三维或四维的地震图像，并绘制地质构造剖面图，用于确定探井井位，做进一步的勘探。探井可提供关键数据，验证该地区的油气资源情况。应该注意的是，钻干井的风险通常是非常高的。为了准确评估储层的寿命、特性和产量，需要花费很大的成本收集分析地震勘探数据，探井岩样分析和地层评价可以收集影响钻井作业不同阶段的关键数据，包括矿物成分、地热梯度、断层、储层大小和其他类似数据，特别是致密气层，最困难的是预测泄油面积和形状(Inland and Fredheim, 2018)。

在绘制了有关地下的所有必要信息后，想建立井场(称为 pad)的公司需要在开始开钻前签订租赁协议和法律文件。一旦完成所有手续，接下来的 2 周或 3 周需平整和清理井场，完成后再安装各种设备。为了保护环境，通常会安装井场面积三分之二大的防护垫，防止或减少设备和流体运输过程中发生泄漏，污染环境(Chesapeake, 2012)。

钻井过程需要大量的水，如果没有天然地表水源，就可能要钻水井，特别是水力压裂作业时，整个过程要使用几百万加仑的水。此外，在钻机和各种设备安装之前，需开挖用于处理废弃钻井液和岩屑的钻井液池，开挖安装套管头和套管短节的表层圆形井筒。

利用当今的先进技术，可在同一井场钻多口水平井，增加生产时间和效率。设备在同一井场内从一口井到另一口井的运移比较容易，降低了重钻机搬迁的成本。同时，由于水平井井筒与地层的接触面积增大，提高了油气产量。这可以类比为在不同井场钻 30 多口直井，与在同一井场钻水平丛式井开采相同数量天然气的情况。此外，还可显著减少对地表 90%的扰动(Chesapeake，2012)。特别是薄产层，水平井井筒与油层水平的接触面大，可以比仅用直井，开采更多的碳氢化合物。对于致密油层也是如此，在采用水平井钻井技术和水力压裂技术开采非常规页岩油和页岩气时可以获得丰富的利润。

16.3.1.2 完井

需水力压裂的非常规井的钻井过程，与常规钻井非常相似，通常先钻一个直径为 20in 深 50~80ft 的大井眼，出于环境保护和经济方面的考虑，通常采用空气钻井。安置在地面的压缩机和增压器，产生高压气流将岩屑和淡水携运回地面，收集钻井废弃物，按照当地的法规进行处理。完钻后下入导管并固井，以稳定井口、钻机和周围的地面。固井质量对油井的完整性极其关键，避免出现气窜和钻井液包等问题，防止钻井液渗入地下水层，污染浅层地下水源或地表水源。一次成功的固井作业要考虑经济效益、责任和安全。每一次固井作业后，必须对整个井筒进行试压。然后继续钻井 100~200ft，至淡水层以下，起钻，下表层套管并固井，在地面套管顶部安装防喷器组(由高压安全阀和密封件组成的系统)，防止发生井喷事故。然后，采用无伤害钻井液(主要采用膨润土)或空气钻井继续钻进，返回的钻井液将钻屑和淡水带出井眼。考虑到安全和环境保护，地面安装一台废弃钻井液焚烧装置，作为钻井液闭环处理系统的一部分。废弃钻井液焚烧装置极为重要，因为在钻井和压裂作业过程中会产生不必要的天然气，钻井液不仅将钻屑运回地面，而且带有一定量的爆炸性甲烷气体，必须将其从钻井液中分离、收集起来，并在现场燃烧掉。此外，钻井液还能起稳定井壁、冷却钻头、保持井下压力的作用。如果必要，可以下技术套管并固井，对井筒进行进一步的保护(Inland and Fredheim，2018)。

由此可见，陆上常规钻井作业和非常规钻井作业的过程相同。当钻达页岩层上部地层(有时也在页岩层内)时，已经达到造斜点，因此必须起钻，并将钻头换成专用钻具，进行定向钻井，可选择喷射钻井、旋转钻具组合、造斜器及相关设备或采用导向动力钻具等工具，进行造斜钻进，直到达到水平方向。90°造斜井段一般钻进几百英尺，然后再钻 3000~4000ft(900~1200m)的水平井段。起钻后下入最后一层套管，即生产套管，保护整个井筒。在储层投产开采之前，对套管和水泥的完整性进行压力测试。

图 16.3 所示为非常规水平井与常规直井的对比图。水平井与常规直井有很大不同，水平井与油藏的接触面积明显增加，水平井与水力压裂相结合，可大大提高采收率，使得非常规井的生产在商业上具有可行性。

油气井建设的目的不仅仅是创建一个能开采油气几十年的油气井系统，还有保护周边环境的作用。图 16.4 所示为最近发展起来的丛式井钻井设施，可以钻几十口直井和水平井，可进行水力压裂作业。

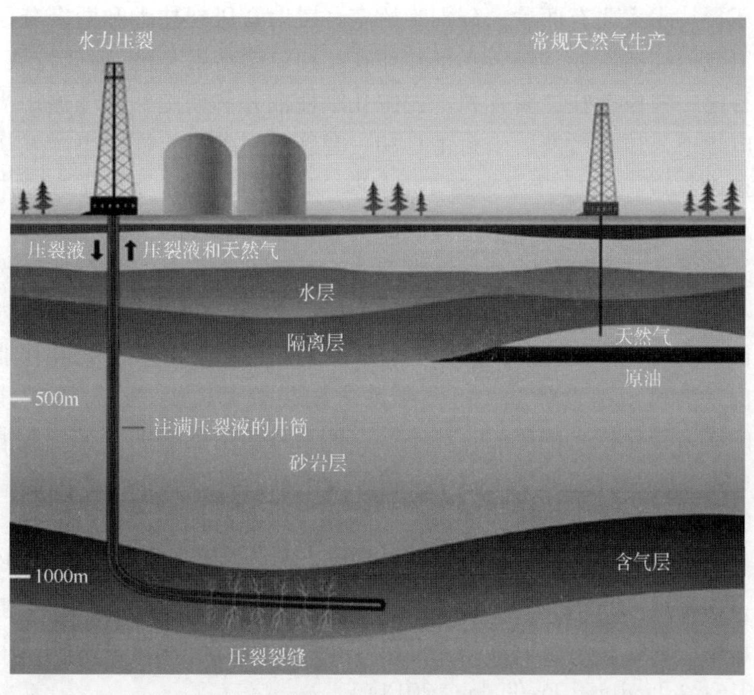

图 16.3 非常规水平井和常规直井对比图(Idland and Fredheim, 2018)

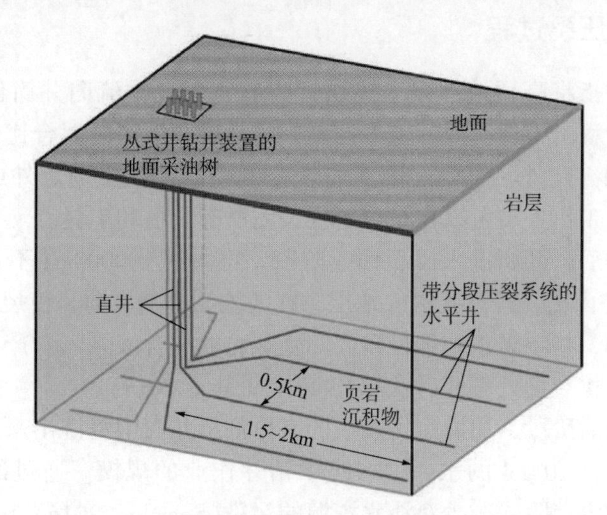

图 16.4 可钻几十口直井和水平井的丛式井钻井和水力压裂示意图

16.3.1.3 水平井完井

水力压裂技术是提高非常规储藏油气产量的主要增产技术之一。在致密地层中，如煤层、致密砂岩层和页岩地层，石油和天然气聚集在构造圈闭内，渗透率低。为了实施可行和有利可图的生产，地层必须充分压裂，以实现碳氢化合物的流动。非渗透性的生产套管和水泥环将生产油管与储层隔离，因此，需要对水平井段进行射孔和水力压裂，使井筒和油藏建立连通通道。为了控制穿孔作业，并为压裂地层提供足够的压力，需要对水平井段进行分段射孔(Lotha et al.，2017)。

分段射孔压裂技术主要有两种，分别为桥塞分段射孔压裂技术和滑套分段射孔压裂技术。桥塞分段射孔压裂技术通常用于水平井射孔，用电缆将射孔枪(射孔枪装在电缆端部)下到井底，进行第一井段射孔，套管和水泥中孔眼使油井和周围油层连通。当第一段射孔完成后，再用电缆下入压裂桥塞、坐封工具和一套新的射孔枪，通过电缆发送信号，将压裂桥塞坐封在预设深度，然后释放坐封工具。隔离第一井段后，进行第二井段的射孔作业。依次重复进行，直到完成整个水平井段的射孔作业(Speight，2016)。

水平井射孔的另一种方法是滑套法。滑套法有两种基本工具：投球式压裂滑套和裸眼封隔器。滑套和封隔器按预定间隔分布在不同井段，并处于关闭状态。向井内泵入高压液体，从环空返出，高压液体使液压式封隔器膨胀坐封，隔离各井段。射孔作业从井底第一个井段开始，向井内投入小直径球，打开第一个压裂滑套，独立进行第一井段的压裂作业。每一井段的压裂作业投入的球的直径不同，需要逐步增加球的直径，使滑套按正确的顺序打开，如此重复进行，直到整个水平井段完成射孔作业(Speight，2016)。然后，对水泥环和套管的完整性重新进行试压。此后，压裂作业主要分四个阶段：酸化、压裂、注入支撑剂和洗井。生产套管射孔后需要在酸化阶段(或称为前置液阶段)清理爆炸产生的细碎物和水泥碎片，将稀酸与大量水混合，并泵入地层，溶解碎屑和碎片以及地层岩石的颗粒，扩大已经形成的裂缝。最常用的酸是盐酸(HCl)，溶解页岩和致密砂层中的天然碳酸盐(Speight，2016；Idland and Fredheim，2018)。

16.3.2 水力压裂过程

水力压裂技术是指将高压液体泵入地层，为碳氢化合物流向井筒创造径流通道的技术。整个压裂作业过程由压裂车内的工人控制，包括砂和液体的混合比例，并对井下压力和地层压力进行监测。此外，车内还配有安全控制系统，在出现意外或不受控制的情况下，出于安全考虑，工作人员可以在车内远程关闭所有设备和工具。

在弹孔清理干净后，开始进入压裂作业阶段。将大约100000gal不含支撑剂的高压携砂液(压裂液)泵入井内，并经弹孔进入地层，在注入支撑剂之前，使裂缝扩展和传播。

接下来的阶段是，将减阻水和细目砂或陶瓷颗粒的混合液泵入新产生的裂缝中，支撑剂在压裂液降压后支撑裂缝处于开启状态(Shuler et al.，2011)。

在水力压裂的最后阶段，用清水将多余的支撑剂从井筒中清洗出来。水力压裂的整个过程需要(150~1600)×10^4gal的水，这取决于钻井作业的规模。通过回收和再利用压裂液，可以在一定程度上消除或减少对淡水资源的污染(Speight，2016)。

16.3.3 水力压裂类型和压裂液类型

水力压裂液有三种类型：(1)水基水力压裂液；(2)泡沫压裂液；(3)低温液体，液态二氧化碳。水力压裂技术利用压裂液压裂储层岩石，压裂液主要由基液(>98%，水、酒精、油、酸或其他液体)和各种添加剂(<2%)组成。当压裂液的压力超过近井带地层的承压强度时，裂缝就会产生并传播。

压裂液是水力压裂的关键，不仅要考虑流变性等流体力学性能，还要考虑其对环境的影响。大量用水是页岩油和页岩气开发的主要环保问题之一，同时也面临返排压裂液的处理和储存，以及大量废水漏入地层对地下水资源造成有害污染的挑战。

注 16.2：化学添加剂通常占压裂液总量的 0.1%~0.5%，不同的储层有不同的用量，因此，压裂液必须根据油藏的地质特性和油井具体情况来制备，通常情况下，会使用 3~12 种不同的添加剂。

表 16.1 给出了最常用的压裂液配方和描述。

表 16.1 压裂液添加剂及其相应应用(Speight，2016)

添加剂	化合物	应　用
酸(HCl)	盐酸	稀释的酸，通常是 15%的盐酸，用于在射孔作业后清洗水泥和地层碎屑
生物杀灭剂	戊二醛	抗菌剂，可防止细菌生长，细菌可能会分泌出分解胶凝的酶，从而降低压裂液携带支撑剂的能力
破乳剂	氯化钠	降低压裂液的黏度，使支撑剂更好地从流体中释放出来，并在压裂作业的后期增加返排压裂液的回收
缓蚀剂	二甲基甲酰胺	在使用酸性压裂液时，可防止钢管、油井工具和压裂液罐的腐蚀
减阻剂	石油馏分	减少能源损耗，减少摩阻，提高泵的增压效率
凝胶	羟乙基纤维素	增加液体黏度以增加支撑剂携带量

16.3.4 页岩地层的机械切割

随着美国和国际环保法规要求越来越严格，以及对水基压裂液造成环保问题的担忧，越来越多的新技术正在不断得到研究和开发，其中之一是 2010 年提出的专利技术——开槽钻井(slot-drilling)技术(Carter，2010)，其想法是在储油层钻一个向上的"J"形井筒，随后起出钻柱，用侵蚀性挠性电缆锯代替钻柱，将电缆锯连接在钻杆端部，钻机上的绞车以预定的张力将其拉住，钻杆在自重的作用下下入井内。电缆锯的操作就像一个井下钢锯，反复地来回拉动。因此，该技术在机械上并不复杂。电缆锯的切割力是电缆的张力和钻杆与绞车之间曲率半径的函数，切割锯对油层岩石进行切割形成切口，切口的形状可以是向上的"J"形，也可以是水平的"J"形，使圈闭中的天然气和石油得以生产。如果油藏得到充分开采，与目前可用的水力压裂相比，开槽钻井的储层采收率可显著提高。开槽钻井时间约 25d，具体取决于岩石的硬度和所需的切口的深度。将岩层中的岩屑运回至地表，钻井液起着至关重要的作用，通常情况下，岩屑颗粒细小，将其运送到地表相对简单、安全和经济，可以用清水作为循环液(Gandossi，2013)。该技术所需的设备与传统钻机相同，唯一需要增加的设备是恒定张力绞车和井下工具，用于连接侵蚀性挠性电缆锯和钻杆，因此开槽钻井技术在价格上非常有竞争力，而且对环境友好。几个潜在的优势是用水量大大减少，不需要化学添加剂，比水力压裂法更加环保。这种钻井方法可以提高原始天然气地质储量(IGIP，Initial Gas In Place)和原始石油可采储量(IOIP，Initial Oil In Place)的采收率，加快非常规天然气的开采速度。该技术在缺水地区具有明显的优势，可以大大地减少用水量，这也是这种技术引起人们关注的主要原因。在页岩层黏土含量高的国家如中国，很适合采用这种技术。中国拥有世界上最大的页岩气储量，然而，页岩的岩性特性带来了重大挑战，四川盆地的平均黏土含量约为 50%，高的黏土含量是不利的，商业上可接受的黏土含量应小于30%。高的黏土含量还会引发一些复杂工况，例如，黏土含量高的页岩地层通常具有高延展性，会吸收来自板片状裂缝的能量，即页岩会变形，而不是破碎，更加适合采用该开槽钻井技术(Zou et al.，2010)。

16.3.5 使用支撑剂改进压裂技术

水力压裂的主要目的是提高油气从页岩储层到井筒的导流能力和流动性，同时在产油层的整个生命周期内保持恒定的产量。在水裂压裂最后阶段，压裂液中加入支撑剂，支撑剂使诱导裂缝处于张开状态。考虑到页岩的低渗透性，当增产作业过程结束后，油藏压力下降，支撑剂仍使裂缝保持张开状态，提高了油藏的渗透性和导流性，从而增加了油气的流动。由于每个油藏的特性各不相同，应根据油藏的特性来选择支撑剂的特性，如强度、密度、圆度或大小等。市场上有几种类型的支撑剂，如硅砂、树脂覆膜砂和人造陶粒等。多种其他行业生产废料已经经过试验，也可作为传统支撑剂，如核桃壳、玻璃珠、石油和天然气行业产生的岩屑和冶金渣。此外，最近正在开发可追踪支撑剂，以便更好地了解诱导裂缝内的颗粒填充及由此产生的裂缝导流能力。

页岩气钻井、压裂和生产的工序。与其他钻井一样，页岩气和页岩油的钻井也是由钻井设计、现场实施、投产等一系列工艺技术综合组成的，但采用的技术更复杂、更高、更新，更加注重健康和环境保护，保证钻井能成功完成。尽管过去20年的油价危机导致页岩气生产放缓，但近年来，通过水平钻井和水力压裂配套技术的推广，以及许多低成本技术投入使用，页岩油气藏的开发难度逐步下降。水平井与油藏的接触面积大，油气采收率高。作业公司一旦选定目标油层，可通过向页岩层泵送高压液体，实施水力压裂，让页岩油气层产生裂缝，使油气从储层流入井内。下面将从早期的井场准备到钻井、压裂直至投入生产，逐一介绍页岩气钻井的工艺技术流程。

(1) 初期垂直井筒钻井。开发天然气首先需钻垂直井筒，直到含气页岩层，通常深度为2100m(约7000ft)以上(图16.5)。井深达到1600m的岩层时，大部分岩层没有渗透性，将油层与接近地表的敏感地层(如有饮用水井的含水层)隔开，因此，油藏的天然气通过上覆岩层向上移运并且存在污染问题的可能性很小。

(2) 下套管和固井。为了保护钻井区域内可能有饮用水井的含水层，页岩气井需下几层套管(通常为4层)并固井，然后进行试压(图16.6)。套管形成了一道坚固、持久的屏障，将井筒内的液体和气体与井外岩层和地下水隔离。

(3) 造斜和侧钻。造斜点一般选在水平井段以上约150m(约500ft)的位置。在这一阶段，采用井下动力钻具进行造斜钻井，直至达到水平井段钻井(称为侧钻井)所需的角度。一口垂深2500m(近8000ft)、水平段长1250m的水平井需要400多根钻杆，每根重约230kg(约500lb)。水平井(侧钻井)的优点是与油藏接触面积大(图16.7)。

(4) 生产套管固井。在钻头和钻杆起钻到地面后，下生产套管至水平井段，然后将水泥顺着套管的整个长度泵入，再向上回返从套管的四周进入环空，永久地固定和隔离井筒的非生产地层，并防止气体和其他液体在举升到地面的过程中渗流到岩层中。

(5) 射孔。为了使油井做好生产准备，对侧钻井段和水平井段进行分段射孔，以便对页岩气层进行压裂。用电能引爆的射孔枪射出射孔弹，射穿套管和水泥环，形成小孔，并进入岩层(图 16.8)。

(6) 水力压裂。为了使侧钻井段(水平井段)做好生产准备，对水平井段实施分段射孔和水力压裂，逐段进行。在水力压裂过程中，泵车在极高的压力下将水、砂子和化学品(通常 95%以上是水)混合而成的压裂液注入井筒并通过套管向下流动，当压裂液通过弹孔被挤入周围的岩层时，导致页岩破裂，使天然气流向水平井段，然后流向垂直井段(图 16.9)。

(7) 地面作业。第 6 阶段，根据当地和国际法规，在井场需要对页岩油气藏水力压裂井所需的液体、砂和少量化学品的准备和处理进行严格管理。井场设计应详尽并要考虑环境敏感性，提高安全性，防止泄漏造成土壤或地表水污染。当压裂作业完成后，回收井中的压裂液，收集到储罐内或防渗漏钻井液池中。在今后的压裂作业中，重复利用回收的压裂液可减少了对淡水的需求量，最大限度地降低废弃压裂液的处理工作量。

(8) 天然气生产。最后阶段(即第 7 阶段)，钻井完成后，填平钻井液池，恢复井场。第一年，页岩气井可生产数亿立方英尺的天然气，然后在几年内逐步下降并趋于平稳。在有些地区，需要小型储罐来收集水或天然气冷凝液(一种轻质烃类液体)。天然气通过大排量压缩机、集输管线和长输管线输送到市场。据美国石油学会(API)估计，压裂后的水平井可以产气 30 年以上(图 16.10)。

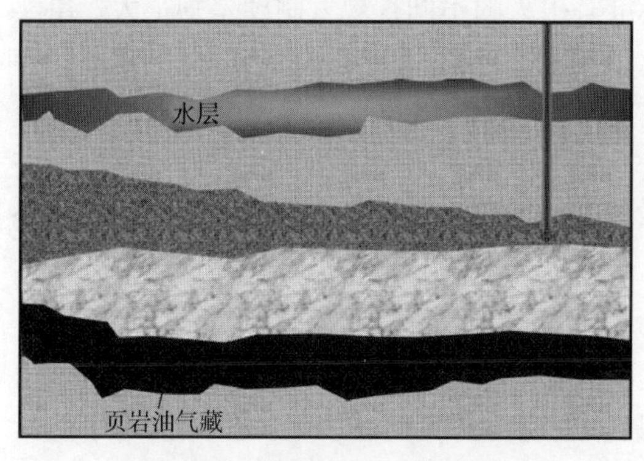

图 16.5　第 1 阶段：垂直钻井

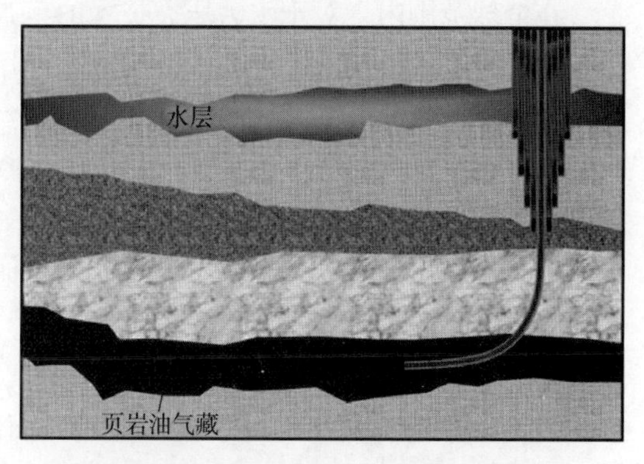

图 16.6　第 2 阶段：下套管和固井，隔离含水层不受钻井活动影响

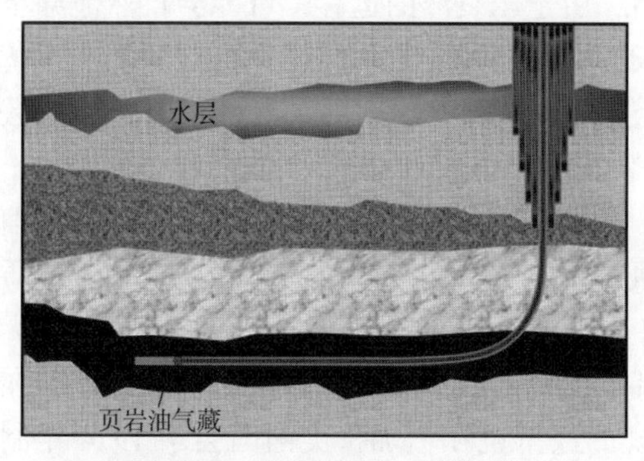

图 16.7　第 3 阶段：水平钻井

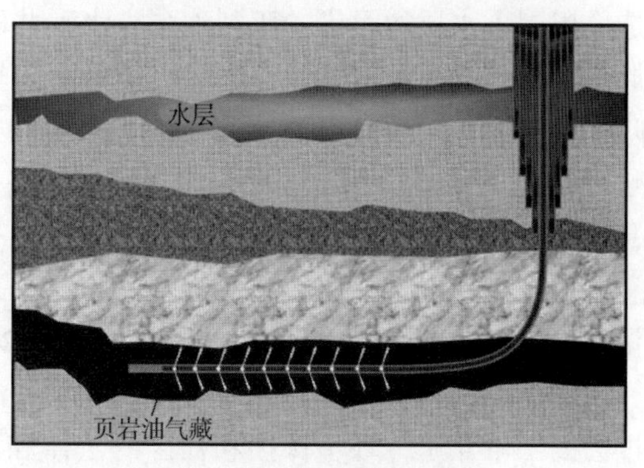

图 16.8　第 4 阶段：射孔

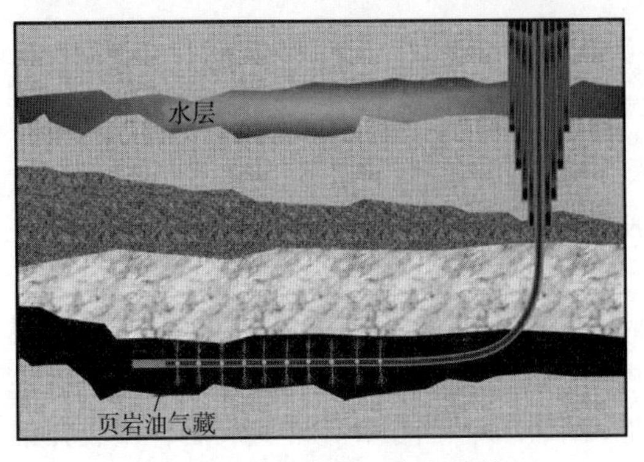

图 16.9　第 5 阶段：水力压裂，
气体在井筒中向上流动

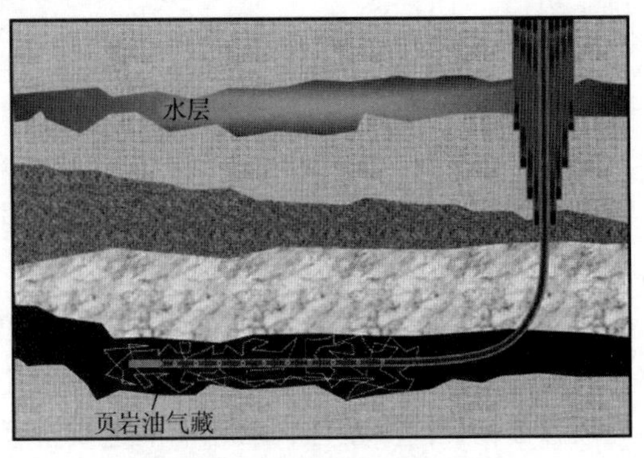

图 16.10　第 6 阶段和第 7 阶段：
地面作业和天然气生产

16.4　关于水力压裂的法规和立法

16.4.1　世界各国有关法规

在全球范围内，对于水力压裂技术的审查标准有很大的不同，规章制度差别很大。事实上，一些国家或州省已经永久或暂时停止使用这项技术。目前，法国、德国、保加利亚、卢森堡、罗马尼亚、加拿大的佛蒙特和魁北克，以及西班牙的坎塔布里亚等国家和地区已经禁止使用将高压水注入地下的技术。相反，2013 年，阿尔及利亚修订了法律，允许用该技术开采页岩油气，阿尔及利亚的技术可采页岩油气资源排名世界第三。尽管法国等国家也已经禁止使用水作为压裂液，但并没有排除使用其他方法开采页岩气(Arthur et al.，2011)。

16.4.2　美国法规

美国因缺乏有关水力压裂技术应用方面的具体法规而受到批评，保护公共饮用水质量的主要联邦法律只对含有柴油的压裂液进行规定，否则，压裂液的成分被视为商业秘密。禁止应用水力压裂技术的主要理由是，在贫瘠的干旱地区大量用水和化学添加剂，可能会造成周围含水层的污染。压裂液泵入水平井段后，由于压裂液的运移，可能会自然泄漏至周围含水层，由于油井和含水层之间的距离较长，有可能需要数年时间，但这同样非常危险。此外，技术故障(如井喷或套管损坏)也可能导致压裂液与饮用水混合。根据大多数州(省)已有的规章和条例，采用正确的钻井设计、完井和运行维护等预防措施，可以防止几乎所有的负面影响(Paylor，2017)，例如，在美国，所有的油气井必须根据已知地层信息，按规定深度下一层或几层套管并固井，并执行相应的水泥凝固时间，除安全和生产质量外，这也是为了保护环境(Arthur et al.，2011)。

在美国，批准应用水力压裂技术开采石油和天然气的权力主要归联邦机构。此外，在过去的二十年里，环境保护和社区的法律和法规的数量也在增加，美国国会于 1974 年制定了《安全饮用水法》(SDWA)，作为一项联邦法律，确保公共饮用水的质量，保护公众健康。同时，美国环境保护局(EPA)也被授权对美国土壤中的地下回注(UIC)进行监管。

16.4.3 关于水力压裂的担忧

页岩中含有一些可能对所有生物有害的成分，如挥发性有机化合物、天然放射性物质(镭、钍、铀)和微量元素(汞、砷、铅)。此外，返排压裂液中也发现含有其他化合物，如压裂液添加剂中的杀生物剂、生产化学品，地层中的油、苯、甲苯等碳氢化合物。

一般来说，页岩层与含水层相隔数千英尺，因此，除了压裂液之外，饮用水中发现原本存在于页岩中的物质可能主要由技术故障造成，例如压裂作业前的地面泄漏，返排液和产出水返回地表时发生的泄漏，或由于设备缺陷或在设备安装、下套管和固井作用时发生的泄漏。

压裂液中化学添加剂的含量平均为0.5%~2%，它们的作用各不相同(如抑制剂、凝胶、表面活性剂、酸、杀菌剂)，但即使比例很小，但总量很大，一口井可能使用约123.5万美加仑的水(较大的项目可能使用500万美加仑的水)，在后期还需要增加用水量，换句话说，一口井使用的化学添加剂总量在500~260000gal之间，水力压裂使用的压裂液有20%~40%返回地表，而其余将被周围的地层吸收。产出水和废水需要储存在大型水池、储罐或回注井中，以供其他作业中重新使用，或者经彻底处理后再用于其他目的。图16.11所示为污水处理流程，受污染的水在注入井中之前必须经过净化处理(Laffin and Kariya，2011)。

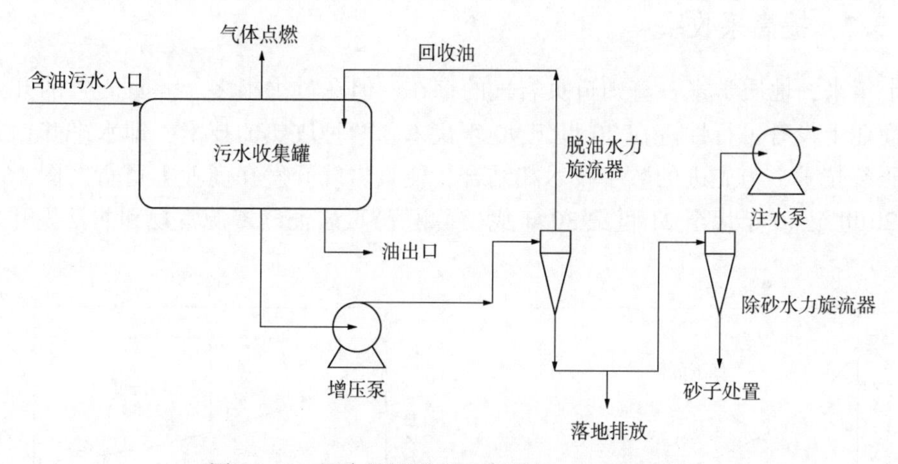

图16.11 污水处理流程示意图(Speight，2016)

不仅含水层有被污染的风险，还存在其他问题，噪声和视觉污染是首先被注意到的问题，因为水力压裂作业极易对附近的居民造成干扰。此外，由于液体和设备的运输，交通负荷增加，导致公共道路损坏。此外，水力压裂导致气体或水蒸气排放到空气中，特别是甲烷的泄漏，会产生严重的温室效应，已经引起了人们的关注。在钻井现场，通常用废水蒸发池处置未经处理的返排水，虽然发生溢出的可能性极小，但一旦发生，有毒物质将溢出并渗入地下(Speight，2016)。

16.5 页岩储层的油气采收率

16.5.1 采收率

常规油藏的油气采收率因油田而异，但全球油气采收率平均约为原始石油地质储量(IOIP)的 30%~35%(Fragoso et al.，2018)，页岩气藏的平均天然气采收率为 20%~25%，页岩油藏的原油采收率低于 10%。常规和非常规油气藏采收率之间的巨大差异可以用页岩油藏的独特特性来解释，页岩油气藏的特点是压力异常，渗透率超低等(Sayed et al.，2017)，尽管采收率低，但页岩油和页岩气生产商已经找到了生产盈利的方法，技术进步一直是降低成本的一个关键赋能者，其中之一是丛式井钻井技术，可在同一井场钻多口井(图 16.4)。2006 年，丛式井只占钻井总数的 5%，但到 2015 年丛式井占钻井总数的 60%以上。丛式井可大幅度降低钻井成本，据报道，成本可降低 20%(Idland and Fredheim，2018)。丛式井技术以及水平井钻井技术、水力压裂技术是页岩油和页岩气可以盈利的主要原因。

工厂化钻完井也是一种广泛使用的降低成本的方法，即采用油井设计批量化，作业标准化，降低设计成本，提高钻井速度，通过批量采购降低价格。另一个降低成本的措施是直接谈判天然气销售价格。在 2014 年，现货天然气价格极低，几家公司发现有必要直接向州政府出售天然气，这使得价格略高于现货价格，从而使生产天然气不出现赤字成为可能。

16.5.2 提高采收率

几十年来，地质学家一直知道页岩气的存在，但在过去很多年，页岩气的开发在经济上或商业上没有可行性。在 20 世纪 90 年代末，两种成熟的技术，即水平井钻井技术和水力压裂技术，与先进的数字技术相结合，使页岩气开发在商业上可行。图 16.12 显示了从 20 世纪 40 年代至 21 世纪 30 年代(预测值)页岩油气资源常规和非常规开采方法可行性。

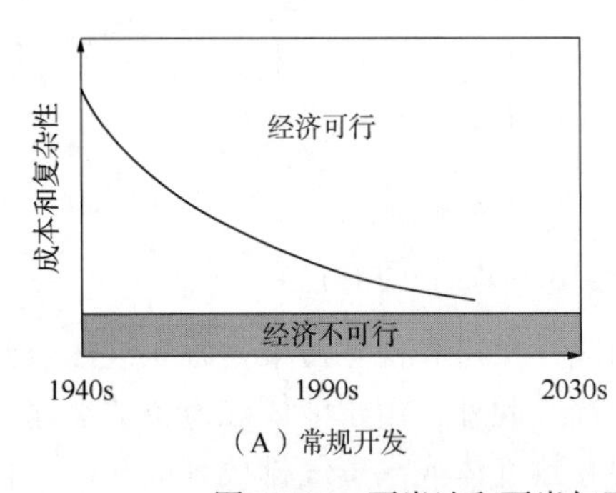

(A)常规开发

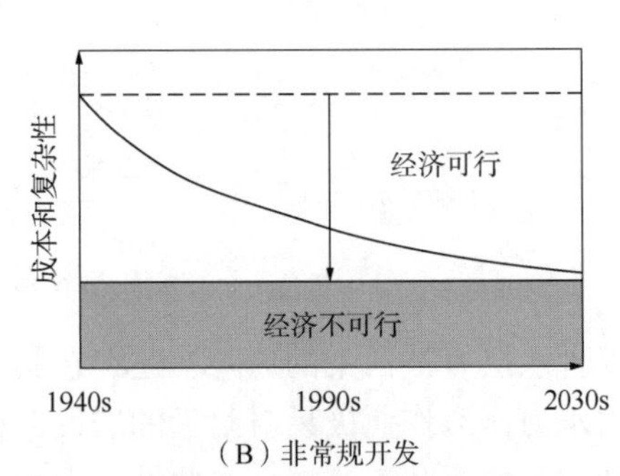

(B)非常规开发

图 16.12 页岩油和页岩气开发的成本、复杂性和可行性比较

美国页岩油产量已经增加到 400×10^4bll/d 以上，几乎占美国原油产量的一半，页岩油藏开发的巨大成功基本上归因于水力压裂技术和水平井钻井技术，这也是目前使用的主要开采技术。然而，仍有一些重大问题需要解决，使用当今的开采方法仍有很高比例的页岩油无法从页岩油藏开采出来，大量的页岩油仍然滞留在油藏内。此外，页岩储层的一个主要特点是，投产初期产量非常高，生产仅几个月后，产量就会迅速下降，因此，有必要研究提高采收率的可行性，研究不同的技术来提高页岩油采收率。

提高石油采收率(EOR)有很多种不同的技术，如化学驱、聚合物驱、蒸汽驱、注水、混合驱、微生物驱和注气。本节只简要介绍常规油藏广泛使用的提高采收率技术之一：注气技术。

注气提高采收率技术在常规油藏开发中的应用十分广泛，但尚未在页岩油藏中尝试。注气主要有两种方式：蒸汽吞吐和气驱。

蒸汽吞吐法(或称循环蒸汽注入法)主要应用于重油油藏的开发，这种方法是将蒸汽注入油藏，然后关井停产，油藏经历2~4周的“焖井时间”，再开井生产，此时，原油产量明显提高，这是由于储层温度升高，原油黏度降低，油井附近的压力增加，导致产量提高。随着时间的推移，受热区温度降低，原油黏度增加，导致产量下降。当原油产量降低到预定值时，开始另一个注蒸汽循环。根据油藏特性，在一口井的寿命周期内，可能进行多达20次注蒸汽循环(Green and Willhite，1998)。目前，蒸汽吞吐工艺技术被借鉴，其他气体用于向井中注入。其原理与蒸汽吞吐相同。气体(经常使用的是二氧化碳)被注入油井中，关井停产，一段时间后，恢复生产，随着注入的气体溶入石油，黏度降低，压力增加，从而提高油井产量(Hoffman，2018)。

第二种方法是气驱，主要机理是通过流动气相和油相之间的中间组分烃类气体与油藏中的原油混相进行驱油，随着油气的逐步混溶，混相段增加。气驱技术是将碳氢化合物或非碳氢化合物组分注入油藏(一般注水开发后的残余油)，注入组分在常温常压下通常为气相，但也可能是超临界气体，液体组分可以是碳氢化合物的混合物，如甲烷和丙烷，或是非碳氢化合物混合物，如N_2、CO_2、H_2S、SO_2或其他气体。二氧化碳具有优越的特性，例如，液态二氧化碳的密度与原油差不多，但其黏度在储层条件下和蒸汽相近(Sheng and Sheng，2013)。气驱法和蒸汽吞吐法都已进行了实验研究，总体结果显示，总体来说，具有大幅度提高页岩油采收率的潜力，甚至预测页岩油采收率的提升幅度要高过常规油藏典型采收率，达到原始石油地质储量的40%以上，与目前5%~10%的平均采收率相比，提高幅度巨大，然而，这些只是基于页岩油田岩样的实验研究，并没在页岩油田进行现场测试，有一定的不确定性。为了充分评估这些提高采油率技术的效果，需要针对实际页岩油藏的影响进行更多研究。当然，进一步研究提高采收率技术对非常规油田开采也非常有意义。

16.6 页岩气和页岩油现状、前景和挑战

16.6.1 现状

图16.13所示为全球页岩气估算储量。据EIA估计，2017年仅美国的页岩油气产量为：原油约450×10^4bbl/d，约占美国原油总产量的50%，干天然气约1676×10^{12}ft^3，约占美国干气总产量的60%。据预测，在未来30年里，美国的页岩油和页岩气产量都会迅速提高(图16.14和图16.15)(Idland and Fredheim，2018)。

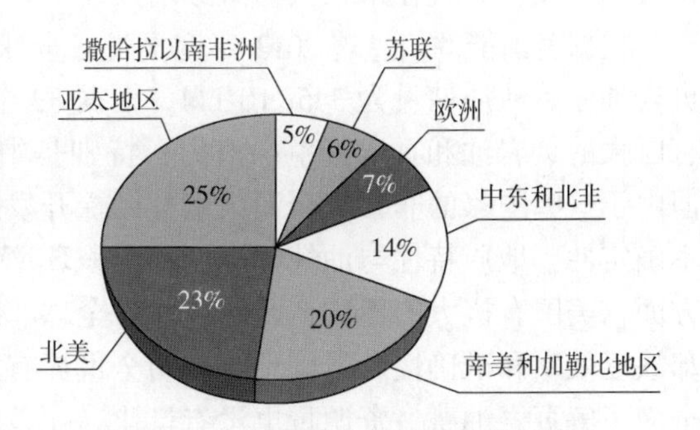

图16.13 全球页岩气储量的最新情况

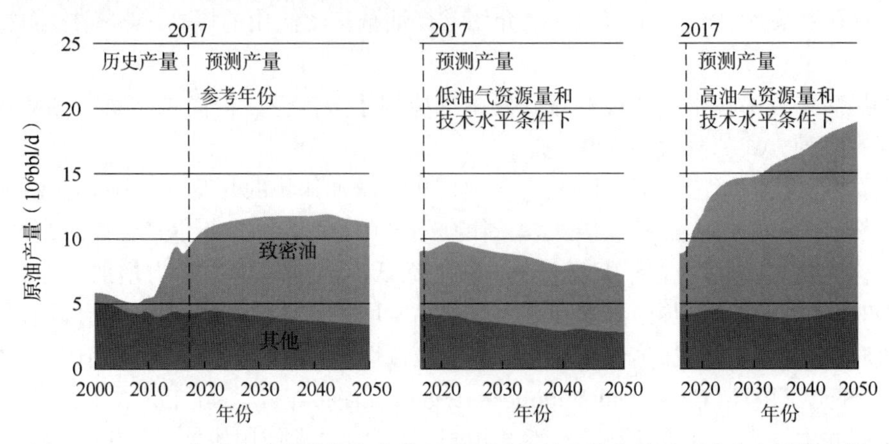

图 16.14　2017 年美国致密油的生产状况和预测情况以及占美国石油总产量的比例（Idland and Fredheim，2018）

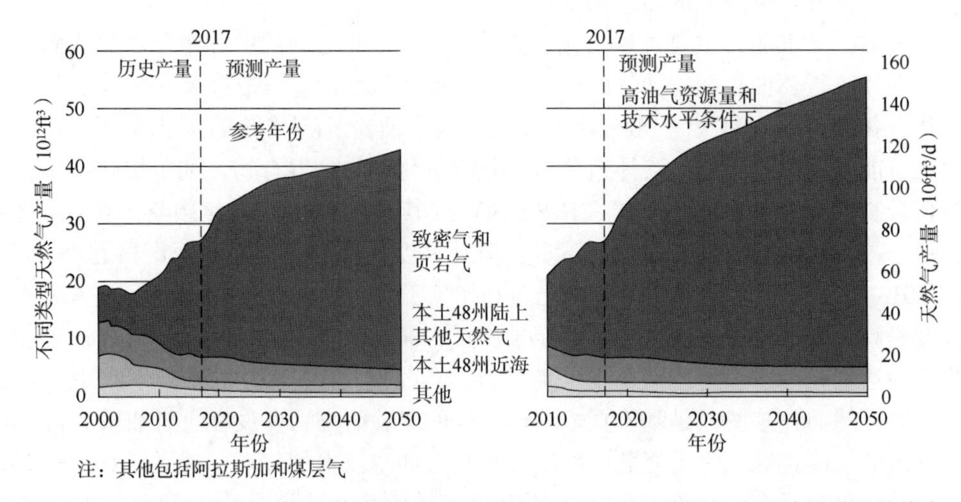

图 16.15　美国页岩气产量及其在天然气总产量中的占比（美国页岩气产量持续增长并将在未来 30 年继续保持增长趋势）（Idland and Fredheim，2018）

此外，过去几十年，美国一直高度依赖从加拿大和墨西哥等国家进口天然气，然而，过去几年美国天然气产业经历了一个转变。根据 EIA，对加拿大和墨西哥的天然气出口正在大幅增加，并且在未来只会继续增加。

根据美国能源信息署 2013 年度报告，全球页岩气原始地质储量估计约为 7300×10^{12}ft^3，页岩油原始地质储量为 345×10^8bbl。根据 32 个国家和 48 个盆地的评估数据，许多国家拥有巨大的页岩油和页岩气生产潜力，特别是中国、阿根廷、阿尔及利亚和俄罗斯等国家。但由于这些国家的非常规石油天然气勘探开发刚刚开始，资源估算的数据来源存在很大的不确定性，地质特性与油气藏厚度、沉积环境、脆性、页岩非均质性、孔隙度、渗透率等方面与美国有极大的不同，此外，尽管全球非常规储层开发取得长足的进展，但数据分析却缺乏效率和准确性。尽管预测表明全世界有大量可采的非常规资源，但人们并没有系统全面了解页岩油藏，资源量也没有量化。在技术方面，对先进的页岩储层增产技术的需求将继续增长，但由于不同地区的页岩油藏本身具有很大差异性，增产技术的改进很大程度上取决于多种因素，如岩石属性、地质特性、盆地建模、热裂解性和地球物理方面的因素等(Lin，2016)。

此外，也存在一些潜在因素制约页岩气产量的增长。其中一个制约因素是相关的服务能力的欠缺，页岩油藏开发需要大量的工程投入，特别是在钻井和完井阶段。另一个制约因素是市场价格波动，最近油价的暴跌(始于2014年中期)不可避免地影响了页岩气开发。当地天然气市场对页岩气的毛利率和利润起着决定性的作用，也是重要制约因素。如果能解决这些问题和制约因素，页岩油气资源将有一个美好的未来。为了使页岩气开发得到更好的发展，如何最好地解决这些问题是目前面临的挑战，可以归纳为如下几个方面。

水力压裂是页岩气开采的主要方法，而且得到了巨大的改进，未来的重点是发展并优化新型压裂液，改进完善水力压裂技术，如桥塞分段射孔压裂技术和滑套分段压裂技术，提升公众对其在安全和环境保护方面的信心。

改进完善页岩油和页岩气原始地质储量的评估方法，作出更准确的评估。重点研究提高采收率技术，提高页岩油气田的采收率。改进物流后勤支持，完善基础设施建设也是促进非传统油气资源开发的关键领域。

16.6.2 未来展望

本章介绍了非常规油气资源的开发，重点介绍了页岩油气藏的生产、监管、地质和开发技术。非常规资源主要是指超低渗透率地质构造中的油气资源，如页岩油藏的渗透率测量值通常在0.001~0.1mD之间，极大地限制了油气的流动，因此必须对其进行改造，才能进行商业化开采，水力压裂技术和水平井钻井技术的配套应用使非常规油气的商业性开发成为可能，但仍需要改进和发展新的技术来提高采收率。

现阶段，大多数页岩油田的采收率低于10%，页岩气田的采收率也仅仅达到20%~25%。研究探索页岩油气藏的地质特性对页岩油气资源的开发具有重大意义，页岩黏土含量高，与水接触极易膨胀，限制了新型压裂液的使用。目前已经研制出多种新型压裂液，可以节省大量清洁水资源，提高采收率，而且具有很好的环境保护作用。

加强水力压裂裂缝空间形态的研究和探索，提高油气产量。工程师们正在研究可远距离检测的新型可追踪支撑剂，改善目标区域的压裂作业效果。

推广应用页岩油气藏提高采收率技术，如气体吞吐技术和气驱技术，页岩油采收率可增加30%，这对页岩油行业至关重要。未来对页岩油的需求量仍会增加，提高页岩气采收率可提高天然气产量。从废气排放角度讲，甲烷是能源效率最高的燃料，因此天然气的使用量将越来越大，而燃煤的使用必将减少，与煤炭相比，使用天然气其二氧化碳排放量可降低大约一半，其他有害污染物，如灰烬、氮氧化物和二氧化硫的排放量也有较大幅度的减少，因此，天然气是未来的重要能源。

未来几十年，预计页岩油气产量将大幅增加，目前禁止向地层注入高压水的国家可能很快就会修改法律，以促进其页岩油气资源的开发。据美国能源信息署估计，全世界的页岩油原始地质储量到达3450×10^{8}bbl，页岩气的原始地质储量达$7300\times10^{12}ft^{3}$，因此提高页岩油气产量的潜力巨大。页岩油和页岩气的开发为世界提供了新的资源，可供未来几代人使用(Idland and Fredheim，2018)。

16.6.3 提高页岩油和页岩气产量的方法

在研究提高页岩油和页岩气产量的方法时，也应考虑环境和经济效益。随着天然气产量的增加，对煤炭开采的需求将减少。天然气不仅存在于页岩中，也存在于其他常规和非常规碳氢化合物储层中，其主要成分是甲烷（CH_4），其他成分包括乙烷（C_2H_6）、丙烷（C_3H_8）、丁烷（C_4H_{10}）和戊烷（C_5H_{12}），但含量不断减少。此外，还含有不同数量的非烃类气体，如氧气（O_2）、二氧化碳（CO_2）、氮气（N_2）和硫化氢（H_2S）。某些储层还可能含有少量的惰性气体，如氩气（Ar）、氦气（He）、氖气（Ne）和氙气（Xe）。尽管原始天然气由多种不同数量的成分组成，但作为能源输送至千家万户的天然气几乎完全由甲烷组成。天然气是一个备受关注的话题，通常被认为是未来的能源资源，因为其甲烷含量高，与氧气发生燃烧，二氧化碳排放量最少，能源效率高。与煤炭相比，甲烷气体与氧气燃烧后，会产生水和大约一半的二氧化碳量。正如本章前面内容所述，如果释放到大气中，甲烷具有比二氧化碳更高的温室效应，因此备受人们的关注。

利用水力压裂技术提高油气产量可以降低全球能源价格，也可以使更多的国家走向能源自足，不仅可以增加国家的收入，还可以减少能源短缺造成的影响，降低能源价格，为更多的国家带来社会经济效益。

附录 A　岩石的机械性能

在工程设计和破坏分析中，岩石材料最重要的机械性能是完整岩体的弹性性能和强度，节理岩体的强度和刚度。本附录将提供一些已知岩石典型机械性能，是在实验室测得的，可应用于各种不同情况。应该注意的是，岩石的机械特性可能会因地质环境、化学成分、内部缺陷或裂缝、温度、区域地震活动、加载历史、年龄、试验样品的尺寸和许多其他因素的不同而有很大的差异，因此，表 A.1、表 A.2 中所列的机械性能数据仅供参考，在实际设计计算和断裂力学分析中，所有岩石机械性能数据必须来自现场测量，或用现场获取的岩样经实验室测量获得。

尽管采用标准化的实验方法，但表 A.1、表 A.2 所列数据的范围仍很大，这也说明来自不同的地区的同一类岩石的机械性能有很大差异。

表 A.1　典型岩石材料的弹性性能(Gerecek，2007；Pariseau，2006)

岩石类型			弹性特性			强度性能		
			泊松比	各向同性弹性模量(GPa)	各向同性剪切模量(GPa)	抗拉强度(MPa)	剪切强度(MPa)	单轴抗压强度 S_{uc}(MPa)
火成岩	深成岩	花岗岩	0.10~0.32	7.8~99.4	3.2~41.1	7~25	14~50	100~250
		辉长岩	0.20~0.30					
		闪长岩	0.20~0.30					
	火山岩	安山岩	0.20~0.35	1.2~83.8	0.49~36.1	10~30	20~60	100~300
		浮石	0.10~0.35					
		玄武岩	0.10~0.35					
变质岩	无叶岩	大理石	0.15~0.30	35.9~88.4	14.6~41.1	10~30	20~60	35~300
		石英岩	0.10~0.33					
		變玄武岩	0.15~0.33					
	层状岩	板岩	0.10~0.30	5.9~81.7	2.5~34.0	5~20	15~30	100~200
		片岩	0.10~0.30					
		片麻岩	0.10~0.30					
沉积岩	碎屑岩	砂岩	0.05~0.40	4.6~90.0	1.9~36.7	2~25	8~40	10~170
		粉砂岩	0.13~0.35					
		页岩	0.05~0.32					
	化学岩	盐岩	0.05~0.30	1.2~99.4	0.5~41.4	5~25	10~50	30~250
		石灰岩	0.10~0.35					
		白云石	0.10~0.35					

注：表中各向同性剪切模量的计算方法是将表中的平均泊松比和弹性模量代入式(4.8)。

表 A.2　典型岩石的相对密度、孔隙度和渗透率(Pariseau，2006)

岩石类型			相对密度、孔隙度和渗透率		
			相对密度	孔隙度(%)	渗透率(D)
火成岩	深成岩	花岗岩	2.6~2.7	0.3~9.6	
		辉长岩	2.7~3.3		
		闪长岩	2.8~3.0		
	火山岩	安山岩	2.5~2.8	2.7~42.5	10^{-4}~20(裂缝)
		浮石	0.5~0.7		
		玄武岩	2.8~3.0		
变质岩	无叶岩	大理石	2.4~2.7	0.9~1.9	10^{-9}~10^{-5}
		石英岩	2.6~2.8		
		变玄武岩	2.5~2.9		
	层状岩	板岩	2.7~2.8	0.4~22.4	
		片岩	2.5~2.9		
		片麻岩	2.6~2.9		
沉积岩	碎屑	砂岩	2.2~2.8	1.8~21.4	10^{-5}~10^{-1}
		粉砂岩	2.3~2.7		10^{-4}~20
		页岩	2.4~2.8		10^{-8}~2×10^{-6}
	化学沉积岩	盐岩	2.5~2.6	0.3~36.0	2×10^{-5}~1
		石灰岩	2.3~2.7		
		硅质岩	2.2~2.4		

附录 B　泊松比效应

井筒周围的应力受平衡方程、相容方程和本构关系(如胡克定律)的控制。图 B.1 所示为一个受径向应力和切向应力作用的井眼。在接下来的分析中使用到的多孔介质的有效应力，其定义为总应力减去孔隙压力。

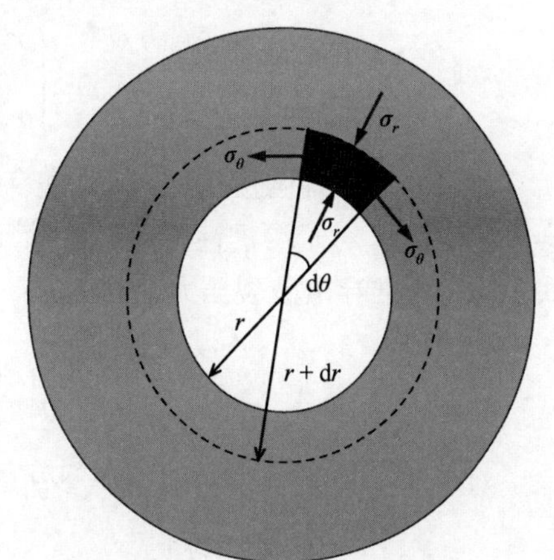

图 B.1　圆形井眼的应力

在平面应变条件下，即 $\varepsilon_z=0$ 时，应变与有效应力和温差之间的关系为(Boresi and Lynn，1974)：

$$\varepsilon_r=\frac{1}{E}\left[(1-\nu^2)\sigma_r'-\nu(1+\nu)\sigma_\theta'\right]+(1+\nu)\alpha\Delta T \tag{B.1}$$

$$\varepsilon_\theta=\frac{1}{E}\left[(1-\nu^2)\sigma_\theta'-\nu(1+\nu)\sigma_r'\right]+(1+\nu)\alpha\Delta T \tag{B.2}$$

式中：E 为杨氏模量，Pa；ν 为泊松比；α 为线性热膨胀系数(21℃)；ΔT 为与初始温度之差，℃。

井眼在加压过程中会发生体积变形，当井下压力接近破裂压力时，井筒容积达到最大，有效压差等于破裂压力减去孔隙压力，即 $\Delta P=P_{wf}-P_o$，等于有效径向应力，因此有效压力与体积应变的关系为：

$$\begin{aligned}\Delta P&=\alpha\frac{\mathrm{d}V}{V_o}\\&=K(\varepsilon_r+\varepsilon_\theta+\varepsilon_z)\\&=K\left(\frac{\varepsilon_r}{\varepsilon_\theta}+1+\frac{\varepsilon_z}{\varepsilon_\theta}\right)\varepsilon_\theta\end{aligned} \tag{B.3}$$

式中：V_o 为变形前的井筒容积；K 为体积模量。

由于井眼膨胀，泊松比表示为：

$$\nu=\frac{\varepsilon_\theta}{\varepsilon_r} \tag{B.4}$$

在平面应变条件下，将式(B.2)和式(B.4)代入式(B.3)，得出如下公式：

$$\Delta P=\frac{K}{E}\left(1+\frac{1}{\nu}+0\right)[(1-\nu^2)\sigma_\theta'-\nu(\nu+1)\sigma_r']+K\frac{(1+\nu)^2}{\nu}\alpha\Delta T \qquad (B.5)$$

式中：$E/K=3(1-2\nu)$。

利用式(B.5)，井下压力和井眼有效应力之间的耦合为：

$$\Delta P=\frac{1+\nu}{3\nu(1-2\nu)}[(1-\nu^2)\sigma_\theta'-\nu(\nu+1)\sigma']+K\frac{(1+\nu)^2}{\nu}\alpha\Delta T \qquad (B.6)$$

根据 Aadnoy 和 Chenevert(1987)，在直井条件下，井壁裂缝方向的切向应力为：

$$\begin{cases}\sigma_\theta'=3\sigma_h-\sigma_H-P_w-P_o\\ \sigma_\theta'=P_w-P_o\end{cases} \qquad (B.7)$$

假设岩石拉伸强度为零(即原先存在裂缝或裂纹)，那么当有效切向应力等于 0 时，就会发生破裂，对于渗透性岩层，井筒压差 $\Delta P=P_{wf}-P_o$，等于 0，根据拉伸破坏准则，利用式(B.6)可推导出破裂压力公式为：

$$P_{wf}=\frac{1}{2}(2\sigma_h-\sigma_H)+\frac{1}{2(1-\nu)}E\alpha\Delta T \qquad (B.8)$$

对于非渗透性岩层，即当 $P_{wf}>P_o$ 时，根据式(B.6)可推导出破裂压力公式为：

$$P_{wf}=\frac{(1+\nu)(1-\nu^2)}{3\nu(1-2\nu)+(1+\nu)^2}(3\sigma_h-\sigma_H-2P_o)+P_o+\frac{(1+\nu)^2}{3\nu(1-2\nu)+(1+\nu)^2}E\alpha\Delta T \qquad (B.9)$$

在井壁法向应力相等的条件下，破裂压力可表示为：

$$P_{wf}=\frac{(1+\nu)(1-\nu^2)}{3\nu(1-2\nu)+(1+\nu)^2}(2\sigma-2P_o)+P_o+\frac{(1+\nu)^2}{3\nu(1-2\nu)+(1+\nu)^2}E\alpha\Delta T \qquad (B.10)$$

可以看到，如果泊松比设定为 0，并且不考虑温度影响，式(B.10)可简化为：

$$P_{wf}=2\sigma_h-P_o$$

这就是目前石油工业用来计算破裂压力的公式。

表 B.1 所列为式(B.9)和式(B.10)中的应力修正项和温度修正项的具体数值。

表 B.1 泊松比修正项值

泊松比	应力修正系数$\frac{(1+\nu)(1-\nu^2)}{3\nu(1-2\nu)+(1+\nu)^2}$	温度修正系数$\frac{(1+\nu)^2}{3\nu(1-2\nu)+(1+\nu)^2}$
0	1.000000	1.000
0.50	0.846364	0.891
0.10	0.751034	0.834
0.15	0.686489	0.808
0.20	0.640000	0.800
0.25	0.604839	0.806

续表

泊松比	应力修正系数$\frac{(1+\nu)(1-\nu^2)}{3\nu(1-2\nu)+(1+\nu)^2}$	温度修正系数$\frac{(1+\nu)^2}{3\nu(1-2\nu)+(1+\nu)^2}$
0. 30	0. 577073	0. 824
0. 35	0. 554211	0. 853
0. 40	0. 534545	0. 891
0. 45	0. 516816	0. 940
0. 50	0. 500000	1. 000

附录 C　应力桥模型

在压裂过程中，裂缝会随着压力的增加而张开，钻井液中颗粒会在裂缝上形成应力桥，阻止钻井液流入地层。从力学角度来看，应力桥自然而然会形成拱形形状，以使钻井液和井壁之间达到力的平衡。图 C.1 所示为一个半圆柱形的模型。假设应力桥的内侧为弹性，外侧滤饼为塑性。

如果整个应力圆柱体为塑性，应力桥会破坏，钻井液将进入裂缝。图 C.1❶ 所示为跨越裂缝的应力桥，类似于一个承受外部载荷(或者说是坍塌载荷)的圆柱体。以下是应力桥应力破坏模型的简要介绍。更多的细节参见 Aadnoy 和 Belayneh(2004)。

应力桥由滤饼形成，由塑性外层和弹性内层组成，存在以下条件。

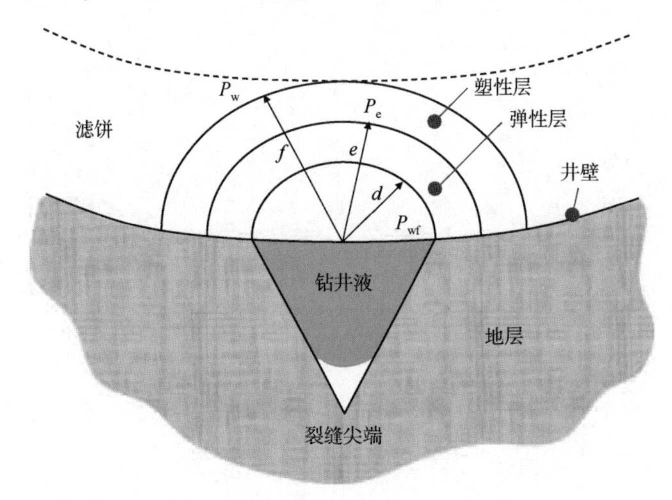

图 C.1　应力桥模型

C.1　塑性层($e<r<f$)

定义 e 为应力桥弹性层和塑性层交界处的半径，r 为圆柱形滤饼的可变半径，f 为圆柱形滤饼的外半径，如图 C.1 所示。塑性层的应力必须使滤饼处于屈服状态，即可得出：

$$\sqrt{\frac{1}{2}[(\sigma_{rr}-\sigma_{\theta\theta})^2+(\sigma_{rr}-\sigma_{zz})^2+(\sigma_{zz}-\sigma_{\theta\theta})^2]}=S_y \tag{C.1}$$

式中：S_y 为滤饼的屈服强度，MPa。

❶ 原文为图 A1——译者注。

式(C.1)可代表冯·米塞斯(Von Mises)破坏准则。

假设为平面应变，可以得出轴向应力等于径向应力和切向应力的平均值，将此条件代入冯·米塞斯破坏准则，即式(C.1)，可以得到：

$$\pm\frac{\sqrt{3}}{2}(\sigma_{\theta\theta}-\sigma_{rr})=S_{y} \tag{C.2}$$

在较高井筒压力时，即 $P_{w}>P_{o}$ 时，环向应力为压缩应力，因此取屈服破坏准则方程平方根的负值。

利用 Aadnoy 和 Belayneh(2004)文献中附录 A 推导得出的弹塑性井筒模型，代入式(C.2)并应用以下边界条件：

$$\sigma_{rr}=-P_{w}\quad(r=f)$$

塑性层的应力场为：

$$\sigma_{rr}=-P_{w}+\frac{2S_{y}}{\sqrt{3}}\ln\frac{f}{r} \tag{C.3a}$$

$$\sigma_{\theta\theta}=-P_{w}+\frac{2S_{y}}{\sqrt{3}}\ln\frac{f}{r}+\frac{2S_{y}}{\sqrt{3}} \tag{C.3b}$$

将弹性区与塑性区交界面的压力定义为 P_{e}，可推导出其计算式为：

$$P_{e}=P_{w}-\frac{2S_{y}}{\sqrt{3}}\ln\frac{f}{e} \tag{C.4}$$

C.2 弹性区($d<r<e$)

在应力桥内半径 d 处(应力桥内壁)，r 等于裂缝开口宽度的一半。对于弹性层，式(C.3a)和式(C.3b)可简化为：

$$\sigma_{r}=-P_{wf} \tag{C.5a}$$

$$\sigma_{\theta}=\frac{2e^{2}}{e^{2}-d^{2}}(0.5P_{wf}-P_{e})+\frac{d^{2}}{e^{2}-d^{2}}P_{wf} \tag{C.5b}$$

在应力桥内壁处，应力差最大，因此首先发生破坏。应力桥内层具有线性弹性材料特性，适用莫尔—库仑破坏准则。

当滤饼应力状态为 $\sigma_{\theta}>\sigma_{z}>\sigma_{r}$ 时，根据莫尔—库仑破坏准则，破坏发生时的环向应力为：

$$\sigma_{\theta}=C_{o}+\sigma_{r}\tan^{2}\beta \tag{C.6}$$

将式(C.4)至式(C.5b)代入式(C.6)，并求解滤饼破坏压力 P_{mc}，可以得到：

$$P_{\mathrm{mc}}=\frac{2S_{\mathrm{y}}}{\sqrt{3}}\ln\frac{f}{e}+\frac{e^2-d^2}{2e^2}\left[\left(\frac{e^2+d^2}{e^2-d^2}+\tan^2\beta\right)P_{\mathrm{wf}}-C_{\mathrm{o}}\right] \tag{C.7}$$

随着井下压力的进一步增加，应力状态变为 $\sigma_r>\sigma_z>\sigma_\theta$，此时，破坏发生时的径向应力为：

$$\sigma_r=C_{\mathrm{o}}+\sigma_\theta\tan^2\beta \tag{C.8}$$

同样，将径向应力和拉伸应力代入式(C.8)，并求解坍塌压力，得出以下公式：

$$P_{\mathrm{mc}}=\frac{2S_{\mathrm{y}}}{\sqrt{3}}\ln\frac{f}{e}+\frac{e^2-d^2}{2e^2}\left[\left(\frac{e^2+d^2}{e^2-d^2}\tan^2\beta+1\right)P_{\mathrm{wf}}+C_{\mathrm{o}}\right]\cot^2\beta \tag{C.9}$$

假设弹性层非常薄，即 $e\approx d$，式(C.9)可以近似为：

$$P_{\mathrm{mc}}=\frac{2S_{\mathrm{y}}}{\sqrt{3}}\ln\frac{f}{e} \tag{C.10}$$

或者采用式(C.11)，但得出的值偏小。

$$P_{\mathrm{mc}}=\frac{2S_{\mathrm{y}}}{\sqrt{3}}\left(\frac{f}{e}-1\right)+P_{\mathrm{o}} \tag{C.11}$$

式中：S_{y} 为圆柱体滤饼的抗压屈服强度。

式(C.11)表明，应力桥能承受的最大压力与应力桥中颗粒的屈服强度成正比，换句话说，如果井下压力高，必须使用高强度钻井液颗粒。

在斯塔万格大学的压裂实验室，对不同抗压屈服强度的颗粒材料进行了试验。图 C.2 所示为试验结果，可以看出，采用高莫氏硬度的颗粒是提高井壁破裂压力的一种措施。

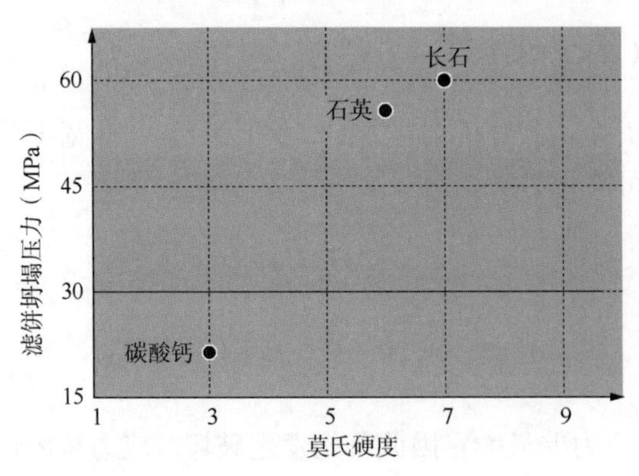

图 C.2　应力桥强度与颗粒硬度的关系

附录D 术语表

英文	中文	解释
Abnormal formation pressure (geo-pressure)	异常地层压力	没有流体直接流向相邻地层的地层存在的一种情况。这种地层的边界是非渗透性的，阻止了流体的流动，使被困的流体承受了很大一部分的上覆地层压力
Acoustic emission	声发射	材料内部应力突然发生重新分布而产生的瞬时弹性波。当一个物体受到外部压力、负荷或温度的影响时，局部化源触发能量释放，以应力波的形式，传播到表面并被传感器记录下来
Airy stress function	艾里应力函数	麦克斯韦应力函数的一个特例，只用于解决二维的线性弹性问题
Angle of internal friction	内摩擦角	衡量单位岩石承受剪切应力的能力。当仅受剪切应力作用发生破坏时，用法向应力和合应力之间的角度表示，通常由实验室三轴剪切试验确定
Anisotropic	各向异性	在不同的结晶方向上表现出不同的属性值
Anisotropic stress state	各向异性应力状态	由于全球地质作用(如板块构造)或局部影响(如盐穹、地形或断层)导致水平应力场随方向变化而变化的应力状态，称为各向异性应力状态
Anomaly	异常	与典型或预期不同的实体或属性，或与理论模型预测不同的实体或属性
Average stress	平均应力	物体内任何一点的所有法向应力的总和除以应力的数量
Bedding plane	层理面	在沉积岩或分层岩中分隔各个地层或岩层的任何分割平面
Blowout preventer	防喷器	位于油井顶部的大型自动操作的安全阀，在对地层流体失去控制时可以关闭，防喷器由液压执行器远程操作，有各种样式、尺寸和压力等级
Borehole	井眼	指井壁的内径，井筒与(地层)岩石的界面
Brazilian tension test	巴西抗拉试验	一种间接的抗拉试验，在这种试验中，通过两块钢板从两侧给圆柱状岩样施加压缩力，使其变形为椭圆形状，因此，在岩样中间产生拉应力，导致岩样破坏，分裂成两块或更多
Breakout	剥落	应力引起的井筒横截面的扩大，当井筒周围的应力超过导致井筒壁压缩性破坏所需的应力时，就会发生这种情况
Breakout/Damage angle	剥落角/破坏角	从剥落边缘到参考坐标系轴线测量的角度，代表在特定井眼压力下井壁剥落的扩大

续表

英　文	中　文	解　释
Brittle fracture	脆性破裂	一种裂缝快速扩展而且没有明显的宏观变形的破裂机制
Brittle-to-ductile transition	脆性到韧性的转变	材料随着温度升高而表现出的转变，高温激活更多的滑移系，提高材料的延展性。发生转变的温度范围由冲击试验确定
Caliper data	井径测井数据	一个数据集，表示机械测量获得的不同井深的井眼直径
Casing	套管	一种大直径的钢管，下到已钻好的裸眼井中，然后用水泥固定住
Cauchy's transformation principle（also：tensortransportation law）	柯西置换原理（又称：张量输运定律）	变换坐标系时，逆变向量和协变向量的张量积
Cementation	胶结作用	由于压实作用，水被挤压出，留下的溶解化学物质将碎片黏合在一起，形成沉积岩
Cohesive strength	内聚强度	相当于原子之间的凝聚力，是指黏附分子与分子保持连接的能力，因此，是指材料抵抗拉伸破裂而不产生塑性变形的能力
Collapse pressure	坍塌压力	致使井壁剪切应力高于临界应力值而导致井壁岩石坍塌至井筒的压力
Compaction	压实作用	沉积物固结的物理过程，由于岩石颗粒被挤压在一起，导致孔隙空间的减少。压实作用可用连续的沉积层(上覆地层)的重量表示，在上覆地层的挤压下，通常会将水从沉积物中挤出
Compressive strength	抗压强度	最大的工程应力，表示材料受轴向压力作用下不发生断裂的能力
Constitutive relation	本构关系	表示作用力(应力)和变形/位移(应变)之间相互关系的表达式，不同特性的材料，表达式的形式各不相同
Continuum mechanics	连续介质力学	力学的一个分支，建模时将材料视作连续介质，研究材料的运动规律和机械性能的一门学科
Core disking test	岩心饼化试验	一个原地应力提升幅度的评价指标。岩心饼化试验是对其他应力测量的补充，用于确定主应力方向和远场应力大小
Core plug	岩心柱塞	从所研究的地层钻取的固体圆柱形岩样或岩塞，用于实验室测试和分析
Density log	密度测井	记录生产井或注水井中流体密度及其变化。由于天然气、石油和水的密度不同，密度测井可以确定不同液体的百分比或含量
Deviatoricinvariants	偏差不变量	是利用三维应力方程计算主偏应力的系数；主偏应力导致物体形状发生变化，导致剪切应力增加
Deviatoric stresses	偏应力	应力张量中导致体积变形的因素。偏应力等于原始应力张量减去静水应力，其矩阵包括导致物体延伸的拉伸应力，以及导致角变形的剪切应力

续表

英　文	中　文	解　释
Differential strain analysis	应变差分析法	一种高精度的岩石破裂微观分析技术，通过测量现场岩样和实验室的参考样品在原地静水条件下的线性应变的差异来进行分析
Direction cosines	方向余弦	方向向量，是该向量与三个坐标轴之间角度的余弦
Drained triaxial shear test	三轴排水剪切试验	三轴试验中，岩石试样的孔隙压力暴露在大气中，因此在整个试验过程中，孔隙压力的表压为零
Drawdown	生产压差	储层平均压力与井下流动压力之差
Ductile fracture	韧性断裂	一种断裂模式，伴随着广泛而显著的塑性变形
Ductile-to-brittle transition	韧脆转变	随着温度的降低，材料表现出的从延性到脆性的转变。发生转变的温度范围由冲击试验确定
Ductility	韧性	衡量材料在断裂前承受重大塑性变形的能力，用直接拉伸试验中试样的伸长百分比或横截面积的缩小百分比表示
Effective stress	有效应力	多孔材料颗粒间直接传递的平均法向应力
Eigenvalues	特征值	与线性方程组(矩阵方程)相关的一组特殊标量
Elastic deformation	弹性变形	非永久性的、与时间无关的变形，在释放外加载荷或应力后可以恢复
Elastoplastic deformation	弹塑性变形	变形与时间有关，材料在达到一定应力状态之前表现为弹性，此后表现为塑性
Equation of compatibility	相容方程	表示尺寸变化与边界条件相容性的方程
Equation of equilibrium	平衡方程	由自由体图产生的方程，在作用力、反作用力和内力之间存在一种关系，根据这种关系，作用在物体上的所有力的总和等于零
Filter cake	滤饼	一般由沉积在渗透性介质上的残渣形成，钻井过程中的滤饼是由钻井液形成的，钻井液在压力作用下对介质(地层)施加压力
Flat-jack test	狭缝试验(又称压力枕试验)	一种测试技术，用于测量岩石表面的应力、弹性模量、变形和长期变形特性(如蠕变过程)
Formation	地层	横向连续的沉积物序列，可清晰识别，可绘制成图
Formation breakdown pressure	地层破裂压力	使裸露地层的岩石基质产生裂缝并允许流体注入的压力
Formation fracture gradient	地层破裂压力梯度	在一定深度的岩石中诱发裂缝所需的压力
Formation pore(fluid)pressure	地层孔隙(流体)压力	岩石材料孔隙内的天然流体(水、油、气等)的压力
Formation pressure	地层压力	储层孔隙系统内流体的压力，或从储层深度到海平面的水柱所施加的静水压力
Fracturing fluid	压裂液	作为增产作用的一部分，注入油井的液体。用于页岩储层的压裂液一般含有支撑剂、水和少量非水液体，以减少将流体泵入井筒时的摩阻。压裂液通常包括凝胶、减摩剂、交联剂、破乳剂和表面活性剂，以改善增产作用的效果和油井产量

续表

英　　文	中　　文	解　　释
Fracture mechanics	断裂力学	一种断裂分析的工程技术，用于确定已知尺寸的原生裂纹扩展并导致断裂的应力的大小
Fracture pressure	破裂压力	向井眼注入液体时，超过此压力将导致岩层破裂
Fracture propagation pressure	裂缝延伸压力	岩层在压力增加的情况下，裂缝继续扩展的最大压力
Gaussian distribution	高斯分布	是由数学函数即高斯函数得出的一种概率分布曲线，曲线特征为对称钟形，两侧向正负无穷大迅速下降，广泛用于许多工程量化变量的统计评估
Geographical azimuth	地理方位角	从地平线的北部点到测地圆与地平线相交的点的水平夹角，通常沿顺时针方向测量
Geomechanics	地质力学	对土壤和岩石特性进行地质研究的科学，包括两个主要学科：土壤力学和岩石力学
Gradient	梯度	曲面和曲线（如压力和温度）特定点的斜率
Hetrogenous（nonhomogenous，inhomogenous）	同源性（非同质性）	一种材料（混合物）的属性，显示出由两个或多个化合物组成的多种属性
Homogenous	同质性	材料（混合物）的一种属性，在属性上没有变化，具有完全一致的属性
Hooke's law	胡克定律	表示应力和应变之间的关系的线性方程，根据抗拉试验得出的应力—应变曲线的线性部分
Horizontal drilling	水平钻井	也称为“定向钻井”，指井筒与垂直方向的偏差超过80°的钻井作业。由于水平井通常能穿透更大长度的储层，与直井相比，可显著提高产量
Horizontal（lateral）stresses	水平（侧向）应力	相邻岩石材料施加在地层上的应力，限制由上覆应力引起的横向移动
Hydraulic fracturing（test）	水力压裂（试验）	对低渗透储层油气井进行的一种增产作业的试验。在高压下将特殊设计的液体泵入储层，使地层中的垂直裂缝张开，裂缝的两翼根据地层内的自然应力，以相反的方向从井筒向外延伸
Hydrogen-sulfide embrittlement	硫化氢脆化	各种金属特别是高强度钢因暴露在硫化氢[1]中变脆而最终断裂的过程
Hydrostatic pressure	静水压力	在一定深度下的正常预测压力，或从海平面到一定深度的淡水柱所施加的单位面积的压力
Hydrostatic stresses	静水应力	应力张量的应力分量，静水应力等于主应力的平均值，彼此相等，可引起体积变化，但保持原始比例
Igneous rock	火成岩	岩石材料的一类，由熔融岩浆在地壳内缓慢冷却和结晶，或岩浆以熔岩或碎片喷射物的形式到达地表时形成

[1] 原文为氢气——编辑注。

续表

英文	中文	解释
Inelastic strainrelaxation	非弹性应变松弛	一种原地应力间接评估技术，通过首先测量从井区取得的岩心的非弹性松弛来评估原地应力，获得主应变，然后用它们预测水力压裂裂缝延伸方向
In situ(far field)stress state	原地(远场)应力状态	未受干扰的岩层存在的由上覆地层压力和水平应力组成的三维应力状态
Intelligent well systems	智能井系统	智能油井系统能够监测整个油井作业，包括生产和储层数据，能在无人干预的情况下控制井下生产过程，使资产价值最大化
Invariants	不变量	三维应力方程中求解主应力的参量，对于一个给定的应力状态，无论坐标系如何变换，这些参量都保持不变
Inversion technique	反演技术	利用漏失试验数据预测地层应力，同时预测新井的破裂压力的一种技术
Isotropic	各向同性	在所有结晶方向上表现出相同的属性值
Isotropic(hydrostatic) stress state	各向同性(静水)应力状态	忽略构造效应的应力状态，假设原地水平应力场仅由岩石压实引起
Leak-off pressure	漏失压力	施加在暴露地层的岩石基质上的压力，导致流体进入地层
Leak-off test (pressure integrity test)	漏失试验(压力完整性试验)	确定暴露地层的强度或破裂压力的试验，通常在上一层套管鞋以下一点的井眼中进行
Limestone	石灰岩	一种碳酸盐沉积岩，通常分为两类：软质(白垩岩)，抗压强度低，孔隙度和渗透率高；硬质(重晶石岩)，抗压强度高，但孔隙度和渗透率低
Limit state function	极限状态函数	在常规井壁失稳(岩石破坏)模型与工程作业破坏之间，建立联系的极限函数
Lithostatic pressure	静岩压力	上覆岩石重量对地层的累积压力
Log	测井曲线	包含一条或多条与井筒属性或井筒周围岩层属性相关的曲线记录
Logging while drilling	随钻测井	一种直接的测井方法，用于复杂深井和定向井，在钻井开始时或钻井过程中，使用集成在井下钻具的测量工具测量岩层特性，如孔隙压力、渗透性和孔隙度
Measured depth	测量井深	沿着井轴(井眼轨迹)从地表到井筒底部测量深度。测量井深不一定是井的垂直深度，没有对井眼的偏斜进行修正
Median line principle	中位线原则	在多分支井中，当钻井液密度(钻井液相对密度)与原地水平应力相等时，井壁稳定性达到最大
Metamorphic rock	变质岩	岩石材料的一类，任何类型的岩石在不同于其形成时的温度和压力条件下变质而形成的岩石
Mini fracture test	小型压裂试验	在水力压裂处理之前进行的小型压裂试验，以获得关键的压裂设计和作业数据，并确认压裂井段的预测反应

续表

英　　文	中　　文	解　　释
Modulus of elasticity	弹性模量	完全弹性变形时应力与应变的比率，也是衡量材料刚度的一个标准
Modulus of rigidity or shear modulus	刚度模量或剪切模量	剪切力的弹性模量，定义为剪切应力与试样单位长度的位移之比，由根据拉伸试验绘制的应力—应变曲线的斜率确定
Mohr's circle	莫尔圆	显示法向应力和剪切应力之间关系的圆，法向应力为横轴，剪切应力为纵轴，物体内的任何点都由圆上的一个点表示。莫尔圆是应力/应变张量转换法则的图形表示形式
Mohs scale of hardness	莫氏硬度	一种硬度计量方法，即用较硬材料对较软材料进行划痕，以各种矿物抗刻划的能力来标定其硬度
Monte Carlo approach	蒙特卡罗法	一类计算方法，用于模拟物理和数学系统，通过提供算法和重复随机抽样来计算其结果
Normal pore pressure (hydro-pressure)	正常孔隙压力(水压)	指地层孔隙压力等于所有上覆地层静水柱压力的情况
Overburden stress	上覆应力	由岩石和地层流体的总重量产生的应力。在重力作用下，上覆地层对地层施加垂直应力，从而产生水平应力，水平应力大小取决于岩石的刚度
Perforation	射孔	从套管或尾管进入储层的通道，通过它生产石油和天然气。最常见的射孔方法是使用配备定型炸药的聚能射孔器，其他射孔方法包括磨料喷射、射孔弹射孔或高压液流喷射
Permeability	渗透率	材料内流体流动的能力(计量单位为达西)。岩石是多孔材料，并不表明它必然是可渗透的，渗透性可因沉积物压实和胶结作用而降低
Plane strain	平面应变	断裂力学分析中很重要的一个条件，对于拉伸载荷，在垂直于应力轴和裂缝延伸方向的方向上，应变为零，这种情况通常出现在厚钢板上，垂直于板面方向的应变为零
Plastic deformation	塑性变形	变形与时间有关，并且是永久性的，造成塑性流动，在所施加的载荷或应力消失后无法恢复
Poisson's ratio	泊松比	适用于弹性变形，泊松比是由施加轴向应力产生的横向和轴向应变的负比率
Porosity	孔隙度	材料中每100%体积的空隙百分比。各种沉积岩(页岩、砂岩和石灰岩)都有一定的孔隙度。在压实和胶结作用下，沉积物的孔隙度可能会降低
Principal stresses	主应力	三维受力体在相关剪切应力为零时主平面上的三个法向应力，也称为应力张量的三个特征值，其值与选择的坐标系无关，也与微面积元无关

续表

英　文	中　文	解　释
Proppant	支撑剂	由天然砂粒或人造树脂涂层砂或高强度陶瓷材料如烧结铝土制成颗粒与压裂液混合，在水力压裂作业后保持裂缝张开。支撑剂材料根据尺寸和球度进行仔细分类，为储层液体流入井筒提供有效的通道
Quantitative risk assessment	量化风险评估	在工程术语中，它是一种系统和全面的方法，用可测量得到的客观数据来评估与复杂工程实体相关的风险或损失概率，根据事故发生的概率及其后果的严重程度来量化风险水平
Relaxed depositional environment	松弛型沉积环境	处于各向同性的应力状态环境
Residual(preexisting)stress	残余(预先存在的)应力	在没有外力作用或温度梯度变化的材料中，预先存在的应力
Rock mechanics	岩石力学	一门应用科学，研究岩石和岩体的机械性能，并量化其对物理环境力场的反应
Rock stress	岩石应力	作用于岩石基质的力，通常由上覆应力、构造应力和地层孔隙(流体)压力引起
Rupture	断裂	伴随有显著的塑性变形的破坏
Sandstone	砂岩	一种沉积岩，通常分为两类：高孔隙度和渗透率的未固结砂岩，出现在浅地层(<1500m)；低孔隙度和渗透率的固结砂岩，出现在深部地层(>1200m)
Sedimentary rock	沉积岩	一类岩石材料，由沉积物或化学沉淀物的沉积、颗粒物质的压实和胶结而形成
Shale	页岩	一种沉积岩，通常分为两类：软页岩(由于含水量高)，出现在浅地层(<3000m)，硬页岩(由于含水量低而脆)，出现在深部地层(>3000m)
Shale gas	页岩气	从页岩天然气储层中生产的天然气
Shale oil	页岩油	是通过人工方法使油页岩成熟而产生的石油，即通过加热油母质并控制在一定温度或通过热解油母质而产生的页岩油
Shear	剪切力	导致同一物体的两个相邻部分在平行于其接触面的方向上发生相对滑动的一种外力
Shear Hooke's law	剪切胡克定律	代表剪切应力和剪切应变之间的关系的线性方程，即根据扭转试验或剪切试验绘制的剪切应力—剪切应变曲线的线性部分
Shear strain	剪切应变	由施加的剪切载荷产生的剪切角的正切
Shear stress	剪切应力	施加的瞬时剪切负荷除以施加该负荷的原始横截面积
Shut-in pressure	关井压力	当油井关闭时，在其顶部施加的压力，该压力可能来自地层或有意施加外部压力
Sonic log	声速测井	通常通过将电缆上的工具沿井筒向上拉动进行测井，是声波测井的一种，显示声波的传播时间与深度的关系

续表

英　　文	中　　文	解　　释
Specific gravity or relative density	相对密度	材料的密度(单位体积的质量)或比重(密度×重力加速度)与特定参考材料的密度或比重的比率。固体和液体的参考材料是水，气体的参考材料是空气或氢气
Specific strength	比强度	一个材料的抗拉强度与表观密度的比率
Specific weight	比重	是指材料单位体积的重量
Squared trigonometric (transformation) law	平方三角(转换)定律	它用于基于“力平衡准则”的应力转换，而不是应力平衡，在这种情况下，力和面积都必须在空间上进行转换，以实现应力转换
Strain，engineering	应变，工程	试样的测量长度的变化(沿载荷/应力的方向)除以其原始测量长度
Strain，scientific	应变，科学	试样测量长度的变化(沿施加载荷/应力的方向)除以其即时测量长度
Stratigraphy	地层学	是地质学的一个分支，研究岩层和地质分层，特别是沉积岩和分层火山岩。它包括两个相关的子学科：岩石学或岩石分层学和生物地层学
Stress concentration	应力集中	在缺口或小裂缝的尖端，应力的集中或增大
Stress concentration factor	应力集中系数	在不连续、缺口或小裂缝区域的最高应力与参考(名义)应力的比值
Stress，engineering	应力，工程	在任何变形之前，施加在试样上的瞬时负荷除以其横截面积
Stress functions	应力函数	对于线性弹性材料，应力函数是描述固体连续体受力和变形时应力和应变相容性的方程式
Stress-strain (force-deformation) relation	应力—应变(力—变形)关系	通常以图形曲线的形式表示，说明拉伸试验所测得的应力和应变之间的关系。这种关系并不总是线性的，通常是根据经验发现的，并且可以随着材料性能和几何形状的改变而改变
Stress tensor	应力张量	一个由九个二阶分量组成的矩阵，代表物体中任何一点的应力，假定物体是连续介质
Tectonic stress	构造应力	由地层中的横向(侧向)力产生的应力。山地构造应力通常很高，通常会使井筒从圆形变形为椭圆形
Tensilestrength	抗拉强度	拉伸状态下的最大的工程应力，可以承受而不发生断裂，也称为极限(拉伸)强度
Tensor	张量	对矢量和矩阵概念的概括，它使物理规律的表达形式适用于任何坐标系，因此张量在连续介质力学中被广泛使用
Three axial stress state	三轴应力状态	一种应力状态，所有主应力的大小都不同
Triaxial load(shear) test	三轴载荷(剪切)试验	测量可变形固体(如岩石材料)的剪切强度特性的试验方法。该方法对立方体岩样施加两种应力，一种是垂直应力，另一种是横向应力，在完全封闭不排水环境下产生非静水压力的应力状态，测量剪切强度

续表

英　　文	中　　文	解　　释
True vertical depth(TVD)	垂深(TVD)	从油井最终深度到地表的某一点的垂直距离。直井的真垂直深度与测量井深相同，但定向井测量井深可能要比真垂直井深大得多
Unconfined compressive strength	无围压抗压强度	通过单轴抗压试验获得的岩石强度，在试验过程中，岩样在一个方向上被压碎，没有横向约束
Unconventional production	非常规生产	不符合常规生产标准的生产方法，与资源的特性、非常规/新的勘探和开发技术、经济环境，以及资源生产的规模、频率和持续时间形成复杂的关联。该术语也用于孔隙度、渗透率、流体圈闭机制或其他流体特性不同于常规储层的油气资源，天然气水合物、页岩气、煤层气、裂缝性储层和致密气都是非常规资源
Underbalanced drilling method	欠平衡钻井技术	一种在钻井过程中保持井筒压力略低于近井带地层的孔隙压力，使地层流体流入井筒的工艺。它是在井喷可控或边喷边钻的情况下钻井，优点是提高了钻井速度
Undrained triaxial shear test	三轴不排水剪切试验	一种三轴试验，在试验过程中，在岩石试样内部施加并保持恒定的孔隙压力
Wellbore	井筒	钻井的裸眼井或无套管部分
Well completion	完井	用于描述钻井作业完成后，油井投产所需的一系列过程和相关设备的一个总称，包括但不限于井下管件和其他设备的组装，以促进安全和有效的生产。完井质量会大大影响页岩油藏的产量
Well stimulation	油井增产作业	通过水力压裂作业(高于地层破裂压力)在储层和井筒之间建立液体流动通道或通过岩石基质处理(低于压裂压力)恢复储层的自然渗透性来恢复或提高油井的生产能力
Workover	修井	为恢复、延长或提高碳氢化合物的产量，对现有生产井进行维修或增产作业
Yield strength	屈服强度	产生某特定微量塑性应变所需的应力。通常用0.2%的应变偏移量来表示

附录 E 词汇表

Abnormal formation pressure (geo-pressure) 异常地层应力
Acoustic emission 声发射
Adjacent boreholes 相邻井筒
Airy stress function 艾里应力函数
Almansi strainformula 阿尔曼西应变公式
Almansi strain 阿耳曼西应变
Analysis constraints 分析约束条件
Analysis methodology 分析方法
Analysis of structures 结构分析
Analysis procedure 分析程序
Angle of internal friction 内摩擦角
Angle of wellbore inclination 井筒倾角
Anisotropic elastic properties 各向异性弹性性能
Anisotropicsolution 各向异性解
Anisotropic stress loading 各向异性应力加载
Anisotropic stress state 各向异性应力状态
Anisotropic 各向异性
Assessment 评估，评价
Average stress 平均应力
Axial stress 轴向应力
Azimuth angle 方位角
Azimuth 方位角
Balance of forces 力平衡
Balanced(static) stress state 平衡(静态)应力状态
Balancedstress state 平衡应力状态
Biaxial compression test 双轴抗压试验
Biot's constant 比奥常数
Blowing well 井喷井
Borehole breakouts 井壁剥落
Borehole collapse 井壁坍塌
Borehole direction 井筒方向
Borehole fracture 井壁破裂
Borehole fracturing 井壁破裂
Borehole junction 多分支井连接处
Borehole problems 井下复杂
Borehole stresses 井壁应力
Borehole wall 井壁
Borehole 井眼
Boundary conditions 边界条件
Bounds on the in situ stresses 原地应力边界
Brazilian tension test 巴西拉伸试验
Breakdown pressure(地层)极限破裂压力
Brittle-to-ductile transition 脆—韧转变
Bulk density 体积密度
Buoyancy force 浮力
Cauchy's transformation law 柯西转换定律
Christman method 克里斯曼方法
Christman 克里斯曼
Classification of rock 岩石分类
Classification 分类
Clay swelling 黏土膨胀
Cohesive strength 内聚强度
Collapse failure 坍塌破坏
Collapse pressure 坍塌压力
Compaction 压实
Components 分量
Compressive strength 抗压强度
Compressive stress 压缩应力
Confining pressure 围压

Consolidated drained test 固结排水试验
Consolidated undrained test 固结非排水试验
Constitutive relation for rocks 岩石本构关系
Constitutive relations 本构关系
Continuum mechanics 连续介质力学
Conventional techniques 传统技术
Core disking test 岩心盘化试验
Core plug 岩心柱塞
Crack length 裂缝长度
Creep 蠕变
Critical collapse pressure 临界坍塌压力
Critical pressure 临界压力
Cross dipole test 交叉偶极子试验
Cross-dipole technique 交叉偶极子技术
Damage angle 破坏角度
Darcy's law 达西定律
Deformation 变形
Density 密度
depletion 枯竭
Deterministic analysis 确定性分析
Development of the model 模型创建
Deviated well 斜井
Deviatoric boundary conditions 偏差边界条件
Deviatoric invariants 偏差不变量
Deviatoric strain 偏应变
Deviatoric stress 偏应力
Diamond drilling methods 金刚石钻井法(金刚石钻头)
Differential sticking 压差卡钻
Differential strain analysis 差应变分析
Direct method 直接法
Direct shear test 直接剪切试验
Direction cosine 方向余弦
drillability analysis 可钻性分析
Drilling performance 钻井效能
Drillstem test(DST)钻杆测试
DruckerPrager failure criterion 德鲁克—普拉格破坏准则
Ductile-to-brittle transition 延脆性转变
Eaton method 伊顿法
Effective average stress 有效平均应力
Effective stress ratio relationships 有效应力比关系式
Effect of Poisson's ratio 泊松比效应
Effect of temperature 温度效应
Eigenvalues of the stress state matrix 应力状态矩阵特征值
Elastic deformation 弹性变形
Elastic moduli ration 弹性模量的比率
Elastoplastic barrier model 弹塑性屏障模型
Elastoplastic barrier 弹塑性屏障(滤饼)
Elastoplastic deformation 弹塑性变形
Elastoplastic fracture model 弹塑性破裂模型
Elastoplastic relation 弹塑性关系
Elliptical boreholes in compression 受压椭圆形井眼
Elliptical hole in biaxial compression 双轴受压椭圆形井眼
Elliptical wellbores 椭圆形井眼
Elliptical 椭圆
Empirical correlations 经验关系式
Engineering components 工程分量
Engineering rock mechanics 工程岩石力学
Engineering strain 工程应变
Engineering systems 工程系统
Equation of compatibility 压实方程
Equation of equilibrium 平衡方程
Equations of compatibility 相容方程
Euler differential equation 欧拉微分方程
Experiments with continuous pumping 连续泵送试验
Extended LOT(ELOT)延长漏失试验
Factor of safety 安全系数
Failure analysis 破坏分析
Failure criterion 破坏准则
Failure 破坏

Far-field condition 远场条件
Far field stress 原地(远场)应力
Fault plane solution 断裂平面
Fill 沉砂
Filter cake collapse 滤饼坍塌
Filter cake formation 滤饼变形
Flatjack test 狭缝试验
Flow-induced stresses 流动诱发应力
Force-deformation relation 应力—应变关系
Formation breakdown pressure 地层破裂压力
Formation fracture gradient 地层破裂压力梯度
Formation permeability 地层渗透率
Formation pore pressure 地层孔隙压力
Formation porosity 地层孔隙度
Formation strength 地层强度
Formation stress state 地层应力状态
Fracture angle 裂缝角度
Fracture failure 破裂破坏
Fracture gradient 破裂压力梯度
Fracture growth 裂缝延展
Fracture initiation 起裂
Fracture pressure 破裂压力
Fracture propagation pressure(FPP)裂缝延展压力
Fracture propagation 裂缝延展
Fracture toughness 断裂韧性
Fracture traces 裂缝迹线
Fracturing model 破裂模型
Fracturing process 破裂过程
Gaussian distribution 高斯分布
General assumptions 一般假设
Geological fault 地质断层
Geological model 地质模型
Geo-mechanics 地质力学
Geometric effect 几何效应
Governing Equation 控制方程
Green strain formula 格林应力公式
Green strain 格林应变
Griffith failure criterion 格里菲斯破坏准则
High-pressure high-temperature 高温高压
Hoek-Brown failure criterion 霍克—布朗破坏准则
Homogeneous 均质
Hooke's law in shear 胡克剪切定律
Hooke's law 胡克定律
Hoop(tangential)stress 环向(切向)应力
Horizontal lateral stresses 水平侧向应力
Horizontal stresses 水平应力
Hubbert and Willis method 哈伯特和威利斯法
Hydraulic fracture testing 水力压裂试验
Hydraulic fracture test 水力压裂试验
Hydraulic fracturing of rock material 岩石材料水力压裂
Hydraulic fracturing operations 水力压裂作业
Hydrocarbons 碳氢化合物
Hydrogen-sulfide embrittlement 硫化氢脆化
Hydrostatic boundary conditions 静水边界条件
Hydrostatic pressure 静水压力
Hydrostatic stress state 静水应力状态
Igneous rocks 火成岩
Imperial units of measurement 英制计量单位
Impermeable jacket 非渗透性护套
In situ principal stress 原地主应力
In situ stress state 原地应力状态
In situ stress 原地应力
Indirect method 间接法
Inelastic strain relaxation 非弹性应变松弛
Inhomogeneity 非均质性
Initial conditions 初始条件
Initial temperature conditions 初始温度条件
Instability analysis 井壁失稳分析
Intact rocks 完整岩石
Intelligent well systems 智能油井系统
International Society for Rock Mechanics(IS-

RM)国际岩石力学协会
Interpretation of fracture traces 裂缝迹线解释
Interpretation of the leak-off tests 漏失试验解释
Invariant 不变量
Inversion technique 反演技术
Irreversibility of the fracturing process 压裂过程的不可逆性
Isotropic 各向同性
Isotropic solution 各向同性解
Isotropic stress loading 各向同性应力加载
Isotropic stress state 各向同性应力状态
key physical parameters 关键物理参数
Kirsch equation 基尔希方程
Laminated rocks 层状岩
Laminated sedimentary rocks 层状沉积岩
Leak-off pressure 漏失压力
Leak-off test(LOT)漏失试验
Leak-off test interpretation 漏失试验解释
Likelihood of failure(LOF)失败概率
Likelihood of success(LS)成功概率
Limit state function(LSF)极限状态函数
Linear elastic relation 线弹性关系
Linear stress-strain model 线性应力—应变模型
Lithostatic pressure gradient 岩石静压梯度
Lithostatic pressure 岩石静水应力
Lost circulation materials(LCMs)堵漏材料
Lost circulation 井漏
Materials behavior 材料性能
Matrix stress coefficient 基质应力系数
Matrix 基质
Matthews and Kelly method 马修斯—凯利法
Maximum horizontal stress 最大水平应力
Maximum shear stress 最大剪切应力
Mechanics 力学
Median line principle 中位线原则
Metamorphic rocks 变质岩
Metric(SI)units of measurement 国际计量单位制
Mini-fracture(mini-frac)test 小型压裂试验
Minimum horizontal stress 最小水平应力
Modulus of elasticity(Young's modulus)弹性模量(杨氏模量)
Modulus of rigidity(shear modulus)刚度模量(剪切模量)
Mogi-Coulomb failure criterion 莫吉—库仑破坏准则
Mohr's circle 莫尔圆
Mohr-Coulombfailure criterion 莫尔—库仑破坏准则
Mohs' hardness 莫氏硬度
Monte Carlo approach 蒙特卡罗法
Mud properties 钻井液性能
Mud weight 钻井液相对密度
Multilateral boreholes 多分支井筒
Newton's second law 牛顿第二定律
Newtonian mechanics 牛顿力学
Nonhomogeneous(heterogeneous)非均质
Nonlinear elastic relation 非线弹性关系
Nonpenetrating model 无穿透模型
Normal pore pressure(hydro-pressure)正常孔隙压力
Normal strain 法向应变
Normal stress 法向应力
Normalization of fracture pressures 破裂压力归一化
Oil-based drilling fluids 油基钻井液
Optimal mud weight 最佳钻井液相对密度
Oval 卵圆形
Overburden(vertical)stress 上覆(垂直)应力
Overcoring gauge test 套芯量规试验
Penetrating model 穿透模型
Pennebaker method 潘尼贝克法
Permeability 渗透率
Petroleum rock mechanics 石油岩石力学

Plane of weakness theory 薄弱面理论
Plane strain 平面应变
Plane stress 平面应力
Plastic deformation 塑性变形
Poisson effect 泊松效应
Poisson's ratio 泊松比
Poly-axial testing method 多轴试验法
Pore collapse 孔隙坍塌
Pore pressure correlations 孔隙压力关联式
Pore pressure estimation 孔隙压力估算（预测）
Poroelastic relation 孔隙弹性关系
Porosity 孔隙度
Porous rock 多孔岩石
Prantel number 普朗特数
Pressure gradient 压力梯度
Pressure integrity test(PIT)压力完整性试验
Pressure variations 压力波动
Pressure 压力
Principal(stress) plane 主(应力)平面
Principal strain 主应变
Principal stress 主应力
Probabilistic analysis of stress data 应力数据概率分析
Probabilistic analysis 概率分析
Probabilistic assessment 概率评估
Probability failure function 概率破坏函数
Propagation pressure 传播压力
Properties of mud cake 滤饼性能
Quality of input data 输入数据质量
Quantitative risk assessment(QRA)量化风险分析
Quantitative risk assessment process 量化风险分析过程
Relaxed depositional environment 拉张型沉积环境
Relief well 救援井
Reservoir depletion 油藏枯竭
Rock fracture mechanics 岩石破裂力学
Rock mechanics 岩石力学
Rock shear strength 岩石抗剪切强度
Rock tensile strength 岩石抗拉强度
Sand production 出砂，产砂
Sand production modeling 出砂模型
Sand production failure model 出砂破坏模型
Scientific strain 科学应变
Sedimentary rock 沉积岩
Self-healing effect 自愈效应
Sensitivity analysis 敏感性分析
Shallow fracturing 浅地层破裂
Shear components 剪切应力分量
Shear strain 剪切应变
Shear strength 抗剪强度
Shear stress 剪切应力
Shear test 抗剪试验
Shear stress-shear strain relation 剪切应力—剪切应变关系
Shut-in pressure(SIP)关井压力
Small deformation theory 小变形理论
Solid mechanics 固体力学
Specific gravity 相对密度
Squared trigonometric law 平方三角定律
Stability of borehole wall 井壁稳定性
Statically determinate structures 静定结构
Statically indeterminate structures 超静定结构
Statistical analysis of stress 应力概率分析
Strain 应变
Strain components 应变分量
Strain invariant 应变不变量
Strain transformation in space 应变空间转换
Stratigraphy 地层学
Strength of rock material 岩石材料强度
Strength 强度
Stress analysis governing equations 应力分析控制方程
Stress components 应力分量

Stress concentration factor 应力集中系数
Stress gradient 应力梯度
Stress state tensor 应力状态张量
Stress state 应力状态
Stress transformation in space 空间应力转换
stress transformation 应力转换
Stress vector 应力矢量
Stresses around wellbore 井壁周围应力
Stress-strain equation 应力—应变方程
Stress-strain 应力—应变关系
Stress 应力
Structures 结构
Tectonic stresses 构造应力
Tensile strength 抗拉强度
Tensile stress 拉伸应力
Tension test 拉伸试验
Tensor of stress components 应力分量张量
Tensor of stress 应力张量
Theory of elasticity 弹性理论
Theory of inelasticity 非弹性理论
Tight hole 缩径
Time dependent creep 和时间有关的蠕变
Torsion test 扭转试验
Traces from fractures 裂缝迹线
Transformation principles 转换原理
Transversal isotropy 横向各向同性
Triaxial(shear)compression test 三轴(剪切)抗压试验
Triaxial compressive stress 三轴压缩应力
Triaxial shear test 三轴剪切试验
Triaxial stress state 三轴应力状态
Triaxial test method 三轴试验方法
Triaxial test 三轴试验
Trigonometric identities 三角函数恒等式
True vertical depth(TVD)垂深
Two-dimensional stress state 二维应力状态
Two-dimensional stress transformation 二维应力转换
Ultimate strength 极限强度
Unconfined compression test 无围压抗压试验
Unconfined compressive strength(UCS)无围压抗压强度
Unconsolidated undrained test 非固结不排水试验
Underbalanced drilling 欠平衡钻井
Undrained triaxial shear test 不排水三轴剪切试验
Uniaxial compression test 单轴抗压试验
Uniaxial tension test 单轴抗拉试验
Units of measurement 计量单位
Viscoelastic 黏弹性关系
Volume of sand produced 出砂量，产砂量
Von Mises failurecriterion 冯·米塞斯失效准则
Von Mises theory of failure 冯·米塞斯失效理论
Washouts 冲蚀
Well stimulation 油井增产作业
Wellbore collapse pressure 井壁坍塌压力
Wellbore fracturing pressure 井壁破裂压力
Wellbore instability analysis 井壁失稳分析
Wellbore trajectory 井眼轨迹
Workover operation 修井作业
Yield strength 屈服强度
Young's modulus 杨氏模量
Zonal isolation 层间隔离，油层封堵

附录 F　符号表

以下是本书中使用的物理量符号、下角标和缩写语。每一个符号所代表的参数都采用公制和英制两种计量单位，以供参考。公制单位与英制单位之间的换算，请参见第 6 章“石油岩石力学导论”中提供的单位换算表。

物理量符号解释

物理量符号	符号物理意义	物理量符号	符号物理意义
a	井眼直径(m，in)	k	破裂压力试验参数 莫尔—库仑破坏准则材料常数
	椭圆长轴	K	体积模量 本构关系要素
A	初始裂缝半长(m，in)	K_A，K_B	应力集中系数
	面积(m^2，in^2)	K_D	可钻性指数
b	椭圆短轴	K_S	泊松比比例因子
c	椭圆度	l	长度(m，in)
d	地层深度(m，ft)	L	长度(m，in)
D	深度(m，in)(钻头)	m	莫吉—库仑破坏准则材料常数
	直径(m，in)	M	均值函数
e	裂纹表面单位能量(J)		力矩(N·m，lbf·ft)
E	杨氏模量(Pa，psi)	n	平面法线方向
f	摩擦系数		弹性模量比
	函数	n_x	x 方向的法向量
f_e	马修斯与凯利有效应力系数	n_y	y 方向的法向量
f_L	极限状态函数	n_z	z 方向的法向量
f_P	潘尼贝克应力比值系数	N	转速(r/min)
f_r	克里斯曼应力比值系数	p	压力梯度(s. g.)
F	作用力(N，lbf)	P	压力(Pa，psi)
F_x	微元体 x 轴方向的分力(N，lbf)		概率函数
F_y	微元体 y 轴方向的分力(N，lbf)	P_o	孔隙压力(Pa，psi)
F_z	微元体 z 轴方向的分力(N，lbf)	P_w	井下压力(Pa，psi)

续表

物理量符号	符号物理意义
g	重力加速度(m/s^2，ft/s^2)
G	剪切模量(Pa，psi)
G_f	破裂压力梯度(N/m，lbf/ft)
H	地层厚度(m，ft)
	高(m，ft)
I	不变量
I_f	摩擦指数
I_i	完整性指数
J	偏差不变量
T	温度(℃)
u，v，w	x、y 和 z 轴方向的变形(m，in)
ú	x 方向速度(m/s，ft/s)
ν	泊松比
V	砂的体积(m^3，in^3)
V_s	砂的体积(m^3，in^3)
V_w	水的体积(m^3，in^3)
x，y，z	笛卡儿(全局)坐标系
X	物理变量向量
α	剥落/损坏角(°) 线性热膨胀系数($℃^{-1}$) 裂缝参数 应变硬化指数 流体热扩散率(m^2/s)
β	裂缝角(°) 裂缝参数 Biot 常数
δ	稳定裕度(钻井液窗口)(Pa，psi)
ε	法向应变
γ	剪切应变 井筒相对于垂直方向(y 轴)的倾角(°) 相对密度(N/m^3，lbf/ft^3)
P_{wc}	临界坍塌压力(Pa，psi)
P_{wf}	临界破裂压力(Pa，psi)
q	转换因子(方向余弦)
r，θ，z	柱面坐标系
R	半径(m，in)
S	响应函数
	标准差函数
	强度(Pa，psi)
	剖切面应力(Pa，psi)
μ	动态黏度[Pa·s，lb/(cm·s)]
θ	角(度)井筒相对 x 轴的位置(旋转角度)(°)
ρ_b	地层体积密度(kg/m^3，lb/in^3)
ρ_F	流体密度(kg/m^3，lb/in^3)
ρ_R	岩石密度(kg/m^3，lb/in^3)
ρ_s	砂子密度(kg/m^3，lb/in^3)
ρ_w	水密度(kg/m^3，lb/in^3)
σ	法向应力(Pa，psi)
σ_a	平均原地水平应力(Pa，psi)
σ_c	裂缝应力参数
σ_h	最小原地应力(Pa，psi)
σ_H	最大原地应力(Pa，psi)
σ_v	垂向原地(上覆)应力(Pa，psi)
σ_θ	切向应力(环向应力)(Pa，psi)

续表

物理量符号	符号物理意义	物理量符号	符号物理意义
ϕ	内摩擦角(°) 孔隙度	τ	剪切应力(Pa，psi) 应力分量向量
φ	地理方位角(°)	τ_o	线性内聚强度
κ	渗透率(μm^2，D)	Ω	区域地层
λ	敏感度	ξ，η	局部任意坐标系
σ_t	拉伸应力(Pa，psi)	ΔP	压降(Pa，psi)

下角标符号解释

下角标符号	解释	下角标符号	解释
1，2，3	主方向	R	参考
C	临界	S	剪切
Fr	抗破裂性	sf	浅裂缝
I	孔间材料指数	T	温度
L	极限状态函数	T	拉伸
N	法向	UC	无围压抗压
m	最可能(平均)值	x	关于 x 的偏导数
M	平均	xx	关于 x 的二次偏导数
o	初始值 参考值	y	关于 y 的偏导数
oct	八面体	yy	关于 y 的二次偏导数

缩略语解释

缩略语	解释	缩略语	解释
AIF	内摩擦角(angle of internal friction)	MDT	直接测量实验(measured direct test)
APAC	亚太地区(Asia Pacific)	MENA	中东和北非(Middle East and North Africa)
ASME	美国机械工程师学会(American Society of Mechanical Engineers)	MSL	平均海平面(mean sea level)
ASTM	美国材料与试验学会(American Society for Testing and Materials)	MTC	材料技术委员会(materials technology committee)
atm	大气(atmosphere)	NA	北美(North America)
BOP	防喷器(blowout preventer)	NEMS	国家能源建模系统(National Energy Modeling System)
BPD	桶/日(barrel per day)	NORM	天然放射性物质(naturally occurring radioactive materials)

续表

缩略语	解释	缩略语	解释
BS	英国标准(British Standard)	NPZ	中立分隔区(neutral partition zone)
CSIRO	联邦科学和工业研究组织(Commonwealth Scientific and Industrial Research Organisation)	OD	外径(outer diameter)
DOE	能源部(Department of Energy)	ODL	开放式远程教育(open distant learning)
DSA	差应变分析(Differential strain analysis)	PCF	磅/立方英尺(pound per cubic feet)
DST	钻柱测试(drillstem test)	PIT	压力完整性试验(pressure integrity test)
ECF	当量循环密度(equivalent circulating density)	ppb	磅/桶[pounds per barrel(also quoted as lbm/bbl)]
EEMUA	工程设备和材料用户协会(Engineering Equipment and Materials Users Association)	PSC	管道系统委员会(piping systems committee)
EIA	美国能源信息署(Energy Information Administration)	PVT	压力，体积和温度(pressure volume temperature)
EOR	提高采收率(enhance oil recovery)	QRA	量化风险评估(quantitative risk assessment)
EPA	环境保护局(Environmental Protection Agency)	RKB	转盘方钻杆补芯(rotary kelly bushing)
EUR	欧洲(Europe)	ROP	机械钻速(rate of penetration)
FEED	前端工程设计(front end engineering design)	RPM	转/分钟(revolution per minute)
FG	破裂压力梯度(fracture gradient)	SAC	南美和加勒比地区(South America and Caribbean)
FIT	地层完整性试验(formation integrity test)	SDWA	安全钻井用水法(safe drilling water act)
FPP	地层传播压力(formation propagation pressure)	SIP	关井压力(shut-in pressure)
FSU	苏联(Former Soviet Union)	SPE	石油工程师协会(Society of Petroleum Engineers)
GRI	天然气研究所(Gas Research Institute)	SSA	撒哈拉以南非洲地区(sub-Saharan Africa)
HPHT	高温高压(high-pressure high-temperature)	STB/d	油罐桶/日(stock tank barrel per day)
IGIP	原始天然气地质储量(initial gas in place)	TCF	万亿立方英尺(trillion cubic feet)
IMechE	英国机械工程师学会(Institution of Mechanical Engineers)	TD	总井深(total depth)
IOIP	原始石油地质储量(initial oil in place)	TOC	总有机碳量(total organic carbon)
IRSM	国际岩石力学学会(International Society for Rock Mechanics)	TRR	技术可采资源(technologically recoverable resource)

续表

缩略语	解释	缩略语	解释
ISO	国际标准化组织(International Organization for Standardization)	TVD	垂深(true vertical depth)
IWS	智能油井系统(intelligent well systems)	UBD	欠平衡钻井(underbalanced drilling)
LNG	液化天然气(liquefied natural gas)	UCS	无围压抗压强度(unconfined compressive strength)
LOF	失败概率(likelihood of failure)	USBM	美国矿业局(US Bureau of Mines)
LOT	漏失试验(leak-off test)	VOC	挥发性有机化合物(volatile organic compound)
LS	成功概率(likelihood of success)	WAG	水气交替驱(water alternating gas)
LSF	极限状态方程(limit state function)	WOB	钻压(weight-on-bit force)
LWD	随钻测井(logging while drilling)		

参 考 文 献

Aadnoy, B. S., 1987b. A complete elastic model for fluid-induced and in-situ generated stresses with the presence of a borehole. Energy Sour. 9, 239-259.

Aadnoy, B. S., 1997. An Introduction to Petroleum Rock Mechanics. Hogskolen, Stavanger.

Aadnoy, B. S., 1991. Effects of reservoir depletion on borehole stability. J. Pet. Sci. Eng. 6, 57-61.

Aadnoy, B. S., 1987a. Continuum Mechanics Analysis of the Stability of Inclined Boreholes in Anisotropic Rock Formations(PhD dissertation). The Norwegian Institute of Technology, Trondheim, Norway.

Aadnoy, B. S., 1998. Geo-mechanical analysis for deep-water drilling. In: Paper IADC/ SPE 39339, Presented at the IADC/SPE Drilling Conference, Dallas, TX

Aadnoy, B. S., 1990b. In-situ stress directions from borehole fracture traces. J. Pet. Sci. Eng. 4, 143153.

Aadnoy, B. S., 1990a. Inversion technique to determine the in - situ stress field from fracturing data. J. Pet. Sci. Eng. 4, 127-141.

Aadnoy, B. S., 1988. Modeling of the stability of highly inclined boreholes in anisotropic rock formations. SPE Drill. Eng. 259-268.

Aadnoy, B. S., 1996. Modern Well Design. A. A. Balkema, Rotterdam, 240 pp.

Aadnoy, B. S., 2010. Modern Well Design, second ed. Taylor & Francis, Leiden, 304 pp.

Aadnoy, B. S., 1989. Stresses around horizontal boreholes drilled in sedimentary rocks. J. Pet. Sci. Eng. 2, 349-360.

Aadnoy, B. S., Angell-Olsen, F., 1996. Some effects of ellipticity on the fracturing and collapse behavior of a borehole. Int. J. Rock Mech. Min. Sci. Geomech. Abstr. 32(6), 621-627.

Aadnoy, B. S., Bakoy, P., 1992. Relief well breakthrough in a North Sea problem well. J. Pet. Sci. Eng. 8, 133-152.

Aadnoy, B. S., Belayneh, M., 2004. Elasto-plastic fracturing model for wellbore stability using non-penetrating fluids. J. Pet. Sci. Eng. 45, 179-192.

Aadnoy, B. S., Belayneh, M., 2008. A new fracture model that includes load history, temperature and Poisson's effects. SPE Drill. Completion 24(3), 452-457.

Aadnoy, B. S., Belayneh, M., Arriado, M., Flatebo, R., 2008. Design of well barriers to combat circulation losses. SPE Drill. Completion 295-300.

Aadnoy, B. S., Bell, J. S., 1998. Classification of drilling-induced fractures and their relationships to in-situ stress directions. Log Anal. 27-42.

Aadnoy, B. S., Bratli, R. K., Lindholm, C., 1994. In - situ stress modeling of the Snorre field. Paper presented at Eurock 94, Delft, the Netherlands. Rock Mech. Pet. Eng. 871-878.

Aadnoy, B. S., Chenevert, M. E., 1987. Stability of highly inclined boreholes. SPE Drill. Eng. 2(4), 364-374.

Aadnoy, B. S., Edland, C., 2001. Borehole stability of multi-lateral junctions. J. Pet. Sci. Eng. 30, 245-255.

Aadnoy, B. S., Froitland, T. S., 1991. Stability of adjacent boreholes. J. Pet. Sci. Eng. 6, 37-43.

Aadnoy, B. S., Hansen, A. K., 2005. Bound on in - situ stress magnitudes improve wellbore stability analyses. SPE J. 115-120.

Aadnoy, B. S., Hareland, G., Kustamsi, A., de Freitas, T., Hayes, J., 2009. Borehole failure related to bedding. In: Paper ARMA 09-106 Presented at the 43rd US Rock Mechanics Symposium and 4th US-Canada Rock Mechanics Symposium, Ashville, NC, 28 June-1 July.

Aadnoy, B. S. , Kaarstad, E. , 2010a. History model for sand production during depletion. In: Paper No. 131256 Presented at the SPE EUROPE/EAGE Annual Conference and Exhibition held in Barcelona, Spain, June, 14–17.

Aadnoy, B. S. , Kaarstad, E. , 2010b. Elliptical geometry for sand production during depletion. In: Paper SPE 132689 Presented at the 2010 Asia Pacific Drilling Technology Conference, Ho Chi Min City, Vietnam, Nov.

Aadnoy, B. S. , Kaarstad, E. , de Castro Goncalves, C. , 2013. Obtaining both horizontal stresses from wellbore collapse. In: Paper SPE 163563 Presented at the 2013 SPE/ IADC Drilling Conference and Exhibition, Amsterdam, March 5–7.

Aadnoy, B. S. , Larsen, K. , 1989. Method for fracture gradient prediction for vertical and inclined boreholes. SPE Drill. Eng. 4(2), 99–103.

Aadnoy, B. S. , Mostafavi, V. , Hareland, G. , 2009. Fracture mechanics interpretation of leak–off tests. In: SPE Paper No. 126452 Presented at the 2009 Kuwait Intl. Petroleum Conf. and Exhibition, Kuwait City, December 14–16.

Al–Ajmi, A. M. , Zimmerman, R. W. , 2006. A new 3D stability model for design of nonvertical wellbores. In: Paper ARMA/USRMS 06–961 Presented at Golden Rocks 2006, the 41st Symposium on Rock Mechanics, Golden, CO, June 17–21.

Al – Awad, M. N. J. , Amro, M. M. , 2000. Prediction of pressure drop required for safe underbalanced drilling. J. Eng. 10(3), 111–118.

Atkinson, B. K. , 1987. Fracture Mechanics of Rock. Academic Press.

Arthur, J. D. , Hochheiser, H. W. , Coughlin, B. J. , 2011. State and federal regulation of hydraulic fracturing: a comparative analysis. In: Paper Presented at the SPE Hydraulic Fracturing Technology Conference, The Woodlands, TX.

Avasthi, J. M. , Goodman, H. E. , Jansson, R. P. , 2000. Acquisition, calibration, and use of the in – situ stress data for oil and gas well construction and production. In: SPE–60320, March.

Bayfield, M. , Fisher, S. , 1999. Burst and collapse of a sealed multi – lateral junction: numerical simulations. In: SPE/IADC–52873, SPE/IADC Drilling Conference, Amsterdam, Holland, March.

Belayneh, M. , Aadnoy, B. S. , 2003. Fracture mechanics model of tensile borehole failure. In: Balkema, A. T. , Westers, G. (Eds.), Paper Presented at the Sixth Intl. Conf. on Analysis of Discontinuous Deformation(ICADD), October 5 – 8, Trondheim, Norway. A. A. Balkema Publishers, Rotterdam, Netherlands.

Bell, F. G. , 2007. Engineering Geology, p. 35.

Blatt, H. , Tracy, R. J. , 1996. Petrology, second ed. W. H. Freeman.

Boresi, A. P. , Lynn, P. P. , 1974. Elasticity in Engineering Mechanics. Prentice–Hall.

Bourgoyne, A. T. , Millheim, K. K. , Chenevert, M. E. , Young, F. S. , 1991. Applied Drilling Engineering, second ed. Society of Petroleum Engineers.

Bradley, W. B. , 1979. Failure of inclined boreholes. J. Energy Res. Tech. Trans 102, 232–239. AIME.

Callister, W. D. , 2000. Materials Science and Engineering: An Introduction, fifth ed. John Wiley.

Carter, E. E. , 2010. Method and Apparatus for Increasing Well Productivity. Chapman, R. E. , 2000. Petroleum Geology, Vol. 16. Elsevier.

Chesapeake(Producer), 2012. Chesapeake Energy Horizontal Drilling Method. Christman, S. , 1973. Offshore fracture gradients. J. Pet. Technol. 910–914.

Clark, R. K. , et al. , 1976. Polyacrylamide – potassium – chloride mud for drilling water sensitive shales. J. Pet. Technol. 261, 719-727. AIME.

Cunha, J. C., Demirdal, B., Gui, P., 2005. Quantitative risk analysis for uncertainty quantification on drilling operations—review and lessons learned. Oil Gas Bus. <http://www.ogbus.ru/eng/>.

Dahl, N., Solli, T., 1992. The structural evolution of the Snorre field and surrounding areas. In: Barker, J. (Ed.), Petroleum Geology of the Northwest Europe: Proceedings of the Fourth Conference. Geological Society Publishing House, London.

De Bree, P., Walters, J. V., 1989. Micro/Minifrac test procedures and interpretation for insitu stress determination. Intl. J. Rock Mech. Sci. Geomech. Abstr. 26(6), 515-521.

Djurhuus, J., Aadnoy, B. S., 2003. In situ stress state from inversion of fracturing data from oil wells and borehole image logs. J. Pet. Sci. Eng. 38, 121-130.

Drucker, D. C., Prager, W., 1952. Soil mechanics and plastic analysis for limit design. Q. Appl. Math. 10(2), 157-165.

Eaton, B. A., 1969. Fracture gradient prediction and its application in oilfield operations. J. Pet. Technol. 1353-1360.

Economides, M. J., Watters, L. T., Dunn-Norman, S., 1998. Petroleum Well Construction. John Wiley.

Fjaer, E., Holt, R. M., Horsrud, P., Raaen, A. M., Risnes, R., 2008. Petroleum Related Rock Mechanics, second ed. Elsevier.

Fragoso, A., Selvan, K., Aguilera, R., 2018. Breaking a paradigm: can oil recovery from shales be larger than oil recovery from conventional reservoirs? The answer is yes!. In: Paper Presented at the SPE Canada Unconventional Resources Conference, Calgary, AB, Canada.

Froitland, T. S., 1989. Stability of neighbouring wells. In: Petroleum Engineering (Unpublished thesis). Rogaland University Centre, Stavanger, Norway, p. 182.

Gandossi, L., 2013. An Overview of Hydraulic Fracturing and Other Formation Stimulation Technologies for Shale Gas Production.

Geertsma, J., 1966. Problems of rock mechanics in petroleum production engineering. In: First ISRM Congress, Lisbon, pp. 585-594.

Gere, J. M., Timoshenko, S. P., 1997. Mechanics of Materials, fourth ed. PWS Publishing Company.

Gerecek, H., 2007. Poisson's ratio values for rocks. Int. J. Rock Mech. Min. Sci. 44, 1-13.

Green, D. W., Willhite, G. P., 1998. Enhanced oil recovery(6). In: Richardson, T., Doherty, H. L., Memorial Fund of AIME. Society of Petroleum Engineers.

Hemkins, W. B., Kingsborough, R. H., Lohec, W. E., Nini, C. J., 1987. Multivariate statistical analysis of stuck pipe situations. SPE Drill. Eng. 2(3), 237-244.

Hoffman, B. T., 2018. Huff-n-puff gas injection pilot projects in the eagle ford. In: Paper Presented at the SPE Canada Unconventional Resources Conference, Calgary, AB, Canada.

Hoek, E., Brown, E. T., 1980. Underground Excavations in Rock. Institution of Mining and Metallurgy, London.

Hubbert, M. K., Willis, D. G., 1957. Mechanics of hydraulic fracturing. J. Pet. Technol. 153-168.

Hudson, J. A., Harrison, J. P., 1997. Engineering Rock Mechanics, An Introduction to the Principles, first ed. Pergamon Press.

Idland, T., Fredheim, F. O., 2018. Review of Unconventional Shale Oil and Shale Gas Production (Thesis). University of Stavanger.

Inglis, C. E., 1913. Stresses in a Plate Due to the Presence of Cracks and Sharp Corners, 55. Inst. Naval Architecture, London, pp. 219-230.

Jaeger, J. C., Cook, N. G. W., 1979. Fundamentals of Rock Mechanics. Chapman & Hall, London.

Kaarstad, E., Aadnoy, B. S., 2006. SPE 101178 Fracture Model for General Offshore Applications. Society of Petroleum Engineers.

Kaarstad, E., Aadnoy, B. S., 2008. Improved prediction of shallow sediment fracturing for offshore applications. SPE Drill. Completion 88-92.

Kirsch, G., 1898. Die Theorie der Elastizitaet und die Beduerfnisse der Festigkeitslehre. VDI Z 42, 707.

Laffin, M., Kariya, M., 2011. Shale gas and hydraulic fracking. In: Paper Presented at the 20th World Petroleum Congress, Doha, Qatar

Lehne, K. A., Aadnoy, B. S., 1992. Quantitative analysis of stress regimes and fractures from logs and drilling records of a North Sea chalk field. Log Anal. 33, 351-361.

Lekhnitskii, S. G., 1968. In: Tsai, S. W., Cheron, T. (Eds.), Anisotropic Plates, Transl. by Gordon and Breach, New York.

Li, S., Purdy, C., 2010. Maximum horizontal stress and wellbore stability while drilling: modeling and case study. In: Paper SPE 139280 Presented at the SPE Latin American & Caribbean Petroleum Engr. Conf., Lima, Peru, December 1-3.

Liang, Q. J., 2002. SPE 77354 Application of Quantitative Risk Analysis to Pore Pressure and Fracture Gradient Prediction. Society of Petroleum Engineers.

Lin, W., 2016. A review on shale reservoirs as an unconventional play-the history, technology revolution, importance to oil and gas industry, and the development future. Acta Geol. Sin. 90, 1887-1902.

Lotha, G., Young, G., Tikkanen, A., Curley, R., Granizo, F., 2017. Fracking. Encyclopedia Britannica.

Lubinsky, A., 1954. The theory of elasticity for porous bodies displaying a strong pore structure. In: Proc. Second U. S. Natl. Cong. Appl. Mech., ASME 247-256.

MacPherson, L. A., Berry, L. N., 1972. Predictions of fracture gradients. Log Anal. 12.

Marsden, J. R., 1999. Geomechanics. Imperial College.

Matthews, W. R., Kelly, J., 1967. How to predict formation pressure and fracture gradient from electric and sonic logs. Oil Gas J. 1967, 92-106.

Maury, V., 1993. An overview of tunnel, underground excavations and borehole collapse mechanisms. Comprehensive Rock Engineering, 1993. Pergamon Press, London, pp. 369-411.

McIntosh, J., 2004. Probabilistic modeling for well-construction performance management. J. Pet. Technol. 56(11), 36-39.

McLean, M. R., Addis, M. A., 1990. Wellbore stability analysis: a review of current methods of analysis and their field application. In: Paper SPE/IADC 19941 Presented at the 1905 SPE/IADC Drilling Conference, Houston, TX, February 27-March 2, 1990.

McLellan, P., Hawkes, C., 2001. Borehole stability analysis for underbalanced drilling. J. Can. Pet. Technol. 40(5), 31-38.

Monicard, R. P., 1980. 168 p Properties of Reservoir Rocks: Core Analysis. Institut français du pétrole publications, Paris.

Moos, D., Peska, P., Finkbeiner, T., Zoback, M., 2003. Comprehensive wellbore stability analysis utilising quantitative risk assessment. J. Pet. Sci. Eng. 38, 97-109.

Nur, A., Byerlee, J. D., 1971. An exact effective stress law for elastic deformation of rocks with fluids. J. Geophys. Res. 76(26), 6414-6419.

O'Brien, D. E., Chenevert, M. E., 1973. Stabilising sensitive shales with inhibited, potassium-based drilling fluids. J. Pet. Technol. 255, 1089-1100. Trans., 1973, AIME.

Ottesen, S., Zheng, R. H., McCann, R. C., 1999. SPE/IADC 52864 Borehole Stability Assessment Using Quantitative Risk Analysis. Society of Petroleum Engineers.

Pariseau, W. G., 2006. Design Analysis in Rock Mechanics, first ed. Taylor & Francis.

Paylor, A., 2017. The social-economic impact of shale gas extraction: a global perspective. Routledge 38, 340-355.

Pennebaker, E. S., 1968. An engineering interpretation of seismic data. In: Paper SPE 2165 Presented at the SPE 43rd Annual Fall Meeting, Houston, TX, September 29-October 2.

Pilkey, W. D., 1997. Peterson's Stress Concentration Factors, second ed. WileyInterscience. Pilkington, P. E., 1978. Fracture gradients in tertiary basins. Pet. Eng. Int. 138-148.

Pipkin, B. W., Trent, D. D., Hazlett, R., Bierman, P., 2013. Geology and the Environment. Cengage Learning.

Rabia, H., 1985. Oilwell Drilling Engineering, Principles & Practice. Graham & Trotman.

Rezaee, R., 2015. Fundamentals of Gas Shale Reservoirs.

RIGTRAIN Drilling & Well Service Training Manual, 2001. Basic Drilling Technology, Rev. 1 Downhole Technology Limited, Weatherford, TX.

Santaralli, F. J., Carminati, S., 1995. Do shales swell? A critical review of available evidence. In: Paper SPE/IADC 29321 Presented at the 1995 SPE/IADC Drilling Conference, Amsterdam, February 28-March 2, pp. 741-756.

Savin, G. N., 1961. Stress Concentration Around Holes. Pergamon Press, New York.

Sayed, M. A., Al-Muntasheri, G. A., Liang, F., 2017. Development of shale reservoirs: knowledge gained from developments in North America. J. Pet. Sci. Eng. 157, 164-186.

Serafim, T. L., 1968. Influence of interstitial water on the behaviour of rock masses. In: Stagg, K. G., Zienkiewicz, O. C. (Eds.), Rock Mechanics and Engineering. John Wiley & Sons, London.

Sheng, J. J., Sheng, J., 2013. Enhanced Oil Recovery Field Case Studies.

Sheppard, M. C., Wick, C., Burgess, T., 1987. Designing well path to reduce drag and torque. SPE Drill. Eng. 2(4), 344-350.

Shuler, P. J., Tang, H., Lu, Z., Tang, Y., 2011. Chemical process for improved oil recovery from Bakken shale. In: Paper Presented at the Canadian Unconventional Resources Conference, Calgary, AB, Canada.

Simpson, J. P., Dearing, H. L., Salisbury, D. P., 1989. Downhole simulation cell shows unexpected effects of shale hydration on borehole wall. SPE Drill. Eng. 4(1), 24-30.

Sorkhabi, R., 2008. The Centenary of the First Oil Well in the Middle East. University of Utah's Energy & Geoscience Institute, Salt Lake City, UT, as published in Geoexpro.

Speight, J. G., 2016. Handbook of Hydraulic Fracturing. John Wiley & Sons, Hoboken, NJ.

Steiger, R. P., 1982. Fundamentals and use of potassium/polymer drilling fluids to minimize drilling and completion problems associated with hydratable clays. J. Pet. Technol., Trans., pp. 1661-1670. AIME.

Terzaghi, K., 1943. Theoretical Soil Mechanics, second ed. John Wiley and Sons, Inc, New York.

US Energy Information Administration, 2013. North America Leads the World in Production of Shale Gas.

Van Cauwelaert, F., 1977. Coefficients of deformation of an anisotropic body. J. Eng. Mech. Div. Proc. ASCE 103(EM5)823-835.

Von Mises, R., 1913. Mechanik der Festen Korper im plastisch deformablen Zustand. Gottin. Nachr. Math.

Phys. 1, 582-592.

Walters, D., Wang. J., 2012. A Geomechanical methodology for determining maximum operating pressure in SAGD reservoirs. In: Paper SPE 157855 Presented at the SPE Heavy Oil Conference Canada, Calgary, AB, June 12-14.

Zhao, X., Wang, X., Zhang, R., Tang, C., Wang, Z., 2016. Land broadband seismic exploration based on adaptive vibroseis. In: Paper Presented at the 2016 SEG International Exposition and Annual Meeting, Dallas, TX. Zoback, M. D., Moos, D., Mastin, L., Anderson, R. N., 1985. Wellbore breakouts and insitu stress. J. Geophys. Res 90(B7), 5523-5530.

Zoback, M., Wiprut, D., 2000. Constraining the stress tensor in the Visund Field, Norwegian North Sea: application to wellbore stability and sand production. Int. J. Rock Mech. Min. Sci. 37, 317-336.

Zou, C., Dong, D., Wang, S., Li, J., Li, X., Wang, Y., et al., 2010. Geological characteristics and resource potential of shale gas in China. Pet. Explor. Dev. 37(6), 641-653.

国外油气勘探开发新进展丛书（一）

书号：3592
定价：56.00元

书号：3663
定价：120.00元

书号：3700
定价：110.00元

书号：3718
定价：145.00元

书号：3722
定价：90.00元

国外油气勘探开发新进展丛书（二）

书号：4217
定价：96.00元

书号：4226
定价：60.00元

书号：4352
定价：32.00元

书号：4334
定价：115.00元

书号：4297
定价：28.00元

国外油气勘探开发新进展丛书（三）

书号：4539
定价：120.00元

书号：4725
定价：88.00元

书号：4707
定价：60.00元

书号：4681
定价：48.00元

书号：4689
定价：50.00元

书号：4764
定价：78.00元

国外油气勘探开发新进展丛书（四）

书号：5554
定价：78.00元

书号：5429
定价：35.00元

书号：5599
定价：98.00元

书号：5702
定价：120.00元

书号：5676
定价：48.00元

书号：5750
定价：68.00元

国外油气勘探开发新进展丛书（五）

书号：6449
定价：52.00元

书号：5929
定价：70.00元

书号：6471
定价：128.00元

书号：6402
定价：96.00元

书号：6309
定价：185.00元

书号：6718
定价：150.00元

国外油气勘探开发新进展丛书（六）

书号：7055
定价：290.00元

书号：7000
定价：50.00元

书号：7035
定价：32.00元

书号：7075
定价：128.00元

书号：6966
定价：42.00元

书号：6967
定价：32.00元

国外油气勘探开发新进展丛书（七）

书号：7533
定价：65.00元

书号：7802
定价：110.00元

书号：7555
定价：60.00元

书号：7290
定价：98.00元

书号：7088
定价：120.00元

书号：7690
定价：93.00元

国外油气勘探开发新进展丛书（八）

书号：7446
定价：38.00元

书号：8065
定价：98.00元

书号：8356
定价：98.00元

书号：8092
定价：38.00元

书号：8804
定价：38.00元

书号：9483
定价：140.00元

国外油气勘探开发新进展丛书（九）

书号：8351
定价：68.00元

书号：8782
定价：180.00元

书号：8336
定价：80.00元

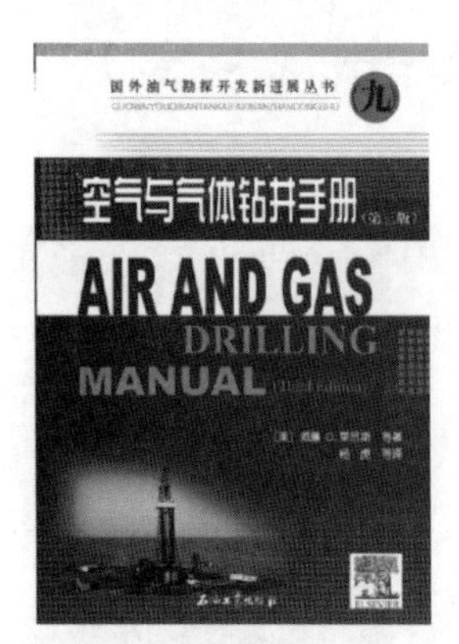

书号：8899
定价：150.00元

书号：9013
定价：160.00元

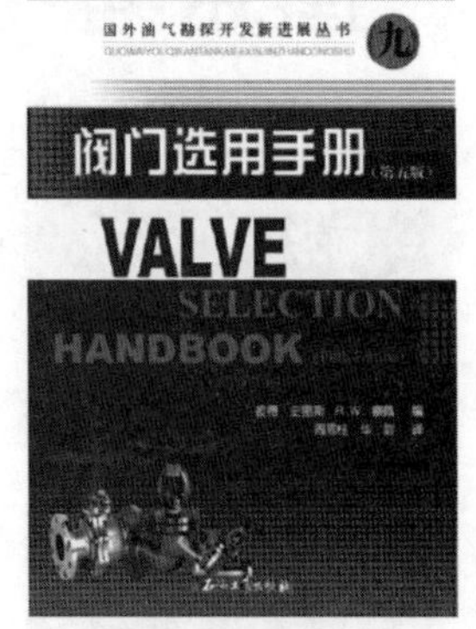

书号：7634
定价：65.00元

国外油气勘探开发新进展丛书（十）

书号：9009
定价：110.00元

书号：9989
定价：110.00元

书号：9574
定价：80.00元

书号：9024
定价：96.00元

书号：9322
定价：96.00元

书号：9576
定价：96.00元

国外油气勘探开发新进展丛书（十一）

书号：0042
定价：120.00元

书号：9943
定价：75.00元

书号：0732
定价：75.00元

书号：0916
定价：80.00元

书号：0867
定价：65.00元

书号：0732
定价：75.00元

国外油气勘探开发新进展丛书（十二）

书号：0661
定价：80.00元

书号：0870
定价：116.00元

书号：0851
定价：120.00元

书号：1172
定价：120.00元

书号：0958
定价：66.00元

书号：1529
定价：66.00元

国外油气勘探开发新进展丛书（十三）

书号：1046
定价：158.00元

书号：1167
定价：165.00元

书号：1645
定价：70.00元

书号：1259
定价：60.00元

书号：1875
定价：158.00元

书号：1477
定价：256.00元

国外油气勘探开发新进展丛书（十四）

书号：1456
定价：128.00元

书号：1855
定价：60.00元

书号：1874
定价：280.00元

书号：2857
定价：80.00元

书号：2362
定价：76.00元

国外油气勘探开发新进展丛书（十五）

书号：3053
定价：260.00元

书号：3682
定价：180.00元

书号：2216
定价：180.00元

书号：3052
定价：260.00元

书号：2703
定价：280.00元

书号：2419
定价：300.00元

国外油气勘探开发新进展丛书（十六）

书号：2274
定价：68.00元

书号：2428
定价：168.00元

书号：1979
定价：65.00元

书号：3450
定价：280.00元

书号：3384
定价：168.00元

书号：5259
定价：280.00元

国外油气勘探开发新进展丛书（十七）

书号：2862
定价：160.00元

书号：3081
定价：86.00元

书号：3514
定价：96.00元

书号：3512
定价：298.00元

书号：3980
定价：220.00元

国外油气勘探开发新进展丛书（十八）

书号：3702
定价：75.00元

书号：3734
定价：200.00元

书号：3693
定价：48.00元

书号：3513
定价：278.00元

书号：3772
定价：80.00元

书号：3792
定价：68.00元

国外油气勘探开发新进展丛书（十九）

书号：3834
定价：200.00元

书号：3991
定价：180.00元

书号：3988
定价：96.00元

书号：3979
定价：120.00元

书号：4043
定价：100.00元

书号：4259
定价：150.00元

国外油气勘探开发新进展丛书（二十）

书号：4071
定价：160.00元

书号：4192
定价：75.00元

书号：4770
定价：118.00元

书号：4764
定价：100.00元

书号：5138
定价：118.00元

书号：5299
定价：80.00元

国外油气勘探开发新进展丛书（二十一）

书号：4005
定价：150.00元

书号：4013
定价：45.00元

书号：4075
定价：100.00元

书号：4008
定价：130.00元

书号：4580
定价：140.00元

国外油气勘探开发新进展丛书（二十二）

书号：4296
定价：220.00元

书号：4324
定价：150.00元

书号：4399
定价：100.00元

书号：4824
定价：190.00元

书号：4618
定价：200.00元

书号：4872
定价：220.00元

国外油气勘探开发新进展丛书（二十三）

书号：4469
定价：88.00元

书号：4673
定价：48.00元

书号：4362
定价：160.00元

书号：4466
定价：50.00元

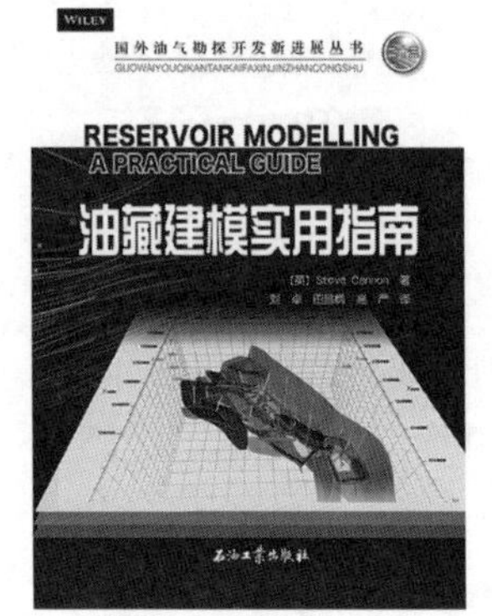

书号：4773
定价：100.00元

书号：4729
定价：55.00元

国外油气勘探开发新进展丛书（二十四）

书号：4658
定价：58.00元

书号：4785
定价：75.00元

书号：4659
定价：80.00元

书号：4900
定价：160.00元

书号：4805
定价：68.00元

书号：5702
定价：90.00元

国外油气勘探开发新进展丛书（二十五）

书号：5349
定价：130.00元

书号：5449
定价：78.00元

书号：5280
定价：100.00元

书号：5317
定价：180.00元